Karl-Rudolf Koch

Parameterschätzung und Hypothesentests in linearen Modellen

Parameterschätzung und Hypothesentests in linearen Modellen

von

Prof. Dr.-Ing. Karl-Rudolf KOCH

Direktor des Instituts für Theoretische Geodäsie
der Rheinischen Friedrich-Wilhelms-Universität Bonn

Mit 16 Abbildungen

Dümmlerbuch 7892

DÜMMLER · BONN

ISBN 3-427-**7892**1-7

Printed in Germany by Hans Richarz Publikations-Service, 5205 St. Augustin 1

Vorwort

Dieses Buch soll die Methoden der Parameterschätzung, der Hypothesenprüfung und der Bereichsschätzung erläutern und begründen. Es behandelt also die statistische Schlußfolgerung oder die statistische Inferenz für Parameter. Um einen großen Kreis von Lesern unterschiedlichen Ausbildungsstandes und verschiedener Fachdisziplinen ansprechen zu können, wurde das Buch so angelegt, daß zu seinem Verständnis außer einigen Grundkenntnissen in der Analysis keinerlei Voraussetzungen benötigt werden. Die erforderlichen Kenntnisse aus der linearen Algebra und der Wahrscheinlichkeitstheorie werden in den beiden ersten Abschnitten des Buches vermittelt. Da es das Ziel ist, im Hinblick auf Anwendungen die Inferenz für Parameter darzustellen, wurde größerer Wert darauf gelegt, das Verständnis für die behandelten Verfahren zu vermitteln, als in den gegebenen Definitionen und Beweisen möglichst allgemein zu sein.

Die Schätzungen und Hypothesenprüfungen erfolgen in linearen Modellen, doch bedeutet dies keine Einschränkung der Allgemeinheit, da unter Voraussetzungen, die meistens bequem zu erfüllen sind, die nichtlinearen Modelle, wie gezeigt wird, in lineare Modelle überführt werden können. Andrerseits bieten die linearen Modelle den Vorzug, daß man sich bei ihnen der Methoden der linearen Algebra bedienen kann. Die hierzu erforderlichen Definitionen und Sätze werden im Abschnitt 1 behandelt, wobei die angeführten Sätze bis auf wenige Ausnahmen bewiesen werden. Abschnitt 1 enthält auch die generalisierten Inversen, die für die Parameterschätzung in Modellen mit nicht vollem Rang benötigt werden, und die Projektionen, die zur geometrischen Interpretation der Schätzungen dienen.

Da außer der Parameterschätzung, die in univariaten und multivariaten Modellen erfolgt, auch die Bereichsschätzung, die Hypothesenprüfung und die Diskriminanzanalyse behandelt werden, befaßt sich Abschnitt 2 mit der Wahrscheinlichkeitstheorie. Hier werden die Zufallsvariablen eingeführt und die wichtigsten univariaten und multivariaten Verteilungen sowie die Testverteilungen für die univariaten und multivariaten Modelle der Parameterschätzung abgeleitet. Jede Verteilung erhält eine Methode zur numerischen Berechnung ihrer Verteilungsfunktion, so daß darauf verzichtet werden kann, Tafeln der Verteilungsfunktionen abzudrucken.

Der Abschnitt 3 behandelt in univariaten und multivariaten Modellen die Schätzung von Parametern, die als feste Größen definiert sind. Feste Parameter gemeinsam mit Zufallsparametern werden in gemischten Modellen geschätzt. Im Abschnitt 3 wird auch auf die Varianzanalyse und auf die Schätzung von Varianz- und Kovarianzkomponenten eingegangen. Der Abschnitt 4 widmet sich dann der Hypothesenprüfung, der Bereichsschätzung und dem Ausreißertest, während der Abschnitt 5 schließlich einen kurzen Überblick über die Diskriminanzanalyse gibt.

Benötigt man für Beweise Sätze, die zuvor behandelt worden sind, so wird mit Hilfe der entsprechenden Nummern auf diese Sätze verwiesen. Der Abschnitt 1 oder auch der Abschnitt 2 brauchen daher nicht vor dem Studium der übrigen Kapitel gelesen zu werden, aufgrund der Verweise läßt sich das fehlende Wissen gezielt den beiden ersten Abschnitten entnehmen. Wenn bei den als Literatur zitierten Büchern eine Seitenzahl angegeben wird, so bezeichnet sie nur die erste Seite dessen, was von Interesse ist. Auf die folgenden Seiten, die ebenfalls von Bedeutung sein können, wird nicht besonders hingewiesen.

Allen Mitarbeiterinnen und Mitarbeitern des Instituts für Theoretische Geodäsie, die zum Erscheinen dieses Buches beigetragen haben, danke ich sehr. Mein besonderer Dank gilt Herrn Dipl.-Math., Dipl.-Ing. Burkhard Schaffrin, der viele Anregungen zu diesem Buch gegeben hat. Schließlich möchte ich noch die gute Zusammenarbeit mit dem Verlag während der Entstehung des Buches dankend erwähnen.

Bonn, im September 1979 Karl-Rudolf Koch

Inhaltsverzeichnis

Einführung

Parameter müssen immer dann geschätzt werden, wenn bestimmte Abläufe, Zustände oder Ereignisse beobachtet werden, um daraus Erkenntnisse und Schlüsse, beispielsweise über künftige Entwicklungen der beobachteten Ereignisse, zu ziehen. Die Parameterschätzung benötigt man also für die mathematische Modellierung der beobachteten Phänomene. Die unbekannten Parameter sind Funktionen der Beobachtungen, wobei die Art der Funktion sich aus einer physikalischen Gesetzmäßigkeit, aus geometrischen Zusammenhängen oder einfach aus dem Experiment ergeben, das den Beobachtungen zugrunde liegt. Die funktionale Abhängigkeit zwischen den Beobachtungen und den unbekannten Parametern bildet einen Teil des Modells, in dem die Parameterschätzung erfolgt.

Die Beobachtungen für die Parameterschätzung stellen die Ergebnisse von Zufallsexperimenten dar. Die Beobachtungen, wie zum Beispiel Messungen der Lufttemperatur, sind also von zufälliger Natur und können mit einer bestimmten Wahrscheinlichkeit innerhalb gewisser Grenzen schwanken. Angaben über das Maß dieser Schwankungen mit Hilfe der Varianzen und Kovarianzen der Beobachtungen bilden den zweiten Teil des Modells für die Parameterschätzung. Um den Einfluß der Zufälligkeit der Beobachtungen auf die Parameter gering zu halten, wird davon ausgegangen, daß im allgemeinen mehr Beobachtungen in die Parameterschätzung eingeführt werden, als zur eindeutigen Bestimmung der Parameter notwendig ist.

Häufig wird zur Erfassung eines Phänomens nicht nur ein Merkmal gemessen, wie beispielsweise die Größe einer Pflanze bei einem Pflanzenversuch, sondern man beobachtet mehrere Merkmale, wie Größe, Gewicht und Aufbau einer Pflanze. Die Auswertung dieser Daten geschieht in einem multivariaten Modell, während im univariaten Modell lediglich ein Merkmal analysiert wird. Je nach Aufgabenstellung definiert man die unbekannten Parameter als feste Größen oder wie die Beobachtungen als Zufallsvariable, was eine Schätzung in unterschiedlichen Modellen bedingt.

Die Aufgabe der Parameterschätzung besteht darin, in den gegebenen Modellen beste Schätzwerte für die unbekannten Parameter zu bestimmen, wobei der Begriff der besten Schätzung als Schätzung mit minimaler Varianz definiert wird. Häufig sind nicht nur die besten Schätzwerte für die Parameter von Interesse, sondern es besteht auch der Wunsch, Informationen über die Parameter, die man zusätzlich zu den Beobachtungen besitzt, zu prüfen. Dies geschieht in den Hypothesentests. Weiter lassen sich mit Hilfe der Bereichsschätzungen für die unbekannten Parameter in Abhängigkeit einer vorgegebenen Wahrscheinlichkeit Intervalle angeben, in denen die Parameter liegen. Schließlich kann man noch durch die Diskriminanzanalyse mit Hilfe geschätzter Parameter Beobachtungen klassifizieren.

Das gesamte Aufgabengebiet, das im folgenden behandelt wird, läßt sich kurz als statistische Inferenz für Parameter charakterisieren.

1 Vektor- und Matrixalgebra

Die hier behandelte statistische Inferenz für Parameter soll in linearen Modellen erfolgen. Lineare Beziehungen lassen sich kompakt und übersichtlich durch Vektoren und Matrizen darstellen, so daß im folgenden auf die später benötigten Definitionen und Sätze der linearen Algebra eingegangen wird. Erläutert werden auch die Methoden der Vektorräume, die es erlauben, geometrische Vorstellungen auch dann noch zu benutzen, wenn die Räume, die benötigt werden, höhere Dimensionen als die des unserer Vorstellung geläufigen dreidimensionalen Raumes besitzen. Schließlich werden noch generalisierte Inversen behandelt, mit denen man bequem von Modellen mit vollem Rang für die Parameterschätzung auf Modelle mit nicht vollem Rang überwechseln kann.

11 Mengen und Körper

111 Mengenbegriff

Im folgenden werden häufig Objekte oder Vorkommnisse mit gleichen oder ähnlichen Eigenschaften behandelt, die auf irgendeine Weise zusammengefaßt werden müssen. Dies geschieht zweckmäßig mit dem mathematischen Begriff der Menge. Unter einer Menge versteht man daher die Zusammenfassung genau definierter wirklicher oder gedachter Objekte. Die zu einer Menge gehörigen Objekte sind die Elemente der Menge. Es sei a ein Element und M eine Menge; man schreibt

$$a \in M \quad \text{oder} \quad a \notin M$$

falls a ein Element oder falls a kein Element der Menge M ist. Die Menge M der Elemente a, für die die Eigenschaft B bezüglich a, also B(a) erfüllt ist, bezeichnet man mit

$$M = \{a \mid B(a)\}$$

beispielsweise $M=\{a|a \text{ ist positiver Teiler von } 6\}=\{1,2,3,6\}$. Gibt es in M kein Element mit der Eigenschaft B(a), führt man die leere Menge $M=\emptyset$ ein.

Definition: Die Menge, die kein Element enthält, heißt leere Menge $\emptyset$. (111.1)

Wichtige Beispiele für Mengen sind die Zahlenmengen wie die Mengen natürlicher Zahlen, ganzer Zahlen oder rationaler Zahlen. Hierfür haben sich Standardbezeichnungen eingebürgert; beispielsweise bezeichnet man mit $\mathbb{N}$ die Menge der natürlichen Zahlen, also $\mathbb{N}=\{1,2,3,...\}$, und mit $\mathbb{R}$ die Menge der reellen Zahlen, also $\mathbb{R}=\{a|a$ ist endlicher oder unendlicher Dezimalbruch mit beliebigem Vorzeichen$\}$.

Für Elemente, die nicht nur Elemente einer Menge sind, besteht die

Definition: Gehören alle Elemente einer Menge M auch einer Menge P an, so bezeichnet man M als Teilmenge von P und schreibt $M \subset P$. (111.2)

112 Verknüpfung von Mengen

Wie beispielsweise reelle Zahlen durch Rechenoperationen verknüpft werden können, so lassen sich auch Mengen miteinander verknüpfen.

Definition: Die Vereinigungsmenge $M \cup P$ (M vereinigt mit P) zweier Mengen M und P besteht aus den Elementen, die wenigstens einer der beiden Mengen angehören. (112.1)

Definition: Die Durchschnittsmenge $M \cap P$ (M geschnitten mit P) zweier Mengen M und P besteht aus den Elementen, die sowohl der Menge M als auch der Menge P angehören. (112.2)

Definition: Die Differenzmenge $M \setminus P$ (M ohne P) zweier Mengen M und P besteht aus den Elementen von M, die nicht zugleich noch P angehören. (112.3)

Eine anschauliche Darstellung von Vereinigung, Durchschnitt und Differenz zweier Mengen vermögen die sogenannten Venn-Diagramme zu geben, in denen die Punkte innerhalb geschlossener Linien die Elemente einer Menge repräsentieren. In Abbildung 112-1 ist ein Venn-Diagramm der Vereinigungsmenge $M \cup P$ von M und P, in Abbildung 112-2 der Durchschnittsmenge $M \cap P$ von M und P und in Abbildung 112-3 der Differenzmenge $M \setminus P$ von M und P jeweils schraffiert dargestellt.

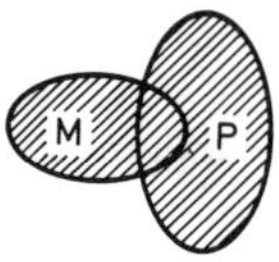

Abbildung 112-1

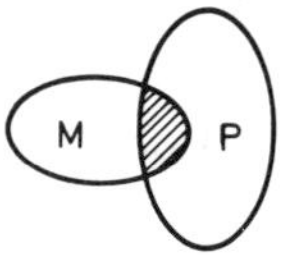

Abbildung 112-2

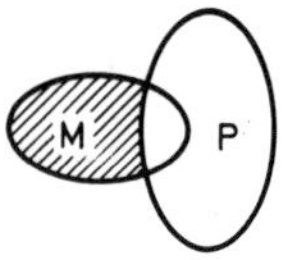

Abbildung 112-3

Gilt $M \cap P = \emptyset$, heißen M und P disjunkt. Ist $A \subset B$, so bezeichnet man die Menge $\bar{A}$

$$\bar{A} = B \setminus A \qquad (112.4)$$

als Komplementärmenge von A in B. Für sie gilt $A \cup \bar{A} = B$ und $A \cap \bar{A} = \emptyset$.

113 Relationen

Nachdem die Zusammenfassung von Objekten aufgrund bestimmter Eigenschaften als Menge eingeführt wurde, müssen jetzt Beziehungen zwischen den Objekten charakterisiert werden. Hierzu wird der folgende Begriff benötigt. Sind a und b irgendwelche Objekte, so nennt man den Ausdruck (a,b) das geordnete Paar a,b. Zu seiner Erklärung soll lediglich definiert werden, wenn zwei geordnete Paare übereinstimmen: Es gilt $(a,b)=(c,d)$ genau dann, wenn $a=c$ und $b=d$ ist. (Die Ausdrucksweise "genau dann, wenn" bedeutet, daß die Folgerung nach beiden Seiten zu ziehen ist. Aus $(a,b)=(c,d)$ folgt also $a=c$ und $b=d$ und umgekehrt aus $a=c$ und $b=d$ ergibt sich $(a,b)=(c,d)$.) Mit Hilfe des geordneten Paares kann jetzt die folgende Relation zwischen zwei Mengen definiert werden.

Definition: Die Menge aller geordneten Paare (a,b) mit $a \in A$ und $b \in B$ heißt kartesisches Produkt der Mengen A und B, und man schreibt

$$A \times B = \{(a,b) \mid a \in A, b \in B\}. \qquad (113.1)$$

Geordnete Paare lassen sich als Koordinaten interpretieren, so daß das kartesische Produkt $\mathbb{R} \times \mathbb{R} = \mathbb{R}^2$ der Menge $\mathbb{R}$ der reellen Zahlen die Punkte in einer Ebene ergeben, deren Koordinaten mit Hilfe zweier reeller Koordinatenachsen definiert werden. Die Erweiterung des Paarbegriffes führt auf das Tripel, das sind drei geordnete Objekte, auf das Quadrupel mit vier Objekten und schließlich auf das n-Tupel mit n Objekten, beispielsweise $(x_1, x_2, \ldots, x_n)$. Die Definition des Tripels, Quadrupels und n-Tupels erfolgt rekursiv mit Hilfe des Paarbegriffs, indem die erste Koordinate des Tripels ein geordnetes Paar ist, die erste Koordinate des Quadrupels ein Tripel und so fort. Entsprechend

(113.1) ergeben sich n-Tupel als kartesisches Produkt von n Mengen. $\mathbb{R}^3$ definiert daher den dreidimensionalen Raum und $\mathbb{R}^n$ den n-dimensionalen Raum.

Weitere Relationen wie Äquivalenzrelationen und Ordnungsrelationen [Grotemeyer 1970] brauchen hier nicht definiert zu werden.

114 Körper der reellen Zahlen

Nachdem Relationen zwischen den Elementen von Mengen behandelt wurden, werden jetzt Verknüpfungen zwischen den Elementen eingeführt. Die Verknüpfungen bleiben hier auf die Addition und Multiplikation reeller Zahlen beschränkt, so daß der Körper der reellen Zahlen erhalten wird. Dieser Körper besitzt aufgrund der Verknüpfungen eine algebraische Struktur [Grotemeyer 1970, S.37].

Definition: Die Menge $\mathbb{R}$ heißt Körper der reellen Zahlen, wenn mit $x,y,z \in \mathbb{R}$ die Addition und Multiplikation das Kommutativ-, Assoziativ- und Distributivgesetz erfüllen

$$x + y = y + x \quad \text{und} \quad xy = yx$$
$$x + (y+z) = (x+y) + z \quad \text{und} \quad x(yz) = (xy)z$$
$$x(y+z) = xy + xz$$

wenn es zwei ausgezeichnete Elemente 0 (Null) und 1 (Eins) mit $0 \neq 1$ gibt, so daß für jedes $x \in \mathbb{R}$ gilt $x+0=x$ und $1x=x$, wenn zu jedem $x \in \mathbb{R}$ ein additives inverses Element $y \in \mathbb{R}$ existiert, so daß $x+y=0$ gilt, und wenn es zu jedem $x \in \mathbb{R}'$ mit $\mathbb{R}' = \mathbb{R} \setminus \{0\}$ ein multiplikatives inverses Element $z \in \mathbb{R}'$ gibt, so daß $xz=1$ gilt. (114.1)

Im folgenden wird unter der Menge $\mathbb{R}$ immer der Körper der reellen Zahlen verstanden.

12 Vektoralgebra

121 Vektordefinition und Vektorraum

Physikalische Größen wie Kraft und Geschwindigkeit lassen sich nicht lediglich durch eine Zahl, nämlich ihren Absolutbetrag angeben, auch ihre Richtung muß festgelegt werden. Entsprechendes gilt auch beispielsweise für die Größe, das Gewicht und das Alter von Individuen. Man bedient sich hierzu der Vektoren, die nicht nur für die Ebene $\mathbb{R}^2$ oder den dreidimensionalen Raum $\mathbb{R}^3$, sondern auch für den n-dimensionalen Raum $\mathbb{R}^n$ definiert werden müssen.

Definition: Es sei $x_i \in \mathbb{R}$ mit $i \in \{1,...,n\}$ und $n \in \mathbb{N}$, dann bezeichnet man das n-Tupel $(x_1, x_2, ..., x_n)$ des n-dimensionalen Raumes $\mathbb{R}^n$ als Vektor und schreibt

$$\underline{x} = \begin{vmatrix} x_1 \\ x_2 \\ \cdots \\ x_n \end{vmatrix}$$

Die x_i sind die Komponenten oder die Koordinaten von $\underline{x}$. (121.1)

Der Vektor $\underline{x}$ läßt sich als gerichtete Verbindung des Ursprungs eines Koordinatensystems des $\mathbb{R}^n$ mit den Koordinaten $(0,0,...,0)$ zum Punkt mit den Koordinaten $(x_1, x_2, ..., x_n)$ interpretieren, wobei die Richtung von $\underline{x}$ auf den Punkt weist. Eine geometrische Veranschaulichung erlauben die Vektoren mit zwei Komponenten in der Ebene $\mathbb{R}^2$ oder die Vektoren mit drei Komponenten im dreidimensionalen Raum $\mathbb{R}^3$.

Definition: Zwei Vektoren $\underline{x}, \underline{y} \in \mathbb{R}^n$ werden addiert, indem ihre Komponenten addiert werden

$$\underline{x} + \underline{y} = \begin{vmatrix} x_1 + y_1 \\ x_2 + y_2 \\ \cdots \\ x_n + y_n \end{vmatrix} \qquad (121.2)$$

Der Vektoraddition entspricht das Parallelogramm der Kräfte, das in Abbildung 121-1 für die Ebene dargestellt ist. Die Vektoraddition

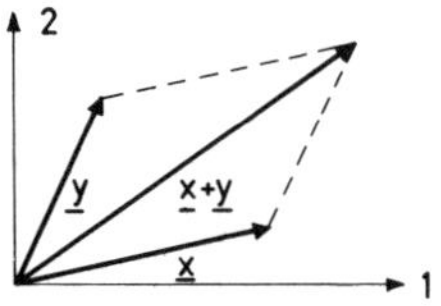

Abbildung 121-1

ist kommutativ und assoziativ, denn für $\underline{x}, \underline{y}, \underline{z} \in \mathbb{R}^n$ gilt wegen (114.1) und (121.2)

$$\underline{x} + \underline{y} = \underline{y} + \underline{x} \quad \text{und} \quad \underline{x} + (\underline{y} + \underline{z}) = (\underline{x} + \underline{y}) + \underline{z} \qquad (121.3)$$

Das n-Tupel $(0,0,...,0)$ des $\mathbb{R}^n$ definiert den Nullvektor, und es gilt mit (114.1) und (121.2)

$$\underline{x} + \underline{0} = \underline{x} \quad \text{für alle} \quad \underline{x} \in \mathbb{R}^n \qquad (121.4)$$

Jeder Vektor $\underline{x}$ besitzt die additive Inverse $-\underline{x}$, so daß gilt

$$\underline{x} + (-\underline{x}) = \underline{0} \quad \text{für alle} \quad \underline{x} \in \mathbb{R}^n \tag{121.5}$$

<u>Definition</u>: Ist $c \in \mathbb{R}$, dann ist die Multiplikation des Vektors $\underline{x} \in \mathbb{R}^n$ mit c, das man in diesem Zusammenhang auch als <u>Skalar</u> bezeichnet, bestimmt durch

$$c\underline{x} = \begin{vmatrix} cx_1 \\ cx_2 \\ \cdots \\ cx_n \end{vmatrix} \tag{121.6}$$

Vektoraddition und Skalarmultiplikation genügen wegen (114.1) noch dem Distributiv- und Assoziativgesetz. Mit $c,d \in \mathbb{R}$ und $\underline{x},\underline{y} \in \mathbb{R}^n$ gilt

$$\begin{aligned} c(\underline{x}+\underline{y}) &= c\underline{x} + c\underline{y} \\ (c+d)\underline{x} &= c\underline{x} + d\underline{x} \\ (cd)\underline{x} &= c(d\underline{x}) \\ 1\underline{x} &= \underline{x} \end{aligned} \tag{121.7}$$

Die Menge der Vektoren, die die angegebenen Gesetze erfüllen, läßt sich wie folgt zusammenfassen.

<u>Definition</u>: Es sei V^n eine Menge von Vektoren des $\mathbb{R}^n$, dann heißt V^n <u>linearer Vektorraum</u> über $\mathbb{R}$, wenn für alle $c,d \in \mathbb{R}$ und alle Vektoren $\underline{x},\underline{y},\underline{z} \in V^n$ die Gesetze (121.3) bis (121.5) und (121.7) erfüllt sind. (121.8)

Der Vektorraum umfaßt also die Menge der Vektoren, die durch Vektoraddition und skalare Multiplikation aus einer Menge gegebener Vektoren konstruiert werden kann, wobei die oben angegebenen Gesetze erfüllt sein müssen. Der Nullvektor $\underline{0}$ ist ein Element jeden Vektorraumes. Die Menge $\{\underline{0}\}$, die lediglich den Nullvektor enthält, ist ebenfalls ein Vektorraum. Vektoren und Vektorräume lassen sich, wie hier geschehen, nicht nur für die Körper reeller Zahlen, sondern auch für beliebige Zahlenkörper definieren [Böhme 1974, S.193; Neiß und Liermann 1975, S.19].

Werden nur Teilmengen von Vektoren in einem Vektorraum betrachtet, führt man den Begriff des Unterraums ein.

<u>Definition</u>: Bezeichnet man mit U^n eine Teilmenge von Vektoren des Vektorraumes V^n, dann ist U^n <u>Unterraum</u> des V^n, falls U^n selbst Vektorraum ist. (121.9)

<u>Beispiel</u>: Die Menge der Vektoren

$$V^3 = \{\underline{x} \mid \underline{x} = \begin{vmatrix} x_1 \\ x_2 \\ x_3 \end{vmatrix}, x_i \in \mathbb{R}\}$$

bilden einen Vektorraum und ebenso die Menge

$$U^3 = \{\underline{u} \mid \underline{u} = \begin{vmatrix} u_1 \\ 0 \\ 0 \end{vmatrix}, \ u_1 \in \mathbb{R}\}$$

Da $U^3 \subset V^3$ ist, bildet U^3 einen Unterraum von V^3.

Extreme Beispiele von Unterräumen eines jeden Vektorraums sind die Teilmenge $\{\underline{0}\}$, die nur den Nullvektor enthält, und die Teilmenge, die sämtliche Vektoren enthält.

Es soll nun die Summe von Unterräumen betrachtet werden.

Definition: Es seien $V_1^n, V_2^n, \ldots, V_k^n$ Unterräume des V^n, dann ist die Summe $V_i^n + V_j^n$ der Unterräume V_i^n und V_j^n definiert durch

$$V_i^n + V_j^n = \{\underline{\alpha}_i + \underline{\alpha}_j \mid \underline{\alpha}_i \in V_i^n, \underline{\alpha}_j \in V_j^n\}$$

Weiter bezeichnet man den Vektorraum V^n als direkte Summe seiner Unterräume $V_1^n, V_2^n, \ldots, V_k^n$ und schreibt

$$V^n = V_1^n \oplus V_2^n \oplus \ldots \oplus V_k^n$$

wenn $\underline{\alpha} \in V^n$ eindeutig darstellbar ist durch $\underline{\alpha} = \underline{\alpha}_1 + \underline{\alpha}_2 + \ldots + \underline{\alpha}_k$ mit $\underline{\alpha}_i \in V_i^n$.

(121.10)

122 Lineare Abhängigkeit und Basis eines Vektorraums

Ein für die lineare Algebra grundlegender Begriff ist der der linearen Abhängigkeit und der linearen Unabhängigkeit.

Definition: Eine Teilmenge von Vektoren $\underline{\alpha}_1, \underline{\alpha}_2, \ldots, \underline{\alpha}_k \in V^n$ bezeichnet man als linear abhängig, wenn Skalare $c_1, c_2, \ldots, c_k \in \mathbb{R}$ existieren, die nicht alle gleich Null sind, so daß gilt

$$c_1\underline{\alpha}_1 + c_2\underline{\alpha}_2 + \ldots + c_k\underline{\alpha}_k = \underline{0}$$

Andernfalls heißen die Vektoren linear unabhängig. (122.1)

Die folgenden beiden Sätze werden häufiger benötigt werden.

Satz: Eine den Nullvektor enthaltende Teilmenge von Vektoren $\underline{\alpha}_1, \underline{\alpha}_2, \ldots, \underline{\alpha}_k, \underline{0} \in V^n$ ist stets linear abhängig. (122.2)

Beweis: Es gilt $c_1\underline{\alpha}_1 + \ldots + c_k\underline{\alpha}_k + c_{k+1}\underline{0} = \underline{0}$, falls $c_1 = \ldots = c_k = 0$ und $c_{k+1} \neq 0$, so daß die Aussage folgt.

Satz: Sind die Vektoren $\underline{\alpha}_1, \underline{\alpha}_2, \ldots, \underline{\alpha}_k \in V^n$ linear abhängig, so ist immer wenigstens einer als Linearkombination der übrigen darstellbar. (122.3)

Beweis: Bei linearer Abhängigkeit gilt $c_1\underline{a}_1+\ldots+c_k\underline{a}_k=\underline{0}$, wobei zumindest ein Skalar ungleich Null ist, beispielsweise $c_i\neq 0$. Somit erhält man

$$\underline{a}_i = -\sum_{\substack{j=1\\ i\neq j}}^{k} \frac{c_j}{c_i}\underline{a}_j$$

so daß die Aussage folgt.

Mit Hilfe der Linearkombination $\sum_{i=1}^{k} c_i\underline{a}_i$ von Vektoren eines Vektorraums ergibt sich jetzt die

<u>Definition</u>: Wenn jeder Vektor eines Vektorraums V^n durch eine Linearkombination der Vektoren $\underline{a}_1,\underline{a}_2,\ldots,\underline{a}_k \in V^n$ erzeugt werden kann, so sagt man, daß die Vektoren $\underline{a}_1,\underline{a}_2,\ldots,\underline{a}_k$ den Vektorraum aufspannen. (122.4)

Ist die Teilmenge der Vektoren, die den Vektorraum aufspannen, linear unabhängig, so erhält sie eine besondere Bezeichnung.

<u>Definition</u>: Eine <u>Basis</u> für einen Vektorraum V^n ist eine Teilmenge linear unabhängiger Vektoren, die den Vektorraum aufspannen. (122.5)

<u>Satz</u>: Jeder Vektorraum besitzt eine Basis. (122.6)

Dieser Satz soll lediglich erläutert werden, ein Beweis befindet sich in [Grotemeyer 1970, S.192]. Besteht der Vektorraum aus der Menge $\{\underline{0}\}$, bildet der Nullvektor die Basis. In den übrigen Fällen werden die von Null verschiedenen Vektoren $\underline{a}_1,\underline{a}_2,\ldots$ des Vektorraums nacheinander ausgewählt, wobei alle Vektoren ausgeschieden werden, die linear abhängig von den bereits ausgewählten Vektoren sind. Die am Ende des Auswahlprozesses gewonnenen linear unabhängigen Vektoren bilden eine Basis des Vektorraums.

Die Bedeutung einer Basis ergibt sich aus dem

<u>Satz</u>: Jeder Vektor des V^n wird mit Hilfe der Vektoren einer Basis eindeutig dargestellt. (122.7)

Beweis: Seien $\underline{a}_1,\underline{a}_2,\ldots,\underline{a}_k$ die Vektoren einer Basis und stelle $\sum_{i=1}^{k} c_i\underline{a}_i$ und $\sum_{i=1}^{k} d_i\underline{a}_i$ denselben Vektor dar. Dann ist $\sum_{i=1}^{k}(c_i-d_i)\underline{a}_i=\underline{0}$, was nur dann möglich ist, falls $c_i-d_i=0$ für alle i gilt, da die $\underline{a}_i$ linear unabhängig sind. Hiermit folgt die Aussage.

Die Frage nach der Anzahl der Vektoren in verschiedenen Basen eines Vektorraumes beantwortet der

Satz: Sind $\underline{\alpha}_1,\dots,\underline{\alpha}_k$ und $\underline{\beta}_1,\dots,\underline{\beta}_l$ zwei Basen des Vektorraums V^n, dann ist $k=l$. (122.8)

Beweis: Zunächst sei $k<l$ angenommen. Die Vektoren $\underline{\alpha}_1,\dots,\underline{\alpha}_k$ spannen V^n auf und sind linear unabhängig, da sie eine Basis bilden. Ebenfalls spannen die Vektoren $\underline{\alpha}_1,\dots,\underline{\alpha}_k,\underline{\beta}_1$ den Vektorraum V^n auf, sie sind jedoch linear abhängig, da $\underline{\beta}_1 \in V^n$ sich nach (122.7) darstellen läßt durch $\underline{\alpha}_1,\dots,\underline{\alpha}_k$, folglich $\underline{\beta}_1=c_1\underline{\alpha}_1+c_2\underline{\alpha}_2+\dots+c_k\underline{\alpha}_k$, wobei zumindest ein Skalar $c_i \neq 0$, da $\underline{\beta}_1$ ein Basisvektor und somit $\underline{\beta}_1 \neq \underline{0}$ ist. Es gelte $c_1 \neq 0$, so daß $\underline{\alpha}_1$ nach (122.3) durch eine Linearkombination der Vektoren $\underline{\alpha}_2,\dots,\underline{\alpha}_k,\underline{\beta}_1$ darzustellen ist, die somit den Vektorraum aufspannen. Ebenso spannen die Vektoren $\underline{\alpha}_2,\dots,\underline{\alpha}_k,\underline{\beta}_1,\underline{\beta}_2$ den Vektorraum auf, die aber linear abhängig sind, da $\underline{\beta}_2$ darstellbar ist durch $\underline{\beta}_2=d_2\underline{\alpha}_2+\dots+d_k\underline{\alpha}_k+d_1\underline{\beta}_1$. Für einen Wert d_i mit $i\in\{2,\dots,k\}$ gilt $d_i \neq 0$, da sonst $\underline{\beta}_1$ und $\underline{\beta}_2$ linear abhängig wären. Es gelte $d_2 \neq 0$, so daß $\underline{\alpha}_2$ durch $\underline{\alpha}_3,\dots,\underline{\alpha}_k,\underline{\beta}_1,\underline{\beta}_2$ darzustellen ist, so daß diese Vektoren den Vektorraum aufspannen. Die gleichen Überlegungen lassen sich bis $\underline{\alpha}_k$ anstellen, so daß $\underline{\beta}_1\dots,\underline{\beta}_k$ den Vektorraum aufspannen und die Vektoren $\underline{\beta}_{k+1},\dots,\underline{\beta}_l$ linear abhängig sind. Folglich ist $k=l$, und man erhält die Aussage.

Die minimale Anzahl der Vektoren, die einen Vektorraum aufspannen, wird also durch die Anzahl der Vektoren einer Basis des Vektorraums bestimmt.

Definition: Die Dimension $\dim V^n$ eines Vektorraums V^n ist die Anzahl der Vektoren einer beliebigen Basis des V^n. (122.9)

Zur Erläuterung sei der Vektorraum V^n betrachtet, der durch die Menge der Vektoren $\underline{x}$ mit den n Elementen $x_i \in \mathbb{R}$ gegeben ist. Die Vektoren

$$\underline{e}_1=\begin{vmatrix}1\\0\\\dots\\0\end{vmatrix},\quad \underline{e}_2=\begin{vmatrix}0\\1\\\dots\\0\end{vmatrix},\quad \dots,\quad \underline{e}_n=\begin{vmatrix}0\\0\\\dots\\1\end{vmatrix} \qquad (122.10)$$

mit n Komponenten sind linear unabhängig und spannen V^n auf, denn jeder beliebige Vektor $\underline{x}\in V^n$ mit den n Komponenten x_i läßt sich darstellen durch $\underline{x}=x_1\underline{e}_1+x_2\underline{e}_2+\dots+x_n\underline{e}_n$. Die Vektoren $\underline{e}_1,\underline{e}_2,\dots,\underline{e}_n$ bilden also eine Basis des V^n, und es gilt $\dim V^n=n$. Geometrisch lassen sich diese Basisvektoren als Vektoren in Richtung von Koordinatenachsen deuten, die die Koordinaten der Punkte des $\mathbb{R}^n$ definieren.

123 Skalarprodukt und Euklidischer Raum

Bis jetzt wurden Vektorräume nur unter dem Gesichtspunkt der linearen Unabhängigkeit betrachtet. Um aber auch mit Längen von Vektoren und Winkeln zwischen Vektoren arbeiten zu können, die bei geometrischen Problemen auftreten, muß das Skalarprodukt, auch inneres Produkt genannt, zweier Vektoren eingeführt werden.

Definition: Es sei $\underline{x},\underline{y} \in V^n$, wobei $\underline{x}$ die Komponenten x_i und $\underline{y}$ die Komponenten y_i besitze, dann ist das Skalarprodukt $\underline{x}'\underline{y}$ von $\underline{x}$ und $\underline{y}$ gegeben durch

$$\underline{x}'\underline{y} = \sum_{i=1}^{n} x_i y_i \tag{123.1}$$

Der Grund für die Schreibweise $\underline{x}'\underline{y}$, häufig findet man auch $\underline{x}\cdot\underline{y}$ oder $<\underline{x},\underline{y}>$, ergibt sich aus der Definition (131.6) eines Matrizenproduktes.

Satz: Für das Skalarprodukt gilt

$$\underline{x}'\underline{y} = \underline{y}'\underline{x}, \quad (\underline{x}+\underline{y})'\underline{z} = \underline{x}'\underline{z} + \underline{y}'\underline{z}, \quad (c\underline{x}')\underline{y} = c(\underline{x}'\underline{y}) \tag{123.2}$$

Beweis: Mit (114.1) und (123.1) folgen die Aussagen.

Die Länge $|\underline{x}|$, der Absolutbetrag oder die Norm eines Vektors $\underline{x}$ ist definiert durch

$$|\underline{x}| = (\underline{x}'\underline{x})^{1/2} \tag{123.3}$$

Der Winkel α zwischen zwei Vektoren $\underline{x}$ und $\underline{y}$ ergibt sich aus der geometrischen Definition des Skalarproduktes

$$\underline{x}'\underline{y} = |\underline{x}||\underline{y}|\cos\alpha \tag{123.4}$$

und somit

$$\cos\alpha = \frac{\underline{x}'\underline{y}}{((\underline{x}'\underline{x})(\underline{y}'\underline{y}))^{1/2}} \tag{123.5}$$

Vektorräume mit Skalarprodukt erhalten eine eigene Bezeichnung.

Definition: Ein Vektorraum V^n mit $\dim V^n = n$, für den das Skalarprodukt definiert ist, bezeichnet man als n-dimensionalen Euklidischen Raum E^n. (123.6)

Euklidische Räume besitzen endliche Dimensionen. Bei der Erweiterung auf unendliche Dimensionen ergeben sich die Hilbertschen Räume [Meschkowski 1962], die jedoch im folgenden nicht benötigt werden.

124 Orthogonale Unterräume

Stehen zwei Vektoren aufeinander senkrecht, folgt mit $\cos\alpha=0$ in (123.4) $\underline{x}'\underline{y}=0$.

Definition: Zwei Vektoren $\underline{x},\underline{y}\in V^n$ heißen genau dann zueinander *orthogonal*, wenn $\underline{x}'\underline{y}=0$ gilt. (124.1)

Der Nullvektor $\underline{0}$ ist also orthogonal zu jedem anderen Vektor.

Satz: Sind die Vektoren $\underline{\alpha}_1,\underline{\alpha}_2,\ldots,\underline{\alpha}_k$ paarweise zueinander orthogonal und ungleich Null, sind sie linear unabhängig. (124.2)

Beweis: Es wird gezeigt, daß nur dann $\underline{0}=c_1\underline{\alpha}_1+c_2\underline{\alpha}_2+\ldots+c_k\underline{\alpha}_k$ sich ergibt, falls $c_i=0$ für $i\in\{1,\ldots,k\}$, was wegen (122.1) lineare Unabhängigkeit bedeutet. Skalare Multiplikation der Gleichung mit $\underline{\alpha}_j'$ ergibt $0=\sum_{i=1}^{k} c_i\underline{\alpha}_j'\underline{\alpha}_i = c_j\underline{\alpha}_j'\underline{\alpha}_j$ wegen (124.1). Da $\underline{\alpha}_j\neq\underline{0}$, folgt $c_j=0$ und damit die Aussage.

Es sollen jetzt zueinander orthogonale Basisvektoren behandelt werden.

Definition: Eine Basis des E^n bezeichnet man als *Orthogonalbasis*, falls die Basisvektoren paarweise zueinander orthogonal sind, und als *Orthonormalbasis*, falls außerdem die Basisvektoren die Länge Eins besitzen. (124.3)

Eine orthonormale Basis des E^n sind die n Vektoren mit den n Komponenten

$$\underline{e}_1=\begin{vmatrix}1\\0\\\ldots\\0\end{vmatrix},\quad \underline{e}_2=\begin{vmatrix}0\\1\\\ldots\\0\end{vmatrix},\ldots,\quad \underline{e}_n=\begin{vmatrix}0\\0\\\ldots\\1\end{vmatrix}$$

Wie bereits im Zusammenhang mit (122.10) erwähnt, zeigen diese Basisvektoren in Richtung der Achsen eines Koordinatensystems für Punkte des E^n, das wegen (124.1) zudem ein *orthogonales Koordinatensystem* ist.

Satz: Zu jeder Basis $\underline{b}_1,\ldots,\underline{b}_n$ des E^n existiert eine Orthonormalbasis $\underline{o}_1,\ldots,\underline{o}_n$ derart, daß jeder Vektor $\underline{o}_i$ eine Linearkombination von $\underline{b}_1,\ldots,\underline{b}_n$ darstellt. (124.4)

Der Beweis dieses Satzes wird mit Hilfe des Schmidtschen Orthogonalisierungsverfahrens geführt [Neiß und Liermann 1975, S.134].

Satz: Falls $\underline{o}_1,\underline{o}_2,\ldots,\underline{o}_r$ eine orthonormale Basis eines Unterraums des E^n ist, dann läßt sie sich zur orthonormalen Basis des E^n mit den n Basisvektoren $\underline{o}_1,\ldots,\underline{o}_r,\underline{o}_{r+1},\ldots,\underline{o}_n$ ergänzen. (124.5)

Der Beweis dieses Satzes ergibt sich mit (124.4) und dem Basisergänzungssatz [Grotemeyer 1970, S.193].

Der Begriff der Orthogonalität wird auch auf Unterräume von Vektorräumen ausgedehnt.

Definition: U und W seien Unterräume des E^n. Gilt $\underline{x}'\underline{y}=0$ für alle $\underline{x}\in U$ und alle $\underline{y}\in W$, dann bezeichnet man U und W als zueinander *ortho-*

gonale Unterräume des E^n. (124.6)

Für die Menge der Vektoren eines Vektorraums, die orthogonal zu den Vektoren eines Unterraums stehen, gilt der

Satz: Es sei U ein Unterraum des Vektorraums E^n und $U^\perp$ die Menge der Vektoren des E^n, die orthogonal zu jedem Vektor von U sind. $U^\perp$ ist dann Unterraum des E^n und wird als orthogonales Komplement von U in E^n bezeichnet. Weiter ist jeder Vektor $\underline{z} \in E^n$ eindeutig darstellbar durch $\underline{z}=\underline{x}+\underline{y}$ mit $\underline{x} \in U$ und $\underline{y} \in U^\perp$, so daß $E^n = U \oplus U^\perp$ gilt. Ferner ist $\dim U + \dim U^\perp = \dim E^n = n$. (124.7)

Beweis: Die Vektoren $\underline{u}, \underline{v} \in E^n$ seien orthogonal zu jedem Vektor in U, so daß $\underline{u}, \underline{v} \in U^\perp$ gilt. Dann sind auch Linearkombinationen von $\underline{u}$ und $\underline{v}$ orthogonal zu jedem Vektor in U, so daß $U^\perp$ nach (121.9) einen Unterraum des E^n bildet. Weiter sei $\dim U = r$ und $\underline{\alpha}_1, \underline{\alpha}_2, \ldots, \underline{\alpha}_r$ eine orthonormale Basis für U, so daß $\underline{x} \in U$ nach (122.7) durch $\underline{x} = \sum_{i=1}^{r} c_i \underline{\alpha}_i$ mit $c_i \in \mathbb{R}$ darstellbar ist. Ferner sei $\underline{\alpha}_1, \ldots, \underline{\alpha}_r, \underline{\alpha}_{r+1}, \ldots, \underline{\alpha}_n$ die aufgrund von (124.5) ergänzte orthonormale Basis des E^n, so daß für $\underline{z} \in E^n$ die Darstellung $\underline{z} = \sum_{i=1}^{n} d_i \underline{\alpha}_i$ mit $d_i \in \mathbb{R}$ erhalten wird. Die Vektoren $\underline{z}$ sind nur dann orthogonal zu $\underline{x} \in U$, falls $d_1 = d_2 = \cdots = d_r = 0$, falls sie also in dem (n-r)-dimensionalen Unterraum $U^\perp$ der Vektoren mit der Darstellung $\underline{y} = \sum_{i=r+1}^{n} d_i \underline{\alpha}_i$ sich befinden. Hieraus folgen dann die Aussagen und mit (121.10) die Darstellung des E^n als direkte Summe.

13 Matrizen

131 Matrixdefinition und Matrixverknüpfungen

a) Definition einer Matrix

Eine rechteckige Tabelle von Zahlen bezeichnet man als Matrix oder genauer formuliert:

Definition: Es sei K ein Körper von Zahlen und $n, m \in \mathbb{N}$. Dann heißt die rechteckige Tabelle der Elemente $a_{ij} \in K$

$$\underline{A} = (a_{ij}) = \begin{vmatrix} a_{11} & a_{12} & \cdots & a_{1n} \\ a_{21} & a_{22} & \cdots & a_{2n} \\ \cdots & \cdots & \cdots & \cdots \\ a_{m1} & a_{m2} & \cdots & a_{mn} \end{vmatrix}$$

eine m×n Matrix $\underline{A}$, wobei m die Anzahl der Zeilen und n die der Spalten, also die Dimensionen der Matrix angeben. (131.1)

Im folgenden werden ausschließlich Matrizen mit Elementen aus dem Körper der reellen Zahlen, also $a_{ij} \in \mathbb{R}$ behandelt.

Mit n=1 geht die Matrix $\underline{A}$ in den mit (121.1) definierten m×1 Vektor über, der auch als Spaltenvektor bezeichnet wird. Mit m=1 ergibt sich aus $\underline{A}$ der 1×n Zeilenvektor. Ist m=n heißt $\underline{A}$ eine quadratische Matrix. Ist $a_{ij}=0$, wird $\underline{A}$ zur Nullmatrix $\underline{O}$. Die quadratische n×n Matrix $\underline{A}$ mit $a_{ij}=1$ für i=j und $a_{ij}=0$ für i≠j bezeichnet man als n×n Einheitsmatrix $\underline{I}$ oder $\underline{I}_n$. Die Elemente a_{ii} einer quadratischen Matrix heißen Diagonalelemente. Gilt in einer quadratischen n×n Matrix $\underline{A}$ für die Nicht-Diagonalelemente $a_{ij}=0$ für i≠j, heißt $\underline{A}$ eine Diagonalmatrix, und man schreibt $\underline{A}=\text{diag}(a_{11},\ldots,a_{nn})$. Sind sämtliche Elemente einer quadratischen Matrix unterhalb der Diagonalelemente gleich Null, liegt eine obere Dreiecksmatrix vor. Befinden sich die Nullelemente oberhalb der Diagonalelemente, spricht man von unterer Dreiecksmatrix. Sind die Diagonalelemente einer Dreiecksmatrix gleich Eins, bezeichnet man sie als Einheits-Dreiecksmatrix.

b) Addition von Matrizen

Definition: Zwei m×n Matrizen $\underline{A}=(a_{ij})$ und $\underline{B}=(b_{ij})$ werden addiert, indem positionsgleiche Elemente addiert werden, also $\underline{A}+\underline{B}=(a_{ij}+b_{ij})$. (131.2)

Die Addition zweier Matrizen ist also nur für Matrizen gleichen Formats oder gleicher Dimensionen definiert, die gleiche Anzahl von Zeilen und Spalten besitzen.

Satz: Die Matrizenaddition ist kommutativ und assoziativ

$$\underline{A} + \underline{B} = \underline{B} + \underline{A}$$
$$\underline{A} + (\underline{B}+\underline{C}) = (\underline{A}+\underline{B}) + \underline{C} \qquad (131.3)$$

Beweis: Mit (114.1) und (131.2) folgen die Aussagen.

c) Skalarmultiplikation

Definition: Eine Matrix $\underline{A}=(a_{ij})$ wird mit einem Skalar $c \in \mathbb{R}$ multipliziert, indem jedes Element von $\underline{A}$ mit c multipliziert wird, also $c\underline{A}=(ca_{ij})$ (131.4)

Satz: Mit $c,d \in \mathbb{R}$ gilt

$$(c+d)\underline{A} = c\underline{A} + d\underline{A}$$
$$c(\underline{A}+\underline{B}) = c\underline{A} + c\underline{B} \qquad (131.5)$$

Beweis: Mit (114.1) und (131.4) ergeben sich die Aussagen.

d) Matrizenmultiplikation

Definition: Das Produkt $\underline{AB}=(c_{ij})$ der m×n Matrix $\underline{A}$ und der n×p Matrix $\underline{B}$ ist definiert durch

$$c_{ij}=\sum_{k=1}^{n} a_{ik}b_{kj} \quad \text{für} \quad i\in\{1,\ldots,m\} \quad \text{und} \quad j\in\{1,\ldots,p\} \tag{131.6}$$

Das Produkt zweier Matrizen ist also nur dann definiert, wenn die Anzahl der Spalten von $\underline{A}$ der Anzahl der Zeilen von $\underline{B}$ gleicht. Das Produkt $\underline{AB}$ besitzt soviele Zeilen wie $\underline{A}$ und soviele Spalten wie $\underline{B}$.

Beispiel: Die beiden unten definierten Matrizen $\underline{A}$ und $\underline{B}$ sollen miteinander multipliziert werden, wobei zur Rechenkontrolle als zusätzliche Spalte an die Matrix $\underline{B}$ die Summe ihrer Zeilen angehängt und in die Multiplikation miteinbezogen werde, so daß eine zusätzliche Spalte in der Produktmatrix $\underline{AB}$ erhalten wird, die gleich der Zeilensumme von $\underline{AB}$ sein muß. Zur besseren Übersicht wird außerdem das sogenannte Falksche Schema benutzt.

$$\begin{array}{rccc|rrrr|r}
 & & & \underline{B} = & 1 & -1 & 0 & 3 & 3 \\
 & & & & 0 & 1 & 1 & -4 & -2 \\
 & & & & 2 & 2 & -2 & 5 & 7 \\
\hline
\underline{A} = & -1 & 2 & 1 & 1 & 5 & 0 & -6 & 0 \\
 & 0 & 3 & 4 & 8 & 11 & -5 & 8 & 22 \\
\end{array}$$

$$= \underline{AB}$$

Satz: Die Matrizenmultiplikation ist assoziativ, distributiv, aber im allgemeinen nicht kommutativ

$$\underline{A}(\underline{BC}) = (\underline{AB})\underline{C}$$

$$\underline{A}(\underline{B}+\underline{C}) = \underline{AB} + \underline{AC} \quad \text{und} \quad (\underline{A}+\underline{B})\underline{C} = \underline{AC} + \underline{BC}$$

$$\text{im allgemeinen } \underline{AB} \neq \underline{BA} \tag{131.7}$$

Beweis: $\underline{A}=(a_{ij})$ sei eine m×n Matrix, $\underline{B}=(b_{ij})$ eine n×p Matrix und $\underline{C}=(c_{ij})$ eine p×r Matrix. Ferner sei $\underline{D}=(d_{ij})=\underline{AB}$ und $\underline{E}=(e_{ij})=\underline{BC}$. Dann ist

$$\underline{A}(\underline{BC}) = (\sum_{k=1}^{n} a_{ik}e_{kj})=(\sum_{k=1}^{n} a_{ik}(\sum_{l=1}^{p} b_{kl}c_{lj}))$$

$$= (\sum_{l=1}^{p}(\sum_{k=1}^{n} a_{ik}b_{kl})c_{lj})=(\sum_{l=1}^{p} d_{il}c_{lj})=(\underline{AB})\underline{C}$$

Analog läßt sich die Distributivität beweisen, während die Nicht-Kommutativität offensichtlich ist, so daß die Aussagen sich ergeben.

Die Multiplikation mit der Einheitsmatrix $\underline{I}$ entsprechender Dimension verändert eine Matrix $\underline{A}$ nicht

$$\underline{I}\,\underline{A} = \underline{A} \quad \text{und} \quad \underline{A}\,\underline{I} = \underline{A} \tag{131.8}$$

e) Transponierung einer Matrix

Definition: Vertauscht man in einer m×n Matrix $\underline{A}$ die Zeilen und Spalten, so entsteht die *transponierte* n×m Matrix $\underline{A}'$

$$\underline{A} = \begin{vmatrix} a_{11} & a_{12} & \dots & a_{1n} \\ a_{21} & a_{22} & \dots & a_{2n} \\ \dots & \dots & \dots & \dots \\ a_{m1} & a_{m2} & \dots & a_{mn} \end{vmatrix}, \quad \underline{A}' = \begin{vmatrix} a_{11} & a_{21} & \dots & a_{m1} \\ a_{12} & a_{22} & \dots & a_{m2} \\ \dots & \dots & \dots & \dots \\ a_{1n} & a_{2n} & \dots & a_{mn} \end{vmatrix} \tag{131.9}$$

Durch Transponierung geht der m×1 Spaltenvektor $\underline{x}$ in den 1×m Zeilenvektor $\underline{x}'$ über, so daß die Definition (123.1) des Skalarproduktes zweier m×1 Vektoren $\underline{x}$ und $\underline{y}$ übereinstimmt mit (131.6). Bleibt eine quadratische Matrix bei der Transponierung unverändert, also $\underline{A}'=\underline{A}$, bezeichnet man sie als *symmetrische* Matrix; ändert sie durch die Transponierung nur ihr Vorzeichen, also $\underline{A}'=-\underline{A}$, heißt sie *schiefsymmetrisch*.

Satz: Die Transponierung der Summe und des Produktes zweier Matrizen $\underline{A}$ und $\underline{B}$ ergibt

$$(\underline{A}+\underline{B})' = \underline{A}' + \underline{B}' \quad \text{und} \quad (\underline{A}\,\underline{B})' = \underline{B}'\underline{A}' \tag{131.10}$$

Beweis: Die erste Aussage ergibt sich unmittelbar mit (131.9). Zum Beweis der zweiten seien zwei m×n und n×p Matrizen $\underline{A}$ und $\underline{B}$ gegeben, die dargestellt seien durch $\underline{A}=|\underline{a}_1,\underline{a}_2,\dots,\underline{a}_m|'$ mit $\underline{a}_i'=|a_{i1},\dots,a_{in}|$ und $\underline{B}=|\underline{b}_1,\underline{b}_2,\dots,\underline{b}_p|$ mit $\underline{b}_i=|b_{1i},\dots,b_{ni}|'$. Dann ist $\underline{A}\,\underline{B}=(\underline{a}_i'\underline{b}_j)$ und mit (131.9) $(\underline{A}\,\underline{B})'=(\underline{a}_j'\underline{b}_i)$. Weiter gilt $\underline{B}'\underline{A}'=(\underline{b}_i'\underline{a}_j)=(\underline{a}_j'\underline{b}_i)=(\underline{A}\,\underline{B})'$ wegen (123.2), so daß die Aussagen folgen.

Satz: $\underline{A}'\underline{A}=\underline{O}$ gilt genau dann, wenn $\underline{A}=\underline{O}$ ist. (131.11)

Beweis: Mit $\underline{A}=\underline{O}$ folgt $\underline{A}'\underline{A}=\underline{O}$. Andrerseits folgt aus $\underline{A}'\underline{A}=\underline{O}$, daß die Summe der Quadrate der Elemente jeder Spalte von $\underline{A}$ gleich Null und daher jedes Element gleich Null ist, so daß die Aussage folgt.

f) Inverse Matrix

Definition: Existiert für eine n×n Matrix $\underline{A}$ eine n×n Matrix $\underline{B}$ derart, daß $\underline{A}\,\underline{B}=\underline{I}$ und $\underline{B}\,\underline{A}=\underline{I}$ gilt, so ist $\underline{B}$ die *inverse* Matrix von $\underline{A}$. Die Matrix $\underline{A}$ heißt dann *regulär*, im anderen Fall *singulär*. (131.12)

Eine notwendige und hinreichende Bedingung dafür, daß eine Matrix regulär ist, wird im Satz (133.1) angegeben.

Satz: Die Inverse einer regulären Matrix ist eindeutig bestimmt und wird mit $\underline{A}^{-1}$ bezeichnet. (131.13)

Beweis: Es seien $\underline{A}_1^{-1}$ und $\underline{A}_2^{-1}$ zwei Inversen der regulären Matrix $\underline{A}$.

Aus $\underline{A}_2^{-1}\underline{A}=\underline{I}$ folgt $\underline{A}_2^{-1}\underline{A}\underline{A}_1^{-1}=\underline{A}_1^{-1}$ und daraus $\underline{A}_2^{-1}=\underline{A}_1^{-1}$, denn es ist $\underline{A}\underline{A}_1^{-1}=\underline{I}$ wegen (131.12), so daß die Aussage folgt.

Satz: Sind $\underline{A}$ und $\underline{B}$ reguläre Matrizen, gilt

$$(\underline{A}\underline{B})^{-1}=\underline{B}^{-1}\underline{A}^{-1} \tag{131.14}$$

$$(\underline{A}^{-1})'=(\underline{A}')^{-1} \tag{131.15}$$

$$(\underline{A}^{-1})^{-1}=\underline{A} \tag{131.16}$$

Beweis: Es sei $\underline{C}=\underline{B}^{-1}\underline{A}^{-1}$, dann gilt $(\underline{A}\underline{B})\underline{C}=\underline{I}$ und $\underline{C}(\underline{A}\underline{B})=\underline{I}$, so daß mit (131.12) und (131.13) die Aussage (131.14) folgt. Durch Transponierung von $\underline{A}\underline{A}^{-1}=\underline{I}$ und $\underline{A}^{-1}\underline{A}=\underline{I}$ ergibt sich mit (131.10) $(\underline{A}^{-1})'\underline{A}'=\underline{I}$ und $\underline{A}'(\underline{A}^{-1})'=\underline{I}$, so daß $\underline{A}'$ regulär ist. Dann gilt weiter $(\underline{A}')^{-1}\underline{A}'=\underline{I}$ und $\underline{A}'(\underline{A}')^{-1}=\underline{I}$, so daß wegen der Eindeutigkeit der Inversen die Aussage (131.15) folgt. Ebenso ergibt sich aus $\underline{A}^{-1}\underline{A}=\underline{I}$ und $\underline{A}\underline{A}^{-1}=\underline{I}$, daß $\underline{A}^{-1}$ regulär ist und damit $\underline{A}^{-1}(\underline{A}^{-1})^{-1}=\underline{I}$ sowie $(\underline{A}^{-1})^{-1}\underline{A}^{-1}=\underline{I}$, so daß (131.16) folgt.

Satz: Die Inverse einer symmetrischen Matrix ist wieder symmetrisch. (131.17)

Beweis: Aus (131.15) folgt mit $\underline{A}=\underline{A}'$ unmittelbar $(\underline{A}^{-1})'=\underline{A}^{-1}$.

g) Blockmatrizen

Faßt man in einer m×n Matrix $\underline{A}$ die ersten r Zeilen und die ersten s Spalten zu der r×s Untermatrix $\underline{A}_{11}$ zusammen, die ersten r Zeilen und die verbleibenden n-s Spalten zu der r×(n-s) Untermatrix $\underline{A}_{12}$ und die verbleibenden Zeilen und Spalten entsprechend, so ergibt sich $\underline{A}$ als Blockmatrix zu

$$\underline{A}=\begin{vmatrix} \underline{A}_{11} & \underline{A}_{12} \\ \underline{A}_{21} & \underline{A}_{22} \end{vmatrix} \tag{131.18}$$

Für die transponierte Blockmatrix $\underline{A}'$ folgt mit (131.9)

$$\underline{A}'=\begin{vmatrix} \underline{A}'_{11} & \underline{A}'_{21} \\ \underline{A}'_{12} & \underline{A}'_{22} \end{vmatrix} \tag{131.19}$$

Besitzt eine m×n Matrix $\underline{B}$ eine entsprechende Unterteilung wie die Blockmatrix $\underline{A}$, so ergibt sich die Summe $\underline{A}+\underline{B}$ mit (131.2) zu

$$\underline{A}+\underline{B}=\begin{vmatrix} \underline{A}_{11}+\underline{B}_{11} & \underline{A}_{12}+\underline{B}_{12} \\ \underline{A}_{21}+\underline{B}_{21} & \underline{A}_{22}+\underline{B}_{22} \end{vmatrix} \tag{131.20}$$

Ist eine n×u Matrix $\underline{C}$ aufgeteilt in s und n-s Zeilen und in eine beliebige Zerlegung der Spalten, lassen sich die Blockmatrix $\underline{A}$ aus

(131.18) und $\underline{C}$ miteinander multiplizieren, und man erhält mit (131.6)

$$\underline{AC} = \begin{vmatrix} \underline{A}_{11} & \underline{A}_{12} \\ \underline{A}_{21} & \underline{A}_{22} \end{vmatrix} \begin{vmatrix} \underline{C}_{11} & \underline{C}_{12} \\ \underline{C}_{21} & \underline{C}_{22} \end{vmatrix} = \begin{vmatrix} \underline{A}_{11}\underline{C}_{11}+\underline{A}_{12}\underline{C}_{21} & \underline{A}_{11}\underline{C}_{12}+\underline{A}_{12}\underline{C}_{22} \\ \underline{A}_{21}\underline{C}_{11}+\underline{A}_{22}\underline{C}_{21} & \underline{A}_{21}\underline{C}_{12}+\underline{A}_{22}\underline{C}_{22} \end{vmatrix} \quad (131.21)$$

h) Kronecker-Produkt

<u>Definition</u>: Es sei $\underline{A}=(a_{ij})$ eine m×n Matrix und $\underline{B}=(b_{ij})$ eine p×q Matrix, dann ist das Kronecker-Produkt $\underline{A}\otimes\underline{B}$ von $\underline{A}$ und $\underline{B}$ definiert als die mp×nq Matrix

$$\underline{A}\otimes\underline{B} = \begin{vmatrix} a_{11}\underline{B} & \dots & a_{1n}\underline{B} \\ \dots & \dots & \dots \\ a_{m1}\underline{B} & \dots & a_{mn}\underline{B} \end{vmatrix} \quad (131.22)$$

Das Kronecker-Produkt wird für die multivariaten Modelle der Parameterschätzung benötigt. Folgende Rechenregeln sind zu beachten.

<u>Satz</u>: Es gilt $(\underline{A}\otimes\underline{B})' = \underline{A}'\otimes\underline{B}'$ (131.23)

Beweis: Transponiert man die Matrix $\underline{A}\otimes\underline{B}$, ergibt sich

$$(\underline{A}\otimes\underline{B})' = \begin{vmatrix} a_{11}\underline{B}' & \dots & a_{m1}\underline{B}' \\ \dots & \dots & \dots \\ a_{1n}\underline{B}' & \dots & a_{mn}\underline{B}' \end{vmatrix}$$

und mit (131.22) die Aussage.

<u>Satz</u>: Sind $\underline{A}$ und $\underline{B}$ sowie $\underline{E}$ und $\underline{F}$ jeweils m×n Matrizen, dann gilt

$$(\underline{A}+\underline{B})\otimes\underline{C} = (\underline{A}\otimes\underline{C})+(\underline{B}\otimes\underline{C})$$
$$\underline{D}\otimes(\underline{E}+\underline{F}) = (\underline{D}\otimes\underline{E})+(\underline{D}\otimes\underline{F}) \quad (131.24)$$

Beweis: Mit (131.2) und (131.22) erhält man

$$(\underline{A}+\underline{B})\otimes\underline{C} = \begin{vmatrix} (a_{11}+b_{11})\underline{C} & \dots & (a_{1n}+b_{1n})\underline{C} \\ \dots & \dots & \dots \\ (a_{m1}+b_{m1})\underline{C} & \dots & (a_{mn}+b_{mn})\underline{C} \end{vmatrix} = (\underline{A}\otimes\underline{C})+(\underline{B}\otimes\underline{C})$$

und die zweite Aussage entsprechend.

<u>Satz</u>: Mit $c\in\mathbb{R}$ gilt

$$c(\underline{A}\otimes\underline{B}) = (c\underline{A})\otimes\underline{B} = \underline{A}\otimes(c\underline{B}) \quad (131.25)$$

Beweis: Mit (131.4) und (131.22) folgen die Aussagen.

<u>Satz</u>: Ist $\underline{A}$ eine l×m, $\underline{C}$ eine m×n Matrix, $\underline{B}$ eine p×q und $\underline{D}$ eine q×r Matrix, dann gilt

$$(\underline{A}\otimes\underline{B})(\underline{C}\otimes\underline{D}) = \underline{AC}\otimes\underline{BD} \quad (131.26)$$

Beweis: Definiert man $\underline{AC}=(f_{ij})$, ergibt sich mit (131.6) und (131.22)

$$(\underline{A}\otimes\underline{B})(\underline{C}\otimes\underline{D}) = \begin{vmatrix} a_{11}\underline{B} & \dots & a_{1m}\underline{B} \\ \dots & \dots & \dots \\ a_{l1}\underline{B} & \dots & a_{lm}\underline{B} \end{vmatrix} \begin{vmatrix} c_{11}\underline{D} & \dots & c_{1n}\underline{D} \\ \dots & \dots & \dots \\ c_{m1}\underline{D} & \dots & c_{mn}\underline{D} \end{vmatrix}$$

$$= \begin{vmatrix} \sum\limits_{i=1}^{m} a_{1i}c_{i1}\underline{\underline{BD}} & \dots & \sum\limits_{i=1}^{m} a_{1i}c_{in}\underline{\underline{BD}} \\ \dots & \dots & \dots \\ \sum\limits_{i=1}^{m} a_{li}c_{i1}\underline{\underline{BD}} & \dots & \sum\limits_{i=1}^{m} a_{li}c_{in}\underline{\underline{BD}} \end{vmatrix} = \begin{vmatrix} f_{11}\underline{\underline{BD}} & \dots & f_{1n}\underline{\underline{BD}} \\ \dots & \dots & \dots \\ f_{l1}\underline{\underline{BD}} & \dots & f_{ln}\underline{\underline{BD}} \end{vmatrix} = \underline{\underline{AC}} \otimes \underline{\underline{BD}}$$

Satz: Sind $\underline{\underline{A}}$ und $\underline{\underline{B}}$ zwei reguläre m×m beziehungsweise n×n Matrizen, dann gilt

$$(\underline{\underline{A}}\otimes\underline{\underline{B}})^{-1} = \underline{\underline{A}}^{-1} \otimes \underline{\underline{B}}^{-1} \tag{131.27}$$

Beweis: Es sei $\underline{\underline{C}}=\underline{\underline{A}}^{-1}\otimes\underline{\underline{B}}^{-1}$, dann erhält man mit (131.26) $(\underline{\underline{A}}\otimes\underline{\underline{B}})\underline{\underline{C}}=\underline{\underline{I}}$ und $\underline{\underline{C}}(\underline{\underline{A}}\otimes\underline{\underline{B}})=\underline{\underline{I}}$, so daß mit (131.12) und (131.13) die Aussage folgt.

132 Rang einer Matrix

Wesentliche Eigenschaften einer Matrix sind mit der Anzahl ihrer linear unabhängigen Zeilen und Spalten verbunden.

Definition: Die maximale Anzahl der linear unabhängigen Zeilen einer Matrix heißt der Rang einer Matrix, und man schreibt $r=\text{rg}\underline{\underline{A}}$, wenn r den Rang und $\underline{\underline{A}}$ die Matrix bezeichnet. (132.1)

Wie sich aus dem Satz (132.8) ergeben wird, kann in der Definition (132.1) das Wort Zeilen auch durch das Wort Spalten ersetzt werden.

Die praktische Rangbestimmung wird mit Hilfe elementarer Umformungen vorgenommen, die, wie gezeigt wird, den Rang einer Matrix nicht ändern. Sie bestehen 1. in der Vertauschung von Zeilen (Spalten), 2. in der Multiplikation einer Zeile (Spalte) mit einem Skalar $c\neq 0$ und 3. in der Addition einer mit $c\neq 0$ multiplizierten Zeile (Spalte) zu einer anderen Zeile (Spalte). Die elementaren Umformungen werden ebenfalls bei der Berechnung inverser Matrizen oder bei der Lösung linearer Gleichungssysteme angewendet, was im folgenden Kapitel behandelt wird.

Die elementaren Umformungen von Zeilen ergeben sich aus der linksseitigen Multiplikation der m×n Matrix $\underline{\underline{A}}$ mit speziellen m×m Matrizen $\underline{\underline{E}}$, den elementaren Matrizen. Gilt

$$\underline{\underline{E}}_1 = \begin{vmatrix} 0 & 1 & 0 & \dots & 0 \\ 1 & 0 & 0 & \dots & 0 \\ 0 & 0 & 1 & \dots & 0 \\ \dots & \dots & \dots & \dots & \dots \\ 0 & 0 & 0 & \dots & 1 \end{vmatrix}, \quad \underline{\underline{E}}_2 = \begin{vmatrix} 1 & 0 & 0 & \dots & 0 \\ 0 & c & 0 & \dots & 0 \\ 0 & 0 & 1 & \dots & 0 \\ \dots & \dots & \dots & \dots & \dots \\ 0 & 0 & 0 & \dots & 1 \end{vmatrix}, \quad \underline{\underline{E}}_3 = \begin{vmatrix} 1 & 0 & 0 & \dots & 0 \\ c & 1 & 0 & \dots & 0 \\ 0 & 0 & 1 & \dots & 0 \\ \dots & \dots & \dots & \dots & \dots \\ 0 & 0 & 0 & \dots & 1 \end{vmatrix} \tag{132.2}$$

bewirkt $\underline{\underline{E}}_1\underline{\underline{A}}$ den Austausch der ersten und zweiten Zeile von $\underline{\underline{A}}$, $\underline{\underline{E}}_2\underline{\underline{A}}$ die

Multiplikation der zweiten Zeile von $\underline{A}$ mit dem Skalar c und $\underline{E}_3\underline{A}$ die Addition der mit c multiplizierten Elemente der ersten Zeile von $\underline{A}$ zu den entsprechenden Elementen der zweiten Zeile.

Für jede elementare Matrix $\underline{E}$ existiert die inverse Matrix $\underline{E}^{-1}$, die die elementare Umformung rückgängig macht. Es gilt $\underline{E}_1^{-1}=\underline{E}_1$ und

$$\underline{E}_2^{-1} = \begin{vmatrix} 1 & 0 & 0 & \dots & 0 \\ 0 & 1/c & 0 & \dots & 0 \\ 0 & 0 & 1 & \dots & 0 \\ \dots & \dots & \dots & \dots & \dots \\ 0 & 0 & 0 & \dots & 1 \end{vmatrix}, \quad \underline{E}_3^{-1} = \begin{vmatrix} 1 & 0 & 0 & \dots & 0 \\ -c & 1 & 0 & \dots & 0 \\ 0 & 0 & 1 & \dots & 0 \\ \dots & \dots & \dots & \dots & \dots \\ 0 & 0 & 0 & \dots & 1 \end{vmatrix} \qquad (132.3)$$

denn mit $\underline{E}_1\underline{E}_1^{-1}=\underline{I}$ und $\underline{E}_1^{-1}\underline{E}_1=\underline{I}$ sowie den entsprechenden Gleichungen für $\underline{E}_2$ und $\underline{E}_3$ ist (131.12) erfüllt.

Rechtsseitige Multiplikationen einer Matrix mit den transponierten elementaren Matrizen bewirken die Spaltenumformungen. So wird durch $\underline{A}\underline{E}_1'$ die erste und zweite Spalte von $\underline{A}$ ausgetauscht und durch $\underline{A}\underline{E}_2'$ und $\underline{A}\underline{E}_3'$ ergeben sich entsprechende Spaltenoperationen.

Wie bereits erwähnt, gilt der

Satz: Elementare Umformungen ändern den Rang einer Matrix nicht. (132.4)

Beweis: Der Satz wird zunächst für die Zeilenumformungen bewiesen. Für eine m×n Matrix $\underline{A}$ gelte $\text{rg}\underline{A}=r$ mit $r<m$. Es existieren dann r linear unabhängige Zeilen, mit denen die restlichen m-r Zeilen mit Hilfe der Koeffizienten $c_{i1},c_{i2},\dots,c_{ir}$ mit $i\in\{1,\dots,m-r\}$ wegen (122.3) darstellbar sind. Falls erforderlich durch Zeilenvertauschungen enthalte die r×n Matrix $\underline{A}_1$ die linear unabhängigen Zeilen und die (m-r)×n Matrix $\underline{A}_2$ die m-r linear abhängigen Zeilen, so daß $\underline{A}=\begin{vmatrix}\underline{A}_1\\ \underline{A}_2\end{vmatrix}$ ist. Die Koeffizienten $c_{i1},c_{i2},\dots,c_{ir}$ sollen die (m-r)×r Matrix $\underline{C}$ bilden. Dann existiert die m×m Matrix $\underline{D}$, so daß mit

$$\underline{D} = \begin{vmatrix} \underline{I} & \underline{O} \\ -\underline{C} & \underline{I} \end{vmatrix} \quad \text{folgt} \quad \underline{D}\underline{A} = \begin{vmatrix} \underline{A}_1 \\ \underline{A}_2-\underline{C}\underline{A}_1 \end{vmatrix} = \begin{vmatrix} \underline{A}_1 \\ \underline{O} \end{vmatrix} \qquad (132.5)$$

Bezeichnet man nun mit $\underline{E}\underline{A}$ eine durch elementare Zeilenumformungen von $\underline{A}$ gewonnene Matrix, so soll diese Matrix durch elementare Zeilenumformungen, die in der Matrix $\underline{F}$ zusammengefaßt seien, auf eine der rechten Seite von (132.5) entsprechende Form gebracht werden. Setzt man $\underline{F}=\underline{D}\underline{E}^{-1}$, dann ist $\underline{F}\underline{E}\underline{A}=\underline{D}\underline{E}^{-1}\underline{E}\underline{A}=\underline{D}\underline{A}$, so daß die Matrizen $\underline{A}$ und $\underline{E}\underline{A}$ die gleiche Anzahl linear unabhängiger Zeilen besitzen. Der Beweis für die Spaltenumformungen verläuft analog.

Bei einer praktischen Rangbestimmung bringt man die m×n Matrix $\underline{A}$ nicht auf die Form (132.5) sondern durch elementare Zeilenumformungen, deren Anzahl k betrage, zunächst auf die Gestalt

$$\underline{E}^{(k)}\ldots\underline{E}^{(2)}\underline{E}^{(1)}\underline{A} = \underline{P}\underline{A} = \underline{B} \qquad (132.6)$$

mit

$$\underline{B} = \left|\begin{array}{ccccccc} 1 & b_{12} & b_{13} & \ldots & b_{1r} & \ldots & b_{1n} \\ 0 & 1 & b_{23} & \ldots & b_{2r} & \ldots & b_{2n} \\ 0 & 0 & 1 & \ldots & b_{3r} & \ldots & b_{3n} \\ \ldots & \ldots & \ldots & \ldots & \ldots & \ldots & \ldots \\ 0 & 0 & 0 & \ldots & 1 & \ldots & b_{rn} \\ 0 & 0 & 0 & \ldots & 0 & \ldots & 0 \\ \ldots & \ldots & \ldots & \ldots & \ldots & \ldots & \ldots \\ 0 & 0 & 0 & \ldots & 0 & \ldots & 0 \end{array}\right|$$

worin $\underline{P}$ die Dimension m×m besitzt. Man geht so vor, daß nötigenfalls durch Zeilenvertauschungen, um das erste Element der ersten Zeile von Null verschieden zu erhalten, sämtliche Elemente der ersten Zeile durch das erste Element dividiert werden. Anschließend wird die erste Zeile mit entsprechenden Skalaren multipliziert und zu den folgenden Zeilen addiert, um Nullelemente in der ersten Spalte der zweiten Zeile und der folgenden zu erzeugen. Dann werden die Elemente der zweiten Zeile durch das in dieser Zeile an zweiter Stelle stehende Element dividiert, nachdem, falls erforderlich, zuvor diese Zeile mit einer der folgenden vertauscht wurde. Anschließend werden mit Hilfe der zweiten Zeile Nullelemente in der dritten Zeile und den folgenden Zeilen erzeugt. Entsprechend werden sämtliche Zeilen bearbeitet, bis die Matrix $\underline{B}$ in (132.6) erhalten wird.

Durch rechtsseitige Multiplikationen von $\underline{B}$ in (132.6) mit den transponierten elementaren Matrizen $\underline{E}'$ folgen dann die Spaltenumformungen. Durch Multiplikationen der ersten Spalte mit entsprechenden Skalaren und durch Additionen zu den folgenden Spalten lassen sich Nullen für die ersten Elemente der folgenden Spalten erzeugen. Wiederholt man die entsprechenden Umformungen für die zweite bis zur r-ten Spalte, ergibt sich, falls l Umformungen benötigt werden,

$$\underline{B}\underline{E}'^{(k+1)}\underline{E}'^{(k+2)}\ldots\underline{E}'^{(k+1)} = \underline{B}\underline{Q} = \underline{P}\underline{A}\underline{Q} = \left|\begin{array}{cc} \underline{I}_r & \underline{0} \\ \underline{0} & \underline{0} \end{array}\right| \qquad (132.7)$$

$\underline{I}_r$ ist die r×r Einheitsmatrix, und $\underline{Q}$ besitzt die Dimension n×n.

Mit (122.2) ist offensichtlich, daß die aus $\underline{A}$ durch elementare Umformungen erhaltene Matrix (132.7) r linear unabhängige Zeilen und Spalten besitzt. Da die elementaren Umformungen entsprechend für die transponierte Matrix $\underline{A}'$ ablaufen, ergibt sich mit (132.1) und (132.4), falls min(m,n) das Minimum von m und n bedeutet, der

Satz: Die maximale Anzahl r der linear unabhängigen Zeilen einer m×n Matrix $\underline{A}$ gleicht der maximalen Anzahl der linear unabhängigen Spalten, und es gilt $r=\text{rg}\underline{A}=\text{rg}\underline{A}'\leq \min(m,n)$. (132.8)

Besitzt eine m×n Matrix $\underline{A}$ den Rang $\text{rg}\underline{A}=m$, bezeichnet man sie als Matrix mit vollem Zeilenrang und im Fall von $\text{rg}\underline{A}=n$ als Matrix mit vollem Spaltenrang. Gilt $\text{rg}\underline{A}<m$ und $\text{rg}\underline{A}<n$, weist $\underline{A}$ einen Rangdefekt auf.

Wie bereits erwähnt, existieren für elementare Matrizen $\underline{E}$ die inversen Matrizen $\underline{E}^{-1}$. Durch linksseitige Multiplikation von (132.6) mit $\underline{P}^{-1}=(\underline{E}^{(1)})^{-1}(\underline{E}^{(2)})^{-1}\dots(\underline{E}^{(k)})^{-1}$ wegen (131.14) und durch rechtsseitige Multiplikation von (132.7) mit $\underline{Q}^{-1}=(\underline{E}'^{(k+l)})^{-1}\dots(\underline{E}'^{(k+2)})^{-1}(\underline{E}'^{(k+1)})^{-1}$ kann aus (132.7) $\underline{A}$ zurück erhalten werden. Da $\underline{P}\underline{P}^{-1}=\underline{P}^{-1}\underline{P}=\underline{I}$ und $\underline{Q}\underline{Q}^{-1}=\underline{Q}^{-1}\underline{Q}=\underline{I}$ gelten, sind $\underline{P}$ und $\underline{Q}$ nach (131.12) reguläre Matrizen. Folglich ergibt sich der

Satz: Jede m×n Matrix $\underline{A}$ mit $\text{rg}\underline{A}=r$ läßt sich mit den regulären m×m und n×n Matrizen $\underline{P}$ und $\underline{Q}$ zerlegen in

$$\underline{P}\underline{A}\underline{Q} = \begin{vmatrix} \underline{I}_r & \underline{0} \\ \underline{0} & \underline{0} \end{vmatrix} \qquad (132.9)$$

Löst man (132.9) nach $\underline{A}$ auf, ergibt sich

$$\underline{A} = \underline{P}^{-1}\begin{vmatrix} \underline{I}_r & \underline{0} \\ \underline{0} & \underline{0} \end{vmatrix}\underline{Q}^{-1} \quad \text{oder} \quad \underline{A} = \underline{R}\underline{S} \qquad (132.10)$$

worin für die m×r Matrix $\underline{R}$ gilt $\text{rg}\underline{R}=r$ und für die r×n Matrix $\underline{S}$ entsprechend $\text{rg}\underline{S}=r$, denn aus den regulären Matrizen $\underline{P}^{-1}$ und $\underline{Q}^{-1}$ wurden m-r Spalten beziehungsweise n-r Zeilen gestrichen, um $\underline{R}$ und $\underline{S}$ zu erhalten. Die Zerlegung (132.10) bezeichnet man als Rangfaktorisierung von $\underline{A}$. Da die Matrizen $\underline{P}$ und $\underline{Q}$ wegen der verschiedenen Möglichkeiten der elementaren Transformationen nicht eindeutig sind, die von Null und Eins verschiedenen Elemente von $\underline{B}$ in (132.6) sind beispielsweise beliebig, ist auch die Rangfaktorisierung nicht eindeutig.

Abschließend sollen noch zwei Sätze über den Rang von Matrizenprodukten angegeben werden.

Satz: $\text{rg}(\underline{A}\underline{B}) \leq \min(\text{rg}\underline{A},\text{rg}\underline{B})$ (132.11)

Beweis: Es sei $\underline{A}=(a_{ij})$ eine m×n Matrix und $\underline{B}=(b_{ij})$ eine n×p Matrix. Dann besteht die Spalte j des Produktes $\underline{A}\underline{B}$ mit $\sum_{k=1}^{n} a_{ik}b_{kj}$ für $i\in\{1,\dots,m\}$ aus Linearkombinationen der Spalten von $\underline{A}$, so daß die Anzahl der linear unabhängigen Spalten in $\underline{A}\underline{B}$ nicht die in $\underline{A}$ überschreiten kann, also $\text{rg}\underline{A}\underline{B}\leq\text{rg}\underline{A}$. Weiter sind die Zeilen von $\underline{A}\underline{B}$ Linearkombinationen der Zeilen von $\underline{B}$, so daß $rg\underline{A}\underline{B} \leq rg\underline{B}$ gilt. Beide Aussagen ergeben dann den Satz.

Satz: Für eine beliebige m×n Matrix $\underline{A}$ und zwei beliebige reguläre m×m und n×n Matrizen $\underline{B}$ und $\underline{C}$ gilt $rg(\underline{B}\underline{A}\underline{C})=rg\underline{A}$. (132.12)
Beweis: Mit (132.11) folgt $rg\underline{A} \geq rg(\underline{A}\underline{C}) \geq rg(\underline{A}\underline{C}\underline{C}^{-1})=rg\underline{A}$, so daß $rg\underline{A}=rg(\underline{A}\underline{C})$ folgt. Weiter gilt $rg(\underline{A}\underline{C}) \geq rg(\underline{B}\underline{A}\underline{C}) \geq rg(\underline{B}^{-1}\underline{B}\underline{A}\underline{C})=rg(\underline{A}\underline{C})$, so daß schließlich $rg\underline{A}=rg(\underline{A}\underline{C})=rg(\underline{B}\underline{A}\underline{C})$ und damit die Aussage folgt.

133 Berechnung inverser Matrizen

Nach der Definition (131.12) der Inversen einer regulären Matrix soll jetzt die Bedingung für die Regularität einer Matrix angegeben werden.

Satz: Die n×n Matrix $\underline{A}$ ist genau dann regulär, wenn $\underline{A}$ vollen Rang besitzt, wenn also $rg\underline{A}=n$ gilt. (133.1)
Beweis: Wie aus dem Beweis von (132.9) sich ergibt und wie bei der folgenden Behandlung des Gaußschen Algorithmus noch einmal gezeigt wird, läßt sich im Falle von $rg\underline{A}=n$ die Matrix $\underline{A}$ durch elementare Zeilenumformungen mit Hilfe der n×n Matrix $\underline{P}$ in eine Einheitsmatrix überführen, also $\underline{P}\underline{A}=\underline{I}$. Entsprechend gilt für die Spaltenumformungen mit der n×n Matrix $\underline{Q}$ die Beziehung $\underline{A}\underline{Q}=\underline{I}$. Dann ist aber $\underline{P}\underline{A}\underline{Q}=\underline{Q}$ und $\underline{P}\underline{A}\underline{Q}=\underline{P}$, so daß $\underline{P}=\underline{Q}$ und wegen (131.12) $\underline{P}=\underline{Q}=\underline{A}^{-1}$ folgt. Ist andrerseits $\underline{A}$ regulär, dann existiert die reguläre Inverse $\underline{A}^{-1}$, so daß mit (132.12) $rg(\underline{A}^{-1}\underline{A})=rg\underline{A}=rg\underline{I}=n$ und damit die Aussage sich ergibt.

Im folgenden sollen Methoden zur Inversion regulärer Matrizen und zur Lösung linearer Gleichungssysteme behandelt werden.

a) Gaußscher Algorithmus

Beim Gaußschen Algorithmus wird wie in (132.6) die reguläre n×n Matrix $\underline{A}$ zunächst durch $p=(n-1)+(n-2)+...+1$ linksseitige Multiplikationen mit elementaren Matrizen vom Typ $\underline{E}_3$ in (132.2) auf die Form einer oberen Dreiecksmatrix gebracht, was man als Gaußsche Elimination bezeichnet,

$$\underline{B} = (\underline{E}_3^{(p)}\underline{E}_3^{(p-1)}\ldots\underline{E}_3^{(1)})\underline{A}=\underline{C}^{-1}\underline{A} \qquad (133.2)$$

und zwar wird im ersten Eliminationsschritt durch Multiplikation der ersten Zeile von $\underline{A}$ mit entsprechenden Skalaren und durch Addition zu den folgenden Zeilen Nullelemente in der ersten Spalte von $\underline{A}$ unterhalb des Diagonalelementes erzeugt. Die n-1 elementaren Umformungen des 1. Eliminationsschrittes lassen sich mit $\underline{A}=(a_{ij})$ in der folgenden Matrix zusammenfassen

$$\underline{E}_3^{(n-1)}\underline{E}_3^{(n-2)}\ldots\underline{E}_3^{(1)} = \begin{vmatrix} 1 & 0 & 0 & \ldots & 0 \\ -a_{21}/a_{11} & 1 & 0 & \ldots & 0 \\ -a_{31}/a_{11} & 0 & 1 & \ldots & 0 \\ \ldots & \ldots & \ldots & \ldots & \ldots \\ -a_{n1}/a_{11} & 0 & 0 & \ldots & 1 \end{vmatrix} \qquad (133.3)$$

Im zweiten Eliminationsschritt werden die Nullelemente unterhalb des Diagonalelementes der zweiten Spalte erzeugt, indem die zweite Zeile mit entsprechenden Skalaren multipliziert zu den folgenden Zeilen addiert wird. Im i-ten Eliminationsschritt besitzt die Matrix (133.3) das folgende Aussehen, falls $a_{ij}^{(i)}$ die Elemente der mit i-1 Eliminationsschritten umgeformten Matrix $\underline{A}$ bedeuten

$$\begin{vmatrix} 1 & 0 & \ldots & 0 & 0 & \ldots & 0 \\ 0 & 1 & \ldots & 0 & 0 & \ldots & 0 \\ \ldots & \ldots & \ldots & \ldots & \ldots & \ldots & \ldots \\ 0 & 0 & \ldots & 1 & 0 & \ldots & 0 \\ 0 & 0 & \ldots & -a_{i+1,i}^{(i)}/a_{ii}^{(i)} & 1 & \ldots & 0 \\ 0 & 0 & \ldots & -a_{i+2,i}^{(i)}/a_{ii}^{(i)} & 0 & \ldots & 0 \\ \ldots & \ldots & \ldots & \ldots & \ldots & \ldots & \ldots \\ 0 & 0 & \ldots & -a_{ni}^{(i)}/a_{ii}^{(i)} & 0 & \ldots & 1 \end{vmatrix} \qquad (133.4)$$

Mit dem (n-1)-ten Eliminationsschritt ergibt sich dann aus $\underline{A}$ die Matrix $\underline{B}$ in (133.2). Allgemein erhält man die Elemente von $\underline{B}$ aus $\underline{A}$ durch

$$a_{jk}^{(i+1)} = a_{jk}^{(i)} - \frac{a_{ji}^{(i)}a_{ik}^{(i)}}{a_{ii}^{(i)}} \quad \text{für } i\in\{1,\ldots,n-1\};\ j\in\{i+1,\ldots,n\} \text{ und } k\in\{i,\ldots,n\} \qquad (133.5)$$

Durch n linksseitige Multiplikationen mit elementaren Matrizen vom Typ $\underline{E}_2$ wird anschließend die Matrix $\underline{B}$ in eine Einheits-Dreiecksmatrix überführt

$$\underline{F} = (\underline{E}_2^{(n)}\underline{E}_2^{(n-1)}\ldots\underline{E}_2^{(1)})\underline{B} = \underline{D}^{-1}\underline{B} = \underline{D}^{-1}\underline{C}^{-1}\underline{A} \qquad (133.6)$$

mit $\underline{D}^{-1}=\text{diag}(1/b_{11},1/b_{22},\ldots,1/b_{nn})$, falls $\underline{B}=(b_{ij})$ gilt.

Die obere Einheits-Dreiecksmatrix $\underline{F}$ läßt sich nun durch die sogenannte <u>Rückrechnung</u> mit p weiteren elementaren Umformungen der Zeilen durch die elementaren Matrizen vom Typ $\underline{E}_3$ in eine Einheitsmatrix überführen

$$(\underline{E}_3^{(2p)}\underline{E}_3^{(2p-1)}\ldots\underline{E}_3^{(p+1)})\underline{F} = \underline{F}^{-1}\underline{F} = \underline{I} \qquad (133.7)$$

und zwar wird im ersten Schritt der Rückrechnung, die n-1 elementare

Umformungen enthält, die letzte Zeile von $\underline{F}$, in der nur das letzte Element von Null verschieden ist, mit entsprechenden Skalaren multipliziert zu den darüber liegenden Zeilen addiert, um Nullelemente oberhalb des Diagonalelementes in der letzten Spalte zu erzeugen. Mit $\underline{F}=(f_{ij})$ erhält man

$$\underline{E}_3^{(p+n-1)} \ldots \underline{E}_3^{(p+1)} = \begin{vmatrix} 1 & 0 & \ldots & 0 & -f_{1n} \\ 0 & 1 & \ldots & 0 & -f_{2n} \\ \ldots & \ldots & \ldots & \ldots & \ldots \\ 0 & 0 & \ldots & 1 & -f_{n-1,n} \\ 0 & 0 & \ldots & 0 & 1 \end{vmatrix} \tag{133.8}$$

Mit den übrigen Spalten wird dann entsprechend verfahren, bis die Einheitsmatrix in (133.7) erhalten wird, wobei die Matrix des i-ten Schrittes der Rückrechnung den folgenden Aufbau besitzt

$$\begin{vmatrix} 1 & 0 & \ldots & 0 & -f_{1i} & 0 & \ldots & 0 & 0 \\ 0 & 1 & \ldots & 0 & -f_{2i} & 0 & \ldots & 0 & 0 \\ \ldots & \ldots & \ldots & \ldots & \ldots & \ldots & \ldots & \ldots & \ldots \\ 0 & 0 & \ldots & 0 & -f_{i-1,i} & 0 & \ldots & 0 & 0 \\ 0 & 0 & \ldots & 0 & 1 & 0 & \ldots & 0 & 0 \\ \ldots & \ldots & \ldots & \ldots & \ldots & \ldots & \ldots & \ldots & \ldots \\ 0 & 0 & \ldots & 0 & 0 & 0 & \ldots & 0 & 1 \end{vmatrix} \tag{133.9}$$

Vereinigt man die Schritte (133.2), (133.6) und (133.7), ergibt sich

$$(\underline{F}^{-1}\underline{D}^{-1}\underline{C}^{-1})\underline{A} = \underline{A}^{-1}\underline{A} = \underline{I} \tag{133.10}$$

so daß die elementaren Umformungen die inverse Matrix $\underline{A}^{-1}$ bestimmen. Praktisch kann man so vorgehen, daß die n×2n Blockmatrix $|\underline{A},\underline{I}|$ mit (133.6) in $|\underline{F},\underline{D}^{-1}\underline{C}^{-1}|$ umgeformt wird, woraus durch die Rückrechnung (133.10) die Inverse $\underline{A}^{-1}$ folgt, also

$$|\underline{I},\underline{F}^{-1}\underline{D}^{-1}\underline{C}^{-1}| = |\underline{I},\underline{A}^{-1}| \tag{133.11}$$

Das zeilenweise Vorgehen beim Aufbau der oberen Dreiecksmatrix $\underline{B}$ in (133.2) führt nur dann zum Ziel, falls im Verlauf der Elimination keine Nullelemente auf der Diagonalen auftreten. Nullelemente ergeben sich immer dann, wenn die Zerlegung von $\underline{A}$ in Blockmatrizen singuläre Matrizen auf der Diagonalen enthält. Als Beispiel sei auf die Matrix (155.7) verwiesen. In einem solchen Fall sind zur Beseitigung der singulären Untermatrizen Zeilenvertauschungen und bei symmetrischen Matrizen zur Wahrung der Symmetrie Zeilen- und Spaltenvertauschungen vorzunehmen, oder man arbeitet mit einer <u>Pivotstrategie</u>, indem bei jedem Eliminationsschritt durch Zeilen- und Spaltenvertauschungen das absolut größte Element als Diagonalelement, durch das zu dividieren ist, benutzt wird [Rutishauser 1976, Bd.1, S.28; Stiefel 1970, S.21].

Beispiel: Mit dem Gaußschen Algorithmus werde die folgende 3×3 Vandermonde-Matrix $\underline{V}$ [Gregory und Karney 1969, S.27] invertiert, wobei zur Rechenkontrolle eine Spalte der Zeilensummen mitgeführt werden soll. An den Zeilenenden sind jeweils die Faktoren angegeben, mit denen die Zeilen in den einzelnen Eliminations- und Rückrechnungsschritten zu multiplizieren sind.

$$|\underline{V},\underline{I},\text{Summe}| = \left|\begin{array}{ccc|ccc|c|l} 1 & 1 & 1 & 1 & 0 & 0 & 4 & (-1),(-1) \\ 1 & 2 & 3 & 0 & 1 & 0 & 7 & \\ 1 & 4 & 9 & 0 & 0 & 1 & 15 & \end{array}\right. \qquad (133.12)$$

Ende des 1. Eliminationsschrittes

$$\left|\begin{array}{ccc|ccc|c|l} 1 & 1 & 1 & 1 & 0 & 0 & 4 & \\ 0 & 1 & 2 & -1 & 1 & 0 & 3 & (-3) \\ 0 & 3 & 8 & -1 & 0 & 1 & 11 & \end{array}\right.$$

Ende des 2. Eliminationsschrittes

$$\left|\begin{array}{ccc|ccc|c|l} 1 & 1 & 1 & 1 & 0 & 0 & 4 & (+1) \\ 0 & 1 & 2 & -1 & 1 & 0 & 3 & (+1) \\ 0 & 0 & 2 & 2 & -3 & 1 & 2 & (+1/2) \end{array}\right.$$

Erzeugung der Einheits-Dreiecksmatrix

$$\left|\begin{array}{ccc|ccc|c|l} 1 & 1 & 1 & 1 & 0 & 0 & 4 & \\ 0 & 1 & 2 & -1 & 1 & 0 & 3 & \\ 0 & 0 & 1 & 1 & -3/2 & 1/2 & 1 & (-2),(-1) \end{array}\right.$$

Ende des ersten Rückrechnungsschrittes

$$\left|\begin{array}{ccc|ccc|c|l} 1 & 1 & 0 & 0 & 3/2 & -1/2 & 3 & \\ 0 & 1 & 0 & -3 & 4 & -1 & 1 & (-1) \\ 0 & 0 & 1 & 1 & -3/2 & 1/2 & 1 & \end{array}\right.$$

Ende des zweiten Rückrechnungsschrittes

$$|\underline{I},\underline{V}^{-1},\text{Summe}| = \left|\begin{array}{ccc|ccc|c|} 1 & 0 & 0 & 3 & -5/2 & 1/2 & 2 \\ 0 & 1 & 0 & -3 & 4 & -1 & 1 \\ 0 & 0 & 1 & 1 & -3/2 & 1/2 & 1 \end{array}\right.$$

Die Faktorisierung mit Hilfe des Gaußschen Algorithmus kann man zusammenfassen in dem

Satz: Jede Matrix $\underline{A}$ mit regulären Untermatrizen auf der Diagonalen läßt sich eindeutig zerlegen in das Produkt dreier regulärer Matrizen und zwar einer unteren Einheits-Dreiecksmatrix $\underline{C}$, einer Diagonalmatrix $\underline{D}$ und einer oberen Einheits-Dreiecksmatrix $\underline{F}$, also $\underline{A}=\underline{C}\underline{D}\underline{F}$. (133.13)

Beweis: Linksseitige Multiplikation von (133.6) mit $\underline{D}$ ergibt $\underline{C}^{-1}\underline{A}=\underline{D}\underline{F}$. Wie aus (133.2) bis (133.4) ersichtlich, ist $\underline{C}^{-1}$ eine untere Einheits-Dreiecksmatrix, während $\underline{F}$ und $\underline{D}$ in (133.6) eine obere Einheits-Dreiecksmatrix beziehungsweise eine Diagonalmatrix darstellen. Nach (131.16) ist $\underline{C}$ die Inverse von $\underline{C}^{-1}$ und ebenfalls untere Einheits-Dreiecksmatrix, so wie $\underline{F}$ und $\underline{F}^{-1}$ mit (133.7) bis (133.9) obere Einheits-Dreiecksmatrizen sind. Somit folgt $\underline{A}=\underline{C}\underline{D}\underline{F}$, wobei $\underline{C},\underline{D}$ und $\underline{F}$ regulär sind, da sie aus elementaren Matrizen entstanden sind. Um die Eindeutigkeit der Faktorisierung zu beweisen, soll $\underline{A}=\underline{C}_1\underline{D}_1\underline{F}_1=\underline{C}_2\underline{D}_2\underline{F}_2$ angenommen werden, woraus $\underline{C}_2^{-1}\underline{C}_1\underline{D}_1=\underline{D}_2\underline{F}_2\underline{F}_1^{-1}$ folgt. Die Produkte $\underline{C}_2^{-1}\underline{C}_1$ und $\underline{F}_2\underline{F}_1^{-1}$ stellen untere beziehungsweise obere Einheits-Dreiecksmatrizen dar, so daß sich Identität nur mit $\underline{C}_2^{-1}\underline{C}_1=\underline{I}$, $\underline{F}_2\underline{F}_1^{-1}=\underline{I}$ und $\underline{D}_1=\underline{D}_2$ einstellen kann. Da die Matrizen regulär sind, folgt mit $\underline{C}_2\underline{C}_2^{-1}\underline{C}_1=\underline{C}_2$ die Identität $\underline{C}_1=\underline{C}_2$ und entsprechend $\underline{F}_1=\underline{F}_2$, so daß die Aussage sich ergibt.

b) Lösung linearer Gleichungssysteme

Die Begriffe Elimination und Rückrechnung entstammen dem Verfahren bei der Lösung linearer Gleichungssysteme. Die n×n Matrix $\underline{A}$ und der n×1 Vektor $\underline{l}$ seien gegeben. Gesucht wird der n×1 Vektor $\underline{\beta}$ für den

$$\underline{A}\underline{\beta} = \underline{l} \tag{133.14}$$

oder

$$\begin{array}{l} a_{11}\beta_1 + a_{12}\beta_2 + \ldots + a_{1n}\beta_n = l_1 \\ a_{21}\beta_1 + a_{22}\beta_2 + \ldots + a_{2n}\beta_n = l_2 \\ \ldots\ldots\ldots\ldots\ldots\ldots\ldots\ldots \\ a_{n1}\beta_1 + a_{n2}\beta_2 + \ldots + a_{nn}\beta_n = l_n \end{array}$$

gilt. Man bezeichnet (133.14) als lineares Gleichungssystem mit der Koeffizientenmatrix $\underline{A}$, den unbekannten Parametern $\underline{\beta}$ und den Absolutgliedern $\underline{l}$. Ist $\mathrm{rg}\underline{A}=n$, sind die Parameter $\underline{\beta}$ des Gleichungssystems mit

$$\underline{\beta} = \underline{A}^{-1}\underline{l} \tag{133.15}$$

eindeutig bestimmt. Lineare Gleichungssysteme für m×n Koeffizientenmatrizen mit beliebigem Rang werden in Kapitel 154 behandelt.

Für die Berechnung von $\underline{\beta}$ ist es nicht notwendig, $\underline{A}^{-1}$ zu bestimmen. Mit $\underline{F}=\underline{D}^{-1}\underline{C}^{-1}\underline{A}$ aus (133.6) und $\underline{g}=\underline{D}^{-1}\underline{C}^{-1}\underline{l}$ wird (133.14) in die Dreiecksform

$$\underline{F}\underline{\beta} = \underline{g} \tag{133.16}$$

überführt, was einer schrittweisen Elimination der Parameter β_i entspricht. Hieraus ergeben sich dann die β_i mit $\underline{F}=(f_{ij})$ und $\underline{g}=(g_i)$ durch Rückrechnung

$$\beta_n = g_n,\ \beta_{n-1} = g_{n-1} - f_{n-1,n}\beta_n,\ \ldots$$

also

$$\beta_i = g_i - \sum_{j=i+1}^{n} f_{ij}\beta_j \quad \text{für} \quad i\in\{n-1,\ldots,1\} \tag{133.17}$$

oder allgemein

$$\underline{\beta} = \underline{F}^{-1}\underline{g} \qquad (133.18)$$

Die Identität von (133.17) und (133.18) folgt aus der Multiplikation der Matrizen (133.9) der einzelnen Schritte der Rückrechnung.

c) Gauß-Jordan-Methode

Eine kompaktere Form der Inversion einer regulären Matrix erhält man mit der Gauß-Jordan-Methode. Hierbei werden mit jedem Eliminationsschritt nicht nur wie bei der Gaußschen Elimination Nullelemente in den Spalten unterhalb, sondern auch oberhalb des Diagonalelementes und außerdem eine Eins auf der Diagonalen erzeugt, so daß in n Eliminations-, beziehungsweise Reduktionsschritten die Einheitsmatrix erhalten wird

$$\underline{T}^{(n)}\underline{T}^{(n-1)}\ldots\underline{T}^{(1)}\underline{A} = \underline{I} \quad \text{mit} \quad \underline{T}^{(n)}\ldots\underline{T}^{(1)} = \underline{A}^{-1} \qquad (133.19)$$

falls $\underline{T}^{(i)}$ die Matrix der elementaren Umformungen des i-ten Reduktionsschrittes bedeutet. $\underline{T}^{(1)}$ ist identisch mit (133.3), falls dort das erste Element durch $1/a_{11}$ ersetzt wird. Für $\underline{T}^{(i)}$ gilt

$$\underline{T}^{(i)} = \begin{vmatrix} 1 & 0 & \ldots & 0 & -a_{1i}^{(i)}/a_{ii}^{(i)} & 0 & \ldots & 0 \\ 0 & 1 & \ldots & 0 & -a_{2i}^{(i)}/a_{ii}^{(i)} & 0 & \ldots & 0 \\ \ldots & & & & & & & \ldots \\ 0 & 0 & \ldots & 0 & 1/a_{ii}^{(i)} & 0 & \ldots & 0 \\ 0 & 0 & \ldots & 0 & -a_{i+1,i}^{(i)}/a_{ii}^{(i)} & 1 & \ldots & 0 \\ \ldots & & & & & & & \ldots \\ 0 & 0 & \ldots & 0 & -a_{ni}^{(i)}/a_{ii}^{(i)} & 0 & \ldots & 1 \end{vmatrix} \qquad (133.20)$$

falls $\underline{T}^{(i-1)}\ldots\underline{T}^{(1)}\underline{A} = (a_{ij}^{(i)})$ bedeutet. Die Inverse $\underline{A}^{-1}$ wird unmittelbar in der Matrix $\underline{A}$ aufgebaut, indem sowohl die Produkte $\underline{T}^{(i-1)}\ldots\underline{T}^{(1)}\underline{A}$ zur Erzeugung der Einheitsmatrix als auch die Produkte $\underline{T}^{(i-1)}\ldots\underline{T}^{(1)}$ zur Erzeugung der Inversen sukzessiv gebildet werden. Dies erreicht man dadurch, daß die Spalte, in der die Nullelemente und die Eins als Diagonalelement erzeugt werden, die Reduktionsfaktoren aus (133.20) aufnimmt, mit denen alle übrigen Spalten durchreduziert werden. Es gilt daher für $i,j,k \in \{1,\ldots,n\}$

$$a_{jk}^{(i+1)} = a_{jk}^{(i)} - \frac{a_{ji}^{(i)}a_{ik}^{(i)}}{a_{ii}^{(i)}} \quad \text{für} \quad j \neq i \quad \text{und} \quad k \neq i$$

$$a_{ik}^{(i+1)} = a_{ik}^{(i)}/a_{ii}^{(i)} \quad \text{für} \quad k \neq i$$

$$a_{ki}^{(i+1)} = -a_{ki}^{(i)}/a_{ii}^{(i)} \quad \text{für} \quad k \neq i$$

$$a_{ii}^{(i+1)} = 1/a_{ii}^{(i)} \tag{133.21}$$

Die beiden letzten Gleichungen entsprechen den Reduktionsfaktoren in (133.20).

Wie beim Gaußschen Algorithmus kann zeilenweise nur dann vorgegangen werden, falls im Verlauf der Reduktion keine Nullelemente auf der Diagonalen auftreten. Ist das der Fall, müssen Zeilen- oder Zeilen- und Spaltenvertauschungen vorgenommen werden, oder man muß mit einer Pivotisierung arbeiten, wozu sich das Gauß-Jordan-Verfahren gut eignet.

Beispiel: Als Beispiel soll wieder die 3×3 Vandermonde-Matrix $\underline{V}$ in (133.12) invertiert werden. Am Ende des ersten, zweiten und letzten Reduktionsschrittes erhält man die Matrizen

$$\begin{vmatrix} 1 & 1 & 1 \\ -1 & 1 & 2 \\ -1 & 3 & 8 \end{vmatrix}, \quad \begin{vmatrix} 2 & -1 & -1 \\ -1 & 1 & 2 \\ 2 & -3 & 2 \end{vmatrix}, \quad \begin{vmatrix} 3 & -5/2 & 1/2 \\ -3 & 4 & -1 \\ 1 & -3/2 & 1/2 \end{vmatrix} = \underline{V}^{-1}$$

d) Symmetrische Matrizen und Cholesky-Verfahren

Die Inversen symmetrischer Matrizen, die nach (131.17) ebenfalls symmetrisch sind, interessieren besonders im Hinblick auf die im Abschnitt 3 zu behandelnden symmetrischen Normalgleichungen für die Parameterschätzung. Bei der Berechnung mit Hilfe von elektronischen Datenverarbeitungsanlagen kann Speicherplatz gespart werden, da die Elemente der zu invertierenden Matrix und ihrer Inversen unterhalb der Diagonalelemente nicht benötigt werden. Für symmetrische Matrizen sind in (133.5) $a_{ji}^{(i)}$ durch $a_{ij}^{(i)}$ und $k \in \{i,\dots,n\}$ durch $k \in \{j,\dots,n\}$ zu ersetzen und entsprechende Substitutionen in (133.21) durchzuführen.

Mit (133.13) erhält man für symmetrische Matrizen $\underline{A}=\underline{A}'=\underline{C}\underline{D}\underline{F}=\underline{F}'\underline{D}\underline{C}'$, und da die Faktorisierung eindeutig ist, $\underline{C}=\underline{F}'$ und $\underline{F}=\underline{C}'$ sowie

$$\underline{A} = \underline{C}\underline{D}\underline{C}' \tag{133.22}$$

Ist $\underline{A}$ eine positiv definite Matrix, dann sind, wie aus (143.1) und (143.3) folgen wird, alle Untermatrizen auf der Diagonalen regulär und nach (143.4) die Diagonalelemente von $\underline{D}$ positiv. Mit $\underline{D}=\mathrm{diag}(d_{11},\dots,d_{nn})$ läßt sich daher die Matrix $\underline{D}^{1/2}=\mathrm{diag}(d_{11}^{1/2},\dots,d_{nn}^{1/2})$ definieren, so daß gilt

$$\underline{A} = (\underline{C}\underline{D}^{1/2})(\underline{D}^{1/2}\underline{C}') = \underline{G}\underline{G}' \tag{133.23}$$

wobei $\underline{G}$ eine untere Dreiecksmatrix bedeutet. Die Zerlegung (133.23) bezeichnet man als Cholesky-Faktorisierung. Sie ist wie (133.22) eindeutig.

Eine Zerlegung nach (133.23) zur Inversion einer Matrix oder zur Lösung eines Gleichungssystems bezeichnet man als Cholesky-Verfahren. Dabei ist genau wie beim Gaußschen Algorithmus vorzugehen, nur wird die Matrix $\underline{A}$ nicht in eine obere Einheits-Dreiecksmatrix, sondern in die obere Dreiecksmatrix $\underline{G}'$ überführt, woran sich die Rückrechnung anschließt.

e) Inversion großer und schwach besetzter großer Matrizen

Zur Inversion großer Matrizen und zur Lösung großer linearer Gleichungssysteme werden elektronische Datenverarbeitungsanlagen eingesetzt. Rechenprogramme für die verschiedenen Inversions- und Auflösungsmethoden wurden in vielen Varianten aufgestellt und veröffentlicht [z.B. Ehlert 1977; Lawson und Hanson 1974; Poder und Tscherning 1973; Rutishauser 1976; Schwarz, Rutishauser und Stiefel 1972; Späth 1974]. Die Rechenverfahren beschränken sich nicht nur auf direkte Inversions- und Lösungsmethoden, auch iterative Verfahren werden angewendet [Faddeev und Faddeeva 1963; Householder 1964; Schwarz, Rutishauser und Stiefel 1972].

Matrizen großer Dimensionen besitzen häufig die Eigenschaft, daß nur ein kleiner Prozentsatz von Elementen von Null verschieden ist. Man bezeichnet sie als *schwach besetzte* oder *Sparse*-Matrizen. Besondere Techniken wurden für die Inversion und Lösung entwickelt, um Vorteil aus den vielen Nullelementen zu ziehen [z.B. Ackermann, Ebner und Klein 1970; Barker 1977; Jennings 1977, S.145; Schendel 1977; Schwarz 1978; Tewarson 1973]. Schwach besetzte Matrizen lassen sich durch Umordnen in *Bandmatrizen* überführen [z.B. Snay 1976; Schek, Steidler und Schauer 1977], bei denen sich die von Null verschiedenen Elemente in der Nähe der Diagonalen konzentrieren, was die Inversion oder die Lösung stark vereinfacht. Besitzt eine große Koeffizientenmatrix eines linearen Gleichungssystems *Block-Diagonal-Struktur*, bei denen die Blöcke nur wenige gemeinsame Parameter besitzen, kann eine wirkungsvolle Bearbeitung des Gleichungssystems in der Zerlegung in Teilsysteme und in der getrennten Elimination der nicht gemeinsamen Parameter bestehen [Wolf 1968, S.75; Wolf 1979 b]. Die reduzierten Systeme für die gemeinsamen Parameter sind dann abschließend zu addieren und zu lösen.

Schließlich erhebt sich bei der Inversion großer Matrizen oder der Lösung großer linearer Gleichungssysteme die Frage nach der Genauigkeit der numerischen Rechnung. Abschätzungen hierüber erlauben die *Kondition* einer Matrix [Lawson und Hanson 1974, S.49; Schwarz,

Rutishauser und Stiefel 1972, S.21; Werner 1975, S.155; Wrobel 1974] oder stochastische Rundungsfehler-Modelle [Meissl 1979].

134 Matrizenidentitäten

Die Inverse einer regulären quadratischen Blockmatrix $\underline{M}$ von der Form (131.18) soll nun abgeleitet und daraus einige Matrizenidentitäten entwickelt werden. Es sei

$$\underline{M} = \begin{vmatrix} \underline{A} & \underline{B} \\ \underline{C} & \underline{D} \end{vmatrix} \tag{134.1}$$

worin $\underline{A}$ und $\underline{D}$ reguläre quadratische Untermatrizen seien. Mit

$$\underline{M}\underline{M}^{-1} = \begin{vmatrix} \underline{A} & \underline{B} \\ \underline{C} & \underline{D} \end{vmatrix} \begin{vmatrix} \underline{E} & \underline{F} \\ \underline{G} & \underline{H} \end{vmatrix} = \begin{vmatrix} \underline{I} & \underline{O} \\ \underline{O} & \underline{I} \end{vmatrix} \tag{134.2}$$

folgen mit (131.21) die Bestimmungsgleichungen für die Untermatrizen der Inversen $\underline{M}^{-1}$

$$1)\ \underline{A}\underline{E} + \underline{B}\underline{G} = \underline{I} \qquad 2)\ \underline{A}\underline{F} + \underline{B}\underline{H} = \underline{O}$$
$$3)\ \underline{C}\underline{E} + \underline{D}\underline{G} = \underline{O} \qquad 4)\ \underline{C}\underline{F} + \underline{D}\underline{H} = \underline{I}$$

Aus 1) ergibt sich $\underline{E}=\underline{A}^{-1}-\underline{A}^{-1}\underline{B}\underline{G}$ und damit aus 3) $\underline{C}\underline{A}^{-1}-\underline{C}\underline{A}^{-1}\underline{B}\underline{G}+\underline{D}\underline{G}=\underline{O}$. Somit ist $\underline{G}=-(\underline{D}-\underline{C}\underline{A}^{-1}\underline{B})^{-1}\underline{C}\underline{A}^{-1}$, denn die Matrix $\underline{D}-\underline{C}\underline{A}^{-1}\underline{B}$ ist regulär, da sie durch elementare Umformungen von $\underline{M}$ entsteht, wie in (134.8) gezeigt wird. Damit folgt $\underline{E}=\underline{A}^{-1}+\underline{A}^{-1}\underline{B}(\underline{D}-\underline{C}\underline{A}^{-1}\underline{B})^{-1}\underline{C}\underline{A}^{-1}$. Aus 2) erhält man $\underline{F}=-\underline{A}^{-1}\underline{B}\underline{H}$ und damit aus 4) $-\underline{C}\underline{A}^{-1}\underline{B}\underline{H}+\underline{D}\underline{H}=\underline{I}$ oder $\underline{H}=(\underline{D}-\underline{C}\underline{A}^{-1}\underline{B})^{-1}$. Folglich

$$\begin{vmatrix} \underline{A} & \underline{B} \\ \underline{C} & \underline{D} \end{vmatrix}^{-1} = \begin{vmatrix} \underline{A}^{-1}+\underline{A}^{-1}\underline{B}(\underline{D}-\underline{C}\underline{A}^{-1}\underline{B})^{-1}\underline{C}\underline{A}^{-1} & -\underline{A}^{-1}\underline{B}(\underline{D}-\underline{C}\underline{A}^{-1}\underline{B})^{-1} \\ -(\underline{D}-\underline{C}\underline{A}^{-1}\underline{B})^{-1}\underline{C}\underline{A}^{-1} & (\underline{D}-\underline{C}\underline{A}^{-1}\underline{B})^{-1} \end{vmatrix} \tag{134.3}$$

Eine weitere Möglichkeit die Gleichungen 1) und 3) aufzulösen besteht darin, aus 3) die Matrix $\underline{G}=-\underline{D}^{-1}\underline{C}\underline{E}$ zu ermitteln, so daß mit 1) $\underline{A}\underline{E}-\underline{B}\underline{D}^{-1}\underline{C}\underline{E}=\underline{I}$ und $\underline{E}=(\underline{A}-\underline{B}\underline{D}^{-1}\underline{C})^{-1}$ folgt. Somit ergibt sich $\underline{G}=-\underline{D}^{-1}\underline{C}(\underline{A}-\underline{B}\underline{D}^{-1}\underline{C})^{-1}$. Aus dem Vergleich mit der ersten Spalte auf der rechten Seite von (134.3) folgen dann die beiden Identitäten

$$(\underline{A}-\underline{B}\underline{D}^{-1}\underline{C})^{-1} = \underline{A}^{-1}+\underline{A}^{-1}\underline{B}(\underline{D}-\underline{C}\underline{A}^{-1}\underline{B})^{-1}\underline{C}\underline{A}^{-1} \tag{134.4}$$

und

$$\underline{D}^{-1}\underline{C}(\underline{A}-\underline{B}\underline{D}^{-1}\underline{C})^{-1} = (\underline{D}-\underline{C}\underline{A}^{-1}\underline{B})^{-1}\underline{C}\underline{A}^{-1} \tag{134.5}$$

Ersetzt man in (134.4) $\underline{A}$ durch $\underline{A}^{-1}$ und $\underline{B}$ durch $-\underline{B}$ sowie in (134.5) $\underline{D}^{-1}$ durch $\underline{D}$ und $\underline{B}$ durch $-\underline{B}$, erhält man

$$(\underline{A}^{-1}+\underline{B}\underline{D}^{-1}\underline{C})^{-1} = \underline{A} - \underline{A}\underline{B}(\underline{D}+\underline{C}\underline{A}\underline{B})^{-1}\underline{C}\underline{A} \tag{134.6}$$

und

$$\underline{\underline{D}}\underline{\underline{C}}(\underline{\underline{A}}+\underline{\underline{B}}\underline{\underline{D}}\underline{\underline{C}})^{-1} = (\underline{\underline{D}}^{-1}+\underline{\underline{C}}\underline{\underline{A}}^{-1}\underline{\underline{B}})^{-1}\underline{\underline{C}}\underline{\underline{A}}^{-1} \tag{134.7}$$

Die Gaußsche Elimination (133.2) zur Erzeugung einer Dreiecksmatrix läßt sich auch für die Blockmatrix $\underline{\underline{M}}$ in (134.1) durchführen. Man erhält

$$\begin{vmatrix} \underline{\underline{I}} & \underline{\underline{O}} \\ -\underline{\underline{C}}\underline{\underline{A}}^{-1} & \underline{\underline{I}} \end{vmatrix} \begin{vmatrix} \underline{\underline{A}} & \underline{\underline{B}} \\ \underline{\underline{C}} & \underline{\underline{D}} \end{vmatrix} = \begin{vmatrix} \underline{\underline{A}} & \underline{\underline{B}} \\ \underline{\underline{O}} & \underline{\underline{D}}-\underline{\underline{C}}\underline{\underline{A}}^{-1}\underline{\underline{B}} \end{vmatrix} \tag{134.8}$$

Hieraus ist ersichtlich, daß die Berechnung einer inversen Matrix nach (133.11) und die Lösung eines linearen Gleichungssystems nach (133.15) auch ohne Rückrechnung nach (133.7) und (133.18) ausschließlich durch eine Elimination nach (133.2) erfolgen kann, falls die zu invertierende Matrix $\underline{\underline{A}}$ durch Einheits- und Nullmatrizen sowie durch den Absolutgliedvektor $\underline{l}$ in (133.14) erweitert wird, denn faßt man die einzelnen Eliminationsschritte entsprechend (134.8) in einer Blockmatrix zusammen, ergibt sich

$$\begin{vmatrix} \underline{\underline{I}} & \underline{\underline{O}} \\ -\underline{\underline{A}}^{-1} & \underline{\underline{I}} \end{vmatrix} \begin{vmatrix} \underline{\underline{A}} & \underline{\underline{I}} & \underline{l} \\ \underline{\underline{I}} & \underline{\underline{O}} & \underline{o} \end{vmatrix} = \begin{vmatrix} \underline{\underline{A}} & \underline{\underline{I}} & \underline{l} \\ \underline{\underline{O}} & -\underline{\underline{A}}^{-1} & -\underline{\underline{A}}^{-1}\underline{l} \end{vmatrix} \tag{134.9}$$

135 Spaltenraum und Nullraum einer Matrix

Die Spalten einer Matrix lassen sich als Vektoren auffassen, die einen Vektorraum aufspannen.

Definition: Der Spalten- oder Rangraum $R(\underline{\underline{A}})$ einer m×n Matrix $\underline{\underline{A}}$ wird durch die Menge der Vektoren $\underline{y}=\underline{\underline{A}}\underline{x}$ mit $\underline{x}\in E^n$ definiert, $R(\underline{\underline{A}})=\{\underline{y}|\underline{y}=\underline{\underline{A}}\underline{x},\underline{x}\in E^n\}$. (135.1)

Stellt man $\underline{\underline{A}}$ durch seine n Spaltenvektoren $\underline{a}_i$ mit $\underline{\underline{A}}=|\underline{a}_1,\ldots,\underline{a}_n|$ dar, dann ist $\underline{y}=\sum_{i=1}^{n} x_i\underline{a}_i$ mit $x_i\in\mathbb{R}$, und es ist offensichtlich, daß die Vektoren $\underline{a}_i$ den Spaltenraum $R(\underline{\underline{A}})$ aufspannen. Für ihn gilt der

Satz: Der Spaltenraum $R(\underline{\underline{A}})$ einer m×n Matrix $\underline{\underline{A}}$ ist Unterraum des E^m. (135.2)

Beweis: Mit $\underline{y}=\underline{\underline{A}}\underline{x}$ ist $\underline{y}\in E^m$, so daß mit (121.9) die Aussage folgt.

Ein weiterer Vektorraum einer Matrix ist gegeben durch die

Definition: Der Nullraum $N(\underline{\underline{A}})$ einer m×n Matrix $\underline{\underline{A}}$ wird durch die Menge der Vektoren $\underline{x}$ definiert, für die $\underline{\underline{A}}\underline{x}=\underline{o}$ mit $\underline{x}\in E^n$ gilt, $N(\underline{\underline{A}})=\{\underline{x}|\underline{\underline{A}}\underline{x}=\underline{o},\underline{x}\in E^n\}$. (135.3)

Zwischen Null- und Spaltenraum einer Matrix besteht die Beziehung:

Satz: Für eine m×n Matrix $\underline{\underline{A}}$ sind der Nullraum von $\underline{\underline{A}}'$ und das orthogonale Komplement des Spaltenraums von $\underline{\underline{A}}$ identisch, also $N(\underline{\underline{A}}')=$

$R(\underline{A})^{\perp}$, und entsprechend $N(\underline{A})=R(\underline{A}')^{\perp}$. (135.4)

Beweis: Stellt man $\underline{A}$ durch seine n Spalten $\underline{a}_i$ mit $\underline{A}=|\underline{a}_1,\ldots,\underline{a}_n|$ dar, dann ist $\underline{x}\in N(\underline{A}')$, falls $\underline{a}_i'\underline{x}=0$ für $i=1,\ldots,n$ gilt. Der Vektor $\underline{x}$ ist dann orthogonal zu jeder Spalte von $\underline{A}$ und daher orthogonal zum Spaltenraum $R(\underline{A})$. Nach (124.7) ist dann $\underline{x}$ Element des orthogonalen Komplements von $R(\underline{A})$, also $\underline{x}\in R(\underline{A})^{\perp}$. Gilt andrerseits $\underline{x}\in R(\underline{A})^{\perp}$, folgt $\underline{a}_i'\underline{x}=0$ für $i\in\{1,\ldots,n\}$ oder $\underline{A}'\underline{x}=\underline{0}$, so daß $\underline{x}\in N(\underline{A}')$ ist. Durch entsprechende Überlegungen folgt die zweite Aussage.

Die Dimensionen des Spalten- und Nullraums einer Matrix erhält man mit dem

Satz: Es sei $\underline{A}$ eine $m\times n$ Matrix mit $rg\underline{A}=r$. Dann gilt $rg\underline{A}=\dim R(\underline{A})=rg\underline{A}'=\dim R(\underline{A}')=r$ und $\dim N(\underline{A})=n-r$ sowie $\dim N(\underline{A}')=m-r$. (135.5)

Beweis: Eine Basis für den Spaltenraum $R(\underline{A})$ beziehungsweise $R(\underline{A}')$ bilden die r linear unabhängigen Spalten von $\underline{A}$ beziehungsweise von $\underline{A}'$, so daß mit (122.9) und (132.8) die erste Aussage folgt. Mit (135.4) erhält man $\dim N(\underline{A})=\dim R(\underline{A}')^{\perp}$. Da $R(\underline{A}')$ nach (135.2) Unterraum des E^n ist, gilt mit (124.7) $\dim R(\underline{A}')+\dim R(\underline{A}')^{\perp}=n$ und daher $\dim R(\underline{A}')+\dim N(\underline{A})=n$ und entsprechend $\dim R(\underline{A})+\dim N(\underline{A}')=m$, woraus mit $\dim R(\underline{A})=\dim R(\underline{A}')=r$ die zweite Aussage folgt.

Der folgende Satz ist für die später zu behandelnden Normalgleichungen von Interesse.

Satz: Es sei $\underline{A}$ eine $m\times n$ Matrix mit $rg\underline{A}=r$. Dann gilt $R(\underline{A}')=R(\underline{A}'\underline{A})$ und daher $rg(\underline{A}'\underline{A})=r$ und entsprechend $R(\underline{A})=R(\underline{A}\underline{A}')$ sowie $rg(\underline{A}\underline{A}')=r$. (135.6)

Beweis: Aus $\underline{A}\underline{x}=\underline{0}$ folgt $\underline{A}'\underline{A}\underline{x}=\underline{0}$. Aus $\underline{A}'\underline{A}\underline{x}=\underline{0}$ andrerseits folgt $\underline{x}'\underline{A}'\underline{A}\underline{x}=0$ und daraus mit $\underline{y}=\underline{A}\underline{x}$ weiter $\underline{y}'\underline{y}=0$ und daher $\underline{y}=0$ sowie $\underline{A}\underline{x}=\underline{0}$. Die beiden Nullräume von $\underline{A}$ und $\underline{A}'\underline{A}$, die beide Unterräume des E^n sind, sind also identisch, $N(\underline{A})=N(\underline{A}'\underline{A})$. Mit (135.4) folgt dann $R(\underline{A}')^{\perp}=R(\underline{A}'\underline{A})^{\perp}$ und damit aus (124.7) $R(\underline{A}')=R(\underline{A}'\underline{A})$. Dann ist $\dim R(\underline{A}')=\dim R(\underline{A}'\underline{A})$, so daß mit (135.5) $r=rg(\underline{A}'\underline{A})$ sich ergibt. Die beiden restlichen Aussagen erhält man durch entsprechende Überlegungen.

136 Determinanten

Skalare Größen, die für quadratische Matrizen definiert sind und die sich für die Charakterisierung dieser Matrizen eignen, sind die Determinanten. Zu ihrer Definition benötigt man den Begriff der Permutation, der zusammen mit dem Begriff der Kombination auch im Abschnitt 2 benötigt wird, so daß zunächst Permutationen und Kombinationen behandelt werden.

a) Permutation und Kombination

Als eine Permutation von Elementen einer Menge bezeichnet man jede Zusammenstellung, die dadurch entsteht, daß die Elemente in irgendeiner Reihenfolge nebeneinander gesetzt werden. Will man die Anzahl der Permutationen beispielsweise der drei Buchstaben a,b,c ermitteln, so kann jeder der drei Buchstaben an die erste Position gerückt werden. Jeder der zwei verbleibenden Buchstaben läßt sich an die zweite Stelle setzen, während die dritte Position von dem unbenutzten Buchstaben eingenommen wird, somit

a b c   b a c   c a b
a c b   b c a   c b a

Das Besetzen der ersten Position kann auf 3 Arten geschehen, das der zweiten auf zwei und das der dritten auf eine, so daß die Anzahl der Permutationen $3 \cdot 2 \cdot 1 = 6$ ergibt. Allgemein gilt daher der

Satz: Die Anzahl der Permutationen n verschiedener Elemente ist gleich $1 \cdot 2 \cdot 3 \cdots n = n!$. (136.1)

Es soll jetzt die Anzahl der Permutationen bestimmt werden, die man mit n Elementen erhält, wenn nur k Elemente in den Permutationen benutzt werden. Man bezeichnet dies als Kombination k-ter Ordnung. Stellt man die gleichen Überlegungen wie für (136.1) an, so kann die erste Position auf n Arten besetzt werden, die zweite auf $n-1$ Arten und die k-te Position auf $n-(k-1)$ Arten, insgesamt also auf $n(n-1)\ldots(n-k+1)$ Arten. Nimmt man auf die Anordnung der Elemente in den Kombinationen keine Rücksicht, so sind die Kombinationen identisch, die die gleichen Elemente in verschiedenen Anordnungen enthalten, z.B. abc und cab. Falls r die Anzahl der Kombinationen ohne Berücksichtigung der Anordnung ist, so ist $rk!$ die Anzahl mit Berücksichtigung der Anordnung, da k Elemente sich nach (136.1) $k!$ mal permutieren lassen. Es gilt daher mit $0!=1$ der

Satz: Für n verschiedene Elemente beträgt die Anzahl der Kombinationen k-ter Ordnung ohne Berücksichtigung der Anordnung

$$\frac{n(n-1)\ldots(n-k+1)}{1 \cdot 2 \cdot 3 \ldots k} = \frac{n!}{k!(n-k)!} = \binom{n}{k} \quad (136.2)$$

b) Definition der Determinante

Definition: Die Determinante $\det\underline{A}$ einer $n \times n$ Matrix $\underline{A} = (a_{ij})$ ist gegeben durch

$$\det\underline{A} = \Sigma \pm a_{1\alpha}a_{2\beta}\ldots a_{n\varepsilon}$$

wobei über die n! Permutationen $\alpha,\beta,\ldots,\varepsilon$ der natürlichen Zahlen 1,2, ...,n zu summieren ist. Das positive Vorzeichen gilt, falls die Anzahl der Zahlenpaare in der Permutation, die nicht in der natürlichen Ordnung sich befinden, gerade ist, und das negative Vorzeichen für eine ungerade Anzahl. (136.3)

Beispiel: Aufgrund von (136.3) gilt

$$\det \begin{vmatrix} a_{11} & a_{12} \\ a_{21} & a_{22} \end{vmatrix} = a_{11}a_{22} - a_{12}a_{21}$$

c) Sätze für Determinanten

Für Determinanten gelten die beiden im folgenden benötigten Sätze [Kowalsky 1977, S.87 und 94; Neiß und Liermann 1975, S.107 und 111], die nicht bewiesen werden.

Satz: Werden zwei Spalten oder zwei Zeilen von $\underline{A}$ vertauscht, ändert $\det\underline{A}$ das Vorzeichen. (136.4)

Satz (Laplacescher Entwicklungssatz): Bezeichnet man die Determinante der Untermatrix von $\underline{A}$, die durch das Streichen der i-ten Zeile und j-ten Spalte entsteht, mit $\det\underline{A}_{ij}$, dann gilt

$$\det\underline{A} = \sum_{i=1}^{n} (-1)^{i+j} a_{ij} \det\underline{A}_{ij} \quad \text{für} \quad j\in\{1,\ldots,n\} \tag{136.5}$$

und

$$\det\underline{A} = \sum_{j=1}^{n} (-1)^{i+j} a_{ij} \det\underline{A}_{ij} \quad \text{für} \quad i\in\{1,\ldots,n\} \tag{136.6}$$

Mit Hilfe dieser Sätze lassen sich weitere ableiten.

Satz: Besitzt $\underline{A}$ zwei identische Zeilen oder Spalten, ist $\det\underline{A}=0$. (136.7)

Beweis: Es gelte $\det\underline{A}$ für $\underline{A}$ mit zwei identischen Zeilen oder Spalten. Mit (136.4) folgt durch Vertauschen dieser Zeilen oder Spalten $\det\underline{A}=-\det\underline{A}$, was aber nur für $\det\underline{A}=0$ erfüllt sein kann.

Aus (136.5) und (136.6) ergibt sich

$$\det\underline{A} = \det\underline{A}' \tag{136.8}$$

und mit $\underline{D}=\mathrm{diag}(d_{11},d_{22},\ldots,d_{nn})$

$$\det\underline{D} = d_{11}d_{22}\ldots d_{nn} \tag{136.9}$$

denn entwickelt man $\det\underline{D}$ mit (136.5), erhält man $\det\underline{D}=d_{11}\det\underline{D}_{11}= d_{11}d_{22}\det(\underline{D}_{11})_{22}$ und so fort. Aus den gleichen Überlegungen folgt

$$\det\underline{I} = 1 \quad \text{und} \quad \det\underline{G} = 1 \tag{136.10}$$

falls $\underline{G}$ eine obere oder untere Einheits-Dreiecksmatrix bedeutet.

Mit (136.6) läßt sich zeigen, daß elementare Zeilenumformungen mit Hilfe der Matrizen vom Typ $\underline{E}_3$ in (132.2) den Wert einer Determinante nicht ändern. Addiert man nämlich die mit dem Skalar c multiplizierten Elemente der Zeile k zur Zeile i, erhält man

$$\det\underline{A} = \sum_{j=1}^{n} (-1)^{i+j}(a_{ij}+ca_{kj})\det\underline{A}_{ij}$$

$$= \sum_{j=1}^{n} (-1)^{i+j}a_{ij}\det\underline{A}_{ij} + c\sum_{j=1}^{n} (-1)^{i+j}a_{kj}\det\underline{A}_{ij}$$

Der zweite Summand auf der rechten Seite verschwindet aber wegen (136.7), da er die Anwendung des Entwicklungssatzes auf eine Matrix mit zwei identischen Zeilen bedeutet. Gleiches gilt auch für die entsprechenden Spaltenumformungen.

Praktisch läßt sich daher $\det\underline{A}$ mit (133.6), (133.13) und (136.9) sowie

$$\det\underline{A} = \det(\underline{C}\underline{D}\underline{F}) = \det\underline{D} = b_{11}b_{22}\ldots b_{nn} \tag{136.11}$$

aus den Diagonalelementen der bei der Gaußschen Elimination entstehenden Diagonalmatrix $\underline{B}$ in (133.2) berechnen. Weiter gilt für die Determinante einer Blockmatrix

$$\det\begin{vmatrix} \underline{B} & \underline{C} \\ \underline{D} & \underline{E} \end{vmatrix} = \det(\underline{B}-\underline{C}\underline{E}^{-1}\underline{D})\det\underline{E} = \det\underline{B}\det(\underline{E}-\underline{D}\underline{B}^{-1}\underline{C}) \tag{136.12}$$

sofern $\underline{E}$ beziehungsweise $\underline{B}$ regulär ist. Die Determinante der Blockmatrix ändert nämlich durch die folgende Reduktion auf eine Diagonalität in Blöcken mit elementaren Umformungen mittels der Matrizen vom Typ $\underline{E}_3$ ihren Wert nicht

$$\begin{vmatrix} \underline{I} & -\underline{C}\underline{E}^{-1} \\ \underline{O} & \underline{I} \end{vmatrix} \begin{vmatrix} \underline{B} & \underline{C} \\ \underline{D} & \underline{E} \end{vmatrix} \begin{vmatrix} \underline{I} & \underline{O} \\ -\underline{E}^{-1}\underline{D} & \underline{I} \end{vmatrix} = \begin{vmatrix} \underline{B}-\underline{C}\underline{E}^{-1}\underline{D} & \underline{O} \\ \underline{O} & \underline{E} \end{vmatrix}$$

Eine weitere Reduktion der rechten Seite auf Dreiecksmatrizen wie in (136.11) ergibt dann den ersten Ausdruck in (136.12). Der zweite folgt durch entsprechende Umformungen.

Die Determinante des Produktes zweier Matrizen erhält man mit dem

<u>Satz</u>: Sind $\underline{A}$ und $\underline{B}$ zwei quadratische n×n Matrizen, dann ist

$$\det\underline{A}\underline{B} = \det\underline{A}\det\underline{B}. \tag{136.13}$$

Beweis: In der Identität

$$\begin{vmatrix} \underline{I} & \underline{A} \\ \underline{O} & \underline{I} \end{vmatrix} \begin{vmatrix} \underline{A} & \underline{O} \\ -\underline{I} & \underline{B} \end{vmatrix} = \begin{vmatrix} \underline{O} & \underline{A}\underline{B} \\ -\underline{I} & \underline{B} \end{vmatrix}$$

beinhaltet die erste Matrix auf der linken Seite elementare Umformungen mit Hilfe der Matrizen vom Typ $\underline{E}_3$. Für die Determinanten beider Seiten erhält man daher, falls noch eine n-fache Vertauschung der Spalten der Matrix der rechten Seite vorgenommen wird, da $\underline{I}$ eine n×n Einheitsmatrix ist,

$$\det\begin{vmatrix} \underline{A} & \underline{O} \\ -\underline{I} & \underline{B} \end{vmatrix} = \det\begin{vmatrix} \underline{O} & \underline{AB} \\ -\underline{I} & \underline{B} \end{vmatrix} = (-1)^n\det\begin{vmatrix} \underline{AB} & \underline{O} \\ \underline{B} & -\underline{I} \end{vmatrix}$$

Ist $\underline{B}$ regulär, läßt sich (136.12) anwenden, und es ergibt sich $\det\underline{A}\det\underline{B}=(-1)^n\det(-\underline{I})\det\underline{AB}$, woraus $\det\underline{AB}=\det\underline{A}\det\underline{B}$ folgt. Sind $\underline{A}$ und $\underline{B}$ singulär, ist $\underline{AB}$ wegen (132.11) ebenfalls singulär, so daß $\det\underline{A}=\det\underline{B}=\det\underline{AB}=0$ gilt, wie in (136.17) gezeigt wird, und somit $\det\underline{AB}=\det\underline{A}\det\underline{B}$ auch für diesen Fall gilt.

Aus $\underline{A}^{-1}\underline{A}=\underline{I}$ erhält man mit (136.10) und (136.13)

$$\det\underline{A}^{-1}= (\det\underline{A})^{-1} \qquad (136.14)$$

Man bezeichnet

$$a^*_{ij}= (-1)^{i+j}\det\underline{A}_{ij} \qquad (136.15)$$

als die zum Element a_{ij} der Matrix $\underline{A}$ gehörige Adjunkte und die Matrix $\bar{\underline{A}}=(a^*_{ji})$ die zu $\underline{A}$ adjungierte Matrix. Wegen (136.5) bis (136.7) gilt

$$\underline{A}\bar{\underline{A}} = \begin{vmatrix} a_{11} & a_{12} \dots a_{1n} \\ a_{21} & a_{22} \dots a_{2n} \\ \dots & \dots \\ a_{n1} & a_{n2} \dots a_{nn} \end{vmatrix} \begin{vmatrix} a^*_{11} & a^*_{21} \dots a^*_{n1} \\ a^*_{12} & a^*_{22} \dots a^*_{n2} \\ \dots & \dots \\ a^*_{1n} & a^*_{2n} \dots a^*_{nn} \end{vmatrix} = \begin{vmatrix} \det\underline{A} & 0 & \dots 0 \\ 0 & \det\underline{A} & \dots 0 \\ \dots & \dots & \dots \\ 0 & 0 & \det\underline{A} \end{vmatrix} = \bar{\underline{A}}\underline{A}$$

oder

$$\underline{A}\bar{\underline{A}} = \bar{\underline{A}}\underline{A} = (\det\underline{A})\underline{I}$$

Falls $\det\underline{A}\neq 0$, ergibt sich daher mit (131.12)

$$\underline{A}^{-1}= \frac{\bar{\underline{A}}}{\det\underline{A}} \qquad (136.16)$$

Damit folgt der

Satz: Eine quadratische n×n Matrix $\underline{A}$ ist genau dann regulär, wenn $\det\underline{A}\neq 0$ ist. (136.17)

Beweis: Ist $\det\underline{A}\neq 0$ folgt aus (136.16), daß $\underline{A}$ regulär ist. Ist andrerseits $\underline{A}$ regulär, ergibt sich aus $\underline{AA}^{-1}=\underline{I}$ mit (136.13) und (136.14) $\det\underline{A}(\det\underline{A})^{-1}=\det\underline{I}=1$, so daß $\det\underline{A}\neq 0$ sein muß und damit die Aussage folgt.

Eine notwendige und hinreichende Bedingung dafür, daß die n×n Matrix $\underline{A}$ regulär ist, war in (133.1) mit Hilfe des Ranges der Matrix $\underline{A}$ formuliert worden. Aus (133.1) und (136.17) folgt daher der

Satz: Es gilt $\text{rg}\underline{A}=n$ genau dann, wenn $\det\underline{A}\neq 0$ ist. (136.18)

Damit ist die Beziehung zwischen dem Rang einer quadratischen Matrix und ihrer Determinante hergestellt worden.

137 Spur einer Matrix und Darstellung einer Matrix als Vektor

Mit Hilfe der Spur einer Matrix werden häufig Gütekriterien für die Parameterschätzung angegeben.

Definition: Die Spur $sp\underline{A}$ einer quadratischen n×n Matrix $\underline{A}$ mit $\underline{A}=(a_{ij})$ ist durch $sp\underline{A}=\sum_{i=1}^{n} a_{ii}$ gegeben. (137.1)

Satz: Es seien $\underline{A}$ und $\underline{B}$ zwei n×n Matrizen, dann gilt

$$sp(\underline{A}+\underline{B}) = sp\underline{A} + sp\underline{B} \quad (137.2)$$

und

$$sp(\underline{A}\underline{B}) = sp(\underline{B}\underline{A}) \quad (137.3)$$

Beweis: (137.2) folgt unmittelbar aus der Definition. Weiter erhält man mit $\underline{B}=(b_{ij})$ $sp(\underline{A}\underline{B})=\sum_{i=1}^{n}\sum_{j=1}^{n} a_{ij}b_{ji}$ und $sp(\underline{B}\underline{A})=\sum_{i=1}^{n}\sum_{k=1}^{n} b_{ik}a_{ki}=\sum_{k=1}^{n}\sum_{i=1}^{n} a_{ki}b_{ik}$ und damit (137.3).

Ist die Matrix $\underline{A}$ ein Skalar, also $\underline{A}=a$, dann ist

$$spa = a \quad (137.4)$$

Eine Matrix läßt sich auch als Vektor darstellen.

Definition: Es sei $\underline{A}=(a_{ij})$ eine m×n Matrix, dann bezeichnet $vec\underline{A}$ den mn×1 Vektor, der durch das Untereinanderschreiben der Spalten von $\underline{A}$ entsteht, folglich

$$vec\underline{A} = |a_{11},\ldots,a_{m1},a_{12},\ldots,a_{mn}|' \quad (137.5)$$

Satz: Es seien $\underline{A}$ und $\underline{B}$ zwei n×n Matrizen, dann gilt

$$(vec\underline{A})'vec\underline{B} = (vec\underline{B})'vec\underline{A} = sp(\underline{A}\underline{B}') \quad (137.6)$$

Beweis: Da das Produkt $(vec\underline{A})'vec\underline{B}$ ein Skalar ergibt, folgt mit (131.10) $(vec\underline{A})'vec\underline{B}=((vec\underline{A})'vec\underline{B})'=(vec\underline{B})'vec\underline{A}$ und damit die erste Aussage. Weiter gilt mit $\underline{A}=(a_{ij})$, $\underline{B}=(b_{ij})$ und $\underline{B}'=(b'_{ij})$ sowie (131.6) $(vec\underline{A})'vec\underline{B}=\sum_{i=1}^{n}\sum_{j=1}^{n} a_{ij}b_{ij}=\sum_{i=1}^{n}\sum_{j=1}^{n} a_{ij}b'_{ji}=sp(\underline{A}\underline{B}')$ wegen (137.1), so daß die zweite Aussage folgt.

Satz: Es sei $\underline{A}$ eine m×n, $\underline{B}$ eine n×n und $\underline{C}$ eine m×m Matrix, dann gilt

$$(vec\underline{A})'(\underline{B}\otimes\underline{C})vec\underline{A} = sp(\underline{A}\underline{B}\underline{A}'\underline{C}') = sp(\underline{A}\underline{B}'\underline{A}'\underline{C}) \quad (137.7)$$

Beweis: Mit (131.22), $\underline{A}=(\underline{a}_i)$ und $\underline{B}=(b_{ij})$ erhält man

$$(\underline{B}\otimes\underline{C})\mathrm{vec}\underline{A} = \begin{vmatrix} b_{11}\underline{C} \dots b_{1n}\underline{C} \\ \dots\dots\dots\dots \\ b_{n1}\underline{C} \dots b_{nn}\underline{C} \end{vmatrix} \begin{vmatrix} \underline{a}_1 \\ \dots \\ \underline{a}_n \end{vmatrix} = \begin{vmatrix} \sum_{i=1}^{n} b_{1i}\underline{C}\underline{a}_i \\ \dots\dots\dots \\ \sum_{i=1}^{n} b_{ni}\underline{C}\underline{a}_i \end{vmatrix} = \mathrm{vec}\underline{C}\underline{A}\underline{B}'$$

und mit (137.6) die erste Aussage. Da die Spur einer transponierten Matrix der Spur der ursprünglichen Matrix gleicht, folgt mit (137.3) die zweite Aussage.

14 Quadratische Formen

141 Transformationen

a) Affine Transformation

Die lineare Transformation

$$\underline{y} = \underline{B}\underline{x} \tag{141.1}$$

die den Vektor $\underline{x}$ mit Hilfe der Matrix $\underline{B}$ in den Vektor $\underline{y}$ transformiert, bezeichnet man als affine Transformation. Tritt noch mit $\underline{z}=\underline{B}\underline{x}+\underline{c}$ der Translationsvektor $\underline{c}$ hinzu, läßt er sich durch $\underline{y}=\underline{z}-\underline{c}=\underline{B}\underline{x}$ eliminieren, so daß es genügt, die Transformation (141.1) zu behandeln. Ist $\underline{B}$ eine m×n Matrix, kann (141.1) als Abbildung des Vektors $\underline{x}\in E^n$ in den Vektor $\underline{y}\in E^m$ angesehen werden.

Ist $\underline{B}$ eine n×n Matrix und auf diesen Fall sollen die folgenden Ausführungen beschränkt bleiben, läßt sich (141.1) als Transformation eines Vektors $\underline{x}\in E^n$ bezüglich einer Basis des E^n in einen anderen Vektor $\underline{y}\in E^n$ bezüglich derselben Basis interpretieren. Man kann mit (141.1) aber auch die Vorstellung der Koordinatentransformation verbinden, indem ein und derselbe Vektor von der Darstellung bezüglich einer Basis oder eines Koordinatensystems, dessen Achsen in Richtung der Basisvektoren zeigen, in die Darstellung bezüglich einer anderen Basis oder eines anderen Koordinatensystems übergeht. Bei der ersten Interpretation wird der Vektor transformiert, und die Basis bleibt fest, bei der zweiten wird die Basis oder das Koordinatensystem transformiert, und der Vektor bleibt unverändert.

Die affine Transformation überführt als Vektortransformation Strecken in Strecken, ändert aber die Längen der Strecken, denn im allgemeinen gilt $|\underline{y}|^2=\underline{y}'\underline{y}=\underline{x}'\underline{B}'\underline{B}\underline{x}\neq|\underline{x}|^2$. Folglich werden auch Winkel geändert, da sie sich durch die Seiten eines Dreiecks ausdrücken lassen.

Eine affine Koordinatentransformation rotiert also die einzelnen Koordinatenachsen um beliebige Winkel und nimmt Längenänderungen vor.

b) Orthogonale Transformationen

Gilt für $\underline{B}$ in (141.1) $\underline{B}'\underline{B}=\underline{I}$, bezeichnet man $\underline{B}$ als $\underline{\text{orthogonale}}$ Matrix und die Transformation mit orthogonalen Matrizen als $\underline{\text{orthogonale}}$ $\underline{\text{Transformation}}$. Es gilt der

$\underline{\text{Satz}}$: Es sei $\underline{C}$ eine orthogonale n×n Matrix, das heißt $\underline{C}'\underline{C}=\underline{I}$. Dann ist $\underline{C}$ regulär und daher $\underline{C}^{-1}=\underline{C}'$. $\hspace{3cm}$ (141.2)

Beweis: Aus $\underline{C}'\underline{C}=\underline{I}$ folgt, daß die Spalten von $\underline{C}$ paarweise zueinander orthogonal sind, so daß nach (124.2) und (132.8) $\text{rg}\underline{C}=n$ und damit nach (133.1) die Aussage folgt.

Orthogonale Transformationen ändern Streckenlängen und damit auch Winkel nicht, denn bezeichnet man mit $\underline{y}=\underline{C}\underline{x}$ und $\underline{z}=\underline{C}\underline{u}$ die Endpunkte einer transformierten Strecke $\underline{x}-\underline{u}$, erhält man mit (123.3) und (141.2)

$$|\underline{y}-\underline{z}|^2 = (\underline{C}\underline{x}-\underline{C}\underline{u})'(\underline{C}\underline{x}-\underline{C}\underline{u}) = (\underline{x}-\underline{u})'\underline{C}'\underline{C}(\underline{x}-\underline{u}) = |\underline{x}-\underline{u}|^2$$

Die Transformation

$$\underline{x}^* = \underline{A}\underline{x} \hspace{3cm} (141.3)$$

sei nun durch die Transformation von n orthonormalen Basisvektoren $\underline{e}_1,\ldots,\underline{e}_n$ des E^n in die n orthonormalen Basisvektoren $\underline{e}_1^*,\ldots,\underline{e}_n^*$ des E^n hervorgerufen. Mit $\underline{E}=|\underline{e}_1,\ldots,\underline{e}_n|$ enthält dann $\underline{x}$ die Komponenten eines Vektors $\underline{E}\underline{x}$, dargestellt durch die n Basisvektoren $\underline{e}_1,\ldots,\underline{e}_n$, und $\underline{x}^*$ die Komponenten eines Vektors $\underline{E}^*\underline{x}^*$, dargestellt mit $\underline{E}^*=|\underline{e}_1^*,\ldots,\underline{e}_n^*|$ durch die n Basisvektoren $\underline{e}_1^*,\ldots,\underline{e}_n^*$, und es gilt $\underline{E}\underline{x}=\underline{E}^*\underline{x}^*$, da die Transformation den Vektor unverändert läßt, sowie $\underline{E}'\underline{E}=\underline{I}$ und $\underline{E}^{*'}\underline{E}^*=\underline{I}$, da orthonormale Basisvektoren vorliegen. Mit (141.3) folgt $\underline{E}\underline{x}=\underline{E}^*\underline{x}^*=\underline{E}^*\underline{A}\underline{x}$ für alle Vektoren $\underline{x}\in E^n$, so daß der Transformation (141.3) die Basistransformation $\underline{E}=\underline{E}^*\underline{A}$ entspricht. Weiter ergibt sich $\underline{x}^*=\underline{E}^{*'}\underline{E}\underline{x}=\underline{A}\underline{x}$ für alle $\underline{x}$, so daß man $\underline{A}=\underline{E}^{*'}\underline{E}$ und mit $\underline{A}=(a_{ij})$ sowie (123.4) $a_{ij}=\underline{e}_i^{*'}\underline{e}_j=\cos(\underline{e}_i^*,\underline{e}_j)$ erhält, falls $(\underline{e}_i^*,\underline{e}_j)$ den Winkel zwischen den Basisvektoren $\underline{e}_i^*$ und $\underline{e}_j$ bezeichnet. Den Kosinus dieses Winkels nennt man $\underline{\text{Richtungskosinus}}$. Ferner ergibt sich $\underline{x}=\underline{E}'\underline{E}^*\underline{x}^*=\underline{A}'\underline{E}^{*'}\underline{E}^*\underline{x}^*=\underline{A}'\underline{x}^*$ wegen $\underline{E}=\underline{E}^*\underline{A}$ und mit (141.3) $\underline{x}=\underline{A}'\underline{A}\underline{x}$ für alle $\underline{x}$, so daß $\underline{A}'\underline{A}=\underline{I}$ und $\underline{A}$ als orthogonale Matrix folgt. Sind andrerseits $\underline{A}$ und $\underline{E}$ orthogonale Matrizen, erhält man $\underline{E}^*=\underline{E}\underline{A}'$ aus $\underline{E}=\underline{E}^*\underline{A}$, so daß wegen $\underline{E}^{*'}\underline{E}^*=\underline{A}\underline{E}'\underline{E}\underline{A}'=\underline{I}$ die Basisvektoren $\underline{e}_1^*,\ldots,\underline{e}_n^*$ orthonormal sind. Es folgt damit der

Satz: Eine Transformation ist genau dann orthogonal, wenn sie eine orthonormale Basis in eine andere orthonormale Basis überführt. Die Transformationsmatrix enthält dann die Richtungskosinus zwischen den Original- und den transformierten Basisvektoren. (141.4)

Der orthogonalen Transformation orthonormaler Basisvektoren entspricht die orthogonale Transformation orthogonaler Koordinatensysteme.

Beispiel: Orthogonale Transformationen dreidimensionaler, orthogonaler Koordinatensysteme bewirken die Drehmatrizen

$$\underline{R}_1(\theta)=\begin{vmatrix}1 & 0 & 0\\ 0 & \cos\theta & \sin\theta\\ 0 & -\sin\theta & \cos\theta\end{vmatrix},\ \underline{R}_2(\theta)=\begin{vmatrix}\cos\theta & 0 & -\sin\theta\\ 0 & 1 & 0\\ \sin\theta & 0 & \cos\theta\end{vmatrix},\ \underline{R}_3(\theta)=\begin{vmatrix}\cos\theta & \sin\theta & 0\\ -\sin\theta & \cos\theta & 0\\ 0 & 0 & 1\end{vmatrix} \tag{141.5}$$

die jeweils Koordinatentransformationen in der x_2,x_3-Ebene, in der x_1,x_3-Ebene und in der x_1,x_2-Ebene vornehmen, wobei der Winkel θ zwischen den Achsen des ursprünglichen und des transformierten Systems im Gegenuhrzeigersinn positiv gezählt wird. Mit Hilfe der Drehmatrizen kann durch das Aneinandersetzen von ebenen Transformationen jede beliebige dreidimensionale Transformation ausgeführt werden, da orthogonale Transformationen nacheinander ausgeführt wieder orthogonale Transformationen ergeben, denn sind $\underline{A}$ und $\underline{B}$ orthogonale Matrizen, gilt $(\underline{AB})'(\underline{AB})=\underline{B}'\underline{A}'\underline{AB}=\underline{I}$.

Differentielle Drehungen in den Koordinatenebenen um den infinitesimal kleinen Winkel $d\theta$ ergeben sich mit $\cos d\theta=1$ und $\sin d\theta=d\theta$ aus (141.5) zu

$$\underline{R}_1(d\theta)=\begin{vmatrix}1 & 0 & 0\\ 0 & 1 & d\theta\\ 0 & -d\theta & 1\end{vmatrix},\ \underline{R}_2(d\theta)=\begin{vmatrix}1 & 0 & -d\theta\\ 0 & 1 & 0\\ d\theta & 0 & 1\end{vmatrix},\ \underline{R}_3(d\theta)=\begin{vmatrix}1 & d\theta & 0\\ -d\theta & 1 & 0\\ 0 & 0 & 1\end{vmatrix} \tag{141.6}$$

Drei differentielle Drehungen um die Winkel $d\alpha, d\beta, d\gamma$ aneinandergesetzt betragen, falls $d\alpha d\beta=d\alpha d\gamma=d\beta d\gamma=0$ gesetzt wird,

$$\underline{R}_1(d\alpha)\underline{R}_2(d\beta)\underline{R}_3(d\gamma) = \begin{vmatrix}1 & d\gamma & -d\beta\\ -d\gamma & 1 & d\alpha\\ d\beta & -d\alpha & 1\end{vmatrix} \tag{141.7}$$

c) Quadratische und bilineare Formen

Ist die Matrix $\underline{B}$ der affinen Transformation (141.1) regulär, existiert die inverse Transformation $\underline{x}=\underline{B}^{-1}\underline{y}$ und die quadratische Länge des Vektors $\underline{x}$ läßt sich mit (123.3) durch die transformierten Koordinaten ausdrücken

$$\underline{x}'\underline{x} = \underline{y}'(\underline{B}^{-1})'\underline{B}^{-1}\underline{y} = \underline{y}'\underline{A}\underline{y} \tag{141.8}$$

$\underline{y}'\underline{A}\underline{y}$ heißt quadratische Form und $\underline{A}$ die Matrix der quadratischen Form. Sie ist symmetrisch, denn $\underline{A}=(\underline{B}^{-1})'\underline{B}^{-1}=\underline{A}'$. Drückt man (123.5) entsprechend auch Winkel im transformierten System aus, treten bilineare Formen $\underline{y}'\underline{A}\underline{z}$ auf. Die bilineare Form stellt eine Verallgemeinerung des Skalarproduktes (123.1) dar.

142 Eigenwerte und Eigenvektoren

Die Extremwerte der quadratischen Form $\underline{x}'\underline{A}\underline{x}$, in der $\underline{x}$ ein n×1 Vektor und $\underline{A}$ eine symmetrische n×n Matrix bedeuten, soll durch Variation von $\underline{x}$ bestimmt werden. Da $\underline{x}'\underline{A}\underline{x}$ bei beliebigem $\underline{x}$ beliebig groß oder klein gemacht werden kann, wird als Nebenbedingung

$$\underline{x}'\underline{x} = 1 \qquad (142.1)$$

eingeführt. Das Extremum wird, wie in (171.6) gezeigt wird, mit Hilfe der Lagrangeschen Funktion L bestimmt, $L=\underline{x}'\underline{A}\underline{x}-\lambda(\underline{x}'\underline{x}-1)$, in der λ der Lagrangesche Multiplikator bedeutet. Die Differentialquotienten $\partial L/\partial\underline{x}$ gleich Null gesetzt ergeben die Werte für das Extremum, die mit $\underline{x}_i$ und λ_i bezeichnet seien. Da $\partial L/\partial\underline{x}=2\underline{A}\underline{x}-2\lambda\underline{x}$ gilt, wie in (172.1) und (172.2) abgeleitet wird, erhält man

$$(\underline{A}-\lambda_i\underline{I})\underline{x}_i = \underline{0} \qquad (142.2)$$

Man nennt λ_i Eigenwerte und $\underline{x}_i$ Eigenvektoren der Matrix $\underline{A}$, falls sie (142.2) erfüllen, wobei $\underline{A}$ nicht, wie hier vorausgesetzt, symmetrisch zu sein braucht.

Damit Vektoren $\underline{x}_i$ existieren, die nicht Nullvektoren sind, müssen nach (122.1) die Spalten der Matrix $\underline{A}-\lambda_i\underline{I}$ linear abhängig sein. Nach (136.17) gilt dann

$$\det(\underline{A}-\lambda_i\underline{I}) = 0 \qquad (142.3)$$

Die Entwicklung der Determinante nach (136.5) ergibt, geordnet nach Potenzen von λ_i, die charakteristische Gleichung für $\underline{A}$

$$\lambda_i^r + K_1\lambda_i^{r-1}+\ldots+ K_{r-1}\lambda_i+ K_r = 0 \qquad (142.4)$$

in der die Koeffizienten K_i Funktionen der Elemente von $\underline{A}$ sind. Die Ordnung r der Potenzen ergibt sich mit $r=\mathrm{rg}\underline{A}$, denn die Ordnung der größten von Null verschiedenen Unterdeterminante von $\underline{A}$ kann nach (136.18) $\mathrm{rg}\underline{A}$ nicht überschreiten. Man erhält r von Null verschiedene Lösungen für λ_i aus (142.4), die reell sind, falls $\underline{A}$ symmetrisch ist [Stiefel 1970, S.108].

Die zu den verschiedenen Eigenwerten λ_i gehörenden Eigenvektoren $\underline{x}_i$ sind zueinander orthogonal, denn mit (142.2) und der entsprechenden

Gleichung $(\underline{A}-\lambda_j\underline{I})\underline{x}_j=\underline{0}$ für λ_j und $\underline{x}_j$ folgen $\underline{x}_j'\underline{A}\underline{x}_i=\lambda_i\underline{x}_j'\underline{x}_i$ und $\underline{x}_i'\underline{A}\underline{x}_j=\lambda_j\underline{x}_i'\underline{x}_j$. Es gilt aber $\underline{x}_j'\underline{A}\underline{x}_i=\underline{x}_i'\underline{A}\underline{x}_j$ und $\underline{x}_j'\underline{x}_i=\underline{x}_i'\underline{x}_j$, so daß folgt $\lambda_i\underline{x}_i'\underline{x}_j=\lambda_j\underline{x}_i'\underline{x}_j$ und weiter $(\lambda_i-\lambda_j)\underline{x}_i'\underline{x}_j=0$ und somit, falls $\lambda_i\neq\lambda_j$

$$\underline{x}_i'\underline{x}_j = 0 \qquad (142.5)$$

Bei mehrfachen Eigenwerten, beispielsweise $\lambda_i=\lambda_j$, müssen die Eigenvektoren aus dem Lösungsraum, der in (154.6) definiert wird, der homogenen Gleichungen (142.2) derart ausgewählt werden, daß sie zu den übrigen Eigenvektoren jeweils paarweise orthogonal sind.

Nimmt man mit $n=\text{rg}\underline{A}$ vollen Rang für $\underline{A}$ an und faßt mit $\underline{X}=|\underline{x}_1,\underline{x}_2,\ldots,\underline{x}_n|$ die Eigenvektoren $\underline{x}_i$ zur n×n Matrix $\underline{X}$ zusammen, die mit (142.1) und (142.5) orthogonal ist, also $\underline{X}'\underline{X}=\underline{I}$ und führt mit $\underline{\Lambda}=\text{diag}(\lambda_1,\lambda_2,\ldots,\lambda_n)$ die n×n Diagonalmatrix der Eigenwerte λ_i ein, so ergibt sich aus (142.2) mit $\underline{A}\underline{x}_i=\lambda_i\underline{x}_i$ die Beziehung $\underline{X}'\underline{A}\underline{X}=\underline{\Lambda}$. Ist $\text{rg}\underline{A}=r<n$, sind n-r Eigenwerte gleich Null. Die entsprechenden Eigenvektoren sind dann beliebig festzulegen, sie müssen lediglich (142.1), (142.2) mit $\lambda_i=0$ und (142.5) erfüllen. Damit gilt der

<u>Satz</u>: Jede symmetrische n×n Matrix $\underline{A}$ mit $r=\text{rg}\underline{A}$ läßt sich mit Hilfe einer orthogonalen n×n Matrix $\underline{X}$ der Eigenvektoren von $\underline{A}$ derart zerlegen, daß $\underline{X}'\underline{A}\underline{X}=\underline{\Lambda}$ gilt, worin $\underline{\Lambda}$ eine n×n Diagonalmatrix bedeutet, deren Diagonalelemente die Eigenwerte von $\underline{A}$ enthält, unter denen r Werte von Null verschieden sind. (142.6)

Bei der praktischen Berechnung der Eigenwerte und Eigenvektoren greift man gewöhnlich nicht auf (142.2) und (142.3) zurück, sondern benutzt iterative Methoden [Faddeev und Faddeeva 1963; Householder 1964; Rutishauser 1976, Bd.2; Schwarz, Rutishauser und Stiefel 1972].

Im Hinblick auf multivariate Hypothesentests ist die Invarianzeigenschaft der Eigenwerte bedeutsam.

<u>Satz</u>: Die Eigenwerte einer Matrix sind invariant gegenüber orthogonalen Transformationen. (142.7)

Beweis: Es sei $\underline{C}$ mit $\underline{C}'\underline{C}=\underline{I}$ eine orthogonale Matrix, die den Vektor $\underline{x}$ transformiere in $\underline{y}=\underline{C}\underline{x}$, so daß mit $\underline{x}=\underline{C}'\underline{y}$ wegen (141.2) anstelle von $\underline{x}'\underline{A}\underline{x}$ die quadratische Form $\underline{y}'\underline{C}\underline{A}\underline{C}'\underline{y}$ erhalten wird und anstelle von (142.3) mit (136.13) $\det(\underline{C}\underline{A}\underline{C}'-\lambda_i\underline{I})=\det(\underline{C}(\underline{A}-\lambda_i\underline{I})\underline{C}')=\det(\underline{C}'\underline{C})\det(\underline{A}-\lambda_i\underline{I})=\det(\underline{A}-\lambda_i\underline{I})$, woraus die Aussage folgt.

143 Definite Matrizen

Mit (141.8) war die quadratische Form als Länge eines transformierten Vektors eingeführt worden. Damit sie als Maß einer Länge dienen kann, darf sie nicht negativ werden. Dies führt für die Matrix $\underline{A}$ der quadratischen Form auf die

Definition: Eine symmetrische n×n Matrix $\underline{A}$ bezeichnet man als positiv definit, wenn

$$\underline{x}'\underline{A}\underline{x} > 0 \quad \text{für alle} \quad \underline{x} \neq \underline{0}$$

und als positiv semidefinit, wenn

$$\underline{x}'\underline{A}\underline{x} \geq 0 \quad \text{für alle} \quad \underline{x} \neq \underline{0} \qquad (143.1)$$

Die folgenden Sätze geben Kriterien dafür an, daß eine Matrix positiv definit oder positiv semidefinit ist.

Satz: Eine symmetrische Matrix ist genau dann positiv definit, wenn ihre Eigenwerte positiv sind, und positiv semidefinit, wenn ihre Eigenwerte nicht negativ sind. (143.2)

Beweis: Für eine symmetrische Matrix $\underline{A}$ gilt nach (142.6) $\underline{X}'\underline{A}\underline{X}=\underline{\Lambda}$. Setzt man $\underline{y}=\underline{X}'\underline{x}$, so daß wegen (141.2) $\underline{x}=\underline{X}\underline{y}$ folgt, ergibt sich $\underline{x}'\underline{A}\underline{x}=\underline{y}'\underline{X}'\underline{A}\underline{X}\underline{y}=\underline{y}'\underline{\Lambda}\underline{y}=\lambda_1 y_1^2+\ldots+\lambda_n y_n^2=Q$ für alle $\underline{x}$. Da $\underline{X}$ vollen Rang besitzt, gilt wegen (122.1) $\underline{X}'\underline{x}=\underline{y}=\underline{0}$ nur für $\underline{x}=\underline{0}$. Man erhält daher $\lambda_i>0$ für $Q>0$. Gilt umgekehrt $\lambda_i>0$, folgt $Q>0$, so daß $\underline{A}$ positiv definit ist. Weiter ergibt sich $\lambda_i \geq 0$ für $Q \geq 0$ und umgekehrt aus $\lambda_i \geq 0$, daß $\underline{A}$ positiv semidefinit ist.

Satz: Eine positiv definite Matrix ist regulär. (143.3)

Beweis: Nach (143.2) besitzt eine positiv definite n×n Matrix $\underline{A}$ positive Eigenwerte, womit aus (142.6) $\text{rg}\underline{A}=n$ und damit aus (133.1) die Aussage folgt.

Satz: Eine symmetrische Matrix ist genau dann positiv definit, wenn die Diagonalelemente der bei der Gaußschen Faktorisierung entstehenden Diagonalmatrix positiv sind. (143.4)

Beweis: Nach (143.3) ist eine positiv definite Matrix $\underline{A}$ regulär, so daß wegen (133.22) die Gaußsche Faktorisierung $\underline{C}^{-1}\underline{A}(\underline{C}')^{-1}=\underline{D}$ gilt, in der $\underline{C}^{-1}$ regulär ist. Setzt man $\underline{x}=(\underline{C}')^{-1}\underline{y}$, folgt der Rest des Beweises wie der für (143.2).

Satz: Eine symmetrische Matrix ist genau dann positiv definit, wenn die Cholesky-Faktorisierung $\underline{A}=\underline{G}\underline{G}'$ gilt, in der $\underline{G}$ eine reguläre untere Dreiecksmatrix bedeutet. (143.5)

Beweis: Für eine positiv definite Matrix gilt wegen (143.4) die Cholesky-Zerlegung (133.23). Gilt umgekehrt die Cholesky-Faktorisierung, folgt mit (143.4), daß die Matrix positiv definit ist.

Satz: Ist $\underline{A}$ eine positiv definite oder positiv semidefinite Matrix, gilt sp$\underline{A}$>0 für $\underline{A} \neq \underline{0}$. (143.6)

Beweis: Ist $\underline{A}$ positiv definit oder positiv semidefinit, ergibt sich mit (137.3) aus (142.6) $sp\underline{A}=sp(\underline{X}\underline{\Lambda}\underline{X}')=sp(\underline{X}'\underline{X}\underline{\Lambda})=sp\underline{\Lambda}=\sum_{i=1}^{n}\lambda_i$ mit $\lambda_i \geq 0$ aus (143.2), so daß sp$\underline{A}$>0 gilt und sp$\underline{A}$=0 lediglich mit $\lambda_i=0$ für $i=\{1,\ldots,n\}$. Im letzteren Fall gilt mit (135.5) und (142.6) $\dim N(\underline{A})=n$, so daß $\underline{A}\underline{x}=0$ für alle $\underline{x}\in E^n$ sich ergibt und damit $\underline{A}=\underline{0}$ folgt.

Satz: Ist $\underline{A}$ eine positiv definite n×n Matrix, dann ist $\underline{B}'\underline{A}\underline{B}$ positiv definit, falls die m×n Matrix $\underline{B}$ vollen Spaltenrang n=rg$\underline{B}$ besitzt. Bei beliebigem Rang von $\underline{B}$ ist $\underline{B}'\underline{A}\underline{B}$ zumindest positiv semidefinit. Ist $\underline{A}$ positiv semidefinit, ist auch $\underline{B}'\underline{A}\underline{B}$ unabhängig von dem Rang von $\underline{B}$ positiv semidefinit. (143.7)

Beweis: Mit $\underline{B}\underline{y}=\underline{x}$ folgt $\underline{y}'\underline{B}'\underline{A}\underline{B}\underline{y}=\underline{x}'\underline{A}\underline{x}>0$ für alle $\underline{y}$, da $\underline{A}$ positiv definit und da $\underline{B}\underline{y}=\underline{x}=\underline{0}$ wegen des vollen Spaltenrangs für $\underline{B}$ nur für $\underline{y}=\underline{0}$ gilt. Bei beliebigem Rang für $\underline{B}$ kann $\underline{x}=\underline{0}$ auch für $\underline{y}\neq\underline{0}$ sich ergeben, so daß $\underline{x}'\underline{A}\underline{x}\geq 0$ folgt. Ist $\underline{A}$ positiv semidefinit, folgt mit $\underline{B}\underline{y}=\underline{x}$ unabhängig von dem Rang von $\underline{B}$ schließlich $\underline{y}'\underline{B}'\underline{A}\underline{B}\underline{y}=\underline{x}'\underline{A}\underline{x}\geq 0$.

Satz: Besitzt die m×n Matrix $\underline{B}$ vollen Spaltenrang n=rg$\underline{B}$, dann ist $\underline{B}'\underline{B}$ positiv definit. Bei beliebigem Rang für $\underline{B}$, ist $\underline{B}'\underline{B}$ zumindest positiv semidefinit. (143.8)

Beweis: Ersetzt man in (143.7) $\underline{A}$ durch die positiv definite Einheitsmatrix $\underline{I}$, folgen die Aussagen.

Satz: Mit $\underline{A}$ ist auch $\underline{A}^{-1}$ positiv definit. (143.9)

Beweis: Ersetzt man in (143.7) $\underline{B}$ durch die wegen (131.16) reguläre Matrix $\underline{A}^{-1}$, folgt mit (131.17) $\underline{A}^{-1}\underline{A}\underline{A}^{-1}=\underline{A}^{-1}$ und damit die Aussage.

Satz: Eine positiv semidefinite n×n Matrix $\underline{A}$ mit rg$\underline{A}$=r läßt sich zerlegen in $\underline{A}=\underline{H}\underline{H}'$, worin $\underline{H}$ eine n×r Matrix mit rg$\underline{H}$=r bedeutet. (143.10)

Beweis: Nach (142.6) folgt mit der orthogonalen n×n Matrix $\underline{X}$

$$\underline{X}'\underline{A}\underline{X} = \begin{vmatrix} \underline{D}^2 & \underline{0} \\ \underline{0} & \underline{0} \end{vmatrix} = \begin{vmatrix} \underline{D} \\ \underline{0} \end{vmatrix} |\underline{D}\ \underline{0}|$$

worin $\underline{D}^2$ die r×r Diagonalmatrix der von Null verschiedenen Eigenwerte von $\underline{A}$ bedeutet, die wegen (143.2) positiv sind, so daß $\underline{D}$ eine reelle Diagonalmatrix darstellt. Mit $\underline{H}'=|\underline{D},\underline{0}|\underline{X}'$, wobei $\underline{H}'$ eine r×n Matrix mit vollem Zeilenrang bedeutet, ergibt sich $\underline{A}=\underline{H}\underline{H}'=\underline{X}(\underline{X}'\underline{A}\underline{X})\underline{X}'$, womit die Aussage folgt. Ist $\underline{A}$ nicht positiv semidefinit, können bei negativen

Eigenwerten komplexe Elemente für $\underline{H}$ auftreten.

15 Generalisierte Inversen

151 Rechts- und Linksinversen

Nach (133.1) existiert für die n×n Matrix $\underline{A}$ mit rg$\underline{A}$=n die inverse Matrix $\underline{A}^{-1}$ derart, daß $\underline{A}\underline{A}^{-1}=\underline{A}^{-1}\underline{A}=\underline{I}_n$ gilt. Entsprechend sollen jetzt Inversen für Rechteckmatrizen mit vollem Zeilen- oder Spaltenrang eingeführt werden.

Es sei $\underline{A}$ eine m×n Matrix mit vollem Zeilenrang m. Die m×m Matrix $\underline{A}\underline{A}'$ besitzt nach (135.6) ebenfalls den Rang m, so daß $(\underline{A}\underline{A}')^{-1}$ existiert. Es gilt dann

$$\underline{I}_m = \underline{A}\underline{A}'(\underline{A}\underline{A}')^{-1} = \underline{A}(\underline{A}'(\underline{A}\underline{A}')^{-1}) = \underline{A}\underline{B} \quad (151.1)$$

so daß eine n×m Matrix $\underline{B}$ angegeben werden kann, die rechtsseitig mit $\underline{A}$ multipliziert die m×m Einheitsmatrix $\underline{I}_m$ ergibt. $\underline{B}$ bezeichnet man als Rechtsinverse von $\underline{A}$. Die Rechtsinverse ist nicht eindeutig, denn falls $rg(\underline{A}\underline{C}\underline{A}')=m$ gilt, ist beispielsweise $\underline{C}\underline{A}'(\underline{A}\underline{C}\underline{A}')^{-1}$ ebenfalls eine Rechtsinverse von $\underline{A}$.

Die m×n Matrix $\underline{A}$ besitze nun vollen Spaltenrang n. Dann gilt wegen (135.6) $rg(\underline{A}'\underline{A})=n$, so daß folgt

$$\underline{I}_n = (\underline{A}'\underline{A})^{-1}\underline{A}'\underline{A} = ((\underline{A}'\underline{A})^{-1}\underline{A}')\underline{A} = \underline{B}\underline{A} \quad (151.2)$$

$\underline{B}$ bezeichnet man als Linksinverse von $\underline{A}$, sie ist wie die Rechtsinverse nicht eindeutig.

152 Idempotente Matrizen

Im Zusammenhang mit den im folgenden Kapitel zu behandelnden generalisierten Inversen und später wieder bei den Projektionen treten idempotente Matrizen auf.

Definition: Eine quadratische Matrix heißt idempotent, wenn sie die Bedingung erfüllt

$$\underline{A}^2 = \underline{A}\underline{A} = \underline{A} \quad (152.1)$$

Folgende Eigenschaften idempotenter Matrizen sind von Interesse.

Satz: Die Eigenwerte einer idempotenten Matrix sind entweder Null oder Eins. (152.2)

Beweis: Es sei λ ein Eigenwert von $\underline{A}$ und $\underline{x}$ ein zugehöriger Eigenvektor.

Aus (142.2) folgt dann $\underline{A}\underline{x}=\lambda\underline{x}$ und weiter $\underline{A}\underline{A}\underline{x}=\lambda\underline{A}\underline{x}=\lambda^2\underline{x}$. Wegen $\underline{A}^2=\underline{A}$ ist aber $\underline{A}^2\underline{x}=\lambda\underline{x}$ und daher $(\lambda^2-\lambda)\underline{x}=\underline{O}$. Da $\underline{x}\neq\underline{O}$, folgt $\lambda(\lambda-1)=0$ und daher $\lambda=0$ oder $\lambda=1$.

Satz: Ist $\underline{A}$ idempotent, dann gilt $\text{rg}\underline{A}=\text{sp}\underline{A}$. (152.3)

Beweis: Es sei $\text{rg}\underline{A}=r$. Aus der Rangfaktorisierung (132.10) für $\underline{A}$ folgt $\underline{A}=\underline{R}\underline{S}$ und mit (152.1) $\underline{R}\underline{S}\underline{R}\underline{S}=\underline{R}\underline{S}$. Nach (151.1) und (151.2) besitzen $\underline{R}$ eine Linksinverse $\underline{L}$ und $\underline{S}$ eine Rechtsinverse $\underline{T}$, so daß $\underline{L}\underline{R}\underline{S}\underline{R}\underline{S}\underline{T}=\underline{L}\underline{R}\underline{S}\underline{T}$ und damit $\underline{S}\underline{R}=\underline{I}_r$ sich ergibt. Schließlich gilt mit (137.3) $\text{sp}\underline{A}=\text{sp}(\underline{S}\underline{R})=\text{sp}\underline{I}_r=r$, so daß $r=\text{rg}\underline{A}=\text{sp}\underline{A}$ folgt.

Satz: Ist die $n\times n$ Matrix $\underline{A}$ mit $\text{rg}\underline{A}=r$ idempotent, dann ist auch $\underline{I}-\underline{A}$ idempotent mit $\text{rg}(\underline{I}-\underline{A})=n-r$. (152.4)

Beweis: Es gilt $(\underline{I}-\underline{A})^2=\underline{I}-2\underline{A}+\underline{A}^2=\underline{I}-\underline{A}$. Mit (152.3) erhält man weiter $\text{rg}(\underline{I}-\underline{A})=\text{sp}(\underline{I}-\underline{A})=n-\text{sp}(\underline{A})=n-\text{rg}\underline{A}=n-r$.

Satz: Ist $\underline{A}$ idempotent und regulär, ist $\underline{A}=\underline{I}$. (152.5)

Beweis: Multipliziert man $\underline{A}\underline{A}=\underline{A}$ von links oder rechts mit $\underline{A}^{-1}$, erhält man $\underline{A}=\underline{I}$.

Im folgenden sollen noch drei Sätze bewiesen werden, die für symmetrische idempotente Matrizen gelten.

Satz: Ist die Matrix $\underline{A}$ mit $\text{rg}\underline{A}=r$ idempotent und symmetrisch, gibt es eine orthogonale Matrix $\underline{X}$, so daß gilt

$$\underline{X}'\underline{A}\underline{X} = \begin{vmatrix} \underline{I}_r & \underline{O} \\ \underline{O} & \underline{O} \end{vmatrix} \qquad (152.6)$$

Beweis: Mit (142.6) folgt für die symmetrische Matrix $\underline{A}$ die Zerlegung $\underline{X}'\underline{A}\underline{X}=\underline{\Lambda}$, in der die Diagonalmatrix $\underline{\Lambda}$ der Eigenwerte wegen (152.2) r Werte Eins besitzt, so daß die Aussage folgt.

Satz: Es gilt $\underline{A}=\underline{p}_1\underline{p}_1'+\ldots+\underline{p}_r\underline{p}_r'$, wobei $\underline{p}_1,\ldots,\underline{p}_r$ orthonormale Vektoren bedeuten, genau dann, wenn $\underline{A}$ mit $\text{rg}\underline{A}=r$ idempotent und symmetrisch ist. (152.7)

Beweis: Ist $\underline{A}$ mit $\text{rg}\underline{A}=r$ idempotent und symmetrisch, ergibt sich mit einer orthogonalen Matrix $\underline{X}$ aus (152.6)

$$\underline{A} = \underline{X}\begin{vmatrix} \underline{I}_r & \underline{O} \\ \underline{O} & \underline{O} \end{vmatrix}\underline{X}' = \underline{P}\underline{P}' = |\underline{p}_1,\ldots,\underline{p}_r|\begin{vmatrix} \underline{p}_1' \\ \ldots \\ \underline{p}_r' \end{vmatrix} = \underline{p}_1\underline{p}_1' + \ldots + \underline{p}_r\underline{p}_r'$$

da die Matrix $\underline{P}$ r Spalten $\underline{p}_i$ besitzt, die orthonormale Vektoren sind. Wird andrerseits $\underline{A}$ mit Hilfe r orthonormaler Vektoren $\underline{p}_i$ dargestellt, und faßt man sie in der Matrix $\underline{P}=|\underline{p}_1,\ldots,\underline{p}_r|$ zusammen, besitzt $\underline{P}$ wegen (124.2) und (132.8) den Rang r. Mit (135.6) folgt dann $r=\text{rg}(\underline{P}\underline{P}')=$

$rg(\sum_{i=1}^{r} \underline{p}_i\underline{p}_i')=rg\underline{A}$. Weiter ist $\underline{A}$ mit $\underline{A}=\underline{P}\underline{P}'$ symmetrisch und idempotent, denn mit (131.7) folgt $\underline{A}^2=(\underline{p}_1\underline{p}_1'+\ldots+\underline{p}_r\underline{p}_r')^2=\sum_{i=1}^{r}\underline{p}_i(\underline{p}_i'\underline{p}_i)\underline{p}_i'+2\sum_{i\neq j}\underline{p}_i(\underline{p}_i'\underline{p}_j)\underline{p}_j'$ $=\sum_{i=1}^{r}\underline{p}_i\underline{p}_i'=\underline{A}$ wegen $\underline{p}_i'\underline{p}_i=1$ und $\underline{p}_i'\underline{p}_j=0$, da die Vektoren $\underline{p}_i$ orthonormal sind, so daß die Aussage folgt.

Satz: Ist eine Matrix idempotent und symmetrisch, so ist sie positiv semidefinit. (152.8)

Beweis: Gilt $\underline{A}\underline{A}=\underline{A}$ und $\underline{A}=\underline{A}'$, folgt mit $\underline{A}'\underline{A}=\underline{A}$ aus (143.8) die Aussage.

153 Generalisierte Inverse, reflexive generalisierte Inverse und Pseudoinverse

a) Generalisierte Inverse

Die Definition einer inversen Matrix, die sich bislang auf reguläre quadratische Matrizen und auf Rechteckmatrizen mit vollem Zeilen- oder Spaltenrang beschränkte, soll nun auf Rechteckmatrizen von beliebigem Rang ausgedehnt werden.

Definition: Eine n×m Matrix $\underline{A}^-$ bezeichnet man als generalisierte Inverse der m×n Matrix $\underline{A}$, falls

$$\underline{A}\underline{A}^-\underline{A}=\underline{A} \qquad (153.1)$$

Daß diese Definition im Hinblick auf die Lösung linearer Gleichungssysteme sinnvoll ist, wird im nächsten Kapitel gezeigt. Es sollen nun Eigenschaften generalisierter Inversen betrachtet werden.

Satz: Eine generalisierte Inverse $\underline{A}^-$ der m×n Matrix $\underline{A}$ mit $m\geq n$ und $r=rg\underline{A}$ existiert für jedes fest vorgegebene $r\leq k\leq n$ mit $rg\underline{A}^-=k$. (153.2)

Beweis: Aus (132.9) folgt für $\underline{A}$ mit den regulären m×m und n×n Matrizen $\underline{P}$ und $\underline{Q}$

$$\underline{P}\underline{A}\underline{Q}=\begin{vmatrix}\underline{I}_r & \underline{0}\\ \underline{0} & \underline{0}\end{vmatrix} \quad \text{und} \quad \underline{A}=\underline{P}^{-1}\begin{vmatrix}\underline{I}_r & \underline{0}\\ \underline{0} & \underline{0}\end{vmatrix}\underline{Q}^{-1}$$

Sind $\underline{R},\underline{S},\underline{T}$ beliebige Matrizen zutreffender Dimensionen, ist eine generalisierte Inverse $\underline{A}^-$ gegeben mit

$$\underline{A}^-=\underline{Q}\begin{vmatrix}\underline{I}_r & \underline{R}\\ \underline{S} & \underline{T}\end{vmatrix}\underline{P} \qquad (153.3)$$

denn

$$\underline{A}\underline{A}^-\underline{A}=\underline{P}^{-1}\begin{vmatrix}\underline{I}_r & \underline{0}\\ \underline{0} & \underline{0}\end{vmatrix}\begin{vmatrix}\underline{I}_r & \underline{R}\\ \underline{S} & \underline{T}\end{vmatrix}\begin{vmatrix}\underline{I}_r & \underline{0}\\ \underline{0} & \underline{0}\end{vmatrix}\underline{Q}^{-1}=\underline{A}$$

Setzt man beispielsweise $\underline{R}=\underline{0}$, $\underline{S}=\underline{0}$ und $\underline{T}=\begin{vmatrix}\underline{I}_p & \underline{0}\\ \underline{0} & \underline{0}\end{vmatrix}$ mit $0\leq p\leq n-r$ in (153.3), ergibt sich wegen (132.12) $rg\underline{A}^-=r+p$. Dies gilt für alle generalisierten

Inversen $\mathbf{A}^-$, denn aus $\mathbf{AA}^-\mathbf{A}=\mathbf{A}$ folgt mit (132.11) $\text{rg}\mathbf{A}^-\geq\text{rg}(\mathbf{AA}^-)\geq\text{rg}(\mathbf{AA}^-\mathbf{A})$ $=\text{rg}\mathbf{A}$ und somit $\text{rg}\mathbf{A}\leq\text{rg}\mathbf{A}^-\leq n$.

<u>Satz</u>: Das Produkt $\mathbf{A}^-\mathbf{A}$ ist idempotent und $\text{rg}(\mathbf{A}^-\mathbf{A})=\text{rg}\mathbf{A}$. (153.4)

Beweis: Es gilt $(\mathbf{A}^-\mathbf{A})^2=\mathbf{A}^-\mathbf{AA}^-\mathbf{A}=\mathbf{A}^-\mathbf{A}$ wegen (153.1). Mit (132.11) folgt $\text{rg}\mathbf{A}\geq\text{rg}(\mathbf{A}^-\mathbf{A})\geq\text{rg}(\mathbf{AA}^-\mathbf{A})=\text{rg}\mathbf{A}$ und daher $\text{rg}\mathbf{A}=\text{rg}(\mathbf{A}^-\mathbf{A})$.

<u>Satz</u>: Es gilt

$$\mathbf{A}(\mathbf{A}'\mathbf{A})^-\mathbf{A}'\mathbf{A}=\mathbf{A}\ ,\ \mathbf{A}'\mathbf{A}(\mathbf{A}'\mathbf{A})^-\mathbf{A}'=\mathbf{A}'$$

sowie

$$\mathbf{A}'(\mathbf{AA}')^-\mathbf{AA}'=\mathbf{A}',\ \mathbf{AA}'(\mathbf{AA}')^-\mathbf{A}=\mathbf{A} \tag{153.5}$$

und falls $\mathbf{V}$ eine positiv definite Matrix ist

$$\mathbf{A}(\mathbf{A}'\mathbf{VA})^-\mathbf{A}'\mathbf{VA}=\mathbf{A}\ ,\ \mathbf{A}'\mathbf{VA}(\mathbf{A}'\mathbf{VA})^-\mathbf{A}'=\mathbf{A}' \tag{153.6}$$

Beweis: Setzt man $\mathbf{E}=\mathbf{A}(\mathbf{A}'\mathbf{A})^-\mathbf{A}'\mathbf{A}-\mathbf{A}$ folgt $\mathbf{E}'\mathbf{E}=(\mathbf{A}(\mathbf{A}'\mathbf{A})^-\mathbf{A}'\mathbf{A}-\mathbf{A})'\mathbf{A}((\mathbf{A}'\mathbf{A})^-\mathbf{A}'\mathbf{A}$ $-\mathbf{I})=\mathbf{O}$ wegen (131.10) und (153.1) und daher $\mathbf{E}=\mathbf{O}$ nach (131.11). Setzt man $\mathbf{E}=\mathbf{A}'\mathbf{A}(\mathbf{A}'\mathbf{A})^-\mathbf{A}'-\mathbf{A}'$ folgt aus $\mathbf{EE}'=\mathbf{O}$ die zweite Gleichung von (153.5) und entsprechend die folgenden beiden Beziehungen. Setzt man weiter $\mathbf{E}=\mathbf{A}(\mathbf{A}'\mathbf{VA})^-\mathbf{A}'\mathbf{VA}-\mathbf{A}$, folgt $\mathbf{E}'\mathbf{VE}=(\mathbf{A}(\mathbf{A}'\mathbf{VA})^-\mathbf{A}'\mathbf{VA}-\mathbf{A})'\mathbf{VA}((\mathbf{A}'\mathbf{VA})^-\mathbf{A}'\mathbf{VA}-\mathbf{I})=\mathbf{O}$ und mit (131.11) sowie (143.5) $\mathbf{G}'\mathbf{E}=\mathbf{O}$ oder $\mathbf{GG}'\mathbf{E}=\mathbf{O}$ und somit $\mathbf{E}=\mathbf{O}$. Die zweite Gleichung von (153.6) ergibt sich entsprechend.

<u>Satz</u>: Ist $\mathbf{G}$ generalisierte Inverse von $\mathbf{A}'\mathbf{A}$ und $\mathbf{F}$ generalisierte Inverse von $\mathbf{AA}'$, dann sind

a) $\mathbf{G}'$ beziehungsweise $\mathbf{F}'$ generalisierte Inversen von $\mathbf{A}'\mathbf{A}$ beziehungsweise $\mathbf{AA}'$, (153.7)

b) $\mathbf{AGA}'$ beziehungsweise $\mathbf{A}'\mathbf{FA}$ invariant gegenüber der Wahl von $\mathbf{G}$ beziehungsweise $\mathbf{F}$, (153.8)

c) $\mathbf{AGA}'$ beziehungsweise $\mathbf{A}'\mathbf{FA}$ symmetrisch unabhängig davon, ob $\mathbf{G}$ beziehungsweise $\mathbf{F}$ symmetrisch ist, (153.9)

d) $\mathbf{A}(\mathbf{A}'\mathbf{VA})^-\mathbf{A}'$ invariant gegenüber der Wahl von $(\mathbf{A}'\mathbf{VA})^-$ und immer symmetrisch, falls $\mathbf{V}$ eine positiv definite Matrix ist. (153.10)

Beweis: (153.7) folgt durch Transponieren von $\mathbf{A}'\mathbf{AGA}'\mathbf{A}=\mathbf{A}'\mathbf{A}$ und der entsprechenden Gleichung für $\mathbf{F}$. Es seien $\mathbf{G}$ und $\bar{\mathbf{G}}$ zwei generalisierte Inversen von $\mathbf{A}'\mathbf{A}$. Dann erhält man mit (153.5) $\mathbf{AGA}'\mathbf{A}=\mathbf{A}\bar{\mathbf{G}}\mathbf{A}'\mathbf{A}$ und weiter $\mathbf{AGA}'\mathbf{AGA}'=\mathbf{A}\bar{\mathbf{G}}\mathbf{A}'\mathbf{AGA}'$, so daß mit (153.5) $\mathbf{AGA}'=\mathbf{A}\bar{\mathbf{G}}\mathbf{A}'$ und damit (153.8) folgt, da entsprechende Gleichungen für $\mathbf{F}$ gelten. Für symmetrische Matrizen existieren auch symmetrische generalisierte Inversen, was aus (153.3) folgt, da für symmetrische Matrizen $\mathbf{A}$ in (132.9) $\mathbf{Q}=\mathbf{P}'$ gilt. Ist $\mathbf{G}$ eine symmetrische generalisierte Inverse von $\mathbf{A}'\mathbf{A}$, ist auch $\mathbf{AGA}'$ symmetrisch. Da aber $\mathbf{AGA}'$ unabhängig von der Wahl von $\mathbf{G}$ ist, muß $\mathbf{AGA}'$ und entsprechend $\mathbf{A}'\mathbf{FA}$ immer symmetrisch sein. Aus (153.6) folgt genau, wie für $\underline{A}\underline{G}\underline{A}'$ gezeigt wurde, daß $\underline{A}(\underline{A}'\underline{V}\underline{A})^{-}\underline{A}'$ invariant gegenüber der Wahl von $(\underline{A}'\underline{V}\underline{A})^{-}$ und daher symmetrisch ist, so daß (153.10) folgt.

In der Menge der generalisierten Inversen, die (153.1) erfüllen, lassen sich durch Zusatzbedingungen Teilmengen spezieller generalisierter Inversen definieren [Ben-Israel und Greville 1974; Bjerhammar 1973; Bouillon und Odell 1971; Rao und Mitra 1971]. Im folgenden sollen lediglich die reflexive generalisierte Inverse und die Pseudoinverse eingeführt werden, die für die Parameterschätzung in Modellen mit nicht vollem Rang benötigt werden.

b) Reflexive generalisierte Inverse

Definition: Eine n×m Matrix $\underline{A}_r^{-}$ bezeichnet man als reflexive generalisierte Inverse der m×n Matrix $\underline{A}$, falls

$$\underline{A}\,\underline{A}_r^{-}\,\underline{A} = \underline{A} \quad \text{und} \quad \underline{A}_r^{-}\,\underline{A}\,\underline{A}_r^{-} = \underline{A}_r^{-} \qquad (153.11)$$

Satz: Eine reflexive generalisierte Inverse ist durch $\underline{A}_r^{-}=\underline{A}^{-}\,\underline{A}\,\underline{A}^{-}$ gegeben. $\qquad\qquad (153.12)$

Beweis: Mit $\underline{A}\,\underline{A}^{-}\underline{A}\,\underline{A}^{-}\underline{A}=\underline{A}$ und $\underline{A}^{-}\underline{A}\,\underline{A}^{-}\underline{A}\,\underline{A}^{-}\underline{A}\,\underline{A}^{-}=\underline{A}^{-}\underline{A}\,\underline{A}^{-}$ ist (153.11) erfüllt.

Satz: $\underline{A}_r^{-}$ ist genau dann reflexive generalisierte Inverse von $\underline{A}$, wenn $\underline{A}_r^{-}$ generalisierte Inverse von $\underline{A}$ und $\mathrm{rg}\underline{A}_r^{-}=\mathrm{rg}\underline{A}$ gilt. $\qquad (153.13)$

Beweis: Ist $\underline{A}_r^{-}$ reflexive generalisierte Inverse von $\underline{A}$, ist sie auch generalisierte Inverse von $\underline{A}$ und mit (153.11) folgt $\mathrm{rg}\underline{A}\geq\mathrm{rg}(\underline{A}_r^{-}\underline{A})\geq$ $\mathrm{rg}(\underline{A}_r^{-}\underline{A}\,\underline{A}_r^{-})=\mathrm{rg}\underline{A}_r^{-}\geq\mathrm{rg}(\underline{A}_r^{-}\underline{A})\geq\mathrm{rg}(\underline{A}\,\underline{A}_r^{-}\underline{A})=\mathrm{rg}\underline{A}$ und damit $\mathrm{rg}\underline{A}_r^{-}=\mathrm{rg}\underline{A}$. Gilt andrerseits $\mathrm{rg}\underline{A}_r^{-}=\mathrm{rg}\underline{A}$ und $\underline{A}\,\underline{A}_r^{-}\underline{A}=\underline{A}$ folgt mit (153.4) $\mathrm{rg}(\underline{A}_r^{-}\underline{A})=\mathrm{rg}\underline{A}_r^{-}$, so daß $\underline{A}_r^{-}=$ $\underline{A}_r^{-}\underline{A}\underline{Q}$ mit einer beliebigen regulären Matrix $\underline{Q}$ gesetzt werden kann, da nach (132.12) $\mathrm{rg}\underline{A}_r^{-}$ unverändert bleibt. Weiter gilt $\underline{A}\,\underline{A}_r^{-}=\underline{A}\,\underline{A}_r^{-}\underline{A}\underline{Q}=\underline{A}\underline{Q}$ und schließlich $\underline{A}_r^{-}\underline{A}\,\underline{A}_r^{-}=\underline{A}_r^{-}\underline{A}\underline{Q}=\underline{A}_r^{-}$, so daß die Aussage folgt.

Satz: Eine symmetrische reflexive generalisierte Inverse $(\underline{A}'\underline{A})_r^{-}$ von $\underline{A}'\underline{A}$ ist positiv semidefinit. $\qquad\qquad (153.14)$

Beweis: Die Existenz einer symmetrischen reflexiven generalisierten Inversen $(\underline{A}'\underline{A})_r^{-}$ von $\underline{A}'\underline{A}$ ergibt sich mit (153.13) aus (153.3), da für symmetrische Matrizen $\underline{A}'\underline{A}$ in (132.9) $\underline{Q}=\underline{P}'$ gilt. Da $\underline{A}'\underline{A}$ nach (143.8) bei beliebigem Rang von $\underline{A}$ positiv semidefinit ist, dann ist nach (143.7) auch $(\underline{A}'\underline{A})_r^{-}\underline{A}'\underline{A}(\underline{A}'\underline{A})_r^{-}=(\underline{A}'\underline{A})_r^{-}$ positiv semidefinit, so daß die Aussage folgt.

c) Pseudoinverse

Für die Pseudoinverse, auch Moore-Penrose-Inverse genannt, gilt die

Definition: Die n×m Matrix $\underline{A}^+$ ist Pseudoinverse der m×n Matrix $\underline{A}$, falls

$$\underline{AA}^+\underline{A} = \underline{A}\ ,\ \underline{A}^+\underline{AA}^+ = \underline{A}^+,\ (\underline{AA}^+)' = \underline{AA}^+,\ (\underline{A}^+\underline{A})' = \underline{A}^+\underline{A} \qquad (153.15)$$

Satz: Es gilt $\underline{A}^+ = \underline{A}'(\underline{AA}')^-\underline{A}(\underline{A}'\underline{A})^-\underline{A}'$. (153.16)

Beweis: Substituiert man die Gleichung für $\underline{A}^+$ in (153.15), folgt $\underline{AA}^+\underline{A} = \underline{AA}'(\underline{AA}')^-\underline{A}(\underline{A}'\underline{A})^-\underline{A}'\underline{A} = \underline{A}$ wegen (153.5). Entsprechend ergibt sich durch Substitution $\underline{A}^+\underline{AA}^+ = \underline{A}^+$. Weiter sind die Matrizen $\underline{AA}^+ = \underline{AA}'(\underline{AA}')^-\underline{A}(\underline{A}'\underline{A})^-\underline{A}' = \underline{A}(\underline{A}'\underline{A})^-\underline{A}'$ und $\underline{A}^+\underline{A} = \underline{A}'(\underline{AA}')^-\underline{A}$ wegen (153.9) symmetrisch, so daß die Aussage folgt.

Satz: $\underline{A}^+$ ist eindeutig und $rg\underline{A}^+ = rg\underline{A}$. (153.17)

Beweis: $\underline{G}$ und $\underline{F}$ seien zwei Pseudoinversen von $\underline{A}$. Dann gilt wegen (153.15) $\underline{G} = \underline{GG}'\underline{A}' = \underline{GG}'\underline{A}'\underline{AF} = \underline{GAF} = \underline{GAA}'\underline{F}'\underline{F} = \underline{A}'\underline{F}'\underline{F} = \underline{F}$, so daß $\underline{G} = \underline{F} = \underline{A}^+$ folgt. Aus (153.13) ergibt sich $rg\underline{A}^+ = rg\underline{A}$.

Satz: Es gilt $(\underline{A}')^+ = (\underline{A}^+)'$, so daß für $\underline{A}' = \underline{A}$ folgt $\underline{A}^+ = (\underline{A}^+)'$. (153.18)

Beweis: Transponiert man (153.15), so ist ersichtlich, daß $(\underline{A}^+)'$ Pseudoinverse von $\underline{A}'$ ist. Da die Pseudoinverse eindeutig ist, folgt $(\underline{A}')^+ = (\underline{A}^+)'$ und für symmetrische Matrizen $\underline{A}$ die symmetrische Pseudoinverse $\underline{A}^+ = (\underline{A}^+)'$.

Satz: Es gilt $(\underline{A}^+)^+ = \underline{A}$. (153.19)

Beweis: Für die Pseudoinverse $(\underline{A}^+)^+$ von $\underline{A}^+$ gelten ebenso wie für die Pseudoinverse $\underline{A}^+$ von $\underline{A}$ die vier Bedingungen (153.15), so daß wegen der Eindeutigkeit der Pseudoinversen $(\underline{A}^+)^+ = \underline{A}$ folgt.

Satz: Für die Matrix $\underline{A}$ mit vollem Zeilenrang und die Matrix $\underline{B}$ mit vollem Spaltenrang gilt $\underline{A}^+ = \underline{A}'(\underline{AA}')^{-1}$ und $\underline{B}^+ = (\underline{B}'\underline{B})^{-1}\underline{B}'$, wobei $\underline{A}^+$ gleichzeitig eine Rechtsinverse von $\underline{A}$ und $\underline{B}^+$ eine Linksinverse von $\underline{B}$ ist. (153.20)

Beweis: Aus (151.1) folgt eine Rechtsinverse $\underline{R}$ von $\underline{A}$ zu $\underline{R} = \underline{A}'(\underline{AA}')^{-1}$ und aus (151.2) eine Linksinverse $\underline{L}$ von $\underline{B}$ zu $\underline{L} = (\underline{B}'\underline{B})^{-1}\underline{B}'$. Die Matrizen $\underline{R}$ und $\underline{L}$ erfüllen (153.15), so daß die Aussage folgt.

Satz: Für eine beliebige m×n Matrix $\underline{A}$ gilt $\underline{A}^+ = \lim_{\delta\to 0}(\underline{A}'\underline{A} + \delta^2\underline{I})^{-1}\underline{A}' = \lim_{\delta\to 0}\underline{A}'(\underline{AA}' + \delta^2\underline{I})^{-1}$. (153.21)

Der Beweis dieses Satzes befindet sich in [Albert 1972, S.19].

Weitere Gleichungen für die Pseudoinverse, beispielsweise diejenigen, die sich auf die Rangfaktorisierung (132.10) stützen, befinden sich in [Ben-Israel und Greville 1974; Bouillon und Odell 1971; Graybill 1969; Rao und Mitra 1971]. Rechenformeln für generalisierte

Inversen symmetrischer Matrizen werden im Kapitel 155 angegeben und weitere Eigenschaften der Pseudoinversen im Kapitel 156 behandelt.

Die Beziehung zwischen den Inversen regulärer Matrizen und den generalisierten Inversen ergibt sich aus dem

<u>Satz</u>: Ist $\underline{A}$ eine reguläre $n \times n$ Matrix, dann gilt

$$\underline{A}^{-} = \underline{A}_{r}^{-} = \underline{A}^{+} = \underline{A}^{-1} \qquad (153.22)$$

Beweis: Substituiert man die generalisierten Inversen in (153.1), (153.11) und (153.15) durch $\underline{A}^{-1}$, sind sämtliche Bedingungen erfüllt. Weiter folgt aus $\underline{A}\underline{A}^{-}\underline{A}=\underline{A}$ für beliebige $\underline{A}^{-}$ mit $\underline{A}^{-1}\underline{A}\underline{A}^{-}\underline{A}\underline{A}^{-1}=\underline{A}^{-1}=\underline{A}^{-}$, daß außer $\underline{A}^{-1}$ keine weitere generalisierte Inverse von $\underline{A}$ existiert.

154 Lineare Gleichungssysteme

In (133.14) wurde bereits ein lineares Gleichungssystem mit quadratischer Koeffizientenmatrix eingeführt und die Lösung für eine reguläre Koeffizientenmatrix angegeben. In dem linearen Gleichungssystem

$$\underline{A}\underline{\beta} = \underline{l} \qquad (154.1)$$

sei nun $\underline{A}$ eine $m \times n$ Koeffizientenmatrix mit beliebigem Rang $r=\mathrm{rg}\underline{A}$, $\underline{\beta}$ der $n \times 1$ Vektor unbekannter Parameter und $\underline{l}$ der $m \times 1$ Absolutgliedvektor. Ist $\underline{l}=\underline{0}$, bezeichnet man (154.1) als homogenes Gleichungssystem. Um die Lösungsbedingungen von (154.1) zu formulieren, benötigt man die folgende

<u>Definition</u>: Ein lineares Gleichungssystem $\underline{A}\underline{\beta}=\underline{l}$ heißt konsistent, wenn $\underline{l}$ Element des Spaltenraums von $\underline{A}$ ist, also $\underline{l} \in R(\underline{A})$. (154.2)

Die Konsistenz bedeutet nach (135.1), daß zu jedem beliebigen Vektor $\underline{l}$ ein Vektor $\underline{w}$ existiert, so daß $\underline{A}\underline{w}=\underline{l}$ gilt.

<u>Satz</u>: Ein Gleichungssystem ist genau dann lösbar, wenn es konsistent ist. (154.3)

Beweis: Ist das Gleichungssystem $\underline{A}\underline{\beta}=\underline{l}$ lösbar, dann existiert ein Vektor $\underline{\beta}$, so daß $\underline{A}\underline{\beta}=\underline{l}$, woraus die Konsistenz, also $\underline{l} \in R(\underline{A})$ folgt. Ist umgekehrt $\underline{A}\underline{\beta}=\underline{l}$ konsistent, gilt $\underline{l} \in R(\underline{A})$, so daß für jeden Vektor $\underline{l}$ ein Vektor $\underline{w}$ derart existiert, daß $\underline{A}\underline{w}=\underline{l}$, womit sich $\underline{w}$ als Lösung ergibt.

Zwei äquivalente Formulierungen der Lösungsbedingungen (154.3) werden in dem folgenden Satz gegeben.

<u>Satz</u>: Das Gleichungssystem $\underline{A}\underline{\beta}=\underline{l}$ ist genau dann lösbar, wenn für den Spaltenraum der um den Vektor $\underline{l}$ erweiterten Matrix $\underline{A}$ die Beziehung $\mathrm{rg}|\underline{A},\underline{l}|=\mathrm{rg}\underline{A}$ gilt oder wenn jede Lösung $\underline{z}$ des homogenen Gleichungs-

systems $\underline{A}'\underline{z}=\underline{O}$ orthogonal zum Absolutgliedvektor $\underline{l}$ ist. (154.4)

Beweis: Ist das Gleichungssystem lösbar, gilt $\underline{l}\in R(\underline{A})$ und $R(|\underline{A},\underline{l}|)=R(\underline{A})$, so daß mit (135.5) $rg|\underline{A},\underline{l}|=rg\underline{A}$ folgt. Gilt andrerseits $rg|\underline{A},\underline{l}|=rg\underline{A}$, folgt mit $R(\underline{A})\subset R(|\underline{A},\underline{l}|)$ auch $R(\underline{A})=R(|\underline{A},\underline{l}|)$, so daß $\underline{l}\in R(\underline{A})$ und damit die Gleichung lösbar ist und die erste Aussage folgt. Ist das Gleichungssystem lösbar, gilt $R(\underline{A})=R(|\underline{A},\underline{l}|)$ und nach (135.4) $N(\underline{A}')=R(\underline{A})^{\perp}$, so daß jede Lösung $\underline{z}$ der homogenen Gleichungen $\underline{A}'\underline{z}=\underline{O}$ wegen $\underline{z}\in N(\underline{A}')$ orthogonal zu sämtlichen Vektoren $\underline{y}\in R(|\underline{A},\underline{l}|)$, also auch zu $\underline{l}$ sind. Sind umgekehrt die Lösungen $\underline{z}$ orthogonal zu $\underline{l}$, muß wegen $N(\underline{A}')=R(\underline{A})^{\perp}$ gelten $\underline{l}\in R(\underline{A})$, woraus die Lösbarkeit und damit die zweite Aussage folgt.

Eine Lösung von (154.1) ergibt sich mit dem

<u>Satz</u>: Konsistente Gleichungssysteme $\underline{A}\underline{\beta}=\underline{l}$ besitzen genau dann eine Lösung $\underline{\beta}=\underline{A}^{-}\underline{l}$ für alle $\underline{l}$, falls $\underline{A}^{-}$ eine generalisierte Inverse von $\underline{A}$ ist. (154.5)

Beweis: Es sei $\underline{\beta}=\underline{A}^{-}\underline{l}$ eine Lösung. Da $\underline{l}\in R(\underline{A})$, existiert für jedes $\underline{l}$ ein Vektor $\underline{w}$ derart, daß $\underline{A}\underline{w}=\underline{l}$. Folglich ist $\underline{l}=\underline{A}\underline{\beta}=\underline{A}\underline{A}^{-}\underline{l}=\underline{A}\underline{A}^{-}\underline{A}\underline{w}=\underline{A}\underline{w}$ für alle $\underline{w}$, so daß $\underline{A}\underline{A}^{-}\underline{A}=\underline{A}$ gelten muß. Ist umgekehrt $\underline{A}^{-}$ generalisierte Inverse von $\underline{A}$, dann ist $\underline{A}\underline{A}^{-}\underline{A}\underline{\beta}=\underline{A}\underline{\beta}$ und $\underline{A}\underline{A}^{-}\underline{l}=\underline{l}$, so daß $\underline{\beta}=\underline{A}^{-}\underline{l}$ eine Lösung von $\underline{A}\underline{\beta}=\underline{l}$ ist.

Schreibt man $\underline{A}\underline{\beta}=\underline{A}(\underline{\beta}_o+\underline{\beta})=\underline{O}+\underline{l}$, wird offensichtlich, daß zur Lösung $\underline{\beta}=\underline{A}^{-}\underline{l}$ des konsistenten Gleichungssystems $\underline{A}\underline{\beta}=\underline{l}$ noch die allgemeine Lösung des homogenen Gleichungssystems $\underline{A}\underline{\beta}_o=\underline{O}$ addiert werden muß, um die allgemeine Lösung von $\underline{A}\underline{\beta}=\underline{l}$ zu erhalten.

<u>Satz</u>: Eine allgemeine Lösung des homogenen Gleichungssystems $\underline{A}\underline{\beta}_o=\underline{O}$ mit der $m\times n$ Koeffizientenmatrix $\underline{A}$ vom Rang r, einer generalisierten Inversen $\underline{A}^{-}$ von $\underline{A}$ und dem $n\times 1$ Vektor $\underline{\beta}_o$ unbekannter Parameter ergibt sich mit dem beliebigen $n\times 1$ Vektor $\underline{z}$ zu

$$\underline{\beta}_o=(\underline{I}-\underline{A}^{-}\underline{A})\underline{z}$$

so daß der durch diese Lösungen aufgespannte Spaltenraum $R(\underline{I}-\underline{A}^{-}\underline{A})$, der als <u>Lösungsraum</u> bezeichnet wird, mit dem Nullraum $N(\underline{A})$ der Matrix $\underline{A}$ identisch ist. (154.6)

Beweis: Da $\underline{A}\underline{\beta}_o=\underline{A}(\underline{I}-\underline{A}^{-}\underline{A})\underline{z}=\underline{O}$ wegen (153.1) gilt, ist $\underline{\beta}_o$ eine Lösung von $\underline{A}\underline{\beta}_o=\underline{O}$ und somit $R(\underline{I}-\underline{A}^{-}\underline{A})\subset N(\underline{A})$. Nach (153.4) ist $\underline{A}^{-}\underline{A}$ idempotent, so daß mit (135.5) und (152.4) $rg(\underline{I}-\underline{A}^{-}\underline{A})=\dim R(\underline{I}-\underline{A}^{-}\underline{A})=n-r=\dim N(\underline{A})$ und damit $R(\underline{I}-\underline{A}^{-}\underline{A})=N(\underline{A})$ folgt, so daß mit $\underline{\beta}_o$ eine allgemeine Lösung des homogenen Gleichungssystems gefunden ist.

Eine allgemeine Lösung von $\underline{A}\underline{\beta}=\underline{l}$ ergibt sich nun durch Addition der Lösungen in (154.5) und (154.6).

Satz: Eine allgemeine Lösung des konsistenten Gleichungssystems $\underline{A}\underline{\beta}=\underline{l}$ mit der m×n Koeffizientenmatrix $\underline{A}$ vom Rang r, einer generalisierten Inversen $\underline{A}^{-}$ von $\underline{A}$, dem n×1 Vektor $\underline{\beta}$ unbekannter Parameter und dem m×1 Vektor $\underline{l}$ der Absolutglieder ergibt sich mit dem beliebigen n×1 Vektor $\underline{z}$ zu

$$\underline{\beta} = \underline{A}^{-}\underline{l} + (\underline{I}-\underline{A}^{-}\underline{A})\underline{z} \tag{154.7}$$

Die allgemeine Lösung (154.7) ist nicht eindeutig, denn es existieren wegen (154.6) n-r linear unabhängige Lösungen in dem Lösungsraum der homogenen Gleichung. Ist n-r=1, besteht der Lösungsraum aus einer Linie, auf der die Lösungen sich verschieben lassen. Diese Unbestimmtheit tritt beispielsweise ein, wenn aus Messungen von Schwerkraftdifferenzen Absolutwerte der Schwerkraft bestimmt werden sollen. Ist n-r=2, besteht der Lösungsraum aus einer Ebene, in der die Lösungen willkürlich zu verschieben sind. Für höhere Werte von n-r ergeben sich entsprechende Interpretationen.

Gilt n-r=O, ist $\mathrm{rg}\underline{A}=n$ und $\underline{A}\underline{\beta}_o=\underline{O}$ ergibt sich wegen (122.1) und (132.8) nur für $\underline{\beta}_o=\underline{O}$. Die Lösung $\underline{\beta}$ in (154.7) läßt sich dann mit einer Linksinversen für $\underline{A}$ aus (151.2) berechnen. Die Lösungen mit Hilfe verschiedener Linksinversen, beispielsweise $\underline{\beta}_1=(\underline{A}'\underline{A})^{-1}\underline{A}'\underline{l}$ oder $\underline{\beta}_2=(\underline{A}'\underline{C}\underline{A})^{-1}\underline{A}'\underline{C}\underline{l}$ mit $\mathrm{rg}(\underline{A}'\underline{C}\underline{A})=n$, stimmen sämtlich überein, denn wegen der Konsistenz des Gleichungssystems gibt es zu jedem $\underline{l}$ einen Vektor $\underline{w}$, so daß $\underline{A}\underline{w}=\underline{l}$ gilt, womit durch Substitution $\underline{\beta}_1=\underline{\beta}_2=\underline{w}$ folgt.

Wie im Kapitel 331 gezeigt wird, treten bei der Parameterschätzung in Modellen mit nicht vollem Rang symmetrische Gleichungssysteme der folgenden Gestalt auf. Für sie gilt der

Satz: Das Gleichungssystem

$$\underline{X}'\underline{X}\underline{\beta} = \underline{X}'\underline{y} \tag{154.8}$$

in dem $\underline{X}$ eine n×u Matrix mit $\mathrm{rg}\underline{X}=q<u$, $\underline{\beta}$ ein u×1 Vektor unbekannter Parameter und $\underline{y}$ ein gegebener n×1 Vektor bedeutet, ist immer lösbar. Seine allgemeine Lösung ist gegeben durch

$$\underline{\beta} = (\underline{X}'\underline{X})^{-}\underline{X}'\underline{y} + (\underline{I}-(\underline{X}'\underline{X})^{-}\underline{X}'\underline{X})\underline{z} \tag{154.9}$$

worin $\underline{z}$ ein beliebiger u×1 Vektor bedeutet. Gilt $\mathrm{rg}\underline{X}=u$, ergibt sich die eindeutige Lösung zu

$$\underline{\beta} = (\underline{X}'\underline{X})^{-1}\underline{X}'\underline{y} \tag{154.10}$$

Beweis: Nach (135.6) ist $R(\underline{X}'\underline{X})=R(\underline{X}')$, so daß $\underline{X}'\underline{y}\in R(\underline{X}'\underline{X})$, womit nach (154.2) die Gleichung (154.8) konsistent und nach (154.3) immer lösbar ist. (154.9) folgt aus (154.7). Weiter ist wegen (135.6) $\mathrm{rg}\underline{X}=\mathrm{rg}(\underline{X}'\underline{X})$, so daß mit $\mathrm{rg}\underline{X}=u$ und (153.22) die eindeutige Lösung (154.10) aus

(154.9) sich ergibt.

155 Generalisierte Inversen symmetrischer Matrizen

Es sollen nun Rechenformeln für die generalisierten Inversen symmetrischer Matrizen angegeben werden, um Lösungen nach (154.9) berechnen zu können. Hierbei wird unterschieden in Rechenformeln, die sich aufgrund der Definitionen des Kapitels 153 ergeben, und in solche, die mit Hilfe der Basis des Nullraums der Koeffizientenmatrix des Gleichungssystems abgeleitet werden.

a) Rechenformeln aufgrund der Definitionen

Es wird vorausgesetzt, daß die symmetrische u×u Matrix $\underline{X}'\underline{X}=\underline{N}$ mit $rg\underline{X}=rg\underline{N}=q<u$ durch Umordnen der Zeilen und Spalten sich derart in die Blockmatrix

$$\underline{X}'\underline{X} = \underline{N} = \begin{vmatrix} \underline{N}_{11} & \underline{N}_{12} \\ \underline{N}_{21} & \underline{N}_{22} \end{vmatrix} \qquad (155.1)$$

zerlegen läßt, daß für die q×q Matrix $\underline{N}_{11}$ gilt $rg\underline{N}_{11}=q$. Aufgrund der linearen Abhängigkeit von u-q Spalten der Matrix $\underline{N}$ gibt es wegen (122.3) eine q×(u-q) Matrix $\underline{M}$ derart, daß

$$\underline{N}_{12}=\underline{N}_{11}\underline{M} \quad \text{und} \quad \underline{N}_{22}=\underline{N}_{21}\underline{M} \qquad (155.2)$$

gilt und somit

$$\underline{M}=\underline{N}_{11}^{-1}\underline{N}_{12} \quad \text{und} \quad \underline{N}_{22}=\underline{N}_{21}\underline{N}_{11}^{-1}\underline{N}_{12} \qquad (155.3)$$

Eine generalisierte Inverse $\underline{N}^-$ von $\underline{N}$ ist durch

$$\underline{N}^- = \begin{vmatrix} \underline{N}_{11}^{-1} & \underline{0} \\ \underline{0} & \underline{0} \end{vmatrix} \qquad (155.4)$$

gegeben, denn (153.1) ist erfüllt mit

$$\underline{N}\underline{N}^-\underline{N} = \begin{vmatrix} \underline{N}_{11} & \underline{N}_{12} \\ \underline{N}_{21} & \underline{N}_{21}\underline{N}_{11}^{-1}\underline{N}_{12} \end{vmatrix} = \underline{N}$$

Nach (153.12) ist (155.4) gleichfalls eine reflexive generalisierte Inverse $\underline{N}_{rs}^-$ von $\underline{N}$, die außerdem symmetrisch ist.

Ersetzt man in (153.16) $\underline{A}$ durch $\underline{X}'\underline{X}=\underline{N}$, ergibt sich

$$\underline{N}^+=\underline{N}(\underline{N}\underline{N})^-\underline{N}(\underline{N}\underline{N})^-\underline{N} \qquad (155.5)$$

mit

$$\underline{N}\underline{N} = \begin{vmatrix} \underline{N}_{11}\underline{N}_{11}+\underline{N}_{12}\underline{N}_{21} & \underline{N}_{11}\underline{N}_{12}+\underline{N}_{12}\underline{N}_{22} \\ \underline{N}_{21}\underline{N}_{11}+\underline{N}_{22}\underline{N}_{21} & \underline{N}_{21}\underline{N}_{12}+\underline{N}_{22}\underline{N}_{22} \end{vmatrix}$$

Setzt man $\underline{B}=\begin{vmatrix}\underline{N}_{11}\\ \underline{N}_{21}\end{vmatrix}$, dann gilt $rg\underline{B}=q$ und für $\underline{B}'\underline{B}=\underline{P}=|\underline{N}_{11}\underline{N}_{11}+\underline{N}_{12}\underline{N}_{21}|$ wegen (135.6) $rg\underline{P}=q$, so daß $\underline{P}^{-1}$ existiert. Mit (155.4) erhält man dann

$$(\underline{N}\underline{N})^{-}=\begin{vmatrix}\underline{P}^{-1} & \underline{O}\\ \underline{O} & \underline{O}\end{vmatrix}$$

so daß sich schließlich anstelle von (155.5) ergibt

$$\underline{N}^{+}=\begin{vmatrix}\underline{N}_{11}\underline{P}^{-1}\underline{N}_{11}\underline{P}^{-1}\underline{N}_{11} & \underline{N}_{11}\underline{P}^{-1}\underline{N}_{11}\underline{P}^{-1}\underline{N}_{12}\\ \underline{N}_{21}\underline{P}^{-1}\underline{N}_{11}\underline{P}^{-1}\underline{N}_{11} & \underline{N}_{21}\underline{P}^{-1}\underline{N}_{11}\underline{P}^{-1}\underline{N}_{12}\end{vmatrix} \qquad (155.6)$$

Diese Pseudoinverse einer symmetrischen Matrix wird auch als Helmert-Inverse bezeichnet [Wolf 1973]. Wegen der großen Anzahl der erforderlichen Matrizenmultiplikationen ist (155.6) als praktische Rechenformel weniger geeignet.

b) Rechenformeln mit Hilfe der Basis des Nullraumes

Die u×u Matrix $\underline{X}'\underline{X}$ mit $rg\underline{X}=rg\underline{X}'\underline{X}=q<u$ soll jetzt mit Hilfe einer Matrix $\underline{B}$ wie folgt zur Matrix $\underline{D}$ erweitert werden

$$\underline{D}=\begin{vmatrix}\underline{X}'\underline{X} & \underline{B}'\\ \underline{B} & \underline{O}\end{vmatrix} \qquad (155.7)$$

Dies entspricht bei der Parameterschätzung, wie im Kapitel 333 gezeigt wird, der Einführung der Restriktionen

$$\underline{B}\underline{\beta}=\underline{O} \qquad (155.8)$$

für den u×1 Parametervektor $\underline{\beta}$ im Gleichungssystem (154.8). Die Matrix $\underline{B}$ soll derart gewählt werden, daß $\underline{D}$ regulär wird, so daß $\underline{\beta}$ aus (154.8) eindeutig bestimmbar ist. Da $rg(\underline{X}'\underline{X})=q$ gilt, müssen u-q Restriktionen eingeführt werden, wie sich aus dem folgenden Satz ergibt.

Satz: Es gilt $rg\begin{vmatrix}\underline{X}\\ \underline{B}\end{vmatrix}=u$, worin $\underline{B}$ eine (u-q)×u Matrix bedeutet, genau dann, wenn $\underline{D}$ regulär ist. (155.9)

Beweis: Die Matrix $\underline{X}$ besitzt nach Voraussetzung q linear unabhängige Zeilen, die nach (124.4) und (124.5) um weitere u-q linear unabhängige Zeilen, zusammengefaßt in der Matrix $\underline{B}$, ergänzt werden können, so daß $rg\underline{B}=u-q$ und $rg\begin{vmatrix}\underline{X}\\ \underline{B}\end{vmatrix}=u$ folgen. Da für den durch die Zeilen von $\underline{X}$ aufgespannten Vektorraum $R(\underline{X}')$ nach (135.6) $R(\underline{X}')=R(\underline{X}'\underline{X})$ gilt, besitzt auch die Matrix $\begin{vmatrix}\underline{X}'\underline{X}\\ \underline{B}\end{vmatrix}$ insgesamt u linear unabhängige Zeilen und damit nach (132.8) vollen Spaltenrang u. Die Spalten dieser Matrix bilden mit den u-q Spalten der Matrix $\begin{vmatrix}\underline{B}'\\ \underline{O}\end{vmatrix}$ insgesamt 2u-q linear unabhängige Spalten, denn durch Linearkombinationen der Spalten von $\begin{vmatrix} \underline{X}'\underline{X} \\ \underline{B} \end{vmatrix}$ lassen sich zwar Vektoren erzeugen, deren unterste u-q Komponenten gleich Null sind, die oberen u Komponenten bilden aber einen Vektor $\neq \underline{O}$ aus $R(\underline{X}'\underline{X})$, so daß Linearkombinationen der Spalten von $\begin{vmatrix} \underline{B}' \\ \underline{O} \end{vmatrix}$ nicht erzeugt werden können, folglich die Matrix $\underline{D}$ den vollen Rang 2u-q besitzt und damit regulär ist. Ist andrerseits $\underline{D}$ regulär, sind nach (133.1) die Spalten von $\begin{vmatrix} \underline{X}'\underline{X} \\ \underline{B} \end{vmatrix}$ und somit die von $\begin{vmatrix} \underline{X} \\ \underline{B} \end{vmatrix}$ linear unabhängig, so daß die Aussage sich ergibt.

Um die Inverse von $\underline{D}$ angeben zu können, wird die folgende Matrix eingeführt. Aus den beiden Gleichungen in (155.2) $-\underline{N}_{11}\underline{M}+\underline{N}_{12}=\underline{O}$ und $-\underline{N}_{21}\underline{M}+\underline{N}_{22}=\underline{O}$ folgt, daß eine (u-q)×u Matrix $\underline{E}$

$$\underline{E} = |-\underline{N}_{21}\underline{N}_{11}^{-1},\underline{I}| \qquad (155.10)$$

derart existiert, daß

$$\underline{X}'\underline{X}\underline{E}' = \underline{O} \quad \text{und daher} \quad \underline{X}\underline{E}' = \underline{O} \qquad (155.11)$$

denn aus $\underline{X}'\underline{X}\underline{E}'=\underline{O}$ folgt $(\underline{X}\underline{E}')'\underline{X}\underline{E}'=\underline{O}$ und damit $\underline{X}\underline{E}'=\underline{O}$ wegen (131.11). Wie ein Vergleich mit (132.6) zeigt, besitzt $\underline{E}$ vollen Zeilenrang, also $rg\underline{E}=rg\underline{E}'=u-q$. Die Spalten der Matrix $\underline{E}'$ bilden daher wegen (135.5) und (155.11) eine Basis für den Nullraum $N(\underline{X})$ der Matrix $\underline{X}$ und wegen (135.4) und (135.6) ebenfalls eine Basis für den Lösungsraum des aus (154.8) resultierenden homogenen Gleichungssystems. Die Basis läßt sich entweder aus (155.10) berechnen oder häufig unmittelbar angeben, da in ihr die Änderungen enthalten sind, die die Parameter in (154.8) vornehmen können, ohne daß sich die Absolutglieder des Gleichungssystems ändern. Beispiele hierzu befinden sich im Kapitel 333 und 343.

Für die Matrizen $\underline{B}$ und $\underline{E}$ erhält man den

Satz: Es gilt $rg\begin{vmatrix} \underline{X} \\ \underline{B} \end{vmatrix}=u$ genau dann, wenn die Matrix $\underline{B}\underline{E}'$ vollen Rang besitzt. (155.12)

Beweis: Besitzt die Matrix $\begin{vmatrix} \underline{X} \\ \underline{B} \end{vmatrix}$ vollen Spaltenrang, dann existiert nach (151.2) eine Linksinverse, die durch $|\underline{S},\underline{U}|$ gegeben sei, so daß $\underline{S}\underline{X}+\underline{U}\underline{B}=\underline{I}_u$ gilt und weiter $\underline{S}\underline{X}\underline{E}'+\underline{U}\underline{B}\underline{E}'=\underline{E}'$ oder $\underline{U}\underline{B}\underline{E}'=\underline{E}'$ wegen (155.11). Mit (132.11) erhält man $rg(\underline{B}\underline{E}')\geq rg(\underline{U}\underline{B}\underline{E}')=rg\underline{E}'=u-q$. Da aber $\underline{B}\underline{E}'$ eine (u-q)×(u-q) Matrix ist, folgt $rg(\underline{B}\underline{E}')=u-q$. Besitzt andrerseits $\underline{B}\underline{E}'$ vollen Rang und nimmt man an, daß $rg\begin{vmatrix} \underline{X} \\ \underline{B} \end{vmatrix}<u$ gilt, dann läßt sich durch eine Linearkombination $\underline{h}'\underline{B}+\underline{k}'\underline{X}$ der Zeilen von $\underline{B}$ und $\underline{X}$ der Nullvektor erzeugen, also $\underline{h}'\underline{B}+\underline{k}'\underline{X}=\underline{O}$, wobei $\underline{h}\neq\underline{O}$ ist, wie aus dem Beweis zu (155.9) ersichtlich ist. Hiermit folgt $\underline{h}'\underline{B}\underline{E}'=-\underline{k}'\underline{X}\underline{E}'=\underline{O}$ und $\underline{h}=\underline{O}$, da die Inverse

von BE' existiert. Dies führt aber auf einen Widerspruch, so daß $\mathrm{rg}\begin{vmatrix} X \\ B \end{vmatrix} = u$ und damit die Aussage folgt.

Unter der Voraussetzung von (155.12) soll jetzt die Inverse von (155.7) berechnet werden. Setzt man

$$\begin{vmatrix} X'X & B' \\ B & O \end{vmatrix}^{-1} = \begin{vmatrix} Q_b & P' \\ P & R \end{vmatrix} \tag{155.13}$$

da nach (131.17) die Inverse einer symmetrischen Matrix symmetrisch ist, folgt durch Multiplikation von (155.7) mit der rechten Seite von (155.13)

$$X'XQ_b + B'P = I, \quad X'XP' + B'R = O, \quad BQ_b = O, \quad BP' = I \tag{155.14}$$

Mit $EX'=O$ und $\mathrm{rg}(EB')=u-q$ folgt aus der ersten Gleichung $P=(EB')^{-1}E$, die die vierte Gleichung erfüllt. Mit P ergibt sich aus der zweiten Gleichung von (155.14) wegen (155.11) $B'R=O$ und weiter $EB'R=O$ und somit $R=O$, da EB' vollen Rang besitzt. Man erhält daher anstelle von (155.13)

$$\begin{vmatrix} X'X & B' \\ B & O \end{vmatrix}^{-1} = \begin{vmatrix} Q_b & E'(BE')^{-1} \\ (EB')^{-1}E & O \end{vmatrix} \tag{155.15}$$

Weiter ergibt sich aus der ersten Gleichung von (155.14)

$$X'XQ_b = I - B'(EB')^{-1}E = T_b \tag{155.16}$$

oder $(X'X+B'B)(Q_b+E'(BE')^{-1}(EB')^{-1}E)=I$ wegen $BQ_b=O$ und $XE'=O$. Hieraus folgt, da $|X',B'|\begin{vmatrix} X \\ B \end{vmatrix}$ vollen Rang besitzt,

$$Q_b = (X'X+B'B)^{-1} - E'(EB'BE')^{-1}E \tag{155.17}$$

(155.17) erfüllt $BQ_b=O$, denn man erhält $BQ_b(X'X+B'B)=B-BE'(BE')^{-1}(EB')^{-1}EB'B=O$.

Rechtsseitige Multiplikation von (155.16) mit $X'X$ ergibt $X'XQ_bX'X=X'X$ und aus linksseitiger Multiplikation mit Q_b folgt $Q_bX'XQ_b=Q_b$, da $Q_bB'=O$ gilt. Damit ist (153.11) erfüllt, und Q_b ist eine symmetrische reflexive generalisierte Inverse von $X'X$,

$$Q_b = (X'X)^{-}_{rs} \tag{155.18}$$

Die Inverse Q_b ist abhängig von der Wahl von B und daher nicht eindeutig. Bei vorgegebenem B ist Q_b aus (155.17) oder aus (155.15) mit Hilfe einer Pivotisierung oder durch Vertauschen von Zeilen und Spalten zu berechnen, wie bereits im Zusammenhang mit (133.11) erläutert wurde. Dabei können negative Werte auf der Diagonalen auftreten, da die Matrix D nicht positiv definit zu sein braucht.

Erfüllt die (u-q)×u Matrix $\underline{C}$ (155.12), dann ist die zugehörige Matrix $\underline{Q}_c$ ebenfalls eine symmetrische reflexive generalisierte Inverse von $\underline{X}'\underline{X}$. Zwischen $\underline{Q}_b$ und $\underline{Q}_c$ bestehen wegen (153.11) die Beziehungen

$$\underline{Q}_b = \underline{Q}_b\underline{X}'\underline{X}\underline{Q}_c\underline{X}'\underline{X}\underline{Q}_b \quad \text{und} \quad \underline{Q}_c = \underline{Q}_c\underline{X}'\underline{X}\underline{Q}_b\underline{X}'\underline{X}\underline{Q}_c$$

oder mit (155.16)

$$\underline{Q}_b = \underline{T}_b'\underline{Q}_c\underline{T}_b \quad \text{und} \quad \underline{Q}_c = \underline{T}_c'\underline{Q}_b\underline{T}_c \qquad (155.19)$$

wobei für $\underline{T}_c$ in (155.16) $\underline{B}$ durch $\underline{C}$ zu ersetzen ist.

Anstelle von $\underline{B}$ soll jetzt die Matrix $\underline{E}$ eingeführt werden. Dies bedeutet, daß anstelle von (155.8) die Restriktionen

$$\underline{E}\underline{\beta} = \underline{0} \qquad (155.20)$$

gesetzt werden, was zulässig ist, da $\text{rg}\begin{vmatrix}\underline{X}\\ \underline{E}\end{vmatrix} = u$ wegen (124.2) und (155.11) gilt. Mit $\underline{Q}_e$ anstelle von $\underline{Q}_b$ erhält man aus (155.15)

$$\begin{vmatrix}\underline{X}'\underline{X} & \underline{E}' \\ \underline{E} & \underline{0}\end{vmatrix}^{-1} = \begin{vmatrix}\underline{Q}_e & \underline{E}'(\underline{E}\underline{E}')^{-1} \\ (\underline{E}\underline{E}')^{-1}\underline{E} & \underline{0}\end{vmatrix} \qquad (155.21)$$

und anstelle von (155.16)

$$\underline{X}'\underline{X}\underline{Q}_e = \underline{I} - \underline{E}'(\underline{E}\underline{E}')^{-1}\underline{E} = \underline{T}_e \qquad (155.22)$$

sowie aus (155.17)

$$\underline{Q}_e = (\underline{X}'\underline{X}+\underline{E}'\underline{E})^{-1} - \underline{E}'(\underline{E}\underline{E}'\underline{E}\underline{E}')^{-1}\underline{E} \qquad (155.23)$$

Wie für $\underline{Q}_b$ gilt $\underline{X}'\underline{X}\underline{Q}_e\underline{X}'\underline{X} = \underline{X}'\underline{X}$ und $\underline{Q}_e\underline{X}'\underline{X}\underline{Q}_e = \underline{Q}_e$. Weiter sind $\underline{X}'\underline{X}\underline{Q}_e$ und $\underline{Q}_e\underline{X}'\underline{X}$ symmetrisch, so daß nach (153.15) $\underline{Q}_e$ die Pseudoinverse von $\underline{X}'\underline{X}$ ist,

$$\underline{Q}_e = (\underline{X}'\underline{X})^{+} \qquad (155.24)$$

$\underline{Q}_e$ ist berechenbar aus (155.21), wobei das Gleiche gilt, wie im Zusammenhang mit (155.18) erwähnt wurde, aus (155.23) oder mit (155.19) und mit $\underline{Q}_b$ beispielsweise aus (155.4)

$$\underline{Q}_e = \underline{T}_e\underline{Q}_b\underline{T}_e \qquad (155.25)$$

Die mit (155.21), (155.23) und (155.25) für die Pseudoinverse gefundenen Rechenformeln sind der Gleichung (155.6) vorzuziehen.

Zur Berechnung von $\underline{X}'\underline{X}$ aus $\underline{Q}_e$ erhält man mit (153.19) $\underline{Q}_e^{+} = \underline{X}'\underline{X}$. Da nach (153.17) $\text{rg}\underline{X}'\underline{X} = \text{rg}\underline{Q}_e$ und nach (155.14) $\underline{Q}_e\underline{E}' = \underline{0}$ gilt, bilden die Spalten der Matrix $\underline{E}'$ auch eine Basis für den Nullraum $N(\underline{Q}_e)$, so daß zur Berechnung von $\underline{Q}_e^{+}$ in (155.21) lediglich $\underline{X}'\underline{X}$ und $\underline{Q}_e$ zu vertauschen sind. Es folgt dann zum Beispiel aus (155.23)

$$\underline{X}'\underline{X} = (\underline{Q}_e+\underline{E}'\underline{E})^{-1} - \underline{E}'(\underline{E}\underline{E}'\underline{E}\underline{E}')^{-1}\underline{E} \qquad (155.26)$$

156 Eigenschaften der Pseudoinversen

In der Menge der generalisierten Inversen zeichnet sich die Pseudoinverse dadurch aus, daß sie nach (153.17) eindeutig ist. Weiter ist sie für symmetrische Matrizen wegen (153.18) ebenfalls symmetrisch. Außerdem besitzt sie die beiden folgenden, im Zusammenhang mit Parameterschätzungen wichtigen Eigenschaften.

<u>Satz</u>: In der Menge der symmetrischen reflexiven generalisierten Inversen symmetrischer Matrizen besitzt die Pseudoinverse minimale Spur.   (156.1)

Beweis: Mit der Gleichung (155.25), die für jede beliebige reflexive generalisierte Inverse von $\underline{X}'\underline{X}$ also auch für eine symmetrische reflexive generalisierte Inverse $(\underline{X}'\underline{X})_{rs}^-$ von $\underline{X}'\underline{X}$ gilt, und mit (155.22) erhält man unter Beachtung von (137.3) $sp(\underline{X}'\underline{X})^+ = sp(\underline{X}'\underline{X})_{rs}^- - sp((\underline{X}'\underline{X})_{rs}^- \underline{E}'(\underline{E}\underline{E}')^{-1}\underline{E})$. Wegen (143.8) und (143.9) ist $(\underline{E}\underline{E}')^{-1}$ positiv definit, so daß nach (143.5) die Cholesky-Faktorisierung gilt, beispielsweise $(\underline{E}\underline{E}')^{-1} = \underline{G}'\underline{G}$. Dann ist $sp((\underline{X}'\underline{X})_{rs}^- \underline{E}'(\underline{E}\underline{E}')^{-1}\underline{E}) = sp(\underline{G}\underline{E}(\underline{X}'\underline{X})_{rs}^- \underline{E}'\underline{G}') \geq 0$ nach (143.6), da die Matrix $\underline{G}\underline{E}(\underline{X}'\underline{X})_{rs}^- \underline{E}'\underline{G}'$ wegen (153.14) und (143.7) positiv semidefinit ist. Folglich gilt $sp(\underline{X}'\underline{X})^+ \leq sp(\underline{X}'\underline{X})_{rs}^-$.

<u>Satz</u>: Genau dann wird das lineare Gleichungssystem $\underline{X}'\underline{X}\underline{\beta} = \underline{X}'\underline{y}$ mit Hilfe der Pseudoinversen durch $\underline{\beta} = (\underline{X}'\underline{X})^+\underline{X}'\underline{y}$ eindeutig gelöst, wenn $\underline{\beta}'\underline{\beta}$ minimal wird.   (156.2)

Beweis: Mit der Pseudoinversen ergibt sich als allgemeine Lösung $\bar{\underline{\beta}}$ für das Gleichungssystem aus (154.9) und (155.22) $\bar{\underline{\beta}} = (\underline{X}'\underline{X})^+\underline{X}'\underline{y} + \underline{E}'(\underline{E}\underline{E}')^{-1}\underline{E}\underline{z}$. Um eine eindeutige Lösung zu gewinnen, wird $\underline{z}$ derart bestimmt, daß $\bar{\underline{\beta}}'\bar{\underline{\beta}}$ minimal wird. Dies entspricht, wie im Kapitel 323 gezeigt wird, der Methode der kleinsten Quadrate für die Ermittlung von $\underline{z}$, so daß man mit (323.3) erhält $\underline{E}'(\underline{E}\underline{E}')^{-1}\underline{E}\underline{E}'(\underline{E}\underline{E}')^{-1}\underline{E}\underline{z} = -\underline{E}'(\underline{E}\underline{E}')^{-1}\underline{E}(\underline{X}'\underline{X})^+\underline{X}'\underline{y}$ oder $\underline{E}'(\underline{E}\underline{E}')^{-1}\underline{E}\underline{z} = \underline{0}$ wegen $\underline{E}(\underline{X}'\underline{X})^+ = \underline{0}$. Damit ergibt sich das Minimum für $\underline{\beta} = (\underline{X}'\underline{X})^+\underline{X}'\underline{y}$. Ist andrerseits $\underline{\beta} = (\underline{X}'\underline{X})^+\underline{X}'\underline{y}$ die eindeutige Lösung des Gleichungssystems, dann ist $\underline{\beta}'\underline{\beta}$ minimal, denn aus der allgemeinen Lösung ergibt sich $\bar{\underline{\beta}}'\bar{\underline{\beta}} = \underline{\beta}'\underline{\beta} + \underline{z}'\underline{E}'(\underline{E}\underline{E}')^{-1}\underline{E}\underline{E}'(\underline{E}\underline{E}')^{-1}\underline{E}\underline{z}$. Der zweite Summand auf der rechten Seite ist immer größer als Null, da er nach (143.7) und (143.8) die quadratische Form einer positiv definiten Matrix darstellt, so daß $\underline{\beta}'\underline{\beta} < \bar{\underline{\beta}}'\bar{\underline{\beta}}$ gilt.

16 Projektionen

161 Allgemeine Projektionen

Mit Hilfe der Projektionen lassen sich, wie im Kapitel 323 gezeigt wird, die Methoden der Parameterschätzung geometrisch interpretieren.

Definition: Der Vektorraum V lasse sich als direkte Summe $V=V_1 \oplus V_2$ der Unterräume V_1 und V_2 ausdrücken, so daß nach (121.10) $\underline{x} \in V$ sich eindeutig in $\underline{x}=\underline{x}_1+\underline{x}_2$ mit $\underline{x}_1 \in V_1$ und $\underline{x}_2 \in V_2$ zerlegen läßt. Die Transformation $\underline{R}\underline{x}=\underline{x}_1$ bezeichnet man dann als Projektion des Vektorraums V auf V_1 entlang V_2 und $\underline{R}$ als Projektionsoperator. (161.1)

Der Projektionsoperator besitzt die folgenden Eigenschaften.

Satz: Eine Matrix $\underline{R}$ ist genau dann Projektionsoperator, falls $\underline{R}$ idempotent, also $\underline{R}^2=\underline{R}$ ist. (161.2)

Beweis: Es sei $\underline{x}_1=\underline{R}\underline{x}$ eine Projektion von $\underline{x} \in V$ auf $\underline{x}_1 \in V_1$. Eine weitere Projektion von $\underline{x}_1 \in V_1$ auf V_1 muß $\underline{x}_1$ ergeben, also $\underline{R}\underline{x}_1=\underline{R}\underline{R}\underline{x}=\underline{R}\underline{x}=\underline{x}_1$ für alle $\underline{x} \in V$, woraus $\underline{R}^2=\underline{R}$ folgt. Gilt andrerseits $\underline{R}^2=\underline{R}$, definiert man $V_1=R(\underline{R})$ und $V_2=R(\underline{I}-\underline{R})$, so daß jedes $\underline{x} \in V$ eindeutig durch $\underline{x}=\underline{R}\underline{x}+(\underline{I}-\underline{R})\underline{x}=\underline{x}_1+\underline{x}_2$ dargestellt werden kann, V also in die direkte Summe $V=V_1 \oplus V_2$ zerfällt wegen $\underline{R}\underline{x}_2=(\underline{R}-\underline{R}^2)\underline{x}=\underline{0}$. Mit $\underline{R}\underline{x}=\underline{R}\underline{x}_1+\underline{R}\underline{x}_2=\underline{R}^2\underline{x}+\underline{0}=\underline{R}\underline{x}=\underline{x}_1$ wird $\underline{R}$ also Projektionsoperator von V auf $R(\underline{R})$ entlang $R(\underline{I}-\underline{R})$.

Satz: Ist $\underline{R}$ der Projektionsoperator für die Projektion von V auf V_1 entlang V_2, ist $\underline{I}-\underline{R}$ der Projektionsoperator für die Projektion von V auf V_2 entlang V_1. (161.3)

Beweis: Nach (152.4) ist $\underline{I}-\underline{R}$ idempotent, falls $\underline{R}$ idempotent ist, so daß $\underline{I}-\underline{R}$ Projektionsoperator ist. Definiert man wie im Beweis zu (161.2) $V_1=R(\underline{R})$ und $V_2=R(\underline{I}-\underline{R})$, ergibt sich analog zu diesem Beweis die Aussage.

162 Orthogonale Projektionen

Von besonderem Interesse sind die Projektionen des Vektorraums E^n auf einen Unterraum U und sein orthogonales Komplement $U^{\perp}$. Nach (124.7) gilt $E^n=U \oplus U^{\perp}$ und die eindeutige Zerlegung $\underline{x}=\underline{x}_1+\underline{x}_2$ mit $\underline{x} \in E^n$, $\underline{x}_1 \in U$ und $\underline{x}_2 \in U^{\perp}$.

Definition: Der Vektorraum E^n werde durch einen Unterraum U und sein orthogonales Komplement $U^{\perp}$ gebildet. Dann bezeichnet man die Transformation $\underline{R}\underline{x}=\underline{x}_1$ mit $\underline{x} \in E^n$ und $\underline{x}_1 \in U$ als orthogonale Projektion von E^n auf U entlang $U^{\perp}$ und $\underline{R}$ als orthogonalen Projektionsoperator. (162.1)

Satz: Die Matrix $\underline{R}$ ist genau dann orthogonaler Projektionsoperator, wenn $\underline{R}$ idempotent und symmetrisch ist. (162.2)

Beweis: Ist $\underline{R}$ orthogonaler Projektionsoperator, gilt $\underline{R}\underline{x}=\underline{x}_1 \in U$ mit $\underline{x} \in E^n$ und $(\underline{I}-\underline{R})\underline{y}=\underline{y}_2 \in U^\perp$ mit $\underline{y} \in E^n$ wegen (161.3). Da die Vektoren in U und $U^\perp$ zueinander orthogonal sind, gilt $\underline{x}'\underline{R}'(\underline{I}-\underline{R})\underline{y}=0$ für alle $\underline{x},\underline{y} \in E^n$, woraus $\underline{R}'(\underline{I}-\underline{R})=\underline{O}$ oder $\underline{R}'=\underline{R}'\underline{R}$ oder $\underline{R}=(\underline{R}'\underline{R})'=\underline{R}'\underline{R}=\underline{R}'$ folgt, so daß $\underline{R}$ symmetrisch und idempotent sein muß. Andrerseits erhält man aus $\underline{R}'=\underline{R}$ und $\underline{R}^2=\underline{R}$ die Beziehung $\underline{R}'(\underline{I}-\underline{R})=\underline{O}$ und damit $\underline{x}'\underline{R}'(\underline{I}-\underline{R})\underline{y}=0$, so daß $R(\underline{R})=U$ und $R(\underline{I}-\underline{R})$ zueinander orthogonal sind, also $R(\underline{I}-\underline{R})=U^\perp$ gilt, so daß die Aussage folgt.

Für die orthogonale Projektion auf den Spaltenraum $R(\underline{A})$ einer m×n Matrix $\underline{A}$, der nach (135.2) Unterraum des E^m ist, gilt der

Satz: Ist $\underline{A}$ eine m×n Matrix, dann ist der orthogonale Projektionsoperator für die orthogonale Projektion des E^m auf den Spaltenraum $R(\underline{A})$ beziehungsweise auf $R(\underline{A})^\perp$ gegeben durch

$$\underline{R} = \underline{A}(\underline{A}'\underline{A})^-\underline{A}' \quad \text{beziehungsweise durch} \quad \underline{I}-\underline{R}$$

so daß gilt

$$\underline{R}\underline{A} = \underline{A} \quad \text{beziehungsweise} \quad (\underline{I}-\underline{R})\underline{A} = \underline{O} \qquad (162.3)$$

Beweis: $\underline{R}$ ist mit $\underline{A}(\underline{A}'\underline{A})^-\underline{A}'\underline{A}(\underline{A}'\underline{A})^-\underline{A}'=\underline{A}(\underline{A}'\underline{A})^-\underline{A}'$ wegen (153.5) idempotent und wegen (153.9) symmetrisch. Außerdem ist $R(\underline{R})=R(\underline{A})$, da aus $\underline{A}(\underline{A}'\underline{A})^-\underline{A}'\underline{A}=\underline{R}\underline{A}=\underline{A}$ wegen (153.5) $R(\underline{A}) \subset R(\underline{R})$ und aus $\underline{R}=\underline{A}(\underline{A}'\underline{A})^-\underline{A}'$ die Beziehung $R(\underline{R}) \subset R(\underline{A})$ folgt. Die übrigen Aussagen ergeben sich mit (161.3).

Orthogonale Projektionsoperatoren lassen sich nicht nur bezüglich des mit (123.1) eingeführten Skalarproduktes $\underline{x}'\underline{y}$ definieren, sondern auch bezüglich des im Zusammenhang mit (141.8) verallgemeinerten Skalarproduktes $\underline{x}'\underline{V}\underline{y}$. Es gilt der

Satz: Die Matrix $\underline{R}$ ist genau dann orthogonaler Projektionsoperator bezüglich des durch $\underline{x}'\underline{V}\underline{y}$ definierten Skalarproduktes, in dem $\underline{V}$ eine positiv definite Matrix bedeutet, falls $\underline{R}$ idempotent und $\underline{V}\underline{R}$ symmetrisch ist. (162.4)

Beweis: Der Beweis verläuft analog zu dem für (162.2). Aus $\underline{x}'\underline{R}'\underline{V}(\underline{I}-\underline{R})\underline{y}=0$ für alle $\underline{x},\underline{y} \in E^n$ folgt $\underline{R}'\underline{V}(\underline{I}-\underline{R})=\underline{O}$ sowie $\underline{R}'\underline{V}=\underline{R}'\underline{V}\underline{R}=(\underline{R}'\underline{V}\underline{R})'=\underline{V}\underline{R}$ und somit $\underline{R}'\underline{V}=\underline{V}\underline{R}$ sowie $\underline{R}'\underline{V}\underline{R}=\underline{V}\underline{R}\underline{R}$ oder $\underline{V}\underline{R}=\underline{V}\underline{R}\underline{R}$, so daß $\underline{V}\underline{R}$ symmetrisch und $\underline{R}$ idempotent ist.

Satz: Ist $\underline{A}$ eine m×n Matrix, so ist der orthogonale Projektionsoperator für die orthogonale Projektion des E^m auf den Spaltenraum $R(\underline{A})$ beziehungsweise $R(\underline{A})^\perp$ bezüglich des durch $\underline{x}'\underline{V}\underline{y}$ definierten Skalarproduktes gegeben durch

$$\underline{R} = \underline{A}(\underline{A}'\underline{V}\underline{A})^{-}\underline{A}'\underline{V} \text{ beziehungsweise durch } \underline{I}-\underline{R}$$

so daß gilt

$$\underline{R}\underline{A} = \underline{A} \text{ sowie } (\underline{I}-\underline{R})\underline{A} = \underline{O} \qquad (162.5)$$

Beweis: $\underline{R}^2=\underline{R}$, $\underline{R}\underline{A}=\underline{A}$ und $(\underline{I}-\underline{R})\underline{A}=\underline{O}$ folgen aus (153.6). Die Symmetrie von $\underline{V}\underline{R}$ ergibt sich aus (153.10), da $\underline{V}$ symmetrisch ist, und $R(\underline{R})=R(\underline{A})$ erhält man mit den gleichen Überlegungen wie im Beweis zu (162.3).

17 Differentiation und Integration von Vektoren und Matrizen

171 Extrema von Funktionen

Im folgenden wird häufig das Problem auftreten, Extremwerte, also Maxima oder Minima von Funktionen von Vektoren oder Matrizen zu bestimmen. Diese Aufgabe soll daher kurz behandelt werden.

Definition: Die Funktion $f(\underline{x})$ des Vektors $\underline{x}\in E^n$ besitzt im Punkt $\underline{x}_o\in E^n$ ein Maximum beziehungsweise Minimum, wenn $f(\underline{x})\leq f(\underline{x}_o)$ beziehungsweise $f(\underline{x})\geq f(\underline{x}_o)$ für alle $\underline{x}\in E^n$ gilt. Sind diese Beziehungen nur in der Nachbarschaft von $\underline{x}_o$ erfüllt, liegen lokale Extrema vor.

Obere und untere Schranken einer Menge A bezeichnet man als Supremum und Infimum von A und schreibt supA und infA. (171.1)

Es sollen nun die notwendigen Bedingungen für das Auftreten von Extrema angegeben werden. Hierzu müssen die Ableitungen von Funktionen eines Vektors oder einer Matrix definiert werden, was für eine Matrix geschehen soll.

Definition: Es sei $f(\underline{A})$ eine reelle, differenzierbare Funktion der m×n Matrix $\underline{A}=(a_{ij})$. Dann ist $\partial f(\underline{A})/\partial\underline{A}$ die m×n Matrix der partiellen Ableitungen von $f(\underline{A})$ nach den Elementen von $\underline{A}$, also $\partial f(\underline{A})/\partial\underline{A}= (\partial f(\underline{A})/\partial a_{ij})$. (171.2)

Als einfache Beispiele von Funktionen von Matrizen seien $f(\underline{A})=\mathrm{sp}\underline{A}$ oder $f(\underline{A})=\det\underline{A}$ genannt. Für reelle differenzierbare Funktionen gilt folgendes [Blatter 1974, II, S.168].

Satz: Es sei $f(\underline{x})$ eine reelle differenzierbare Funktion von $\underline{x}\in E^n$ und $\underline{x}+\Delta\underline{x}\in E^n$ mit $\Delta\underline{x}=|\Delta x_1,\Delta x_2,\ldots,\Delta x_n|'$ ein Nachbarpunkt. Dann ergibt die Taylor-Entwicklung bei Vernachlässigung von Termen zweiter und höherer Potenzen von Δx_i

$$f(\underline{x}+\Delta\underline{x}) = f(\underline{x}) + \left|\frac{\partial f(\underline{x})}{\partial \underline{x}}\right|' \Delta\underline{x} \qquad (171.3)$$

Mit Hilfe der Taylor-Entwicklung kann nun der Satz über lokale Extrema bewiesen werden.

Satz: Ist die Funktion $f(\underline{x})$ im Punkte $\underline{x}_o$ lokal extremal, so ist sie dort stationär, das heißt

$$\partial f(\underline{x})/\partial \underline{x}|_{\underline{x}=\underline{x}_o} = \underline{0} \quad (171.4)$$

Beweis: Damit $\underline{x}_o$ Punkt eines lokalen Maximums oder Minimums wird, muß in der Nachbarschaft von $\underline{x}_o$ die Differenz $f(\underline{x})-f(\underline{x}_o)$ immer gleiches Vorzeichen aufweisen. Nach (171.3) ist dieses Vorzeichen, falls $\underline{\Delta x}$ klein genug gewählt wird, abhängig vom Vorzeichen von $|\partial f(\underline{x})/\partial \underline{x}|'\underline{\Delta x}$, das seinerseits von dem von $\underline{\Delta x}$ abhängt, das sowohl positiv als auch negativ sein kann. Eine notwendige Bedingung für das Auftreten eines Extremwertes ist daher

$$|\partial f(\underline{x})/\partial \underline{x}|'\underline{\Delta x} = 0 \quad (171.5)$$

womit die Aussage folgt.

Die Prüfung, ob ein lokaler Extremwert ein Maximum, Minimum oder Sattelpunkt darstellt, kann mit Hilfe der zweiten Ableitungen erfolgen. Diese Methode wird im folgenden nicht angewendet, da durch zusätzliche Überlegungen geprüft wird, ob nicht nur lokale, sondern absolute Maxima und Minima vorliegen.

Zusätzlich wird das Problem der Extremwertbestimmung unter Restriktionen zu lösen sein. Es gilt der

Satz: Es sei $f(\underline{x})$ eine reelle differenzierbare Funktion des Vektors $\underline{x} \in E^n$. Weiter gelte $m<n$ und

$$g_i(\underline{x}) = 0 \quad \text{für} \quad i \in \{1,\ldots,m\}$$

wobei die Funktionen $g_i(\underline{x})$ reell und differenzierbar seien und die $m \times n$ Matrix $\underline{B}=(\partial g_i/\partial x_j)$ vollen Zeilenrang m besitze. Unter den Nebenbedingungen $g_i(\underline{x})=0$ besitze $f(\underline{x})$ ein lokales Extremum im Punkte $\underline{x}_o$. Es existiert dann der $m \times 1$ Vektor $\underline{k}=(k_i)$ der Lagrangeschen Muliplikatoren, so daß die Lagrangesche Funktion $w(\underline{x})$ mit

$$w(\underline{x}) = f(\underline{x}) + \sum_{i=1}^{m} k_i g_i(\underline{x})$$

im Punkt $\underline{x}_o$ stationär wird, also $\partial w(\underline{x})/\partial \underline{x}|_{\underline{x}=\underline{x}_o} = \underline{0}$. (171.6)

Beweis: An der Stelle des lokalen Extremums gilt mit (171.5), falls dort $\underline{\Delta x}=|dx_1,\ldots,dx_n|'$ gesetzt wird,

$$\frac{\partial f}{\partial x_1}dx_1 + \frac{\partial f}{\partial x_2}dx_2 + \ldots + \frac{\partial f}{\partial x_n}dx_n = 0 \quad (171.7)$$

Wegen der Nebenbedingungen $g_i(\underline{x})=0$ sind die dx_i nicht voneinander unabhängig, sondern man erhält durch Differentiation

$$\frac{\partial g_i}{\partial x_1} dx_1 + \frac{\partial g_i}{\partial x_2} dx_2 + \ldots + \frac{\partial g_i}{\partial x_n} dx_n = 0 \quad \text{für} \quad i \in \{1,\ldots,m\}$$

Multipliziert man die für i=1 sich ergebende Gleichung mit dem zunächst unbestimmten Skalar k_1, die für i=2 mit k_2 und so fort und addiert sie zu (171.7), erhält man

$$\sum_{j=1}^{n} \left(\frac{\partial f}{\partial x_j} + k_1 \frac{\partial g_1}{\partial x_j} + k_2 \frac{\partial g_2}{\partial x_j} + \ldots + k_m \frac{\partial g_m}{\partial x_j}\right) dx_j = 0 \qquad (171.8)$$

Die m Gleichungen

$$\frac{\partial f}{\partial x_j} + k_1 \frac{\partial g_1}{\partial x_j} + k_2 \frac{\partial g_2}{\partial x_j} + \ldots + k_m \frac{\partial g_m}{\partial x_j} = 0 \quad \text{für} \quad j \in \{1,\ldots,m\} \qquad (171.9)$$

bilden für $k_1, k_2, \ldots, k_m$ ein reguläres Gleichungssystem, da die Koeffizientenmatrix $\partial g_i/\partial x_j$ nach Voraussetzung vollen Rang besitzt. Die k_1, $k_2, \ldots, k_m$ lassen sich daher nach (133.15) eindeutig bestimmen und ergeben in (171.8) eingesetzt

$$\sum_{j=m+1}^{n} \left(\frac{\partial f}{\partial x_j} + k_1 \frac{\partial g_1}{\partial x_j} + k_2 \frac{\partial g_2}{\partial x_j} + \ldots + k_m \frac{\partial g_m}{\partial x_j}\right) dx_j = 0$$

Da die x_j für $j \in \{m+1,\ldots,n\}$ voneinander unabhängig sind, erhält man

$$\frac{\partial f}{\partial x_j} + k_1 \frac{\partial g_1}{\partial x_j} + k_2 \frac{\partial g_2}{\partial x_j} + \ldots + k_m \frac{\partial g_m}{\partial x_j} = 0 \quad \text{für} \quad j \in \{m+1,\ldots,n\} \qquad (171.10)$$

(171.9) zusammen mit (171.10) bedeutet $\partial w(\underline{x})/\partial \underline{x}|_{\underline{x}=\underline{x}_o}=\underline{0}$, so daß die Aussage folgt.

172 Differentialquotienten spezieller Funktionen

Im folgenden sollen die Ableitungen häufig benutzter Funktionen von Vektoren und Matrizen angegeben werden.

<u>Satz</u>: Es sei $c=\underline{x}'\underline{y}=\underline{y}'\underline{x}$. Dann ist $\partial c/\partial \underline{x}=\underline{y}$. (172.1)

Beweis: Für $\underline{x},\underline{y} \in E^n$ ist nach (123.1) $c=\sum_{i=1}^{n} x_i y_i$ und somit $\partial c/\partial x_i = y_i$ und nach (171.2) $\partial c/\partial \underline{x}=\underline{y}$.

<u>Satz</u>: Es sei $\underline{x}$ ein n×1 Vektor und $\underline{A}$ eine symmetrische n×n Matrix. Dann ist $\partial(\underline{x}'\underline{A}\underline{x})/\partial \underline{x}=2\underline{A}\underline{x}$. (172.2)

Beweis: Mit $\underline{x}=(x_i)$, $\underline{A}=(a_{ij})$, $\underline{A}\underline{x}=(c_i)$ und (131.6) erhält man, da $\underline{A}=\underline{A}'$ gilt,

$$\frac{\partial(\underline{x}'\underline{A}\underline{x})}{\partial x_i} = \frac{\partial}{\partial x_i}\sum_{j=1}^{n}\sum_{k=1}^{n} x_j x_k a_{jk} = \frac{\partial}{\partial x_i}\Big(\sum_{j=1}^{n} x_j^2 a_{jj} + \sum_{j=1}^{n}\sum_{\substack{k=1\\ j\neq k}}^{n} x_j x_k a_{jk}\Big)$$

$$= 2x_i a_{ii} + 2\sum_{\substack{k=1\\ i\neq k}}^{n} x_k a_{ik} = 2\sum_{k=1}^{n} x_k a_{ik} = 2c_i$$

<u>Satz</u>: Ist die n×n Matrix $\underline{A}$ regulär, gilt

$$\partial\det\underline{A}/\partial\underline{A} = (\underline{A}^{-1})'\det\underline{A} \qquad (172.3)$$

Beweis: Mit $\underline{A}=(a_{ij})$ und (136.5) sowie (136.15) erhält man $\partial\det\underline{A}/\partial a_{ij} = a^*_{ij}$ und somit $\partial\det\underline{A}/\partial\underline{A}=\bar{\underline{A}}'$. Daraus folgt mit (136.16) die Aussage.

<u>Satz</u>: Es seien $\underline{A}$ eine m×n und $\underline{B}$ eine n×m Matrix. Dann gilt

$$\partial sp(\underline{A}\underline{B})/\partial\underline{A} = \underline{B}' \qquad (172.4)$$

Beweis: Mit (131.6) und (137.1) folgt $sp(\underline{A}\underline{B}) = \sum_{i=1}^{m}\sum_{j=1}^{n} a_{ij}b_{ji}$ und $\partial sp(\underline{A}\underline{B})/\partial a_{ij} = b_{ji}$.

<u>Satz</u>: Es seien $\underline{A}$ eine m×n Matrix und $\underline{B}$ sowie $\underline{C}$ zwei n×m Matrizen. Dann gilt

$$\partial sp(\underline{A}\underline{B}\underline{A}\underline{C})/\partial\underline{A} = (\underline{B}\underline{A}\underline{C}+\underline{C}\underline{A}\underline{B})' \qquad (172.5)$$

Beweis: Es sei $\underline{D}=\underline{A}\underline{B}$, $\underline{E}=\underline{A}\underline{C}$, $\underline{F}=\underline{D}\underline{E}=\underline{A}\underline{B}\underline{A}\underline{C}$, $\underline{A}=(a_{ij})$, $\underline{B}=(b_{ij})$ und so fort. Dann gilt $f_{ij}=\sum_{k=1}^{m} d_{ik}e_{kj}$ mit $d_{ik}=\sum_{l=1}^{n} a_{il}b_{lk}$ und $e_{kj}=\sum_{r=1}^{n} a_{kr}c_{rj}$, so daß

$$f_{ij} = \sum_{k=1}^{m}\sum_{l=1}^{n}\sum_{r=1}^{n} a_{il}b_{lk}a_{kr}c_{rj} \quad \text{für } i,j\in\{1,\dots,m\}$$

und

$$sp\underline{F} = \sum_{i=1}^{m}\sum_{k=1}^{m}\sum_{l=1}^{n}\sum_{r=1}^{n} a_{il}b_{lk}a_{kr}c_{ri}$$

Damit folgt

$$\partial sp\underline{F}/\partial a_{op} = \partial sp\underline{F}/\partial a_{il} + \partial sp\underline{F}/\partial a_{kr}$$

$$= \sum_{k=1}^{m}\sum_{r=1}^{n} b_{lk}a_{kr}c_{ri} + \sum_{i=1}^{m}\sum_{l=1}^{n} a_{il}b_{lk}c_{ri}$$

$$= \sum_{k=1}^{m} b_{lk}g_{ki} + \sum_{i=1}^{m} c_{ri}h_{ik} = u_{li} + v_{rk} = u_{po} + v_{po}$$

falls $\underline{G}=\underline{A}\underline{C}$, $\underline{H}=\underline{A}\underline{B}$, $\underline{U}=\underline{B}\underline{A}\underline{C}$ und $\underline{V}=\underline{C}\underline{A}\underline{B}$. Hieraus folgt dann die Aussage.

<u>Satz</u>: Sind $\underline{A}$ und $\underline{B}$ quadratische und symmetrische Matrizen, gilt

$$\partial sp(\underline{A}\underline{B}\underline{A}\underline{B})/\partial\underline{A} = 2\underline{B}\underline{A}\underline{B} \qquad (172.6)$$

Beweis: Setzt man in (172.5) $\underline{A}'=\underline{A}$, $\underline{B}=\underline{C}$ und $\underline{B}'=\underline{B}$, folgt die Aussage.

173 Integration und Variablentransformation

Bei der Berechnung von Wahrscheinlichkeiten aus Wahrscheinlichkeitsverteilungen muß über Funktionen von Vektoren oder Matrizen integriert werden. Ist $f(\underline{x})$ eine reelle Funktion des Vektors $\underline{x}$ mit $\underline{x}=|x_1, x_2,\ldots,x_n|'$, dann ist das Integral I über den Bereich, der durch die Intervalle $x_{1u}\leq x_1\leq x_{1o},\ldots,x_{nu}\leq x_n\leq x_{no}$ gegeben sei, definiert als

$$I = \int_{x_{nu}}^{x_{no}} \ldots \int_{x_{2u}}^{x_{2o}} \int_{x_{1u}}^{x_{1o}} f(\underline{x})dx_1dx_2\ldots dx_n \tag{173.1}$$

Für die Herleitung von Wahrscheinlichkeitsverteilungen werden häufig Variablentransformationen erforderlich, so daß (173.1) in ein Integral neuer Variablen transformiert werde. Hierzu sei die injektive, also eineindeutige Abbildung mittels $x_i=g_i(\underline{y})$ mit $i\in\{1,\ldots,n\}$ und $\underline{y}=|y_1,\ldots,y_n|'$ gegeben. Die Funktionen g_i werden als einmal stetig differenzierbar vorausgesetzt. Es existiert dann die Jacobische Matrix $\underline{J}$,

$$\underline{J} = \begin{vmatrix} \partial g_1/\partial y_1 & \partial g_1/\partial y_2 & \ldots & \partial g_1/\partial y_n \\ \partial g_2/\partial y_1 & \partial g_2/\partial y_2 & \ldots & \partial g_2/\partial y_n \\ \ldots & \ldots & \ldots & \ldots \\ \partial g_n/\partial y_1 & \partial g_n/\partial y_2 & \ldots & \partial g_n/\partial y_n \end{vmatrix} \tag{173.2}$$

deren Determinante, die Funktionaldeterminante oder Jacobische Determinante, von Null verschieden sei, also $\det\underline{J}\neq 0$. Die Umkehrabbildung $y_i=h_i(\underline{x})$ ist dann eindeutig, und das Integral I in den neuen Variablen ist gegeben durch [Blatter 1974, III, S.83]

$$\int_{x_{nu}}^{x_{no}} \ldots \int_{x_{2u}}^{x_{2o}} \int_{x_{1u}}^{x_{1o}} f(x_1,\ldots,x_n)dx_1\ldots dx_n =$$

$$\int_{y_{nu}}^{y_{no}} \ldots \int_{y_{2u}}^{y_{2o}} \int_{y_{1u}}^{y_{1o}} f(g_1(\underline{y}),\ldots,g_n(\underline{y}))|\det\underline{J}|dy_1\ldots dy_n \tag{173.3}$$

worin $|\det\underline{J}|$ den Absolutbetrag von $\det\underline{J}$ bedeutet.

Es sollen noch die Funktionaldeterminanten $\det\underline{J}$ für zwei Transformationen angegeben werden.

Satz: Für die Transformation des n×1 Variablenvektors $\underline{x}$ in den n×1 Variablenvektor $\underline{y}$ mittels $\underline{y}=\underline{A}^{-1}(\underline{x}-\underline{c})$, wobei die n×n Matrix $\underline{A}$ von Konstanten regulär sei und der n×1 Vektor $\underline{c}$ Konstanten enthalte, gilt

$$\det\underline{J} = \det\underline{A} \tag{173.4}$$

Beweis: Aus $\underline{y}=\underline{A}^{-1}(\underline{x}-\underline{c})$ folgt $\underline{x}-\underline{c}=\underline{A}\underline{y}$ und mit (173.2) die Aussage, da die Komponenten von $\underline{x}-\underline{c}$ sich aus dem Skalarprodukt der Zeilen von $\underline{A}$ und $\underline{y}$ ergeben, so daß (172.1) anwendbar ist.

Satz: Für die Transformation der symmetrischen n×n Matrix $\underline{Q}$ von Variablen in die symmetrische n×n Matrix $\underline{V}$ von Variablen mittels $\underline{V}=\underline{G}^{-1}\underline{Q}(\underline{G}')^{-1}$, wobei $\underline{G}$ eine reguläre untere Dreiecksmatrix bedeutet, gilt

$$\det\underline{J} = (\det\underline{G})^{n+1} \tag{173.5}$$

Beweis: Aus $\underline{V}=\underline{G}^{-1}\underline{Q}(\underline{G}')^{-1}$ folgt $\underline{Q}=\underline{G}\underline{V}\underline{G}'$ und mit $\underline{Q}=(q_{ij})$, $\underline{G}=(g_{ij})$ und $\underline{V}=(v_{ij})$ aus (131.6) $q_{ij}=\sum_{l=1}^{n}(\sum_{k=1}^{n} g_{ik}v_{kl})g_{jl}$. Hieraus ergeben sich die Differentialquotienten

$$\frac{\partial q_{ij}}{\partial v_{kl}} = g_{ik}g_{jl} + g_{il}g_{jk} \quad \text{für} \quad k \neq l$$

da $v_{kl}=v_{lk}$ ist, und

$$\frac{\partial q_{ij}}{\partial v_{kk}} = g_{ik}g_{jk} \quad \text{für} \quad k = l$$

Die Zeilen der Jacobischen Matrix $\underline{J}$ in (173.2) enthalten die Elemente $\partial q_{ij}/\partial v_{11}, \partial q_{ij}/\partial v_{12},\ldots, \partial q_{ij}/\partial v_{1n}, \partial q_{ij}/\partial v_{22},\ldots, \partial q_{ij}/\partial v_{nn}$. Da $\underline{G}$ eine untere Dreiecksmatrix darstellt, ist auch $\underline{J}$, wie sich aus den Differentialquotienten ergibt, eine untere Dreiecksmatrix. Ihre Determinante berechnet sich nach (136.10) aus dem Produkt der Diagonalelemente

$$\begin{aligned}\det\underline{J} &= \frac{\partial q_{11}}{\partial v_{11}}\frac{\partial q_{12}}{\partial v_{12}}\cdots\frac{\partial q_{1n}}{\partial v_{1n}}\frac{\partial q_{22}}{\partial v_{22}}\cdots\frac{\partial q_{nn}}{\partial v_{nn}}\\ &= g_{11}^2 g_{11}g_{22}\cdots g_{11}g_{nn}g_{22}^2\cdots g_{nn}^2 = \prod_{i=1}^{n} g_{ii}^{n+1}\\ &= (\det\underline{G})^{n+1}\end{aligned}$$

2 Wahrscheinlichkeitstheorie

Die Beobachtungen, mit deren Hilfe Parameter sowie Bereiche geschätzt und Hypothesenprüfungen vorgenommen werden, ergeben sich als Ergebnisse von Zufallsexperimenten und stellen somit zufällige Ereignisse dar. Sind aber die Beobachtungen zufälliger Natur, so erhebt sich die Frage, mit welcher Wahrscheinlichkeit sie eintreffen. Mit diesem Problem beschäftigt sich die Wahrscheinlichkeitstheorie, auf deren Grundbegriffe im folgenden eingegangen wird.

Den Zufallsereignissen werden zunächst durch Axiome Wahrscheinlichkeiten zugeordnet. Da es bequemer ist, mit Zufallsvariablen anstelle von Zufallsereignissen zu arbeiten, werden Zufallsvariable als Abbildungen von Ereignissen auf die reelle x-Achse eingeführt. Genügt die Abbildung auf eine Achse, liegt eine eindimensionale Zufallsvariable mit einer univariaten Verteilung vor, aus der die Wahrscheinlichkeit zufälliger Ereignisse zu ermitteln ist. Als Abbildungen auf mehrere Achsen folgen die mehrdimensionalen Zufallsvariablen mit multivariaten Verteilungen. Behandelt werden die univariate und multivariate Normalverteilung und die univariate Beta- und Gammaverteilung. Ferner werden die aus der Normalverteilung folgende χ^2-, F- und t-Verteilung sowie die Wishart-Verteilung abgeleitet, die für Hypothesentests und Bereichsschätzungen in univariaten und multivariaten Modellen der Parameterschätzung benötigt werden.

21 Wahrscheinlichkeit

211 Einführung

Gegenstand der Wahrscheinlichkeitstheorie bilden die zufälligen

Ereignisse. Diese Zufallsereignisse sind das Ergebnis von Messungen oder Experimenten, die zur Sammlung von Daten über ein bestimmtes Phänomen ausgeführt werden, wobei die Resultate vom Zufall abhängen. Das Würfeln beispielsweise ist ein solches Experiment, dessen Ergebnis die Zahl darstellt, die oben auf dem Würfel erscheint. Dieses Ergebnis ist vom Zufall abhängig, denn falls der Würfel symmetrisch und ausbalanziert ist, werden bei mehrfachem Würfeln die geworfenen Zahlen variieren.

Da die Ergebnisse von Messungen und Experimenten vom Zufall abhängig sind, möchte man die Wahrscheinlichkeit angeben, mit der die Ereignisse eintreffen. Bei bestimmten Experimenten ist die Wahrscheinlichkeit vorweg angebbar. Zum Beispiel wird beim Werfen einer symmetrischen Münze nach vielen Wiederholungen die "Zahl" ebenso häufig oben liegen wie der "Adler" oder anders ausgedrückt, in einem von zwei möglichen Fällen wird die Zahl oben liegen, so daß die Wahrscheinlichkeit des Eintreffens einer Zahl gleich 1/2 ist. Ebenso beträgt die Wahrscheinlichkeit des Eintreffens des Adlers 1/2. Beim Werfen eines symmetrischen Würfels wird zum Beispiel die Drei in einem von sechs möglichen Fällen oben liegen, so daß die Wahrscheinlichkeit des Würfelns der Drei 1/6 beträgt. Aufgrund dieser Überlegungen folgt die

<u>Definition</u> (Klassische Definition der Wahrscheinlichkeit): Falls ein Ereignis in n sich gegenseitig ausschließenden und gleichmöglichen Fällen vorkommen kann und falls die Anzahl n_A dieser Ergebnisse das Ereignis A bezeichnet, dann ist die Wahrscheinlichkeit P(A) des Ereignisses A gegeben durch

$$P(A) = n_A/n \tag{211.1}$$

<u>Beispiel</u>: Die Wahrscheinlichkeit P ist gesucht, mit der die Zahlen Eins oder Zwei bei einmaligem Würfeln fallen. Man erhält $P=2/6=0{,}333$.

Aufgrund von (211.1) ergibt sich als Wahrscheinlichkeit P(A) eines Ereignisses A eine rationale Zahl zwischen Null oder Eins, $0 \leq P(A) \leq 1$. Diese Wahrscheinlichkeit kann aber nur für Experimente angegeben werden, deren Ereignisse vorhersagbar sind. Die klassische Wahrscheinlichkeitsdefinition versagt beispielsweise beim Würfeln mit unsymmetrischen Würfeln. Die Definition muß daher ergänzt werden, was mit Hilfe der relativen Häufigkeit eines Ereignisses geschehen kann.

Definition: Die relative Häufigkeit h(A) eines Ereignisses A ergibt sich mit der Anzahl n_A des Eintreffens des Ereignisses A unter n Versuchen zu

$$h(A) = n_A/n \qquad (211.2)$$

Beispiel: Bei 300 Würfen mit einem symmetrischen Würfel wurde die Zahl Eins 48 mal und die Zahl Zwei 51 mal geworfen, so daß sich die relative Häufigkeit h des Würfelns einer Eins oder Zwei zu $h=(48+51)/300=0{,}330$ ergibt.

Man nimmt nun an, und Versuche wie die des Beispiels unterstützen die Hypothese, daß sich die relative Häufigkeit nach (211.2) bei einer großen Anzahl von Wiederholungen von Experimenten, deren Ereignisse vorhersagbar sind, der nach (211.1) definierten Wahrscheinlichkeit annähert, so daß die Wahrscheinlichkeit eines Ereignisses mit Hilfe der relativen Häufigkeit unter Vorschrift eines Grenzprozesses, bei dem die Anzahl der Versuche gegen unendlich geht, definiert werden könnte. Man verzichtet aber auf eine solche Definition und führt die Wahrscheinlichkeit durch Axiome ein, wie im Kapitel 213 gezeigt wird. Die Axiome stellen Aussagen über unmittelbar einzusehende Wahrheiten dar, die, als richtig akzeptiert, nicht bewiesen zu werden brauchen. Zum besseren Verständnis der Axiome soll noch darauf hingewiesen werden, daß sich die Wahrscheinlichkeit beziehungsweise die relative Häufigkeit mehrerer sich gegenseitig ausschließender Ereignisse aus der Summe der Wahrscheinlichkeiten beziehungsweise der relativen Häufigkeiten der einzelnen Ereignisse ergeben, wie die Beispiele zu (211.1) und (211.2) zeigen. Bevor aber die Axiome der Wahrscheinlichkeit eingeführt werden, müssen die zufälligen Ereignisse definiert werden.

212 Zufällige Ereignisse

Das Ergebnis eines bestimmten Experimentes bezeichnet man als Elementarereignis und faßt sämtliche vorstellbaren Elementarereignisse in der Menge S der Elementarereignisse zusammen, die auch als Ergebnisraum oder Grundraum bezeichnet wird.

Beispiel: Beim Würfeln ergeben sich als Elementarereignisse die Zahlen 1 bis 6, so daß die Menge S der Elementarereignisse sechs Elemente enthält.

Teilmengen von S bezeichnet man als zufällige Ereignisse und die Menge aller Teilmengen von S als Menge Z der zufälligen Ereignisse. Da die leere Menge ∅ Teilmenge jeder Menge ist, enthält die Menge Z der zufälligen Ereignisse auch die leere Menge $\emptyset$, die als unmögliches Ereignis bezeichnet wird.

Beispiel: Die Menge Z der zufälligen Ereignisse beim Würfeln enthält das unmögliche Ereignis, daß keine Zahl gewürfelt wird, die Ereignisse der Zahlen 1 bis 6, die die Menge S der Elementarereignisse darstellt, die Ereignisse der Zahlen 1 oder 2, 1 oder 3 und so fort, die Ereignisse 1 oder 2 oder 3, 1 oder 2 oder 4 und so fort und schließlich das sichere Ereignis 1 oder 2 oder ... oder 6.

Für die Teilmengen von Z lassen sich die im Kapitel 112 definierten Mengenverknüpfungen vornehmen. Da im folgenden nicht nur die Mengen S von endlich vielen oder abzählbar unendlich vielen Elementarereignissen betrachtet werden, sondern auch die Mengen S von Elementarereignissen, die ein Kontinuum bilden, fordert man von den Teilmengen der Menge Z der Ereignisse, daß sie eine Borelsche Menge bilden, die auch als σ-Algebra bezeichnet wird [Fisz 1976, S.21; Gänssler und Stute 1977, S.11]. Die Menge Z enthält dann im allgemeinen nicht mehr alle Teilmengen von S, wie das bei endlich vielen Elementarereignissen der Fall ist. Borelsche Mengen sind meßbare Mengen [Hinderer 1972, S.75], für die die im folgenden Kapitel definierten Wahrscheinlichkeitsmaße eingeführt werden können.

Definition: Eine Menge Z von Teilmengen einer bestimmten Menge S von Elementarereignissen bezeichnet man als Borelsche Menge und seine Elemente als zufällige Ereignisse, falls Z als Element die Menge S der Elementarereignisse und als Element die leere Menge $\emptyset$ enthält und falls die Vereinigung, der Durchschnitt und die Differenz von endlich vielen oder abzählbar unendlich vielen Ereignissen der Menge Z wieder zur Menge Z gehört. (212.1)

Die Borelsche Menge umfaßt also die zufälligen Ereignisse eines bestimmten Experimentes.

Definition: Es sei $A\subset Z$ und $B\subset Z$, dann sagt man, daß die Ereignisse A und B sich gegenseitig ausschließen, wenn sie kein Elementarereignis gemeinsam haben, wenn also $A\cap B=\emptyset$ gilt. (212.2)

Definition: Das Ereignis, das kein Element der Menge S der Elementarereignisse enthält, das Ereignis also, das durch die leere Menge $\emptyset$ gekennzeichnet ist, bezeichnet man als unmögliches Ereignis. (212.3)

Definition: Das Ereignis, das alle Elemente von S enthält, bezeichnet man als sicheres Ereignis. (212.4)

Denkt man sich die Menge S der Elementarereignisse durch die Vereinigung der sich gegenseitig ausschließenden Elementarereignisse gebildet, so läßt sich das sichere Ereignis dadurch interpretieren, daß zumindest ein Elementarereignis eintrifft.

Ist $A \in Z$, so gilt $A \subset S$ und wegen $S \in Z$ bildet auch die Menge $S \setminus A$ nach (212.1) ein Ereignis. In Übereinstimmung mit (112.4) ergibt sich dann die

Definition: Es sei $A \in Z$, dann bezeichnet die Differenzmenge $S \setminus A$ das zu A komplementäre Ereignis $\bar{A}$ in S, $\bar{A}=S \setminus A$. (212.5)

213 Axiome der Wahrscheinlichkeit

Für jedes Ereignis A der Borelschen Menge Z von Teilmengen der Menge S der Elementarereignisse wird jetzt die Wahrscheinlichkeit P(A) eingeführt, wobei die folgenden Axiome gelten:

Axiom 1: Jedem Ereignis A der Borelschen Menge Z ist eine reelle Zahl $P(A) \geq 0$ zugeordnet, die die Wahrscheinlichkeit von A heißt. (213.1)

Axiom 2: Die Wahrscheinlichkeit des sicheren Ereignisses ist gleich Eins, $P(S)=1$. (213.2)

Axiom 3: Ist $A_1, A_2, \ldots$ eine Folge von endlich vielen oder abzählbar unendlich vielen Ereignissen von Z, die sich gegenseitig ausschließen, $A_i \cap A_j = \emptyset$ für $i \neq j$, dann gilt

$$P(A_1 \cup A_2 \cup \ldots) = P(A_1)+P(A_2)+\ldots \qquad (213.3)$$

Das Tripel (S,Z,P) heißt dann Wahrscheinlichkeitsraum.

Aus den Axiomen lassen sich eine Reihe von Sätzen ableiten, auf die im folgenden häufig zurückgegriffen wird.

Satz: Die Wahrscheinlichkeit, daß das Ereignis $A \in Z$ nicht eintrifft, oder die Wahrscheinlichkeit $P(\bar{A})$ des zu A komplementären Ereignisses $\bar{A}$ beträgt $P(\bar{A})=1-P(A)$. (213.4)

Beweis: Mit (212.5) ergibt sich $A \cap \bar{A}=\emptyset$ und $A \cup \bar{A}=S$, so daß mit (213.2) und (213.3) $P(A)+P(\bar{A})=1$ folgt, woraus die Aussage sich ergibt.

Satz: Die Wahrscheinlichkeit des unmöglichen Ereignisses ist gleich Null. (213.5)

Beweis: Nach (212.3) ist das unmögliche Ereignis durch $A=\emptyset$ definiert. Weiter gilt $\bar{S}=\emptyset$, $S \cup \bar{S}=S$, $S \cap \bar{S}=\emptyset$ und somit wegen (213.3) $P(S \cup \bar{S})=P(S)+P(\emptyset)=1$, woraus mit (213.2) $P(\emptyset)=0$ folgt.

Satz: Ist A ein beliebiges Ereignis von Z, gilt

$$0 \leq P(A) \leq 1 \tag{213.6}$$

Beweis: Nach (213.1) ist $P(A) \geq 0$, so daß noch $P(A) \leq 1$ gezeigt werden muß, was aus (213.4) mit $P(A)=1-P(\bar{A}) \leq 1$ wegen $P(\bar{A}) \geq 0$ folgt.

Das dritte Axiom (213.3) gibt nur die Wahrscheinlichkeit der Vereinigung sich gegenseitig ausschließender Ereignisse an. Für die Vereinigung beliebiger Ereignisse gilt der

Satz: Sind A und B zwei beliebige Ereignisse von Z, dann gilt

$$P(A \cup B) = P(A) + P(B) - P(A \cap B) \tag{213.7}$$

Beweis: Das Ereignis $A \cup B$ läßt sich durch die Vereinigung der drei sich gegenseitig ausschließenden Ereignisse $A \cap \bar{B}$, $A \cap B$ und $\bar{A} \cap B$ gewinnen, wie im Venn-Diagramm der Abbildung 213-1 dargestellt ist. Mit (213.3)

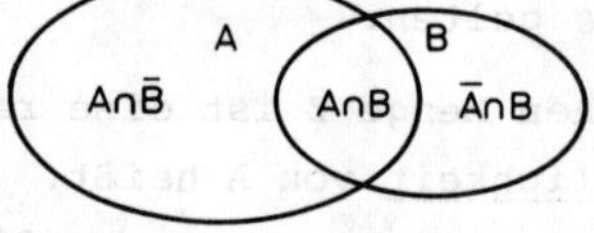

Abbildung 213-1

folgt dann $P(A \cup B)=P(A \cap \bar{B})+P(A \cap B)+P(\bar{A} \cap B)$. Entsprechend gilt $P(A)=P(A \cap \bar{B})+P(A \cap B)$ sowie $P(B)=P(A \cap B)+P(\bar{A} \cap B)$ und nach Addition $P(A)+P(B)-2P(A \cap B)=P(A \cap \bar{B})+P(\bar{A} \cap B)$. Diesen Ausdruck in die erste Gleichung eingesetzt ergibt die Aussage.

Beispiel: Entnimmt man eine Karte einem Kartendeck von 52 Spielkarten und fragt nach der Wahrscheinlichkeit, daß sie ein As oder Karo ist, so erhält man aus (213.7), da die Wahrscheinlichkeit $P(A)$ für das Ziehen eines Asses nach (211.1) $P(A)=4/52$, die Wahrscheinlichkeit $P(B)$ für das Ziehen einer Karo-Karte $P(B)=13/52$ und für das Ziehen eines Karo-Asses $P(A \cap B)=1/52$ beträgt, die Wahrscheinlichkeit $P(A \cup B)=4/52+13/52-1/52=4/13$.

214 Bedingte Wahrscheinlichkeit und Bayessche Formel

Es gibt Situationen, in denen nach der Wahrscheinlichkeit eines Ereignisses unter der Bedingung gefragt wird, daß ein anderes Ereignis bereits eingetroffen ist. Als Beispiel seien Textuntersuchungen genannt, in denen die Häufigkeit von Buchstaben- oder Lautkombinationen untersucht wird, so daß die Wahrscheinlichkeit eines Buchstabens unter der Bedingung gesucht wird, daß bestimmte Buchstaben vorangegangen sind.

Man benutzt das Symbol $A|B$ und sagt A unter der Bedingung, daß B eingetroffen ist, um das bedingte Eintreffen von A auszudrücken.

Man stelle sich vor, daß bei k Wiederholungen eines Versuches l Ereignisse B erzielt werden, unter denen m Ereignisse A mit $m \leq l$ erhalten wurden. Die relative Häufigkeit $h(A \cap B)$ des Ereignisses $A \cap B$ beträgt nach (211.2) m/k, während die relative Häufigkeit h(B) des Ereignisses B sich zu l/k ergibt. Die relative Häufigkeit $h(A|B)$ des Ereignisses A unter der Bedingung, daß B eingetreten ist, beträgt m/l, folglich

$$h(A|B) = \frac{m}{l} = \frac{m}{k} \bigg/ \frac{l}{k} = \frac{h(A \cap B)}{h(B)}$$

Entsprechend wird die bedingte Wahrscheinlichkeit eingeführt.

Definition: Die Wahrscheinlichkeit P(B) des zufälligen Ereignisses B sei ungleich Null, dann bezeichnet man als *bedingte Wahrscheinlichkeit* $P(A|B)$ des Ereignisses A unter der Bedingung, daß B eingetroffen ist, das Verhältnis

$$P(A|B) = \frac{P(A \cap B)}{P(B)} \quad \text{mit} \quad P(B) > 0 \tag{214.1}$$

Aus (214.1) folgt unmittelbar die Wahrscheinlichkeit des Durchschnitts $A \cap B$ der Ereignisse A und B

$$P(A \cap B) = P(B)P(A|B) = P(A)P(B|A) \tag{214.2}$$

Beispiel: Ein Kasten enthalte 15 rote und 5 schwarze Kugeln. Gefragt wird nach der Wahrscheinlichkeit, in zwei aufeinanderfolgenden Ziehungen ohne Zurücklegen eine rote und eine schwarze Kugel zu erhalten. Die Wahrscheinlichkeit P(A), eine rote Kugel zu ziehen, ist nach (211.1) $P(A)=15/20=3/4$. Die Wahrscheinlichkeit $P(B|A)$ eine schwarze Kugel unter der Bedingung zu ziehen, daß eine rote gezogen wurde, beträgt $P(B|A)=5/19$. Die Wahrscheinlichkeit, in zwei Ziehungen ohne Zurücklegen eine rote und eine schwarze Kugel zu ziehen, beträgt daher nach (214.2) $P(A \cap B)=(3/4)(5/19)=15/76$.

Die im folgenden abgeleitete Bayessche Formel ermittelt aus der gegebenen *a priori Wahrscheinlichkeit* $P(A_i)$ eines Ereignisses A_i die *a posteriori Wahrscheinlichkeit* $P(A_i|B)$ von A_i, die sich durch das Eintreffen eines Ereignisses B ergibt. Die Bayessche Formel wird bei der statistischen Entscheidungstheorie verwendet, wie im Kapitel 511 gezeigt wird.

Satz: Für die zufälligen Ereignisse $A_1, A_2, \ldots, A_n$ im Wahrscheinlichkeitsraum (S,Z,P) gelte $A_i \cap A_j = \emptyset$ für $i \neq j$, $A_1 \cup A_2 \cup \ldots \cup A_n = S$ und $P(A_i) > 0$, dann ergibt sich für jedes beliebige Ereignis $B \subset Z$ mit $P(B) > 0$ die *Bayessche Formel*

$$P(A_i|B) = \frac{P(B|A_i)P(A_i)}{\sum_{j=1}^{n} P(B|A_j)P(A_j)} \tag{214.3}$$

Beweis: Den zweiten Ausdruck von (214.2) in (214.1) substituiert ergibt $P(A_i|B)=P(B|A_i)P(A_i)/P(B)$. Da $A_1 \cup \ldots \cup A_n = S$ gilt, folgt $B=(B\cap A_1)\cup\ldots\cup(B\cap A_n)$ und wegen $(B\cap A_i)\cap(B\cap A_j)=\emptyset$ mit (213.3) $P(B)=\sum_{j=1}^{n} P(B\cap A_j)$, woraus mit (214.2) die Aussage folgt.

215 Unabhängige Ereignisse

Wenn die bedingte Wahrscheinlichkeit $P(A|B)$ nicht vom Eintreffen des Ereignisses B abhängt, gilt die

Definition: Die Ereignisse A und B sind voneinander unabhängig, falls gilt

$$P(A|B) = P(A) \quad \text{oder} \quad P(B|A) = P(B) \tag{215.1}$$

In diesem Fall hat also das Eintreffen des Ereignisses B keinerlei Einfluß auf die Wahrscheinlichkeit des Ereignisses A und umgekehrt. Beispielsweise führt das zweimalige Würfeln auf zwei unabhängige Ereignisse, da die Wahrscheinlichkeit des Ergebnisses des zweiten Wurfes nicht davon abhängt, ob bestimmte Zahlen beim ersten Wurf gefallen sind.

Mit (215.1) vereinfacht sich (214.2) zu

$$P(A\cap B) = P(A)P(B) \tag{215.2}$$

22 Zufallsvariable

221 Definition

In den vorangegangenen Beispielen des Werfens einer Münze waren es die Begriffe Zahl und Adler, die die Elementarereignisse bildeten. Im allgemeinen ist es aber vorteilhafter, den Elementarereignissen reelle Zahlen zuzuordnen. Hierzu wird eine Funktion eingeführt, die die Menge S der Elementarereignisse in die Menge $\mathbb{R}$ der reellen Zahlen abbildet.

Definition: Man bezeichnet eine eindeutige reelwertige Funktion $X(s_i)$, die im Wahrscheinlichkeitsraum (S,Z,P) auf der Menge S der Elementarereignisse s_i definiert ist, als Zufallsvariable, falls für jedes beliebige $x \in \mathbb{R}$ das Ereignis, für das $X(s_i)<x$ gilt, zur Borelschen Menge Z der zufälligen Ereignisse gehört. (221.1)

Beispiel: Beim zweimaligen Werfen einer Münze besteht die Menge S der Elementarereignisse aus den vier Elementen $s_1=AA$, $s_2=AB$, $s_3=BA$, $s_4=BB$, falls A das Erscheinen des Adlers und B das der Zahl bedeutet. Zufällige Ereignisse sind beispielsweise das Werfen keines oder eines Adlers. Als Zufallsvariable $X(s_i)$ läßt sich also die Summe der Adler einführen, so daß man erhält $X(s_1)=2$, $X(s_2)=1$, $X(s_3)=1$ und $X(s_4)=0$. Für $x=2$ bezeichnet dann $X(s_i)<2$ das zufällige Ereignis, bei dem kein Adler oder ein Adler geworfen wird.

Die Zufallsvariable bildet also die Menge S der Elementarereignisse in die Menge $\mathbb{R}$ der reellen Zahlen mit der Borelschen Menge $Z_{\mathbb{R}}$ ab, die durch die Intervalle $(-\infty,x)$ für beliebiges $x \in \mathbb{R}$ erzeugt wird. Für das Urbild X^{-1} eines Intervalles muß gefordert werden

$$X^{-1}(-\infty,x) \in Z \quad \text{für jedes beliebige } x \in \mathbb{R} \qquad (221.2)$$

Die Zufallsvariable heißt dann meßbar [Hinderer 1972, S.98]. Weiter ist das Urbild der Vereinigung, des Durchschnitts oder der Differenz von Intervallen gleich der Vereinigung, dem Durchschnitt oder der Differenz der Urbilder der Intervalle und damit gleich der Vereinigung, dem Durchschnitt oder der Differenz der entsprechenden Elemente von Z, so daß die Intervalle wie zufällige Ereignisse zu behandeln sind.

Die Wahrscheinlichkeit für das zufällige Ereignis, für das $X(s_i)<x$ gilt, ist wegen (221.2) definiert durch

$$P^*(X(s_i)<x) = P(X^{-1}(-\infty,x)) \qquad (221.3)$$

Damit bildet die Zufallsvariable den Wahrscheinlichkeitsraum (S,Z,P) in $(\mathbb{R}, Z_{\mathbb{R}}, P^*)$ ab, für den im folgenden die Wahrscheinlichkeit wieder mit P bezeichnet wird, also

$$P(X<x) = P^*(X(s_i)<x) \qquad (221.4)$$

Bei Experimenten, deren Ergebnisse durch Meßinstrumente mit digitaler Anzeige registriert werden, ergeben sich die Werte für die Zufallsvariable aus den Meßdaten selbst, da die Abbildung der Menge der Elementarereignisse auf die Menge der reellen Zahlen durch die digitale Anzeige vorgenommen wird.

Mit (221.1) wird die *eindimensionale Zufallsvariable* definiert. Sind anstelle einer Funktion mehrere Funktionen zur Abbildung erforderlich, ergeben sich die *mehrdimensionalen Zufallsvariablen*, die im Kapitel 225 behandelt werden.

222 Verteilungsfunktion

Aufgrund von (221.3) und (221.4) wird jetzt die Verteilungsfunktion einer Zufallsvariablen eingeführt.

<u>Definition</u>: Es sei $X(s_i)$ eine Zufallsvariable und $P(X<x)$ die Wahrscheinlichkeit des zufälligen Ereignisses $X(s_i)<x$, dann bezeichnet man die durch

$$F(x) = P(X<x) = P(X^{-1}(-\infty,x)) \quad \text{für alle } x\in\mathbb{R}$$

definierte Funktion $F(x)$ als <u>Verteilungsfunktion</u> der Zufallsvariablen X. (222.1)

<u>Beispiel</u>: Ein Experiment bestehe im Werfen dreier symmetrischer Münzen, wobei die Anzahl der oben liegenden Adler die Ereignisse bilden, deren Wahrscheinlichkeit zu berechnen ist. Die Zufallsvariable X bezeichne daher diese Anzahl von Adlern. Die Gesamtanzahl der Möglichkeiten, mit der drei Münzen fallen können, beträgt 2^3. Die Anzahl der Möglichkeiten, daß x Adler mit $x\in\{0,1,2,3\}$ oben liegen, berechnet sich nach (136.2) zu $\binom{3}{x}$. Somit folgt wegen (211.1)

$$P(X=x) = \binom{3}{x}/2^3 \quad \text{für} \quad x\in\{0,1,2,3\}$$

oder

$$P(0) = 1/8,\ P(1) = 3/8,\ P(2) = 3/8,\ P(3) = 1/8$$

Weiter ergibt sich aus (222.1) mit (213.5) $F(0)=P(X<0)=0$, $F(1)=P(X<1)=P(X=0)=1/8$ und mit (213.3), da die Elementarereignisse sich gegenseitig ausschließen, $F(2)=P(X<2)=P(X=0)+P(X=1)=4/8$, $F(3)=P(X<3)=P(X=0)+P(X=1)+P(X=2)=7/8$ und schließlich $F(4)=P(X<4)=1$, so daß die in Abbildung 222-1 dargestellte Treppenfunktion für die Verteilungsfunktion

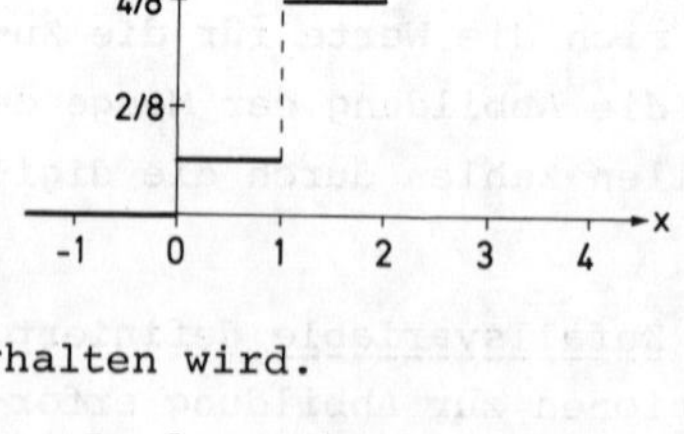

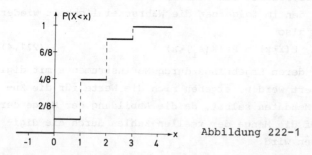

Abbildung 222-1

erhalten wird.

In dem Beispiel zeigen sich drei wichtige Eigenschaften der Verteilungsfunktion, die in dem folgenden Satz genannt sind.

<u>Satz</u>: Ist $F(x)$ Verteilungsfunktion der Zufallsvariablen X, dann gilt mit $x_1<x_2$

$$F(x_1) \leq F(x_2) \quad \text{und} \quad F(-\infty) = 0,\ F(\infty) = 1 \qquad (222.2)$$

Beweis: Da wegen $x_1<x_2$ das Intervall $(-\infty,x_2)$ das Intervall $(-\infty,x_1)$ enthält, die Ereignisse, für die $-\infty<X\leq x_1$ und $x_1<X\leq x_2$ gelten, sich aber gegenseitig ausschließen, gilt mit (213.1) und (213.3) $P(X<x_2)\geq P(X<x_1)$, so daß mit (222.1) $F(x_2)\geq F(x_1)$ folgt. Weiter entspricht $X<-\infty$ dem unmöglichen Ereignis und $X<\infty$ dem sicheren Ereignis, so daß mit (213.5) und (213.2) die beiden restlichen Aussagen folgen.

223 Diskrete und stetige Zufallsvariable

Eine diskrete Zufallsvariable X nimmt endlich viele oder abzählbar unendlich viele Werte x_j an. Die Wahrscheinlichkeit $f(x_j)$ eines solchen Wertes ergibt sich mit (221.3) als Differenz zweier Intervalle zu $P(X(s_i)=x_j)=P(X^{-1}(x_j))$, und es folgt die

Definition: Man bezeichnet X als diskrete Zufallsvariable, falls sie lediglich endlich viele oder abzählbar unendlich viele Werte annimmt. Sind $x_1, x_2, \ldots, x_n, \ldots$ diese Werte und $f(x_1), f(x_2), \ldots, f(x_n), \ldots$ ihre Wahrscheinlichkeiten, nennt man $f(x_i)$ die Dichte oder die Verteilung von X. (223.1)

Anstelle der kurzen Bezeichnung Dichte oder Verteilung benutzt man auch Dichtefunktion, Wahrscheinlichkeitsdichte oder Wahrscheinlichkeitsverteilung.

Damit die Funktion $f(x_i)$ der Werte x_i einer diskreten Zufallsvariablen X die Wahrscheinlichkeit und damit die Dichte angibt, ist es notwendig, daß $f(x_i)$ die Axiome (213.1) bis (213.3) erfüllt. Da die Werte x_i von X sich gegenseitig ausschließende Ereignisse angeben, erhält man mit (213.3) aus (213.1) und (213.2) für $f(x_i)$ die Bedingungen

$$f(x_i) \geq 0 \quad \text{und} \quad \sum_{i=1}^{n} f(x_i) = 1 \quad \text{oder} \quad \sum_{i=1}^{\infty} f(x_i) = 1 \qquad (223.2)$$

falls X insgesamt n Werte x_i oder falls X abzählbar unendlich viele Werte x_i annimmt.

Für das Ereignis $X<x_i$ erhält man mit (223.1) wegen (213.3)

$$P(X<x_i) = \sum_{j<i} f(x_j) \qquad (223.3)$$

Hieraus folgt nach (222.1) für die Verteilungsfunktion einer diskreten Zufallsvariablen

$$P(X<x_i) = F(x_i) = \sum_{j<i} f(x_j) \qquad (223.4)$$

Die Verteilungsfunktion einer diskreten Zufallsvariablen bildet also eine Treppenfunktion, die in Abbildung 222-1 für ein Beispiel dargestellt wurde.

Im Gegensatz zur Verteilungsfunktion einer diskreten Zufallsvariablen besitzt die Verteilungsfunktion einer stetigen Zufallsvariablen keine Sprungstellen, sondern ist stetig.

Definition: Man bezeichnet X als *stetige Zufallsvariable*, falls eine nichtnegative integrierbare Funktion $f(x)$ existiert, die für beliebiges $x \in \mathbb{R}$ die Beziehung

$$F(x) = \int_{-\infty}^{x} f(t)dt$$

erfüllt, wobei $F(x)$ die Verteilungsfunktion von X und t eine Integrationsvariable bedeutet. Die Funktion $f(x)$ nennt man Dichte oder *univariate Verteilung* von X. (223.5)

In Abbildung 223-1 sind die Verteilungsfunktion $F(x)$ und die Dichte $f(x)$ einer stetigen Zufallsvariablen X dargestellt.

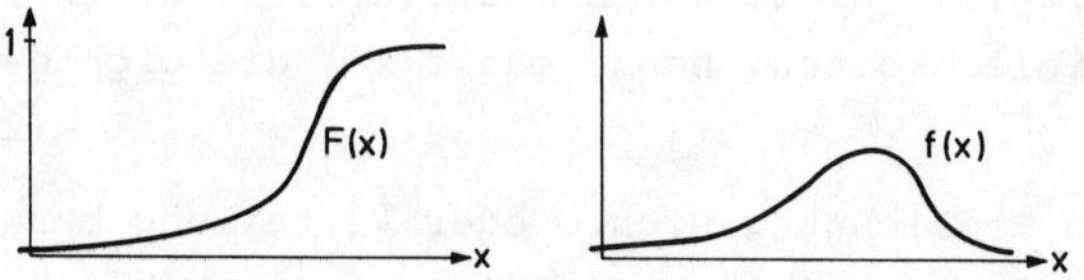

Abbildung 223-1

Die Wahrscheinlichkeit des Ereignisses $X<x$ ergibt sich aus (223.5) zu

$$P(X<x) = F(x) = \int_{-\infty}^{x} f(t)dt \tag{223.6}$$

Anstelle der Summation (223.4) über die Dichte zur Berechnung der Wahrscheinlichkeit eines zufälligen Ereignisses für eine diskrete Zufallsvariable tritt also bei einer stetigen Zufallsvariablen die Integration (223.6) über die Dichte. Für das Ereignis $a \leq X < b$ erhält man

$$P(a \leq X < b) = F(b) - F(a) = \int_{a}^{b} f(t)dt \tag{223.7}$$

Da $P(a \leq X < b) = P(a<X<b)$ gilt, wird im folgenden mit offenen Intervallen gearbeitet. Für das Intervall $x<X<x+dx$ folgt

$$P(x<X<x+dx) = f(x)dx \tag{223.8}$$

Ist $f(x)$ im Punkte x stetig, ergibt sich aus der Ableitung des Integrals auf der rechten Seite von (223.6) nach seiner oberen Grenze die Beziehung zwischen Verteilungsfunktion und Dichte einer stetigen Zufallsvariablen zu

$$dF(x)/dx = f(x) \tag{223.9}$$

Damit die integrierbare Funktion f(x) der Werte x einer stetigen Zufallsvariablen X die Dichte angibt, ist es notwendig, daß die aus (223.5) sich ergebende Verteilungsfunktion F(x) die Axiome (213.1) bis (213.3) erfüllt. Mit f(x)>0 sind (213.1) und (213.3) erfüllt, da sich gegenseitig ausschließende Ereignisse in elementenfremde Intervalle abgebildet werden. Weiter ist mit $F(\infty)=1$ aus (222.2) das 2.Axiom erfüllt, so daß für f(x) die Bedingungen erhalten werden

$$f(x) > 0 \quad \text{und} \quad \int_{-\infty}^{\infty} f(x)dx = 1 \qquad (223.10)$$

Beispiele für univariate Verteilungen stetiger Zufallsvariablen werden im Kapitel 24 behandelt, während diskrete Verteilungen im nächsten Kapitel folgen.

224 Binomialverteilung und Poisson-Verteilung

Von den diskreten Verteilungen ist die Binomialverteilung die wichtigste. Sie gibt die Wahrscheinlichkeit an, daß bei n voneinander unabhängigen Wiederholungen eines Experimentes, wobei das einzelne Experiment nur in einem Erfolg oder Mißerfolg enden kann und der Erfolg die Wahrscheinlichkeit p aufweist, x Erfolge eintreffen.

Definition: Die Zufallsvariable X besitzt die Binomialverteilung, falls ihre Dichte gegeben ist durch

$$f(x) = \binom{n}{x} p^x (1-p)^{n-x} \quad \text{für} \quad x \in \{0,1,\dots,n\} \quad \text{und} \quad 0<p<1 \quad (224.1)$$

Zunächst wird geprüft, ob (223.2) erfüllt ist. Das ist der Fall, denn mit p>0 und 1-p>0 ist auch f(x)>0 und mit der binomischen Reihe ergibt sich

$$1 = ((1-p)+p)^n = \sum_{k=0}^{n} \binom{n}{k} p^k (1-p)^{n-k} = \sum_{x=0}^{n} f(x)$$

Die Binomialverteilung soll nun hergeleitet werden. Das Ereignis A bezeichne den Erfolg, dann ergibt das zu A komplementäre Ereignis $\bar{A}$ den Mißerfolg. Weiter sei P(A)=p, so daß mit (213.4) $P(\bar{A})=1-p$ folgt. Die Wahrscheinlichkeit, daß bei n aufeinander folgenden Versuchen zunächst k Erfolge und dann n-k Mißerfolge eintreten, ergibt sich wegen der Unabhängigkeit der einzelnen Versuche mit (215.2) zu

$$P(A \cap A \cap \dots \cap A \cap \bar{A} \cap \bar{A} \cap \dots \cap \bar{A}) = p^k (1-p)^{n-k}$$

Es brauchen nun die ersten k Versuche nicht auch k Erfolge zu bewirken, sondern nach (136.2) gibt es $\binom{n}{k}$ Möglichkeiten, daß k Erfolge bei n Versuchen eintreffen. Somit ergibt sich die Wahrscheinlichkeit von k Erfolgen unter n Versuchen zu $\binom{n}{k} p^k (1-p)^{n-k}$. Ersetzt man k durch x, erhält man die Dichte in (224.1).

Beispiel: Gesucht ist die Wahrscheinlichkeit, daß in einer Fertigung von 4 Produkten x Produkte mit $x \in \{0,1,2,3,4\}$ fehlerhaft sind, falls die Wahrscheinlichkeit, daß ein bestimmtes Produkt defekt ist, $p=0,3$ beträgt und die einzelnen Fertigungen voneinander unabhängig sind. Aus (224.1) erhält man

$$f(x) = \binom{4}{x} 0,3^x 0,7^{4-x} \quad \text{für} \quad x \in \{0,1,2,3,4\}$$

und somit

$f(0) = 0,240,\ f(1) = 0,412,\ f(2) = 0,264,\ f(3) = 0,076,\ f(4) = 0,008.$

Aus (223.3) folgt dann beispielsweise für die Wahrscheinlichkeit $P(X<2)$, daß weniger als 2 Produkte fehlerhaft sind, $P(X<2)=0,652$. Die Dichte $f(x)$ und die Verteilungsfunktion $F(x)$ für dieses Beispiel sind in Abbildung 224-1 dargestellt.

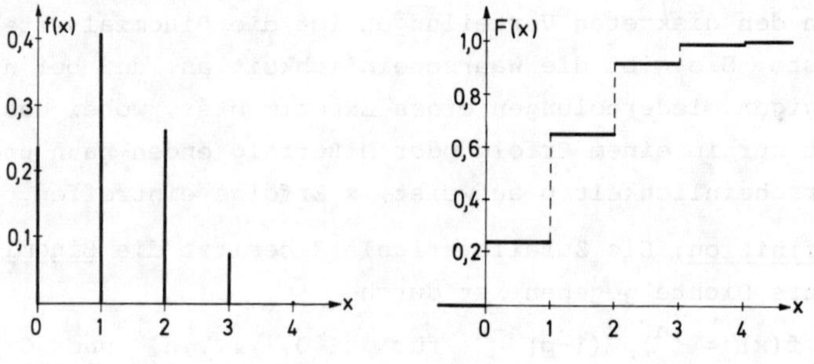

Abbildung 224-1

Geht die Anzahl der Wiederholungen eines Experimentes gegen unendlich und die Wahrscheinlichkeit des Eintreffens eines Erfolges gegen Null, ergibt sich aus der Binomialverteilung die Poisson-Verteilung.

Definition: Die Zufallsvariable X besitzt die Poisson-Verteilung mit dem reellen Parameter λ, falls ihre Dichte gegeben ist durch

$$f(x) = \frac{e^{-\lambda}\lambda^x}{x!} \quad \text{für} \quad x \in \{0,1,\ldots,\infty\} \quad \text{und} \quad \lambda>0 \qquad (224.2)$$

Da $\lambda>0$ ist auch $f(x)>0$ und mit der Reihenentwicklung der Exponentialfunktion e^λ

$$e^\lambda = \sum_{k=0}^{\infty} \frac{\lambda^k}{k!} \qquad (224.3)$$

ergibt sich $\sum_{x=0}^{\infty} f(x)=1$, so daß (223.2) erfüllt ist.

Zur Herleitung der Poisson-Verteilung aus der Binomialverteilung setzt man $p=\lambda/n$, so daß $p\to 0$ bei $n\to\infty$ geht. Hiermit ergibt sich aus

(224.1)

$$\frac{n(n-1)\ldots(n-x+1)}{x!}\left(\frac{\lambda}{n}\right)^x\left(1-\frac{\lambda}{n}\right)^n\left(1-\frac{\lambda}{n}\right)^{-x}$$

Mit $n\to\infty$ folgen die Grenzwerte

$$\lim_{n\to\infty}\left(\frac{n}{n}\right)\left(\frac{n-1}{n}\right)\cdots\left(\frac{n-x+1}{n}\right) = 1 \quad \text{und} \quad \lim_{n\to\infty}\left(1-\frac{\lambda}{n}\right)^{-x} = 1$$

sowie mit der Definition der Zahl e [Smirnow 1975, Teil I, S.93]

$$\lim_{n\to\infty}\left(1-\frac{\lambda}{n}\right)^n = e^{-\lambda}$$

so daß die Dichte in (224.2) folgt.

Der Parameter λ ist der Erwartungswert einer Zufallsvariablen mit der Poisson-Verteilung, denn, wie in (231.1) definiert wird, berechnet sich der Erwartungswert unter Beachtung von (224.3) zu

$$\sum_{x=o}^{\infty} xf(x) = \sum_{x=o}^{\infty} x\frac{e^{-\lambda}\lambda^x}{x!} = \lambda e^{-\lambda}\sum_{x=1}^{\infty}\frac{\lambda^{x-1}}{(x-1)!} = \lambda \qquad (224.4)$$

Nimmt man an, daß das Eintreffen irgendeines Ereignisses in Abhängigkeit von der Zeit zufällig, seine Wahrscheinlichkeit aber konstant in einem Zeitintervall ist, dann erhält man die Wahrscheinlichkeit von x Ereignissen in dem Zeitintervall aus der Poisson-Verteilung, wie mit (244.1) gezeigt wird. Der Parameter λ gibt die insgesamt zu erwartende Anzahl der Ereignisse in dem Zeitintervall an.

225 Mehrdimensionale stetige Zufallsvariable

Wie bereits in Kapitel 221 erwähnt, muß zwischen ein- und mehrdimensionalen Zufallsvariablen unterschieden werden. Mehrdimensionale Zufallsvariable sollen an den folgenden beiden Beispielen erläutert werden.

Beispiel: Mit einem Bogen wird auf eine Zielscheibe geschossen, die zum Registrieren der Treffer mit einem orthogonalen (x,y)- Koordinatensystem versehen wurde, dessen Ursprung mit dem Mittelpunkt der Scheibe zusammenfällt. Jeder Treffer, der ein Elementarereignis darstellt, wird durch seine (x,y)- Koordinaten festgelegt. Damit ordnet man jedem Elementarereignis einen Punkt in der (x,y)- Ebene zu, so daß eine zweidimensionale Zufallsvariable erhalten wird.

Beispiel: Ein Elementarereignis bestehe darin, daß die Längen von n Strecken mit einem Streckenmeßgerät jeweils einmal gemessen werden. Dem Elementarereignis wird dann ein Punkt mit n Koordinaten beziehungsweise ein Vektor in dem mit (123.6) definierten n-dimensionalen Euklidischen Raum E^n zugeordnet, so daß eine n-dimensionale Zufallsvariable erhalten wird.

Entsprechend (221.1) ergibt sich die

Definition: Man bezeichnet eine eindeutige Funktion $X(s_i)=(X_1(s_i), X_2(s_i),\ldots,X_n(s_i))$ mit Werten im $\mathbb{R}^n$, die im Wahrscheinlichkeitsraum (S,Z,P) auf der Menge S der Elementarereignisse s_i definiert ist, als n-dimensionale Zufallsvariable, falls für jedes beliebige $x=(x_1,x_2,\ldots,x_n)\in\mathbb{R}$ das Ereignis, für das $X_1(s_i)<x_1$, $X_2(s_i)<x_2,\ldots,$ $X_n(s_i)<x_n$ gilt, zur Borelschen Menge Z der zufälligen Ereignisse gehört. (225.1)

Von den mehrdimensionalen Zufallsvariablen sollen im folgenden nur die stetigen Zufallsvariablen behandelt werden. (223.5) entsprechend ergibt sich die

Definition: Man bezeichnet $X_1,\ldots,X_n$ als stetige n-dimensionale Zufallsvariable, falls eine nichtnegative integrierbare Funktion $f(x_1,\ldots,x_n)$ existiert, die für beliebige $x_1,\ldots,x_n\in\mathbb{R}$ die Beziehung

$$F(x_1,\ldots,x_n) = \int_{-\infty}^{x_n}\ldots\int_{-\infty}^{x_1} f(t_1,\ldots,t_n)dt_1\ldots dt_n$$

erfüllt, wobei $F(x_1,\ldots,x_n)$ die Verteilungsfunktion und $t_1,\ldots,t_n$ die Integrationsvariablen bedeuten. Die Funktion $f(x_1,\ldots,x_n)$ nennt man Dichte oder multivariate Verteilung von $X_1,\ldots,X_n$. (225.2)

Die Wahrscheinlichkeit des Ereignisses $X_1<x_1,\ldots, X_n<x_n$ ergibt sich mit (225.2) zu

$$P(X_1<x_1,\ldots,X_n<x_n) = F(x_1,\ldots,x_n) \tag{225.3}$$

und des Ereignisses $x_{1u}\leq X_1<x_{1o},\ldots,x_{nu}\leq X_n<x_{no}$

$$P(x_{1u}\leq X_1<x_{1o},\ldots,x_{nu}\leq X_n<x_{no}) = \int_{x_{nu}}^{x_{no}}\ldots\int_{x_{1u}}^{x_{1o}} f(x_1,\ldots,x_n)dx_1\ldots dx_n \tag{225.4}$$

wobei wie bei den eindimensionalen Zufallsvariablen $P(x_{1u}\leq X_1<x_{1o},\ldots,$ $x_{nu}\leq X_n<x_{no})=P(x_{1u}<X_1<x_{1o},\ldots,x_{nu}<X_n<x_{no})$ gilt. Durch Differentiation des Integrals in (225.2) nach seiner oberen Grenze folgt, sofern $f(x_1,\ldots,x_n)$ an der Stelle $x_1,\ldots,x_n$ stetig ist

$$\partial^n F(x_1,\ldots,x_n)/\partial x_1\ldots\partial x_n = f(x_1,\ldots,x_n) \tag{225.5}$$

Damit die Funktion $f(x_1,\ldots,x_n)$ die Dichte einer n-dimensionalen Zufallsvariablen $X_1,\ldots,X_n$ angibt, ist es notwendig, daß (223.10) entsprechend gilt

$$f(x_1,\ldots,x_n)\geq 0 \quad \text{und} \quad \int_{-\infty}^{\infty}\ldots\int_{-\infty}^{\infty} f(x_1,\ldots,x_n)dx_1\ldots dx_n = 1 \qquad (225.6)$$

Mehrdimensionale Zufallsvariable definiert man (121.1) entsprechend als Zufallsvektoren, beispielsweise die n-dimensionale Zufallsvariable $X_1,\ldots,X_n$ als $n\times 1$ Zufallsvektor $\underline{x}=|X_1,\ldots,X_n|'$. Der Zufallsvektor $\underline{x}$ wird bewußt mit einem kleinen Buchstaben bezeichnet, um ihn von einer Matrix zu unterscheiden. Der Zufallsvektor $\underline{x}$ enthält also als Komponenten die Zufallsvariablen X_i, nicht dagegen die Werte x_i, die die Zufallsvariablen X_i annehmen können. Diese Unterscheidung wird allerdings zur Vereinfachung der Bezeichnung beginnend mit dem Kapitel 251 fortfallen. Zufallsvariable und die Werte, die sie annehmen können, werden dann einheitlich mit kleinen Buchstaben bezeichnet, sofern aus dem Zusammenhang zu entnehmen ist, welche Größe gemeint ist.

226 Randverteilung

Es sei $f(x_1,x_2)$ die Dichte einer zweidimensionalen Zufallsvariablen X_1,X_2. Ist man lediglich an der Zufallsvariablen X_1 interessiert und fragt nach der Wahrscheinlichkeit des Ereignisses $X_1<a$, ergibt sich mit (225.2) und (225.3)

$$P(X_1<a) = F(a,\infty) = \int_{-\infty}^{\infty}\int_{-\infty}^{a} f(x_1,x_2)dx_1dx_2 \qquad (226.1)$$

Die Dichte $g(x_1)$ mit

$$g(x_1) = \int_{-\infty}^{\infty} f(x_1,x_2)dx_2 \qquad (226.2)$$

bezeichnet man als Randverteilung von X_1. Sie ist, da über x_2 in den Grenzen von $-\infty$ bis ∞ integriert wird, nur von x_1 abhängig. Für n Dimensionen ergibt sich die

Definition: Es sei $f(x_1,\ldots,x_n)$ die Verteilung des $n\times 1$ Zufallsvektors $\underline{x}=|X_1,\ldots,X_n|'$. Dann ist die Randverteilungsfunktion $G(\infty,\ldots,\infty,x_{i+1},\ldots,x_n)$ der Zufallsvariablen $X_{i+1},\ldots,X_n$ gegeben durch

$$G(\infty,\ldots,\infty,x_{i+1},\ldots,x_n) = \int_{-\infty}^{x_n}\ldots\int_{-\infty}^{x_{i+1}}\int_{-\infty}^{\infty}\ldots\int_{-\infty}^{\infty} f(t_1,\ldots,t_n)dt_1\ldots dt_n \qquad (226.3)$$

Aus (226.3) folgt mit (225.2) die Randverteilung $g(x_{i+1},\ldots,x_n)$ der Zufallsvariablen $X_{i+1},\ldots,X_n$

$$g(x_{i+1},\ldots,x_n) = \int_{-\infty}^{\infty}\ldots\int_{-\infty}^{\infty} f(t_1,\ldots,t_i,t_{i+1},\ldots,t_n)dt_1\ldots dt_i \qquad (226.4)$$

Die Reihenfolge und die Anzahl der Zufallsvariablen in (226.3) und (226.4) ist beliebig. Mit Hilfe der Randverteilung läßt sich also die Dichte mehrdimensionaler Zufallsvariablen auf die Dichte von Zufallsvariablen niedrigerer Dimension zurückführen, was bei der Herleitung von Verteilungen benutzt wird. Beispiele für Randverteilungen befinden sich in (253.1) und in den Beweisen zu (245.1), (263.1), (264.1) und (265.1).

227 Bedingte Verteilung

Mit (214.1) war die bedingte Wahrscheinlichkeit eines Ereignisses definiert worden. Entsprechend läßt sich auch die bedingte Verteilung von Zufallsvariablen einführen, was zunächst für die zweidimensionale Zufallsvariable X_1, X_2 mit der Dichte $f(x_1, x_2)$ gezeigt werden soll. Es wird das Ereignis $X_1 < x_1$ unter der Bedingung betrachtet, daß das Ereignis $x_2 \le X_2 < x_2 + \Delta x_2$ eingetroffen ist. Mit (214.1), (225.2) und (225.3) ergibt sich seine Wahrscheinlichkeit zu

$$P(X_1 < x_1 | x_2 \le X_2 < x_2 + \Delta x_2) = \frac{P(X_1 < x_1, x_2 \le X_2 < x_2 + \Delta x_2)}{P(x_2 \le X_2 < x_2 + \Delta x_2)}$$

$$= \frac{\int_{x_2}^{x_2+\Delta x_2} \int_{-\infty}^{x_1} f(x_1, x_2)\, dx_1 dx_2}{\int_{x_2}^{x_2+\Delta x_2} \int_{-\infty}^{\infty} f(x_1, x_2)\, dx_1 dx_2} \quad \text{für} \quad P(x_2 \le X_2 < x_2 + \Delta x_2) > 0 \tag{227.1}$$

Die bedingte Wahrscheinlichkeit $P(X_1 < x_1 | X_2 = x_2)$ ist gesucht. Sie muß durch einen Grenzprozeß definiert werden, da mit (223.7) für stetige Zufallsvariable $P(X=x)=0$ gilt. Dividiert man Zähler und Nenner der rechten Seite von (227.1) durch Δx_2, erhält man mit der Randverteilung $g(x_2) = \int_{-\infty}^{\infty} f(x_1, x_2)\, dx_1$ für die Verteilungsfunktion

$$F(x_1 | x_2) = \lim_{\Delta x_2 \to 0} P(X_1 < x_1 | x_2 \le X_2 < x_2 + \Delta x_2)$$

$$= \frac{\int_{-\infty}^{x_1} f(x_1, x_2)\, dx_1}{g(x_2)} \tag{227.2}$$

so daß die bedingte Verteilung $f(x_1 | x_2)$ folgt mit

$$f(x_1|x_2) = \frac{f(x_1,x_2)}{g(x_2)} \qquad (227.3)$$

Definition: Es sei $f(x_1,\ldots,x_n)$ die Dichte des $n\times 1$ Zufallsvektors $\underline{x}=|X_1,\ldots,X_n|'$. Dann ist die bedingte Verteilungsfunktion $F(x_1,\ldots,x_i|x_{i+1},\ldots,x_n)$ der Zufallsvariablen $X_1,\ldots,X_i$ unter der Bedingung, daß $X_{i+1}=x_{i+1},\ldots,X_n=x_n$ gilt, gegeben durch

$$F(x_1,\ldots,x_i|x_{i+1},\ldots,x_n) = \frac{\int_{-\infty}^{x_i}\ldots\int_{-\infty}^{x_1} f(x_1,\ldots,x_n)dx_1\ldots dx_i}{g(x_{i+1},\ldots,x_n)}$$

worin $g(x_{i+1},\ldots,x_n)$ die Randverteilung der Zufallsvariablen $X_{i+1},\ldots,X_n$ bedeutet. (227.4)

Aus (227.4) ergibt sich mit (225.5) die bedingte Verteilung zu

$$f(x_1,\ldots,x_i|x_{i+1},\ldots,x_n) = \frac{f(x_1,\ldots,x_n)}{g(x_{i+1},\ldots,x_n)} \qquad (227.5)$$

Ein Beispiel für eine bedingte Verteilung befindet sich in (253.2).

228 Unabhängige Zufallsvariable

Der bedingten Wahrscheinlichkeit entsprechend wurde im vorangegangenen Kapitel die bedingte Verteilung definiert. Mit Hilfe der bedingten Wahrscheinlichkeit ergab sich in (215.1) die Unabhängigkeit von Ereignissen, so daß unabhängige Zufallsvariable entsprechend einzuführen sind.

Definition: Es sei $\underline{x}=|X_1,\ldots,X_n|$ ein $n\times 1$ Zufallsvektor mit der Dichte $f(x_1,\ldots,x_n)$. Ist die bedingte Verteilungsfunktion $F(x_1,\ldots,x_i|x_{i+1},\ldots,x_n)$ lediglich eine Funktion $H(x_1,\ldots,x_i)$ der Zufallsvariablen $X_1,\ldots,X_i$

$$F(x_1,\ldots,x_i|x_{i+1},\ldots,x_n) = H(x_1,\ldots,x_i)$$

dann heißen die beiden Mengen $X_1,\ldots,X_i$ und $X_{i+1},\ldots,X_n$ von Zufallsvariablen voneinander unabhängig. (228.1)

Auf den folgenden Satz wird später bei der Herleitung von Verteilungen häufig zurückgegriffen werden.

Satz: Zwei Mengen $X_1,\ldots,X_i$ und $X_{i+1},\ldots,X_n$ von Zufallsvariablen mit stetigen Randverteilungen sind genau dann voneinander unabhängig, wenn ihre gemeinsame Verteilung aus dem Produkt ihrer Randverteilungen sich bestimmt. (228.2)

Beweis: Die beiden Mengen von Zufallsvariablen seien voneinander unabhängig. Die Funktion $H(x_1,\ldots,x_i)$ in (228.1) gleicht dann der Verteilungsfunktion der Randverteilung von $X_1,\ldots,X_i$, denn mit (228.1) folgt aus (227.4)

$$H(x_1,\ldots,x_i)g(x_{i+1},\ldots,x_n) = \int_{-\infty}^{x_i}\ldots\int_{-\infty}^{x_1} f(x_1,\ldots,x_n)dx_1\ldots dx_i$$

Integriert man diese Gleichung über $x_{i+1},\ldots,x_n$ in den Grenzen von $-\infty$ bis ∞, ergibt sich mit (225.6) und (226.3) $H(x_1,\ldots,x_i)=G(x_1,\ldots,x_i,\infty,\ldots,\infty)$ und mit (225.5), wobei Punkte, in denen die Dichte unstetig wird, auszuschließen sind,

$$f(x_1,\ldots,x_i|x_{i+1},\ldots,x_n) = g(x_1,\ldots,x_i) \qquad (228.3)$$

Dies in (227.5) substituiert ergibt die erste Aussage. Gilt andrerseits $f(x_1,\ldots,x_n)=g(x_1,\ldots,x_i)g(x_{i+1},\ldots,x_n)$ und wird nach (227.4) die bedingte Verteilungsfunktion $F(x_1,\ldots,x_i|x_{i+1},\ldots,x_n)$ gebildet, so ist sie nur von $X_1,\ldots,X_i$ abhängig, so daß nach (228.1) die beiden Mengen von Zufallsvariablen voneinander unabhängig sind.

229 Transformation von Verteilungen

Ist die Verteilung eines Zufallsvektors bekannt, so stellt sich häufig das Problem, die Verteilung einer Funktion des Zufallsvektors abzuleiten.

Satz: Für die Transformation der Werte des Zufallsvektors $\underline{y}=|Y_1,\ldots,Y_n|'$ in die von $\underline{x}=|X_1,\ldots,X_n|'$ gelte die eineindeutige Abbildung $x_i=g_i(y_1,\ldots,y_n)$ mit $i\in\{1,\ldots,n\}$ und der einmal stetig differenzierbaren Funktionen g_i, und es existiere die Jacobische Matrix $\underline{J}=(\partial g_i/\partial y_j)$ mit $\det\underline{J}\neq 0$ und $i,j\in\{1,\ldots,n\}$, so daß die inverse Transformation $y_i=h_i(x_1,\ldots,x_n)$ eindeutig ist. Weiter sei $f(x_1,\ldots,x_n)$ die Verteilung von $\underline{x}$, dann folgt die Verteilung $b(y_1,\ldots,y_n)$ von $\underline{y}$ mit

$$b(y_1,\ldots,y_n) = f(g_1(y_1,\ldots,y_n),\ldots,g_n(y_1,\ldots,y_n))|\det\underline{J}| \qquad (229.1)$$

Beweis: Durch die Transformation der Variablen $x_i=t_i$ in y_i ergibt sich mit (173.3) in (225.2) für beliebige $x_1,\ldots,x_n\in\mathbb{R}$

$$\int_{-\infty}^{x_n}\ldots\int_{-\infty}^{x_1} f(t_1,\ldots,t_n)dt_1\ldots dt_n$$
$$= \int_{-\infty}^{y_n}\ldots\int_{-\infty}^{y_1} f(g_1(y_1,\ldots,y_n),\ldots,g_n(y_1,\ldots,y_n))|\det\underline{J}|dy_1\ldots dy_n$$
$$= F(y_1,\ldots,y_n)$$

so daß sich als Dichte $b(y_1,\ldots,y_n)$ die angegebene Funktion ergibt, die sicher nicht negativ ist und somit (225.6) erfüllt.

23 Erwartungswerte und Momente von Zufallsvariablen

231 Erwartungswert

Man erhält den Erwartungswert einer Zufallsvariablen, indem der Durchschnittswert für alle möglichen Werte der Variablen unter Berücksichtigung ihrer Wahrscheinlichkeiten gebildet wird. Den Erwartungswert kann man sich daher auch als einen Mittelwert vorstellen.

Beispiel: Zur Erläuterung der Binomialverteilung (224.1) war für eine Fertigung von 4 Produkten die Wahrscheinlichkeit von x fehlerhaften Produkten mit $x \in \{0,1,2,3,4\}$ zu $f(0)=0{,}240$, $f(1)=0{,}412$, $f(2)=0{,}264$, $f(3)=0{,}076$ und $f(4)=0{,}008$ berechnet worden. Interpretiert man die Wahrscheinlichkeit nach (211.2) als relative Häufigkeit, erhält man zum Beispiel bei 1000 Fertigungen 240 mal kein fehlerhaftes Produkt, 412 mal ein fehlerhaftes Produkt und so fort. Die Gesamtanzahl der fehlerhaften Produkte beträgt

$$240 \cdot 0 + 412 \cdot 1 + 264 \cdot 2 + 76 \cdot 3 + 8 \cdot 4 = 1200$$

so daß als Durchschnitt der Erwartungswert einer Fertigung sich zu 1,2 fehlerhaften Produkten berechnet. Der Erwartungswert ergibt sich auch unmittelbar aus der Summe der Produkte der Werte der Zufallsvariablen und ihrer Wahrscheinlichkeiten zu

$$0{,}240 \cdot 0 + 0{,}412 \cdot 1 + 0{,}264 \cdot 2 + 0{,}076 \cdot 3 + 0{,}008 \cdot 4 = 1{,}2$$

Definition: Die diskrete Zufallsvariable X besitze die Dichte $f(x_i)$, dann bezeichnet man μ oder $E(X)$

$$\mu = E(X) = \sum_{i=1}^{n} x_i f(x_i) \quad \text{für} \quad i \in \{1,\ldots,n\}$$

und

$$\mu = E(X) = \sum_{i=1}^{\infty} x_i f(x_i) \quad \text{für} \quad i \in \{1,\ldots,\infty\}$$

als den Erwartungswert der Zufallsvariablen X. (231.1)

Für n-dimensionale stetige Zufallsvariable gilt die

Definition: Der $n \times 1$ Zufallsvektor $\mathbf{x} = |X_1,\ldots,X_n|'$ besitze die Dichte $f(x_1,\ldots,x_n)$, dann bezeichnet man μ_i oder $E(X_i)$

$$\mu_i = E(X_i) = \int_{-\infty}^{\infty} \ldots \int_{-\infty}^{\infty} x_i f(x_1,\ldots,x_n) dx_1 \ldots dx_n$$

als den Erwartungswert der Zufallsvariablen X_i, falls das mehrfache Integral existiert. Ersetzt man X_i und x_i durch eine Funktion dieser Größen, ergibt sich der Erwartungswert einer Funktion der Zufallsvariablen X_i. (231.2)

Für die eindimensionale Zufallsvariable X folgt aus (231.2)

$$\mu = E(X) = \int_{-\infty}^{\infty} x f(x)\,dx \tag{231.3}$$

und anstelle von (231.2) mit Hilfe der Randverteilung $g(x_i)$ von X_i aus (226.4)

$$\mu_i = E(X_i) = \int_{-\infty}^{\infty} x_i g(x_i)\,dx_i \tag{231.4}$$

Der Erwartungswert liegt im Zentrum einer Verteilung, wie für die Zufallsvariable X_i in Abbildung 231-1 dargestellt ist, denn die

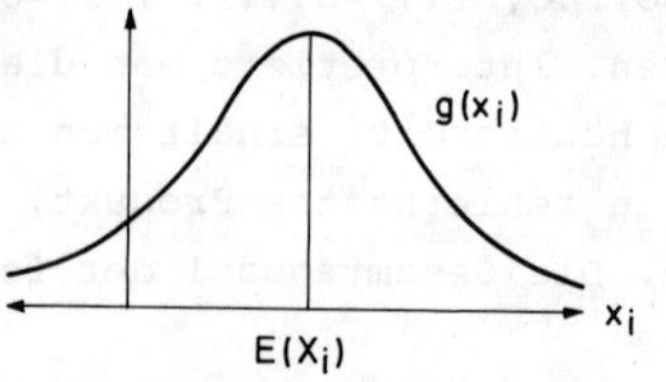

Abbildung 231-1

x_i-Achse kann man sich als Stab mit der Dichte $g(x_i)$ vorstellen. Für das Massenzentrum x_s des Stabes gilt nach den Gesetzen der Mechanik

$$x_s = \int_{-\infty}^{\infty} x_i g(x_i)\,dx_i \Big/ \int_{-\infty}^{\infty} g(x_i)\,dx_i$$

woraus $x_s = E(X_i)$ wegen (225.6) folgt.

Für den Erwartungswert einer linearen Transformation von Zufallsvektoren gilt der folgende

Satz: Es seien $\underline{A}$ und $\underline{B}$ zwei $m\times n$ und $m\times o$ Matrizen sowie $\underline{c}$ ein $m\times 1$ Vektor von Konstanten, $\underline{x} = |X_1, \ldots, X_n|'$ und $\underline{y} = |Y_1, \ldots, Y_o|'$ zwei $n\times 1$ und $o\times 1$ Zufallsvektoren, dann gilt

$$E(\underline{A}\underline{x} + \underline{B}\underline{y} + \underline{c}) = \underline{A}E(\underline{x}) + \underline{B}E(\underline{y}) + \underline{c} \tag{231.5}$$

Beweis: Es sei $\underline{d} = \underline{A}\underline{x}$ mit $\underline{d} = (d_i)$, $\underline{e} = \underline{B}\underline{y}$ mit $\underline{e} = (e_i)$ sowie $\underline{A} = (a_{ij})$, $\underline{B} = (b_{ik})$ und $\underline{c} = (c_i)$. Definiert man die Konstante c_i mit $c_i = h(X_l)$ als Funktion $h(X_l)$ einer Zufallsvariablen X_l mit der Dichte $g(x_l)$, folgt mit (231.2) und (225.6) $E(c_i) = E(h(X_l)) = c_i \int_{-\infty}^{\infty} g_l(x_l)\,dx_l = c_i$ und weiter mit (131.6) $E(d_i + e_i + c_i) = E\left(\sum_{j=1}^{n} a_{ij} X_j + \sum_{k=1}^{o} b_{ik} Y_k + c_i\right) = \sum_{j=1}^{n} a_{ij} E(X_j) + \sum_{k=1}^{o} b_{ik} E(Y_k) + c_i$ und damit die Aussage.

232 Multivariate Momente

Die Erwartungswerte von Zufallsvariablen sind Sonderfälle der Momente von Zufallsvariablen.

Definition: Der n×1 Zufallsvektor $\underline{x}=|X_1,\ldots,X_n|'$ besitze die multivariate Verteilung $f(x_1,\ldots,x_n)$, dann bezeichnet man $\mu^{(k)}_{x_1\ldots x_n}$ mit $k=\sum_{i=1}^{n} k_i$ und $k_i \in \mathbb{N}$

$$\mu^{(k)}_{x_1\ldots x_n} = E(X_1^{k_1} X_2^{k_2} \ldots X_n^{k_n})$$

$$= \int_{-\infty}^{\infty} \ldots \int_{-\infty}^{\infty} x_1^{k_1} x_2^{k_2} \ldots x_n^{k_n} f(x_1,\ldots,x_n)\,dx_1\ldots dx_n$$

als k-tes multivariates Moment von $X_1,\ldots,X_n$, falls das mehrfache Integral existiert. (232.1)

Das k-te Moment von X_i folgt aus (232.1) zu

$$\mu^{(k)}_{x_i} = E(X_i^k) = \int_{-\infty}^{\infty} \ldots \int_{-\infty}^{\infty} x_i^k f(x_1,\ldots,x_n)\,dx_1\ldots dx_n \qquad (232.2)$$

und das k-te Moment der eindimensionalen Zufallsvariablen X zu

$$\mu^{(k)}_{x} = E(X^k) = \int_{-\infty}^{\infty} x^k f(x)\,dx \qquad (232.3)$$

Für k=1 ergeben sich die Erwartungswerte $\mu_i=\mu^{(1)}_{x_i}$ und $\mu=\mu^{(1)}_{x}$.

Definition: Momente in bezug auf die Erwartungswerte

$$E((X_1-\mu_1)^{k_1}(X_2-\mu_2)^{k_2}\ldots(X_n-\mu_n)^{k_n})$$

bezeichnet man als zentrale Momente. (232.4)

Von besonderer Bedeutung sind die zweiten zentralen Momente.

Definition: Als Kovarianz σ_{ij} oder $C(X_i,X_j)$ bezeichnet man das zweite zentrale Moment der Zufallsvariablen X_i und X_j des n×1 Zufallsvektors $\underline{x}=|X_1,\ldots,X_n|'$ mit der multivariaten Verteilung $f(x_1,\ldots,x_n)$

$$\sigma_{ij} = C(X_i,X_j) = E((X_i-\mu_i)(X_j-\mu_j))$$

$$= \int_{-\infty}^{\infty} \ldots \int_{-\infty}^{\infty} (x_i-\mu_i)(x_j-\mu_j) f(x_1,\ldots,x_n)\,dx_1\ldots dx_n$$

und als Varianz oder Dispersion σ_i^2 oder $V(X_i)$ das zweite zentrale Moment der Zufallsvariablen X_i

$$\sigma_i^2 = V(X_i) = \sigma_{ii} = C(X_i,X_i) = E((X_i-\mu_i)^2)$$

$$= \int_{-\infty}^{\infty} \ldots \int_{-\infty}^{\infty} (x_i-\mu_i)^2 f(x_1,\ldots,x_n)\,dx_1\ldots dx_n$$

sowie als Standardabweichung die positive Quadratwurzel der Varianz.

(232.5)

Der positiven und negativen Wurzel der Varianz entspricht in der Fehlertheorie der Ausgleichungsrechnung der mittlere Fehler, wobei aber auch Schätzwerte dieser Größe als mittlere Fehler bezeichnet werden.

Die Varianz σ_i^2 ist ein Maß für die Streuung einer Zufallsvariablen X_i um ihren Erwartungswert, denn mit der Randverteilung $g(x_i)$ von X_i aus (226.4) ergibt sich anstelle von (232.5)

$$\sigma_i^2 = \int_{-\infty}^{\infty} (x_i-\mu_i)^2 g(x_i)dx_i \tag{232.6}$$

Wenn der Hauptanteil der Fläche unter der in Abbildung 231-1 dargestellten Randverteilung $g(x_i)$ in der Nähe des Erwartungswertes $E(X_i)$ liegt, ist die Varianz σ_i^2 klein. Umgekehrt ist σ_i^2 groß, wenn die Fläche ausgebreitet ist.

Die Kovarianz σ_{ij} gibt ein Maß für die Abhängigkeit zwischen den Zufallsvariablen an, wie im folgenden erläutert wird.

<u>Satz</u>: Sind die Zufallsvariablen X_i und X_j mit stetigen Randverteilungen voneinander unabhängig, gilt $\sigma_{ij}=0$. (232.7)
Beweis: Aus (232.5) ergibt sich $\sigma_{ij}=E(X_iX_j)-\mu_jE(X_i)-\mu_iE(X_j)+\mu_i\mu_j$ und mit (231.2)

$$\sigma_{ij}= E(X_iX_j) - E(X_i)E(X_j) \tag{232.8}$$

Weiter gilt mit (232.1) und der Randverteilung $g(x_i,x_j)$ für X_i und X_j aus (226.4)

$$E(X_iX_j) = \int_{-\infty}^{\infty}\int_{-\infty}^{\infty} x_ix_jg(x_i,x_j)dx_idx_j$$

und wegen der Unabhängigkeit von X_i und X_j mit (228.2), falls keine Unstetigkeiten in den Randverteilungen auftreten, $g(x_i,x_j)=g(x_i)g(x_j)$, so daß mit (231.4) $E(X_iX_j)=E(X_i)E(X_j)$ und damit die Aussage folgt.

Umgekehrt bedeutet eine verschwindende Kovarianz im allgemeinen keine Unabhängigkeit der Zufallsvariablen, wie beispielsweise die in (321.3) bis (321.5) vorgenommene Transformation eines Zufallsvektors zeigt. Eine Ausnahme bilden, wie in (254.1) gezeigt wird, die normalverteilten Zufallsvariablen.

Zum besseren Vergleich der Kovarianzen werden sie normiert.

<u>Definition</u>: Für die Varianzen der Zufallsvariablen X_i und X_j gelte $\sigma_i^2>0$ und $\sigma_j^2>0$, dann bezeichnet man ρ_{ij}

$$\rho_{ij}= \sigma_{ij}/(\sigma_i\sigma_j)$$

als <u>Korrelationskoeffizienten</u> von X_i und X_j. (232.9)

Gilt $\sigma_{ij}=\rho_{ij}=0$, so sagt man, daß die Zufallsvariablen X_i und X_j nicht miteinander korreliert oder <u>unkorreliert</u> seien.

<u>Satz</u>: Für den Korrelationskoeffizienten ρ_{ij} gilt

$$-1 \leq \rho_{ij} \leq 1 \qquad (232.10)$$

Beweis: Aufgrund der Integraldarstellung [Smirnow 1975, Teil II, S.487]

$$(\int_A fg dx)^2 \leq \int_A f^2 dx \int_A g^2 dx$$

der Schwarzschen Ungleichung, angewendet auf die Integrale in (232.5), folgt $\sigma_{ij}^2 \leq \sigma_i^2 \sigma_j^2$, woraus mit (232.9) die Aussage folgt.

Wie in (233.10) gezeigt wird, bedingt $\rho_{ij} = \pm 1$ für $i \neq j$ eine lineare Beziehung zwischen den Zufallsvariablen $X_1, \ldots, X_n$ mit einer Wahrscheinlichkeit von Eins.

233 Kovarianzmatrix, Fehlerfortpflanzungsgesetz und Korrelationsmatrix

a) Kovarianzmatrix und Fehlerfortpflanzungsgesetz

Die Varianzen und Kovarianzen eines Zufallsvektors faßt man in einer Matrix zusammen.

Definition: Es sei $\underline{x}$ ein $n \times 1$ Zufallsvektor $\underline{x} = |X_1, \ldots, X_n|'$, dann bezeichnet man

$$D(\underline{x}) = (\sigma_{ij}) = (C(X_i, X_j)) = E((\underline{x} - E(\underline{x}))(\underline{x} - E(\underline{x}))')$$

$$= \begin{vmatrix} V(X_1) & C(X_1,X_2) & \ldots & C(X_1,X_n) \\ C(X_2,X_1) & V(X_2) & \ldots & C(X_2,X_n) \\ \ldots & \ldots & \ldots & \ldots \\ C(X_n,X_1) & C(X_n,X_2) & \ldots & V(X_n) \end{vmatrix}$$

als Kovarianzmatrix oder Dispersionsmatrix. (233.1)

Die Kovarianzmatrix einer transformierten Zufallsvariablen ergibt sich aus dem

Satz: Es sei $\underline{x}$ ein $n \times 1$ Zufallsvektor mit der Kovarianzmatrix $D(\underline{x})$ und $\underline{A}$ eine $m \times n$ Matrix sowie $\underline{b}$ ein $m \times 1$ Vektor von Konstanten. Dann gilt für die Kovarianzmatrix des aus der Transformation $\underline{y} = \underline{A}\underline{x} + \underline{b}$ sich ergebenden $m \times 1$ Zufallsvektors $\underline{y}$

$$D(\underline{y}) = D(\underline{A}\underline{x} + \underline{b}) = \underline{A} D(\underline{x}) \underline{A}' \qquad (233.2)$$

Beweis: Aus (233.1) folgt $D(\underline{y}) = E((\underline{y} - E(\underline{y}))(\underline{y} - E(\underline{y}))')$ und mit (231.5) $D(\underline{y}) = E((\underline{A}\underline{x} + \underline{b} - \underline{A}E(\underline{x}) - \underline{b})(\underline{A}\underline{x} - \underline{A}E(\underline{x}))') = \underline{A}E((\underline{x} - E(\underline{x}))(\underline{x} - E(\underline{x}))')\underline{A}'$, woraus die Aussage folgt.

Satz (233.2) gilt für lineare Transformationen zwischen den Zufallsvektoren $\underline{x}$ und $\underline{y}$ und den Werten $x_1, \ldots, x_n$ und $y_1, \ldots, y_m$, die sie annehmen können. Bestehen nun die allgemeinen Beziehungen

$$y_1 = h_1(x_1,\ldots,x_n)+b_1$$
$$y_2 = h_2(x_1,\ldots,x_n)+b_2$$
$$\ldots\ldots\ldots\ldots\ldots\ldots$$
$$y_m = h_m(x_1,\ldots,x_n)+b_m \qquad (233.3)$$

worin $h_i(x_1,\ldots,x_n)$ reelle differenzierbare Funktionen von $x_1,\ldots,x_n$ und b_i Konstanten seien, wird mit Hilfe der Taylor-Entwicklung (171.3) linearisiert. Mit $\underline{x}=\underline{x}_o+\underline{\Delta x}$, $\underline{y}=\underline{y}_o+\underline{\Delta y}$, $\underline{x}_o=(x_{oi})$, $\underline{\Delta x}=(\Delta x_i)$, $\underline{\Delta y}=(\Delta y_i)$ erhält man

$$\Delta y_i = h_i(x_{o1}+\Delta x_1,\ldots,x_{on}+\Delta x_n) - h_i(x_{o1},\ldots,x_{on})$$
$$= \frac{\partial h_i}{\partial x_1}\bigg|_{\underline{x}=\underline{x}_o}\Delta x_1+\ldots+\frac{\partial h_i}{\partial x_n}\bigg|_{\underline{x}=\underline{x}_o}\Delta x_n$$

und daher $\underline{\Delta y}=\underline{A}\underline{\Delta x}$ mit

$$\underline{A} = \begin{vmatrix} \partial h_1/\partial x_1|_{\underline{x}=\underline{x}_o}\ldots\partial h_1/\partial x_n|_{\underline{x}=\underline{x}_o} \\ \ldots\ldots\ldots\ldots\ldots\ldots\ldots\ldots \\ \partial h_m/\partial x_1|_{\underline{x}=\underline{x}_o}\ldots\partial h_m/\partial x_n|_{\underline{x}=\underline{x}_o} \end{vmatrix} \qquad (233.4)$$

Aus (233.2) folgt $D(\underline{\Delta y})=\underline{A}D(\underline{\Delta x})\underline{A}'$ und $D(\underline{\Delta y})=D(\underline{y})$ und $D(\underline{\Delta x})=D(\underline{x})$ wegen $\underline{\Delta y}=\underline{y}-\underline{y}_o$ und $\underline{\Delta x}=\underline{x}-\underline{x}_o$ allerdings nur für kleine Werte für $\underline{\Delta x}$ und $E(\underline{\Delta x})$. Da es sich aber bei den Varianzen und Kovarianzen um kleine Größen im Vergleich zu den Zufallsvariablen handelt, läßt sich bei nichtlinearen Beziehungen (233.3) die Koeffizientenmatrix $\underline{A}$ in (233.2) aus (233.4) gewinnen, falls für $\underline{x}_o$ genäherte Erwartungswerte von $\underline{x}$ gewählt werden.

Den Satz (233.2) in Verbindung mit (233.3) und (233.4) bezeichnet man in der Ausgleichungsrechnung als <u>Fehlerfortpflanzungsgesetz</u>, denn er erlaubt, aus Varianzen beziehungsweise mittleren Fehlern und Kovarianzen von Zufallsvariablen die Varianzen und Kovarianzen von Funktionen dieser Zufallsvariablen abzuleiten.

<u>Beispiel</u>: Durch die Messungen der drei Seiten eines Dreiecks sei der 3×1 Zufallsvektor $\underline{x}$ definiert, wobei die Beobachtungen die folgenden Werte für $\underline{x}$ mit $\underline{x}=(x_i)$ in der Dimension Millimeter ergeben haben

$$x_1 = 271\,346,\ x_2 = 389\,423,\ x_3 = 522\,118$$

Für die Kovarianzmatrix $D(\underline{x})$ gelte in der Dimension Millimeter^2

$$D(\underline{x}) = \begin{vmatrix} 1{,}0 & 0{,}5 & 0{,}9 \\ 0{,}5 & 2{,}3 & 2{,}1 \\ 0{,}9 & 2{,}1 & 4{,}0 \end{vmatrix}$$

Gesucht ist die Kovarianzmatrix der beiden der Seite x_3 anliegenden Winkel α und β in der Dimension 0,0001 gon. (Der Mittelpunktswinkel eines Kreises beträgt 400 gon.) Mit $\underline{y}=|\alpha,\beta|'$ ist also $D(\underline{y})$ zu berechnen.

Mit Hilfe des Kosinussatzes erhält man

$$x_1^2 = x_2^2 + x_3^2 - 2x_2x_3\cos\alpha \quad \text{und} \quad x_2^2 = x_1^2 + x_3^2 - 2x_1x_3\cos\beta$$

so daß für die Koeffizientenmatrix $\underline{A}$ mit (233.4) folgt

$$\underline{A} = \begin{vmatrix} \partial\alpha/\partial x_1 & \partial\alpha/\partial x_2 & \partial\alpha/\partial x_3 \\ \partial\beta/\partial x_1 & \partial\beta/\partial x_2 & \partial\beta/\partial x_3 \end{vmatrix}$$

$$= \frac{4\cdot 10^6}{2\pi} \begin{vmatrix} \dfrac{x_1}{x_2 x_3 \sin\alpha} & \dfrac{x_3\cos\alpha - x_2}{x_2 x_3 \sin\alpha} & \dfrac{x_2\cos\alpha - x_3}{x_2 x_3 \sin\alpha} \\ \dfrac{x_3\cos\beta - x_1}{x_1 x_3 \sin\beta} & \dfrac{x_2}{x_1 x_3 \sin\beta} & \dfrac{x_1\cos\beta - x_3}{x_1 x_3 \sin\beta} \end{vmatrix}$$

Mit den gemessenen Werten ergeben sich α und β in der Dimension 0,0001 gon zu α=338 124 und β=518 087 und

$$\underline{A} = \begin{vmatrix} 1{,}677 & 0{,}376 & -1{,}152 \\ 0{,}539 & 2{,}407 & -2{,}076 \end{vmatrix}$$

und somit $D(\underline{y})$ aus (233.2)

$$D(\underline{y}) = \begin{vmatrix} 3{,}78 & 3{,}52 \\ 3{,}52 & 9{,}15 \end{vmatrix}$$

Die Standardabweichung σ_α des Winkels α ergibt sich daher in der Dimension 0,0001 gon zu $\sigma_\alpha=(3{,}78)^{1/2}$ und die von β zu $\sigma_\beta=(9{,}15)^{1/2}$.

Mit Hilfe von (233.2) lassen sich die folgenden Eigenschaften einer Kovarianzmatrix beweisen.

Satz: Eine Kovarianzmatrix ist positiv definit oder positiv semidefinit. (233.5)

Beweis: Die Zufallsvariable Y ergebe sich mit dem n×1 Vektor $\underline{a}$ von Konstanten durch die lineare Transformation $Y=\underline{a}'\underline{x}$ aus dem n×1 Vektor $\underline{x}$. Dann gilt mit (233.2) für die Varianz $V(Y)=\underline{a}'D(\underline{x})\underline{a}$, für die wegen (225.6) und (232.5) $\underline{a}'D(\underline{x})\underline{a}\geq 0$ gilt,woraus mit (143.1) die Aussage folgt, da $D(\underline{x})$ aus (233.1) wegen $C(X_1,X_2)=C(X_2,X_1)$ symmetrisch ist und $\underline{a}$ beliebig gewählt werden kann.

Satz: Die Kovarianzmatrix $D(\underline{x})$ des n×1 Zufallsvektors $\underline{x}=|X_1,\ldots,X_n|'$ ist genau dann positiv semidefinit, wenn die Wahrscheinlichkeit gleich Eins ist, daß zwischen den Zufallsvariablen $X_1,\ldots,X_n$ eine lineare Beziehung besteht, daß also $\underline{a}'\underline{x}=c$ für einen n×1 Vektor $\underline{a}\neq 0$ und eine Konstante c gilt. (233.6)

Beweis: Ist die Kovarianzmatrix $D(\underline{x})$ positiv semidefinit, so existiert nach (143.1) ein n×1 Vektor $\underline{a}\neq\underline{0}$, für den mit (233.2) $\underline{a}'D(\underline{x})\underline{a}=D(\underline{a}'\underline{x})=0$ gilt. Hieraus folgt für $Y=\underline{a}'\underline{x}$ mit (232.5) $\int_{-\infty}^{\infty}(y-E(Y))^2 f(y)dy=0$ und weiter $P(Y=E(Y))=1$ oder $P(\underline{a}'\underline{x}=E(\underline{a}'\underline{x})=c)=1$, worin c eine Konstante bedeutet. Gilt andrerseits $P(\underline{a}'\underline{x}=c=E(\underline{a}'\underline{x}))=1$ für einen Vektor $\underline{a}\neq\underline{0}$, so folgt $\int_{-\infty}^{\infty}(y-E(Y))^2 f(y)dy=0$ für $Y=\underline{a}'\underline{x}$ und weiter $D(\underline{a}'\underline{x})=0$ oder $\underline{a}'D(\underline{x})\underline{a}=0$. Dann ist wegen (233.5) $D(\underline{x})$ positiv semidefinit, so daß die Aussage folgt.

Zur Interpretation des Satzes (233.6) sei beispielsweise $P(a_1X_1+a_2X_2=c)=1$ angenommen. Die beiden Zufallsvariablen X_1 und X_2 liegen dann mit einer Wahrscheinlichkeit von Eins auf einer Geraden, so daß lediglich eine Zufallsvariable zu berücksichtigen wäre, wenn die Gerade als Koordinatenachse gewählt würde.

b) Korrelationsmatrix

Faßt man die in (232.9) definierten Korrelationskoeffizienten ρ_{ij} in der Korrelationsmatrix $\underline{R}=(\rho_{ij})$ mit

$$\underline{R} = \begin{vmatrix} 1 & \rho_{12} \dots \rho_{1n} \\ \rho_{21} & 1 \quad \dots \rho_{2n} \\ \dots & \dots \\ \rho_{n1} & \rho_{n2} \dots 1 \end{vmatrix} \qquad (233.7)$$

zusammen, so gilt

$$\underline{R} = \underline{F}D(\underline{x})\underline{F} \quad \text{mit} \quad F = \text{diag}(1/\sigma_1,\dots,1/\sigma_n) \qquad (233.8)$$

Für die Korrelationsmatrix gilt der

Satz: Die Korrelationsmatrix des n×1 Zufallsvektors $\underline{x}=|X_1,\dots,X_n|'$ ist genau dann positiv semidefinit, wenn eine lineare Beziehung zwischen den Zufallsvariablen $X_1,\dots,X_n$ mit einer Wahrscheinlichkeit gleich Eins besteht. (233.9)

Beweis: Da in (232.9) $\sigma_i^2>0$ vorausgesetzt wurde, besitzt die Matrix $\underline{F}$ in (233.8) vollen Rang, so daß die Korrelationsmatrix $\underline{R}$ in Abhängigkeit von $D(\underline{x})$ wegen (143.7) und (233.5) positiv definit oder positiv semidefinit ist, so daß mit (233.6) die Aussage folgt.

Satz: Gilt für einen Korrelationskoeffizienten $\rho_{ij}=\pm1$ mit $i\neq j$, so ist die Wahrscheinlichkeit gleich Eins, daß zwischen den Zufallsvariablen $X_1,\dots,X_n$ eine lineare Beziehung besteht. (233.10)

Beweis: Wie die Rangbestimmung nach (132.6) für die Matrix $\underline{R}$ in (233.7) zeigt, verringert sich der Rang von $\underline{R}$ für einen Wert $\rho_{ij}=\pm1$ mit $i\neq j$ um Eins, so daß nach (142.6) sich auch ein Eigenwert zu Null ergeben muß. Dann ist aber nach (143.2) $\underline{R}$ positiv semidefinit, so daß mit (233.9) die Aussage folgt.

c) Kovarianzen von Zufallsvektoren

Aufgrund von (232.5) lassen sich auch Kovarianzen von Zufallsvektoren einführen.

Definition: Wird der m×1 Zufallsvektor $\underline{z}$ mit der multivariaten Verteilung $f(z_1,\ldots,z_m)$ in den n×1 Vektor $\underline{x}$ und den p×1 Vektor $\underline{y}$ aufgeteilt, wobei $\underline{z}'=|\underline{x}',\underline{y}'|$ und m=n+p gelte, dann bezeichnet $C(\underline{x},\underline{y})$

$$C(\underline{x},\underline{y}) = (C(X_i,Y_j)) = E((\underline{x}-E(\underline{x}))(\underline{y}-E(\underline{y}))')$$

die n×p Kovarianzmatrix der Zufallsvektoren $\underline{x}$ und $\underline{y}$. (233.11)

Zum Beispiel ergibt sich für den Zufallsvektor $\underline{z}$ mit $\underline{z}'=|\underline{x}',\underline{y}'|$ aus (233.1) und (233.11) die Kovarianzmatrix $D(\underline{z})$ wegen $C(\underline{x},\underline{x})=D(\underline{x})$ und $C(\underline{y},\underline{y})=D(\underline{y})$ zu

$$D(\underline{z}) = \begin{vmatrix} D(\underline{x}) & C(\underline{x},\underline{y}) \\ C(\underline{y},\underline{x}) & D(\underline{y}) \end{vmatrix} \qquad (233.12)$$

Gilt wiederum $\underline{z}'=|\underline{x}',\underline{y}'|$ und sind $\underline{x}$ und $\underline{y}$ zwei n×1 Zufallsvektoren, dann folgt die Kovarianzmatrix $D(\underline{u})$ des n×1 Zufallsvektors $\underline{u}$ mit

$$\underline{u} = \underline{x} - \underline{y} = |\underline{I},-\underline{I}| \begin{vmatrix} \underline{x} \\ \underline{y} \end{vmatrix}$$

aus (233.2) und (233.12)

$$D(\underline{x}-\underline{y}) = D(\underline{x}) - C(\underline{x},\underline{y}) - C(\underline{y},\underline{x}) + D(\underline{y}) \qquad (233.13)$$

Sind $\underline{x}$ und $\underline{y}$ voneinander unabhängige Zufallsvektoren, so daß nach (232.7) $C(\underline{y},\underline{x})=C(\underline{x},\underline{y})=\underline{0}$, gilt, ergibt sich anstelle von (233.13)

$$D(\underline{x}-\underline{y}) = D(\underline{x}) + D(\underline{y}) \qquad (233.14)$$

Eine Verallgemeinerung von (233.2) erhält man mit dem

Satz: Es seien $\underline{x}$ und $\underline{y}$ zwei Zufallsvektoren mit einer gemeinsamen multivariaten Verteilung und $\underline{A},\underline{B},\underline{a},\underline{b}$ Matrizen und Vektoren von Konstanten, dann gilt

$$C(\underline{A}\underline{x}+\underline{a},\underline{B}\underline{y}+\underline{b}) = \underline{A}C(\underline{x},\underline{y})\underline{B}' \qquad (233.15)$$

Beweis: Aufgrund von (233.11) verläuft der Beweis analog zu dem von (233.2).

Zerlegt man zum Beispiel in der Kovarianzmatrix $C(\underline{u},\underline{z})$ der Zufallsvektoren $\underline{u}$ und $\underline{z}$ den Vektor $\underline{u}$ in $\underline{u}'=|\underline{x}',\underline{y}'|$, so folgt aus (233.11)

$$C(\underline{u},\underline{z}) = \begin{vmatrix} C(\underline{x},\underline{z}) \\ C(\underline{y},\underline{z}) \end{vmatrix} \qquad (233.16)$$

Besitzen nun die Zufallsvektoren $\underline{x}$ und $\underline{y}$ gleiche Dimensionen, dann folgt für $C(\underline{u},\underline{z})$ mit

$$\underline{u} = \underline{x} - \underline{y} = |\underline{I},-\underline{I}| \begin{vmatrix} \underline{x} \\ \underline{y} \end{vmatrix}$$

aus (233.15) und (233.16)

$$C(\underline{x}-\underline{y},\underline{z}) = C(\underline{x},\underline{z}) - C(\underline{y},\underline{z}) \qquad (233.17)$$

234 Momenterzeugende Funktion

Momente von Zufallsvariablen und die Beziehung zwischen Verteilungen werden häufig mit Hilfe der momenterzeugenden Funktion abgeleitet.

Definition: Es sei $\underline{x}=|X_1,\ldots,X_n|'$ ein n×1 Zufallsvektor mit der multivariaten Verteilung $f(x_1,\ldots,x_n)$ und $\underline{t}=|t_1,\ldots,t_n|'$ ein n×1 Vektor von Konstanten. Dann bezeichnet man $M_{\underline{x}}(\underline{t})$

$$M_{\underline{x}}(\underline{t}) = E(e^{\underline{t}'\underline{x}}) = E(\exp(t_1X_1+\ldots+t_nX_n))$$

$$= \int_{-\infty}^{\infty}\ldots\int_{-\infty}^{\infty} \exp(t_1x_1+\ldots+t_nx_n)f(x_1,\ldots,x_n)dx_1\ldots dx_n$$

als momenterzeugende Funktion des Zufallsvektors $\underline{x}$, falls der Erwartungswert für $-h<t_i<h$ mit $i\in\{1,\ldots,n\}$ und ein gewisses $h>0$ existiert. Ersetzt man in $\underline{t}'\underline{x}$ den Vektor $\underline{x}$ durch Funktionen von $\underline{x}$, ergibt sich die momenterzeugende Funktion von Funktionen der Zufallsvariablen.

(234.1)

Als charakteristische Funktion, die im folgenden nicht verwendet wird, bezeichnet man $E(\exp(i\underline{t}'\underline{x}))$ mit $i=\sqrt{-1}$.

Die Momente einer Zufallsvariablen erhält man aus der momenterzeugenden Funktion wie folgt.

Satz: Ist $M_{\underline{x}}(\underline{t})$ die momenterzeugende Funktion des Zufallsvektors $\underline{x}$, dann ergibt sich mit $k=\sum_{i=1}^{n} k_i$ und $k_i\in\mathbb{N}$ das k-te multivariate Moment zu

$$\mu^{(k)}_{x_1\ldots x_n} = \left.\frac{\partial^k M_{\underline{x}}(\underline{t})}{\partial t_1^{k_1}\ldots\partial t_n^{k_n}}\right|_{\underline{t}=\underline{o}} \tag{234.2}$$

Beweis: Durch k_1-fache Differentiation von $M_{\underline{x}}(\underline{t})$ nach t_1, k_2-fache Differentiation von $M_{\underline{x}}(\underline{t})$ nach t_2 und so fort erhält man mit $k=\sum_{i=1}^{n} k_i$ aus (234.1)

$$\frac{\partial^k M_{\underline{x}}(\underline{t})}{\partial t_1^{k_1}\ldots\partial t_n^{k_n}} = \int_{-\infty}^{\infty}\ldots\int_{-\infty}^{\infty} x_1^{k_1}\ldots x_n^{k_n}\exp(t_1x_1+\ldots+t_nx_n)$$

$$f(x_1,\ldots,x_n)dx_1\ldots dx_n$$

woraus mit $\underline{t}=\underline{o}$ (232.1) und damit die Aussage folgt.

Sind die Verteilungsfunktionen zweier Zufallsvektoren gleicher Dimension identisch, so sind ihre momenterzeugenden Funktionen identisch. Auch der umgekehrte Schluß ist zulässig, wovon im folgenden bei den Ableitungen von Verteilungen häufig Gebrauch gemacht wird. Das ergibt sich aus dem

Satz: Sind $\underline{x}_1$ und $\underline{x}_2$ zwei $n\times 1$ Zufallsvektoren mit den Verteilungsfunktionen $F_1(\underline{x})$ und $F_2(\underline{x})$ sowie den momenterzeugenden Funktionen $M_1(\underline{t})$ und $M_2(\underline{t})$, so ist genau dann $F_1(\underline{x})=F_2(\underline{x})$, wenn $M_1(\underline{t})=M_2(\underline{t})$ für $-h<t_i<h$ mit $i\in\{1,\ldots,n\}$ und ein gewisses $h>0$ gilt. (234.3)

Der Beweis des Satzes befindet sich bei [Wilks 1962, S.118 und 120].

Satz: Für den Zufallsvektor $\underline{x}$ mit stetiger Verteilung gelte $\underline{x}'=|\underline{x}_1',\underline{x}_2'|$ und entsprechend $\underline{t}'=|\underline{t}_1',\underline{t}_2'|$, dann sind die Zufallsvektoren $\underline{x}_1$ und $\underline{x}_2$ mit stetigen Randverteilungen genau dann voneinander unabhängig, wenn gilt

$$M_{\underline{x}_1,\underline{x}_2}(\underline{t}_1,\underline{t}_2) = M_{\underline{x}_1}(\underline{t}_1)M_{\underline{x}_2}(\underline{t}_2) \tag{234.4}$$

Beweis: Sind die Zufallsvektoren $\underline{x}_1$ und $\underline{x}_2$ voneinander unabhängig, zerfällt nach (228.2) ihre gemeinsame Verteilung in das Produkt ihrer stetigen Randverteilungen, so daß mit (234.1) ihre momenterzeugende Funktion sich aus dem Produkt der momenterzeugenden Funktionen $M_{\underline{x}_1}(\underline{t}_1)$ und $M_{\underline{x}_2}(\underline{t}_2)$ berechnet. Gilt andrerseits $M_{\underline{x}_1,\underline{x}_2}(\underline{t}_1,\underline{t}_2)=M_{\underline{x}_1}(\underline{t}_1)M_{\underline{x}_2}(\underline{t}_2)$, erhält man aus (234.1)

$$\int_{-\infty}^{\infty}\ldots\int_{-\infty}^{\infty}\exp(\underline{t}_1'\underline{x}_1+\underline{t}_2'\underline{x}_2)f(\underline{x}_1,\underline{x}_2)d\underline{x}_1d\underline{x}_2$$

$$=\int_{-\infty}^{\infty}\ldots\int_{-\infty}^{\infty}\exp(\underline{t}_1'\underline{x}_1)g(\underline{x}_1)d\underline{x}_1\int_{-\infty}^{\infty}\ldots\int_{-\infty}^{\infty}\exp(\underline{t}_2'\underline{x}_2)g(\underline{x}_2)d\underline{x}_2$$

$$=\int_{-\infty}^{\infty}\ldots\int_{-\infty}^{\infty}\exp(\underline{t}_1'\underline{x}_1+\underline{t}_2'\underline{x}_2)g(\underline{x}_1)g(\underline{x}_2)d\underline{x}_1d\underline{x}_2$$

Hieraus folgt wegen (234.3) $F(\underline{x}_1,\underline{x}_2)=G(\underline{x}_1,\infty,\ldots,\infty)G(\infty,\ldots,\infty,\underline{x}_2)$ und, da die Verteilungen $f(\underline{x}_1,\underline{x}_2)$, $g(\underline{x}_1)$ und $g(\underline{x}_2)$ als stetig vorausgesetzt wurden, mit (228.2) die Aussage.

24 Univariate Verteilungen

241 Normalverteilung

Die univariate Normalverteilung und ihre multivariate Verallgemeinerung stellen die wichtigsten Verteilungen stetiger Zufallsvariablen dar.

Definition: Die Zufallsvariable X bezeichnet man als normalverteilt mit den Parametern μ und σ^2, abgekürzt geschrieben $X\sim N(\mu,\sigma^2)$, wenn ihre Dichte $f(x)$ gegeben ist durch

$$f(x) = \frac{1}{\sqrt{2\pi}\sigma} e^{-(x-\mu)^2/2\sigma^2} \quad \text{für} \quad -\infty < x < \infty \tag{241.1}$$

In Abbildung 241-1 sind die Dichten der Normalverteilung für zwei Werte von σ gezeichnet. Die Variation von μ verschiebt die Kurve der

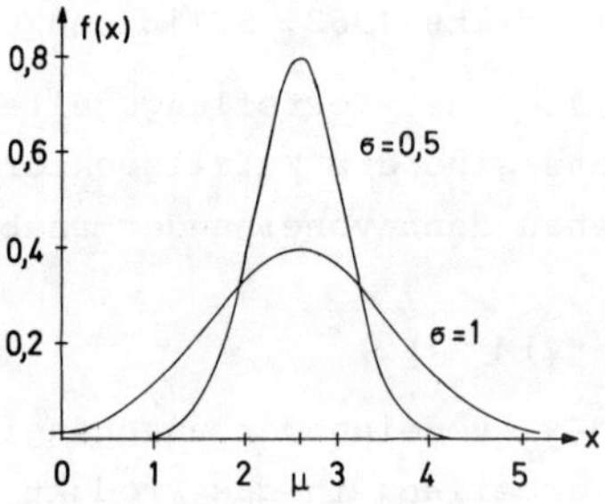

Abbildung 241-1

Normalverteilung lediglich entlang der x-Achse.

Die Bedingung (223.10) ist für die Normalverteilung erfüllt, denn zum einen ist $f(x) \geq 0$ und zum anderen gilt

$$A = \frac{1}{\sqrt{2\pi}\sigma} \int_{-\infty}^{\infty} e^{-(x-\mu)^2/2\sigma^2} dx = 1 \tag{241.2}$$

denn substituiert man $y=(x-\mu)/\sigma$, so daß $dy=dx/\sigma$ folgt, erhält man

$$A = \frac{1}{\sqrt{2\pi}} \int_{-\infty}^{\infty} e^{-y^2/2} dy = 1 \tag{241.3}$$

Anstatt zu zeigen, daß $A=1$ gilt, wird $A^2=1$ bewiesen, woraus $A=1$ wegen $e^{-y^2/2}>0$ folgt. Man erhält

$$A^2 = \left(\frac{1}{\sqrt{2\pi}} \int_{-\infty}^{\infty} e^{-y^2/2} dy\right)\left(\frac{1}{\sqrt{2\pi}} \int_{-\infty}^{\infty} e^{-z^2/2} dz\right)$$

$$= \frac{1}{2\pi} \int_{-\infty}^{\infty} \int_{-\infty}^{\infty} e^{-(y^2+z^2)/2} dy\, dz$$

Mit den Polarkoordinaten $y=r\cos\alpha$, $z=r\sin\alpha$ folgt

$$A^2 = \frac{1}{2\pi} \int_0^{\infty} \int_0^{2\pi} re^{-r^2/2} d\alpha dr = \int_0^{\infty} re^{-r^2/2} dr = |-e^{-r^2/2}|_0^{\infty} = 1$$

Gilt $X \sim N(\mu, \sigma^2)$, so besitzt die Zufallsvariable X den Erwartungswert μ und die Varianz σ^2. Dies wird nicht hier, sondern allgemeiner in (252.2) für die multivariate Normalverteilung bewiesen, die die univariate Normalverteilung einschließt. Weitere Eigenschaften der univariaten Normalverteilung werden ebenfalls in Kapitel 25 im Zusammenhang mit der multivariaten Normalverteilung behandelt.

Die Bedeutung der Normalverteilung in der Statistik ergibt sich aus dem zentralen Grenzwertsatz [Cramér 1946, S.214; Wilks 1962, S.257]. Er besagt, daß für n voneinander unabhängige Zufallsvariable mit beliebigen Verteilungen unter gewissen, recht allgemeinen Bedingungen die Verteilung der Summe dieser Zufallsvariablen asymptotisch gegen eine Normalverteilung strebt, wenn n gegen unendlich geht. Für die im Kapitel 25 zu behandelnde multivariate Normalverteilung gilt ein entsprechender Satz [Cramér 1946, S.316]. Da man sich Zufallsvariable in der Regel aus der Summe sehr vieler voneinander unabhängiger Zufallsvariablen unterschiedlicher Verteilungen zusammengesetzt denken kann, beispielsweise die aus einer Vielzahl von Geräteeinflüssen resultierende elektronische Entfernungsmessung, lassen sich bei vielen praktischen Anwendungen die Zufallsvariablen als asymptotisch normalverteilt annehmen.

Wie der Vergleich von (241.2) und (241.3) zeigt, wird durch die Substitution $y=(x-\mu)/\sigma$ die Normalverteilung $N(\mu,\sigma^2)$ auf die standardisierte Normalverteilung N(0,1) gebracht, die für eine normalverteilte Zufallsvariable Y mit dem Erwartungswert $\mu=0$ und der Varianz $\sigma^2=1$ gilt. Für $Y \sim N(0,1)$ ergibt sich aus (223.5) die Verteilungsfunktion F(x;0,1) zu

$$F(x;0,1) = \frac{1}{\sqrt{2\pi}} \int_{-\infty}^{x} e^{-t^2/2} dt \quad \text{für} \; -\infty < x < \infty \qquad (241.4)$$

Werte für F(x;0,1) findet man häufig tabuliert [Fisher und Yates 1963, S.45; Pearson und Hartley 1976, Vol.I, S.110; Bosch 1976, S.194], eine graphische Darstellung ist in Abbildung 241-2 gegeben. Mit einer Genau-

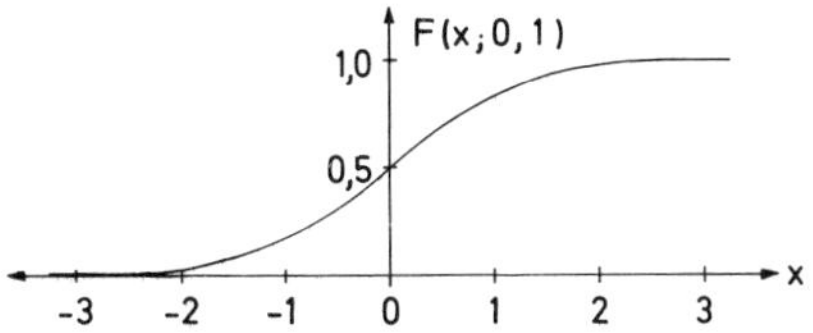

Abbildung 241-2

igkeit von $1 \cdot 10^{-5}$ gilt für (241.4) die polynomiale Approximation [Abramowitz und Stegun 1972, S.932]

$$F(x;0,1) = 1-e^{-x^2/2}(a_1t+a_2t^2+a_3t^3)/\sqrt{2\pi} \quad \text{für} \quad x \geq 0 \qquad (241.5)$$

mit $t=1/(1+px)$ und $p=0{,}33267$, $a_1=0{,}4361836$, $a_2=-0{,}1201676$, $a_3=0{,}9372980$. Ähnliche Approximationen befinden sich in [Carta 1975].

Den Wert x_α, für den

$$F(x_\alpha;0,1) = \alpha \qquad (241.6)$$

gilt, bezeichnet man als das α-Fraktil oder α-Quantil oder den unteren α-Prozentpunkt der standardisierten Normalverteilung. Entsprechend ist das (1-α)-Fraktil oder der obere α-Prozentpunkt durch $F(x_{1-\alpha};0,1)=1-\alpha$ definiert. Wegen der Symmetrie der Normalverteilung gilt $F(-x;0,1)=1-F(x;0,1)$ und somit wegen $F(x_{1-\alpha};0,1)=1-F(x_\alpha;0,1)$

$$x_\alpha = -x_{1-\alpha} \tag{241.7}$$

Die α-Fraktile lassen sich den angegebenen Tafeln entnehmen. Bei einer numerischen Berechnung gilt für x_α mit einer Genauigkeit von $4{,}5\cdot 10^{-4}$ [Abramowitz und Stegun 1972, S.933]

$$x_\alpha = t - \frac{c_0+c_1t+c_2t^2}{1+d_1t+d_2t^2+d_3t^3} \quad \text{für } 0{,}5 \leq \alpha < 1 \tag{241.8}$$

mit

$c_0=2{,}515\ 517$; $c_1=0{,}802\ 853$; $c_2=0{,}010\ 328$; $d_1=1{,}432\ 788$; $d_2=0{,}189\ 269$; $d_3=0{,}001\ 308$; $t=(\ln(1/(1-\alpha)^2))^{1/2}$

242 Herleitung der Normalverteilung als Verteilung von Beobachtungsfehlern

Wenn auch die Normalverteilung im vorangegangenen Kapitel definiert wurde, so lassen sich doch eine Reihe von Experimenten angeben, deren Ergebnisse normalverteilt sind [Rao 1973, S.158], wie beispielsweise die Beobachtungsfehler ε_i, die sich aus sehr vielen kleinen, voneinander unabhängigen Elementarfehlern zusammensetzen, die den gleichen Absolutbetrag δ besitzen und ebenso leicht positiv, wie negativ sein können [Hagen 1837, S.34]. Bei n Elementarfehlern ergeben sich die in Tabelle (242.1) angegebenen Anordnungen der δ, die Häufigkeit des Vorkommens der Beobachtungsfehler nach (136.2) und die Werte der Beobachtungsfehler ε_i. Bezeichnet man mit N die Summe aller Häufigkeiten, er-

Anordnung der δ positiv	Anordnung der δ negativ	Häufigkeit	Beobachtungsfehler $\varepsilon_i = \Sigma\delta$
n	0	$\binom{n}{0}$	$\varepsilon_0 = (n-2\cdot 0)\delta$
n-1	1	$\binom{n}{1}$	$\varepsilon_1 = (n-2\cdot 1)\delta$
...	...	...	...
n-i	i	$\binom{n}{i}$	$\varepsilon_i = (n-2i)\delta$
n-i-1	i+1	$\binom{n}{i+1}$	$\varepsilon_{i+1} = (n-2(i+1))\delta$
...	...	...	...
0	n	$\binom{n}{n}$	$\varepsilon_n = (n-2n)\delta$

(242.1)

geben sich die relativen Häufigkeiten bei n-i-1 und n-i positiven δ zu $\binom{n}{i+1}/N=\frac{n-i}{i+1}\binom{n}{i}/N$ und zu $\binom{n}{i}/N$. Als Mittel h_i und Differenz Δh_i dieser relativen Häufigkeiten erhält man

$$h_i=\frac{n+1}{2(i+1)N}\binom{n}{i} \quad \text{und} \quad \Delta h_i=\frac{n-2i-1}{(i+1)N}\binom{n}{i}$$

Weiter ergeben sich das Mittel x_i und die Differenz Δx_i der Beobachtungsfehler ε_{i+1} und ε_i zu $x_i=(n-2i-1)\delta$ und $\Delta x_i=-2\delta$. Identifiziert man nun die Zufallsvariable X mit der Variablen, die die Werte x_i annimmt, so gilt für ihre Dichte f(x)

$$\frac{\Delta f(x)}{f(x)}=\frac{\Delta h_i}{h_i}=\frac{2(n-2i-1)}{n+1}=\frac{2x_i}{(n+1)\delta}=\frac{-x_i\Delta x_i}{(n+1)\delta^2}$$

Geht man von der diskreten Zufallsvariablen zu einer stetigen Zufallsvariablen über, ergibt sich $df(x)/f(x)=-xdx/((n+1)\delta^2)$ und durch Integration $\ln f(x)+c=-x^2/(2(n+1)\delta^2)$. Setzt man $(n+1)\delta^2=\sigma^2$ und für die Integrationskonstante $c=\ln(\sqrt{2\pi}\sigma)$, ergibt sich die Dichte der Normalverteilung $N(0,\sigma^2)$.

243 Gammaverteilung

Als weitere univariate Verteilung soll die Gammaverteilung behandelt werden, die für die im Kapitel 26 abgeleiteten Testverteilungen benötigt wird.

Definition: Die Zufallsvariable X besitzt die Gammaverteilung G(b,p) mit den reellen Parametern b und p, also $X\sim G(b,p)$, falls ihre Dichte gegeben ist durch

$$f(x)=\frac{b^p}{\Gamma(p)}x^{p-1}e^{-bx} \quad \text{für} \quad b>0,\ p>0,\ 0<x<\infty$$

und f(x)=0 für die übrigen Werte von x. (243.1)

Der Wert $\Gamma(p)$ ergibt sich aus der durch

$$\Gamma(p)=\int_0^\infty t^{p-1}e^{-t}dt \quad \text{für} \quad p>0 \tag{243.2}$$

definierten Gamma-Funktion.

Die Gammaverteilung erfüllt (223.10), denn zum einen ist $f(x)\geq 0$ und zum anderen gilt

$$\int_0^\infty \frac{b^p}{\Gamma(p)}x^{p-1}e^{-bx}dx=1 \tag{243.3}$$

da mit y=bx und dy=bdx sich wegen (243.2) $\int_0^\infty y^{p-1}e^{-y}dy/\Gamma(p)=1$ ergibt.

Zur Auswertung der Gamma-Funktion (243.2) wird partiell integriert, und man erhält mit der Regel von de L'Hospital [Smirnow 1975, Teil I, S.167]

$$\Gamma(p) = [-t^{p-1}e^{-t}]_0^\infty + \int_0^\infty (p-1)t^{p-2}e^{-t}dt$$
$$= (p-1)\int_0^\infty t^{p-2}e^{-t}dt$$

woraus die Rekursionsformel folgt

$$\Gamma(p) = (p-1)\Gamma(p-1) \tag{243.4}$$

Ist p eine positive ganze Zahl, gilt $\Gamma(p)=(p-1)\cdots 2\Gamma(1)$ und mit $\Gamma(1)=\int_0^\infty e^{-t}dt=[-e^{-t}]_0^\infty=1$

$$\Gamma(p) = (p-1)! \quad \text{für} \quad p \in \mathbb{N} \quad \text{und} \quad p > 0 \tag{243.5}$$

Ist p ein Vielfaches von 1/2, gilt wegen (243.4)

$$\Gamma(p+\frac{1}{2}) = \frac{(2p-1)(2p-3)\cdots 5\cdot 3\cdot 1}{2^p}\sqrt{\pi} \text{ für } p \in \mathbb{N} \text{ und } p > 0 \tag{243.6}$$

mit $\Gamma(1/2)=\sqrt{\pi}$, denn mit der Substitution $t=y^2/2$ und $dt=ydy$ folgt

$\Gamma(1/2) = \int_0^\infty t^{-\frac{1}{2}}e^{-t}dt = \sqrt{2}\int_0^\infty e^{-y^2/2}dy = \sqrt{\pi}$, da $\int_0^\infty e^{-y/2}dy/\sqrt{2\pi} = 1/2$ wegen (241.3) gilt. Näherungswerte für die Gammafunktion ergeben sich mit der Stirlingschen Näherung [Henrici 1977, S.43]

$$\Gamma(p) \approx \sqrt{2\pi}\, e^{-p}p^{p-1/2} \tag{243.7}$$

Für die momenterzeugende Funktion der Gammaverteilung gilt der

Satz: Es sei $X \sim G(b,p)$, dann ergibt sich die momenterzeugende Funktion $M_x(t)$ von X zu

$$M_x(t) = (1-t/b)^{-p} \quad \text{für} \quad t < b \tag{243.8}$$

Beweis: Mit (234.1) erhält man

$$M_x(t) = \int_0^\infty e^{tx}\frac{b^p}{\Gamma(p)}x^{p-1}e^{-bx}dx$$

Substituiert man y=bx, folgt mit dy=bdx

$$M_x(t) = \int_0^\infty \frac{1}{\Gamma(p)}e^{(ty/b-y)}y^{p-1}dy$$
$$= (1-t/b)^{-p}\int_0^\infty \frac{(1-t/b)^p}{\Gamma(p)}y^{p-1}e^{-(1-t/b)y}dy$$

woraus mit (243.3) die Aussage folgt, da nach (243.1) $(1-t/b)>0$ gelten muß.

Von der reproduzierenden Eigenschaft einer Verteilung spricht man, wenn die Verteilung der Summe unabhängiger Zufallsvariablen, deren Verteilungen der gleichen Klasse angehören, ebenfalls zu dieser Klasse von Verteilungen zählt. Die Gammaverteilung besitzt diese reproduzierende Eigenschaft, denn es gilt der

Satz: Die Zufallsvariablen X_i mit $X_i \sim G(b,p_i)$ und $i \in \{1,\ldots,k\}$ seien voneinander unabhängig, dann gilt

$$X_1+\ldots+X_k \sim G(b, \sum_{i=1}^k p_i) \tag{243.9}$$

Beweis: Da die Zufallsvariablen $X_1,\dots,X_k$ voneinander unabhängig sind, zerfällt nach (228.2) ihre gemeinsame Verteilung in das Produkt der Gammaverteilungen $G(b,p_i)$. Die momenterzeugende Funktion $M_{\Sigma X}(t)$ von $X_1+\dots+X_k$ berechnet sich dann aus (234.1) mit (243.8) zu

$$M_{\Sigma X}(t) = M_{X_1}(t)\dots M_{X_k}(t) = (1-t/p)^{-\Sigma p_i}$$

Das ist aber die momenterzeugende Funktion der Gammaverteilung $G(b,\Sigma p_i)$, so daß mit (234.3) die Aussage folgt.

Für die Zufallsvariable X mit $X\sim G(b,p)$ ergibt sich aus (223.5) die Verteilungsfunktion $F(G;b,p)$ zu

$$F(G;b,p) = \frac{b^p}{\Gamma(p)}\int_0^G x^{p-1}e^{-bx}dx \tag{243.10}$$

Durch partielle Integration erhält man

$$\begin{aligned} F(G;b,p) &= \frac{1}{p}\left(\frac{b^p}{\Gamma(p)}[x^p e^{-bx}]_0^G + \frac{b^{p+1}}{\Gamma(p)}\int_0^G x^p e^{-bx}dx\right) \\ &= \frac{b^p G^p e^{-bG}}{\Gamma(p+1)}\left(1+\sum_{j=1}^{\infty}\frac{(bG)^j}{(p+1)(p+2)\dots(p+j)}\right) \end{aligned} \tag{243.11}$$

Diese Reihe konvergiert nach dem Quotientenkriterium [Blatter 1974, I, S.93], denn mit wachsendem j gibt es eine Zahl q, für die $bG/(p+j) \leq q < 1$ gilt.

244 Herleitung der Gammaverteilung als Verteilung von Ankunftszeiten

Die im vorangegangenen Kapitel definierte Gammaverteilung läßt sich auch für die Verteilung der Ankunftszeiten von Fahrzeugen ableiten. Beträgt die Wahrscheinlichkeit p, daß ein Fahrzeug in einer bestimmten Zeiteinheit von beispielsweise einer Sekunde an einem bestimmten Ort eintrifft, und ist sicher, daß nicht mehr als ein Fahrzeug pro Zeiteinheit eintrifft, dann folgt für die Gesamtanzahl x der Fahrzeuge in n unabhängigen Versuchen aus der Binomialverteilung (224.1) die Dichte

$$f(x) = \binom{n}{x}p^x(1-p)^{n-x} \quad \text{für } x\in\{0,1,\dots,n\}$$

Da pro Zeiteinheit ein Versuch stattfindet, ergibt sich das Zeitintervall t des Experimentes zu n=t Zeiteinheiten. Werden sehr viel kleinere Zeiteinheiten als beispielsweise eine Sekunde für die einzelnen Versuche gewählt, das Zeitintervall t des Experimentes aber unverändert gelassen, folgt mit $n\to\infty$, $p\to 0$ und $np=\lambda t$ für die Dichte f(x) die Poisson-Verteilung (224.2)

$$f(x) = \exp(-\lambda t)(\lambda t)^x/x! \quad \text{für } x\in\{0,1,2,\dots\} \text{ und } \lambda>0, t>0 \tag{244.1}$$

Aus dieser Verteilung ergibt sich die Wahrscheinlichkeit, daß in einem Zeitintervall t an einem Ort x Fahrzeuge eintreffen. Da nach (224.4) die Größe λt den Erwartungswert der nach (244.1) verteilten Zufallsvariablen angibt, bedeutet λ die durchschnittlich zu erwartende Anzahl der ankommenden Fahrzeuge pro Zeiteinheit, in der t definiert ist.

Mit (244.1) wird jetzt die Verteilung $f_T(t)$ der Zeit T bis zur Ankunft des ersten Fahrzeuges abgeleitet. Die Wahrscheinlichkeit, daß T das Zeitintervall t, dessen Länge beliebig ist, überschreitet, gleicht der Wahrscheinlichkeit, daß keine Ankunft in dem Zeitintervall t stattgefunden hat. Diese Wahrscheinlichkeit ergibt sich aus (244.1) für x=0, so daß $P(T>t)=f(0)=\exp(-\lambda t)$ gilt. Damit erhält man die Verteilungsfunktion F(t) von T nach (213.4) und (223.6) zu $F(t)=P(T<t)=1-P(T>t)=1-\exp(-\lambda t)$ und die Dichte $f_T(t)$ von T nach (223.9) zu

$$f_T(t) = dF(t)/dt = \lambda\exp(-\lambda t) \quad \text{für} \quad \lambda>0,\ t>0 \qquad (244.2)$$

Dies ist nach (243.1) die Gammaverteilung $T\sim G(\lambda,1)$. Da die Zeit T bis zur Ankunft des ersten Fahrzeuges kein absolutes Zeitmaß, sondern ein Zeitintervall angibt, gilt (244.2) auch für die Zeit zwischen zwei Ankünften, so daß auch die Verteilung für die Zeit $T_s=T_1+\ldots+T_k$ zwischen k Ankünften angebbar ist, wobei $T_i\sim G(\lambda,1)$ mit $i\in\{1,\ldots,k\}$ gilt und die einzelnen Ankunftszeiten voneinander unabhängig sind. Mit (243.9) folgt dann $T_s\sim G(\lambda,k)$.

245 Betaverteilung

Als letzte univariate Verteilung, die im folgenden benötigt wird, soll die Betaverteilung behandelt werden.

Satz: Die Zufallsvariablen Y und Z mit $Y\sim G(b,\alpha)$ und $Z\sim G(b,\beta)$ seien voneinander unabhängig, dann besitzt die Zufallsvariable $X=Y/(Y+Z)$ die Betaverteilung $B(\alpha,\beta)$ mit den reellen Parametern α und β, also $X\sim B(\alpha,\beta)$, und der Dichte

$$f(x) = \frac{\Gamma(\alpha+\beta)}{\Gamma(\alpha)\Gamma(\beta)}\, x^{\alpha-1}(1-x)^{\beta-1} \quad \text{für} \quad 0 < x < 1$$

und $f(x)=0$ für die übrigen Werte von x. (245.1)

Beweis: Wegen der Unabhängigkeit ergibt sich die gemeinsame Verteilung f(y,z) von Y und Z nach (228.2) mit (243.1) zu

$$f(y,z) = \frac{b^{\alpha+\beta}}{\Gamma(\alpha)\Gamma(\beta)}\, e^{-by-bz} y^{\alpha-1} z^{\beta-1}$$

Für die Transformation $y=r\sin^2\varphi$, $z=r\cos^2\varphi$ mit $0<r<\infty$, $0<\varphi<\pi/2$ ergibt sich aus (229.1) mit

$$\det \underline{J} = \det \begin{vmatrix} \partial y/\partial r & \partial y/\partial \varphi \\ \partial z/\partial r & \partial z/\partial \varphi \end{vmatrix} = -\ 2r\sin\varphi\cos\varphi$$

die Verteilung

$$f(r,\varphi) = \frac{2b^{\alpha+\beta}}{\Gamma(\alpha)\Gamma(\beta)}\, e^{-br} r^{\alpha+\beta-1} (\sin\varphi)^{2\alpha-1} (\cos\varphi)^{2\beta-1}$$

Hieraus wird nach (226.4) die Randverteilung $g(\varphi)$ berechnet. Mit $br=u$ und $bdr=du$ erhält man wegen (243.2)

$$b^{\alpha+\beta}\int_0^\infty e^{-br} r^{\alpha+\beta-1} dr = b^{\alpha+\beta}\int_0^\infty e^{-u}\, \frac{u^{\alpha+\beta-1}}{b^{\alpha+\beta}} du = \Gamma(\alpha+\beta)$$

so daß folgt

$$g(\varphi) = \frac{2\Gamma(\alpha+\beta)}{\Gamma(\alpha)\Gamma(\beta)} (\sin\varphi)^{2\alpha-1} (\cos\varphi)^{2\beta-1} \quad \text{für} \quad 0 < \varphi < \frac{\pi}{2}$$

Wegen $y=r\sin^2\varphi$ und $z=r\cos^2\varphi$ erhält man $x=y/(y+z)=\sin^2\varphi$. Mit der Substitution $x=\sin^2\varphi$ und $\det \underline{J}=1/(2\sin\varphi\cos\varphi)$ in (229.1) wegen $dx/d\varphi=2\sin\varphi\cos\varphi$ folgt dann schließlich aus der Dichte $g(\varphi)$ die Dichte der Betaverteilung.

Die momenterzeugende Funktion der Betaverteilung besitzt keine einfache Form [Johnson und Kotz 1970, 2, S.40], aber die Momente lassen sich bequem angeben.

Satz: Es sei $X \sim B(\alpha,\beta)$, dann gilt für das k-te Moment $\mu_x^{(k)}$ von X

$$\mu_x^{(k)} = \frac{\Gamma(\alpha+\beta)\Gamma(\alpha+k)}{\Gamma(\alpha+\beta+k)\Gamma(\alpha)} \tag{245.2}$$

Beweis: Mit (232.3) und (245.1) folgt

$$\mu_x^{(k)} = E(X^k) = \frac{\Gamma(\alpha+\beta)}{\Gamma(\alpha)\Gamma(\beta)} \int_0^1 x^{k+\alpha-1} (1-x)^{\beta-1} dx$$

Da $f(x)$ in (245.1) eine Dichte angibt, erhält man mit (223.10)

$$\frac{\Gamma(\alpha+\beta+k)}{\Gamma(\alpha+k)\Gamma(\beta)} \int_0^1 x^{k+\alpha-1} (1-x)^{\beta-1} dx = 1$$

woraus die Aussage folgt.

Die Verteilungsfunktion der Betaverteilung bezeichnet man als unvollständige Betafunktion $I_x(\alpha,\beta)$

$$I_x(\alpha,\beta) = \frac{\Gamma(\alpha+\beta)}{\Gamma(\alpha)\Gamma(\beta)} \int_0^x t^{\alpha-1} (1-t)^{\beta-1} dt \tag{245.3}$$

Sie läßt sich mit Hilfe der hypergeometrischen Funktion als unendliche Reihe darstellen [Henrici 1977, S.62], so daß mit Eulers erster Identität für die hypergeometrische Funktion [Henrici 1977, S.160] die Reihenentwicklung folgt [Abramowitz und Stegun 1972, S.944]

$$\begin{aligned} I_x(\alpha,\beta) = \frac{\Gamma(\alpha+\beta)x^\alpha}{\Gamma(\alpha)\Gamma(\beta)\alpha}(1-x)^\beta\Big(1 &+ \frac{\alpha+\beta}{\alpha+1}x + \frac{(\alpha+\beta+1)(\alpha+\beta)}{(\alpha+2)(\alpha+1)}x^2 + \ldots \\ &+ \frac{(\alpha+\beta+n-1)\ldots(\alpha+\beta+1)(\alpha+\beta)}{(\alpha+n)\ldots(\alpha+2)(\alpha+1)}x^n + \ldots\Big) \quad \text{für} \quad 0 < x < 1 \end{aligned} \tag{245.4}$$

Die Reihe konvergiert besonders rasch für kleine Werte von x. Da die Beziehung

$$I_x(\alpha,\beta) = 1 - I_{1-x}(\beta,\alpha) \qquad (245.5)$$

gilt, läßt sich erreichen, daß in (245.4) immer $x \leq 0{,}5$ ist. Die Beziehung (245.5) ergibt sich aus (245.3) durch die Variablentransformation $u=1-t$ mit $du=-dt$, so daß folgt

$$I_x(\alpha,\beta) = -\frac{\Gamma(\alpha+\beta)}{\Gamma(\alpha)\Gamma(\beta)} \int_1^{1-x} (1-u)^{\alpha-1} u^{\beta-1} du = 1 - I_{1-x}(\beta,\alpha)$$

Tafeln für die unvollständige Betafunktion befinden sich in [Pearson und Hartley 1976, Vol.I, S.150].

25 Multivariate Normalverteilung

251 Definition und Herleitung

Die univariate Normalverteilung (241.1) für eine Zufallsvariable läßt sich derart verallgemeinern, daß die multivariate Normalverteilung für mehrere, gemeinsam verteilte Zufallsvariablen gewonnen wird. Zur Vereinfachung der Bezeichnung wird im folgenden, wie bereits in Kapitel 225 erwähnt, die Unterscheidung zwischen den Zufallsvariablen X_i und den Werten x_i, die sie annehmen können, aufgegeben und die Zufallsvariablen und ihre Werte mit x_i bezeichnet. Wo eine Unterscheidung notwendig ist, wird sie wieder vorgenommen.

Definition: Der $n\times 1$ Zufallsvektor $\underline{x}=|x_1,\dots,x_n|'$ besitzt die multivariate Normalverteilung $N(\underline{\mu},\underline{\Sigma})$ mit dem $n\times 1$ Vektor $\underline{\mu}$ und der $n\times n$ positiv definiten Matrix $\underline{\Sigma}$ als Parametern, also $\underline{x}\sim N(\underline{\mu},\underline{\Sigma})$, falls die Dichte $f(\underline{x})$ von $\underline{x}$ gegeben ist durch

$$f(\underline{x}) = \frac{1}{(2\pi)^{n/2}(\det\underline{\Sigma})^{1/2}} e^{-\frac{1}{2}(\underline{x}-\underline{\mu})'\underline{\Sigma}^{-1}(\underline{x}-\underline{\mu})} \qquad (251.1)$$

Im folgenden Kapitel wird gezeigt, daß $\underline{\mu}$ der Vektor der Erwartungswerte von $\underline{x}$ und $\underline{\Sigma}=D(\underline{x})$ die Kovarianzmatrix von $\underline{x}$ bedeuten.

Die Dichte der Normalverteilung ist immer positiv, da die Exponentialfunktion keine negativen Werte annehmen kann und da für die positiv definite Matrix $\underline{\Sigma}$ wegen (136.11) und (143.4) $\det\underline{\Sigma}>0$ gilt. Damit die Dichte der multivariaten Normalverteilung auch die zweite Bedingung in (225.6) erfüllt, ist es hinreichend, daß gilt

$$\int_{-\infty}^{\infty}\dots\int_{-\infty}^{\infty} \exp(-\tfrac{1}{2}(\underline{x}-\underline{\mu})'\underline{\Sigma}^{-1}(\underline{x}-\underline{\mu}))dx_1\dots dx_n = (2\pi)^{\frac{n}{2}}(\det\underline{\Sigma})^{\frac{1}{2}} \qquad (251.2)$$

Da $\underline{\Sigma}$ positiv definit ist, existiert nach (142.6) und (143.2) die orthogonale Matrix $\underline{T}$, so daß $\underline{T}'\underline{\Sigma}\underline{T}=\underline{\Lambda}=\mathrm{diag}(\lambda_1,\dots,\lambda_n)$ gilt, wobei $\lambda_1,\dots,\lambda_n$ die positiven Eigenwerte von $\underline{\Sigma}$ bedeuten. Da $\underline{T}'\underline{T}=\underline{I}$ und somit $\underline{T}'=\underline{T}^{-1}$

gilt, folgt mit (131.14) $(\underline{T}'\underline{\Sigma}\underline{T})^{-1}=\underline{T}'\underline{\Sigma}^{-1}\underline{T}=\mathrm{diag}(\lambda_1^{-1},\ldots,\lambda_n^{-1})$. Für die Transformation $\underline{y}=\underline{T}'(\underline{x}-\underline{\mu})$, für die $\underline{x}-\underline{\mu}=\underline{T}\underline{y}$ folgt, gilt nach (173.4) die Jacobische Funktionaldeterminante $\det\underline{J}=\det\underline{T}=\pm 1$, da mit (136.8), (136.10) und (136.13) $1=\det(\underline{T}'\underline{T})=(\det\underline{T})^2$ sich ergibt. Das Integral in (251.2) berechnet sich daher wegen (241.2) zu

$$\int_{-\infty}^{\infty}\ldots\int_{-\infty}^{\infty}\exp\left(-\frac{1}{2}\sum_{i=1}^{n}\frac{y_i^2}{\lambda_i}\right)dy_1\ldots dy_n=\prod_{i=1}^{n}(2\pi\lambda_i)^{1/2}$$

Weiter gilt mit (136.9) und (136.13) $\prod_{i=1}^{n}\lambda_i=\det\underline{\Lambda}=\det(\underline{T}'\underline{\Sigma}\underline{T})=\det(\underline{T}'\underline{T})\det\underline{\Sigma}=\det\underline{\Sigma}$, so daß (251.2) folgt.

Die multivariate Normalverteilung soll nun aus der univariaten Normalverteilung hergeleitet werden, indem man sich den $n\times 1$ Zufallsvektor $\underline{x}$ aus der Transformation $\underline{x}=\underline{A}\underline{y}+\underline{\mu}$ entstanden denkt, in der der $n\times 1$ Zufallsvektor $\underline{y}$ die n voneinander unabhängigen Zufallsvariablen y_i mit $y_i\sim N(0,1)$ enthalte und in der der $n\times 1$ Vektor $\underline{\mu}$ und die $n\times n$ Matrix $\underline{A}$ konstante Elemente besitze. $\underline{A}$ sei regulär, so daß die inverse Transformation $\underline{y}=\underline{A}^{-1}(\underline{x}-\underline{\mu})$ existiert. Die gemeinsame Verteilung $f(\underline{y})$ des Zufallsvektors $\underline{y}$ ergibt sich nach (228.2) und (241.1) zu

$$f(\underline{y})=\prod_{i=1}^{n}\frac{\exp(-y_i^2/2)}{\sqrt{2\pi}}=\frac{1}{(2\pi)^{n/2}}\exp(-\underline{y}'\underline{y}/2) \qquad (251.3)$$

Durch die Variablentransformation $\underline{x}=\underline{A}\underline{y}+\underline{\mu}$ mit $\underline{y}=\underline{A}^{-1}(\underline{x}-\underline{\mu})$, deren Funktionaldeterminante nach (173.4) mit $\det\underline{J}=\det\underline{A}^{-1}$ gegeben ist, erhält man mit $(\underline{A}^{-1})'\underline{A}^{-1}=\underline{\Sigma}^{-1}$ wegen (136.8) und (136.13) $(\det\underline{A}^{-1})^2=\det\underline{\Sigma}^{-1}$ und $\det\underline{A}^{-1}=\pm(\det\underline{\Sigma}^{-1})^{1/2}=\pm(\det\underline{\Sigma})^{-1/2}$ wegen (136.14). Mit $|\det\underline{A}^{-1}|=(\det\underline{\Sigma})^{-1/2}$, da $\det\underline{\Sigma}>0$ wegen (136.11) und (143.4) gilt, ergibt sich dann anstelle von (251.3) die Dichte (251.1) der multivariaten Normalverteilung.

252 Momenterzeugende Funktion der Normalverteilung

Für die momenterzeugende Funktion der Normalverteilung gilt der

Satz: Der $n\times 1$ Zufallsvektor $\underline{x}$ sei normalverteilt wie $\underline{x}\sim N(\underline{\mu},\underline{\Sigma})$, dann ergibt sich die momenterzeugende Funktion $M_{\underline{x}}(\underline{t})$ der Verteilung von $\underline{x}$ zu

$$M_{\underline{x}}(\underline{t})=\exp\left(\underline{t}'\underline{\mu}+\frac{1}{2}\underline{t}'\underline{\Sigma}\underline{t}\right) \qquad (252.1)$$

Beweis: Mit (234.1) und (251.1) gilt

$$M_{\underline{x}}(\underline{t})=\frac{1}{(2\pi)^{n/2}(\det\underline{\Sigma})^{1/2}}\int_{-\infty}^{\infty}\ldots\int_{-\infty}^{\infty}\exp\left(\underline{t}'\underline{x}-\frac{1}{2}(\underline{x}-\underline{\mu})'\underline{\Sigma}^{-1}(\underline{x}-\underline{\mu})\right)dx_1\ldots dx_n$$

Beachtet man, daß $\underline{t}'\underline{x}-\underline{t}'\underline{\mu}=-(-\underline{x}'\underline{t}+\underline{\mu}'\underline{t}-\underline{t}'\underline{x}+\underline{t}'\underline{\mu})/2$ gilt, folgt $\exp(\underline{t}'\underline{x}-(\underline{x}-\underline{\mu})'\underline{\Sigma}^{-1}(\underline{x}-\underline{\mu})/2)=\exp(\underline{t}'\underline{\mu}+\underline{t}'\underline{\Sigma}\underline{t}/2-(\underline{x}-\underline{\mu}-\underline{\Sigma}\underline{t})'\underline{\Sigma}^{-1}(\underline{x}-\underline{\mu}-\underline{\Sigma}\underline{t})/2)$ und damit

$$M_{\underline{x}}(\underline{t}) = \frac{\exp(\underline{t}'\underline{\mu}+\underline{t}'\underline{\Sigma}\underline{t}/2)}{(2\pi)^{n/2}(\det\underline{\Sigma})^{1/2}} \int_{-\infty}^{\infty} \dots \int_{-\infty}^{\infty} \exp(-\frac{1}{2}(\underline{x}-\underline{\mu}-\underline{\Sigma}\underline{t})'\underline{\Sigma}^{-1}(\underline{x}-\underline{\mu}-\underline{\Sigma}\underline{t}))dx_1 \dots dx_n$$

Mit der Beziehung (251.2), die auch gültig bleibt, wenn anstelle von $\underline{\mu}$ ein beliebiger anderer konstanter Vektor wie $\underline{\mu}-\underline{\Sigma}\underline{t}$ gesetzt wird, ergibt sich dann die Aussage.

Bereits im vorangegangenen Kapitel war auf den folgenden Satz verwiesen worden.

<u>Satz</u>: Für den n×1 Zufallsvektor $\underline{x}$ gelte $\underline{x}\sim N(\underline{\mu},\underline{\Sigma})$, dann folgt $E(\underline{x})=\underline{\mu}$ und $D(\underline{x})=\underline{\Sigma}$. (252.2)

Beweis: Mit (131.6) und $\underline{t}=(t_i)$, $\underline{\mu}=(\mu_i)$, $\underline{\Sigma}=(\sigma_{ij})$ erhält man für (252.1)

$$M_{\underline{x}}(\underline{t}) = \exp(\sum_{l=1}^{n} t_l\mu_l+\frac{1}{2}\sum_{l=1}^{n}\sum_{m=1}^{n} t_l\sigma_{lm}t_m) \tag{252.3}$$

und mit (172.2)

$$\partial M_{\underline{x}}(\underline{t})/\partial t_i = (\mu_i + \sum_{m=1}^{n} \sigma_{im}t_m)M_{\underline{x}}(\underline{t}) \tag{252.4}$$

sowie

$$\partial^2 M_{\underline{x}}(\underline{t})/(\partial t_i \partial t_j) = \sigma_{ij}M_{\underline{x}}(\underline{t}) + (\mu_i+\sum_{m=1}^{n}\sigma_{im}t_m)(\mu_j+\sum_{m=1}^{n}\sigma_{jm}t_m)M_{\underline{x}}(\underline{t}) \tag{252.5}$$

Aus (252.4) ergibt sich wegen (234.2) mit $\underline{t}=\underline{0}$ der Erwartungswert $E(x_i)=\mu_i$ und damit die erste Aussage. Mit $\underline{t}=\underline{0}$ folgt aus (252.5) $E(x_ix_j)=\sigma_{ij}+\mu_i\mu_j$ oder $\sigma_{ij}=E(x_ix_j)-E(x_i)E(x_j)$, was identisch ist mit (232.8), so daß $D(\underline{x})=\underline{\Sigma}$ und damit die zweite Aussage folgt.

<u>Beispiel</u>: Mit Hilfe von (252.1) sollen für den n×1 Zufallsvektor $\underline{e}=(e_i)$ mit $\underline{e}\sim N(\underline{0},\underline{\Sigma})$ die Erwartungswerte $E(e_ie_je_k)$ und $E(e_ie_je_ke_l)$ berechnet werden. Mit $\underline{t}=(t_i)$ und $\underline{\Sigma}=(\sigma_{ij})$ folgt wegen $\underline{\mu}=\underline{0}$ aus (252.3) $M_{\underline{e}}(\underline{t})=\exp\frac{1}{2}\sum_{l=1}^{n}\sum_{m=1}^{n}t_l\sigma_{lm}t_m$ und aus (252.5)

$$\begin{aligned}\partial^3 M_{\underline{e}}(\underline{t})/\partial t_i\partial t_j\partial t_k &= \sigma_{ij}(\sum_{m=1}^{n}\sigma_{km}t_m)M_{\underline{e}}(\underline{t}) + \\ &\sigma_{ik}(\sum_{m=1}^{n}\sigma_{jm}t_m)M_{\underline{e}}(\underline{t}) + \sigma_{jk}(\sum_{m=1}^{n}\sigma_{im}t_m)M_{\underline{e}}(\underline{t}) + \\ &(\sum_{m=1}^{n}\sigma_{im}t_m\sum_{m=1}^{n}\sigma_{jm}t_m\sum_{m=1}^{n}\sigma_{km}t_m)M_{\underline{e}}(\underline{t})\end{aligned} \tag{252.6}$$

und schließlich

$$\begin{aligned}\partial^4 M_{\underline{e}}(\underline{t})/\partial t_i\partial t_j\partial t_k\partial t_l &= \sigma_{ij}\sigma_{kl}M_{\underline{e}}(\underline{t}) + \sigma_{ik}\sigma_{jl}M_{\underline{e}}(\underline{t}) + \\ &\sigma_{jk}\sigma_{il}M_{\underline{e}}(\underline{t}) + h(t_mM_{\underline{e}}(\underline{t}))\end{aligned} \tag{252.7}$$

worin $h(t_m M_e(\underline{t}))$ Summanden bedeuten, die die Faktoren $t_m M_e(\underline{t})$ enthalten. Mit $\underline{t}=\underline{0}$ ergibt sich dann aufgrund von (234.2) aus (252.6) und (252.7)

$$E(e_i e_j e_k) = 0 \quad \text{und} \quad E(e_i e_j e_k e_l) = \sigma_{ij}\sigma_{kl} + \sigma_{ik}\sigma_{jl} + \sigma_{jk}\sigma_{il} \tag{252.8}$$

253 Randverteilung und bedingte Verteilung

Im Zusammenhang mit der Parameterschätzung ist die bedingte Normalverteilung von Interesse. Um sie anzugeben, wird zunächst die Randverteilung abgeleitet.

Satz: Der $n\times 1$ Zufallsvektor $\underline{x}$ mit $\underline{x}\sim N(\underline{\mu},\underline{\Sigma})$ werde mit $\underline{x}'=|\underline{x}_1',\underline{x}_2'|$ in die $k\times 1$ und $(n-k)\times 1$ Zufallsvektoren $\underline{x}_1$ und $\underline{x}_2$ zerlegt. Mit der entsprechenden Aufteilung des Erwartungswertvektors $\underline{\mu}$ und der Kovarianzmatrix $\underline{\Sigma}$ in

$$\underline{\mu}' = |\underline{\mu}_1',\underline{\mu}_2'| \quad \text{und} \quad \underline{\Sigma} = \begin{vmatrix} \underline{\Sigma}_{11} & \underline{\Sigma}_{12} \\ \underline{\Sigma}_{21} & \underline{\Sigma}_{22} \end{vmatrix} \quad \text{mit} \quad \underline{\Sigma}_{21} = \underline{\Sigma}_{12}'$$

ergibt sich die Randverteilung $g(\underline{x}_1)$ von $\underline{x}_1$ zu

$$g(\underline{x}_1) = \frac{1}{(2\pi)^{k/2}(\det\underline{\Sigma}_{11})^{1/2}}\, e^{-\frac{1}{2}(\underline{x}_1-\underline{\mu}_1)'\underline{\Sigma}_{11}^{-1}(\underline{x}_1-\underline{\mu}_1)} \tag{253.1}$$

Beweis: Da $\underline{\Sigma}$ positiv definit ist, sind auch $\underline{\Sigma}_{11}$ und $\underline{\Sigma}_{22}$ positiv definit, wie sich durch entsprechende Wahl des Vektors der quadratischen Form in (143.1) zeigen läßt. Damit existieren nach (143.3) $\underline{\Sigma}_{11}^{-1}$ und $\underline{\Sigma}_{22}^{-1}$. Mit dem $k\times 1$ Vektor $\underline{t}_1$ erhält man dann nach (234.1) die momenterzeugende Funktion $M_{\underline{x}_1}(\underline{t}_1)$ der Randverteilung $g(\underline{x}_1)$ von $\underline{x}_1$ zu

$$M_{\underline{x}_1}(\underline{t}_1) = \int_{-\infty}^{\infty}\cdots\int_{-\infty}^{\infty} e^{\underline{t}_1'\underline{x}_1} g(\underline{x}_1)\,dx_1\ldots dx_k$$

und durch Substitution von $g(\underline{x}_1)$ nach (226.4) mit (251.1)

$$M_{\underline{x}_1}(\underline{t}_1) = \frac{1}{(2\pi)^{n/2}(\det\underline{\Sigma})^{1/2}} \int_{-\infty}^{\infty}\cdots\int_{-\infty}^{\infty} \exp(\underline{t}_1'\underline{x}_1 - \frac{1}{2}(\underline{x}-\underline{\mu})'\underline{\Sigma}^{-1}(\underline{x}-\underline{\mu}))\,dx_1\ldots dx_n$$

Führt man nun den Vektor $\underline{t}'=|\underline{t}_1',\underline{0}'|$ ein, so erhält man $M_{\underline{x}_1}(\underline{t}_1)=M_{\underline{x}}(\underline{t})$ und hierfür wie im Beweis zu (252.1)

$$M_{\underline{x}_1}(\underline{t}_1) = \exp(\underline{t}_1'\underline{\mu}_1 + \frac{1}{2}\underline{t}_1'\underline{\Sigma}_{11}\underline{t}_1)$$

woraus durch Vergleich mit (252.1) wegen (234.3) die Aussage folgt.

Mit Hilfe der Randverteilung kann nun die bedingte Normalverteilung abgeleitet werden.

Satz: Bei der Zerlegung des normalverteilten Zufallsvektors $\underline{x}$ in zwei Zufallsvektoren wie im Satz (253.1) ergibt sich die Verteilung des Zufallsvektors $\underline{x}_1$ unter der Bedingung, daß der zweite Zufallsvektor die Werte $\underline{x}_2$ annimmt, zu

$$\underline{x}_1|\underline{x}_2 \sim N(\underline{\mu}_1+\underline{\Sigma}_{12}\underline{\Sigma}_{22}^{-1}(\underline{x}_2-\underline{\mu}_2),\ (\underline{\Sigma}_{11}-\underline{\Sigma}_{12}\underline{\Sigma}_{22}^{-1}\underline{\Sigma}_{21})^{-1}) \qquad (253.2)$$

Beweis: Wie bereits im Beweis zu (253.1) gezeigt, existiert $\underline{\Sigma}_{22}^{-1}$. Weiter gilt nach (227.5) mit (253.1)

$$f(\underline{x}_1|\underline{x}_2) = \frac{\exp(-\frac{1}{2}((\underline{x}-\underline{\mu})'\underline{\Sigma}^{-1}(\underline{x}-\underline{\mu})-(\underline{x}_2-\underline{\mu}_2)'\underline{\Sigma}_{22}^{-1}(\underline{x}_2-\underline{\mu}_2)))}{(2\pi)^{k/2}(\det\underline{\Sigma})^{1/2}(\det\underline{\Sigma}_{22})^{-1/2}}$$

Setzt man $\underline{F}=(\underline{\Sigma}_{11}-\underline{\Sigma}_{12}\underline{\Sigma}_{22}^{-1}\underline{\Sigma}_{21})^{-1}$, ergibt sich mit (134.3) bis (134.5)

$$\underline{\Sigma}^{-1}=\begin{vmatrix} \underline{F} & -\underline{F}\underline{\Sigma}_{12}\underline{\Sigma}_{22}^{-1} \\ -\underline{\Sigma}_{22}^{-1}\underline{\Sigma}_{21}\underline{F} & \underline{\Sigma}_{22}^{-1}+\underline{\Sigma}_{22}^{-1}\underline{\Sigma}_{21}\underline{F}\underline{\Sigma}_{12}\underline{\Sigma}_{22}^{-1} \end{vmatrix}$$

und somit für den Exponenten in $f(\underline{x}_1|\underline{x}_2)$

$$(\underline{x}-\underline{\mu})'\underline{\Sigma}^{-1}(\underline{x}-\underline{\mu}) - (\underline{x}_2-\underline{\mu}_2)'\underline{\Sigma}_{22}^{-1}(\underline{x}_2-\underline{\mu}_2) =$$
$$(\underline{x}_1-\underline{\mu}_1-\underline{\Sigma}_{12}\underline{\Sigma}_{22}^{-1}(\underline{x}_2-\underline{\mu}_2))'\underline{F}(\underline{x}_1-\underline{\mu}_1-\underline{\Sigma}_{12}\underline{\Sigma}_{22}^{-1}(\underline{x}_2-\underline{\mu}_2))$$

Weiter erhält man mit (136.12) $\det\underline{\Sigma}=\det(\underline{\Sigma}_{11}-\underline{\Sigma}_{12}\underline{\Sigma}_{22}^{-1}\underline{\Sigma}_{21})\det\underline{\Sigma}_{22}$ und daher $\det\underline{\Sigma}(\det\underline{\Sigma}_{22})^{-1}=\det\underline{F}^{-1}$. Diese beiden Ausdrücke in $f(\underline{x}_1|\underline{x}_2)$ substituiert ergeben die Aussage.

254 Unabhängigkeit normalverteilter Zufallsvariablen

Sind Zufallsvariable voneinander unabhängig, so sind ihre Kovarianzen nach (232.7) gleich Null. Für normalverteilte Zufallsvariable gilt auch die Umkehrung.

Satz: Der Zufallsvektor $\underline{x}$ mit $\underline{x}\sim N(\underline{\mu},\underline{\Sigma})$ sei in die k Zufallsvektoren $\underline{x}_i$ mit $\underline{x}'=|\underline{x}_1',\ldots,\underline{x}_k'|$ zerlegt. Die Zufallsvektoren $\underline{x}_i$ sind genau dann voneinander unabhängig, wenn in der entsprechenden Zerlegung der Kovarianzmatrix $\underline{\Sigma}=(\underline{\Sigma}_{ij})$ für $i,j\in\{1,\ldots,k\}$ die Beziehung $\underline{\Sigma}_{ij}=\underline{0}$ für $i\neq j$ gilt. (254.1)

Beweis: Mit (252.1) ergibt sich die momenterzeugende Funktion $M_{\underline{x}}(\underline{t})$ der Verteilung von $\underline{x}$ bei einer Zerlegung von $\underline{t}$ und $\underline{\mu}$, die der von $\underline{x}$ entspricht, zu

$$M_{\underline{x}}(\underline{t}) = \exp(\sum_{i=1}^{k}\underline{t}_i'\underline{\mu}_i+\frac{1}{2}\sum_{i=1}^{k}\sum_{j=1}^{k}\underline{t}_i'\underline{\Sigma}_{ij}\underline{t}_j)$$

Mit $\underline{\Sigma}_{ij}=\underline{0}$ für $i\neq j$ folgt

$$M_{\underline{x}}(\underline{t}) = \exp\left(\sum_{i=1}^{k} (\underline{t}_i'\underline{\mu}_i + \frac{1}{2}\underline{t}_i'\underline{\Sigma}_{ii}\underline{t}_i)\right)$$
$$= \prod_{i=1}^{k} \exp(\underline{t}_i'\underline{\mu}_i + \frac{1}{2}\underline{t}_i'\underline{\Sigma}_{ii}\underline{t}_i)$$

Das ist aber das Produkt der momenterzeugenden Funktionen der Normalverteilungen der einzelnen Vektoren $\underline{x}_i$, so daß nach (234.4) die Zufallsvektoren $\underline{x}_i$ voneinander unabhängig sind. Nimmt man andrerseits an, daß die k Vektoren $\underline{x}_i$ mit $\underline{x}_i \sim N(\underline{\mu}_i, \underline{\Sigma}_{ii})$ voneinander unabhängig sind, dann ergibt sich die momenterzeugende Funktion $M_{\underline{x}}(\underline{t})$ der gemeinsamen Verteilung von $\underline{x}' = |\underline{x}_1', \ldots, \underline{x}_k'|$ aus (234.4) und (252.1) zu

$$M_{\underline{x}}(\underline{t}) = \exp\left(\sum_{i=1}^{k} (\underline{t}_i'\underline{\mu}_i + \frac{1}{2}\underline{t}_i'\underline{\Sigma}_{ii}\underline{t}_i)\right)$$
$$= \exp(\underline{t}'\underline{\mu} + \frac{1}{2}\underline{t}'\underline{\Sigma}\underline{t})$$

falls $\underline{\Sigma} = \text{diag}(\underline{\Sigma}_{11}, \ldots, \underline{\Sigma}_{kk})$, also falls $\underline{\Sigma}_{ij} = \underline{0}$ für $i \neq j$ gilt, so daß die Aussage folgt.

255 Lineare Funktionen normalverteilter Zufallsvariablen

Im folgenden wird häufig die Verteilung von Zufallsvariablen benötigt, die durch eine lineare Transformation normalverteilter Zufallsvariablen entstanden sind.

Satz: Der $n \times 1$ Zufallsvektor $\underline{x}$ sei normalverteilt wie $\underline{x} \sim N(\underline{\mu}, \underline{\Sigma})$, dann besitzt der $m \times 1$ Zufallsvektor $\underline{y}$, der durch die lineare Transformation $\underline{y} = \underline{A}\underline{x} + \underline{c}$ erhalten sei, in der $\underline{A}$ eine $m \times n$ Matrix von Konstanten mit vollem Zeilenrang m und $\underline{c}$ ein $m \times 1$ Vektor von Konstanten bedeute, die Normalverteilung

$$\underline{y} \sim N(\underline{A}\underline{\mu} + \underline{c}, \underline{A}\underline{\Sigma}\underline{A}') \qquad (255.1)$$

Beweis: Die momenterzeugende Funktion $M_{\underline{y}}(\underline{t})$ der Verteilung von $\underline{y}$ ergibt sich aus (234.1) und (251.1) zu

$$M_{\underline{y}}(\underline{t}) = \frac{1}{(2\pi)^{n/2}(\det\underline{\Sigma})^{1/2}} \int_{-\infty}^{\infty} \ldots \int_{-\infty}^{\infty} \exp(\underline{t}'(\underline{A}\underline{x} + \underline{c}) -$$
$$\frac{1}{2}(\underline{x} - \underline{\mu})'\underline{\Sigma}^{-1}(\underline{x} - \underline{\mu}))dx_1 \ldots dx_n$$

Für den Exponenten gilt

$$\underline{t}'(\underline{A}\underline{x} + \underline{c}) - \frac{1}{2}(\underline{x} - \underline{\mu})'\underline{\Sigma}^{-1}(\underline{x} - \underline{\mu}) = \underline{t}'(\underline{A}\underline{\mu} + \underline{c}) + \frac{1}{2}\underline{t}'\underline{A}\underline{\Sigma}\underline{A}'\underline{t} -$$
$$\frac{1}{2}(\underline{x} - \underline{\mu} - \underline{\Sigma}\underline{A}'\underline{t})'\underline{\Sigma}^{-1}(\underline{x} - \underline{\mu} - \underline{\Sigma}\underline{A}'\underline{t})$$

so daß sich dem Beweis zu (252.1) entsprechend ergibt

$$M_{\underline{y}}(\underline{t}) = \exp(\underline{t}'(\underline{A}\underline{\mu} + \underline{c}) + \frac{1}{2}\underline{t}'\underline{A}\underline{\Sigma}\underline{A}'\underline{t})$$

Das ist aber die momenterzeugende Funktion eines normalverteilten Zufallsvektors mit dem Erwartungswert $\underline{A}\underline{\mu}+\underline{c}$ und der Kovarianzmatrix $\underline{A}\underline{\Sigma}\underline{A}'$, die wegen $\text{rg}\underline{A}=m$ nach (143.7) positiv definit ist, so daß wegen (234.3) die Aussage folgt.

256 Summe normalverteilter Zufallsvariablen

Wie die Gammaverteilung, so besitzt auch die Normalverteilung die reproduzierende Eigenschaft.

Satz: Die $n\times 1$ Vektoren $\underline{x}_i$ mit $i\in\{1,\ldots,k\}$ seien voneinander unabhängig und normalverteilt wie $\underline{x}_i\sim N(\underline{\mu}_i,\underline{\Sigma}_i)$, dann ist der $n\times 1$ Zufallsvektor $\underline{x}=c_1\underline{x}_1+\ldots+c_k\underline{x}_k$, worin die c_i Konstanten bedeuten, normalverteilt wie $\underline{x}\sim N(\underline{\mu},\underline{\Sigma})$ mit $\underline{\mu}=c_1\underline{\mu}_1+\ldots+c_k\underline{\mu}_k$ und $\underline{\Sigma}=c_1^2\underline{\Sigma}_1+\ldots+c_k^2\underline{\Sigma}_k$. (256.1)

Beweis: Der Zufallsvektor $\underline{y}'=|\underline{x}_1',\ldots,\underline{x}_k'|$ besitzt nach (254.1) die Normalverteilung mit den Erwartungswerten $\underline{\mu}'=|\underline{\mu}_1',\ldots,\underline{\mu}_k'|$ und der Kovarianzmatrix $\underline{\Sigma}=\text{diag}(\underline{\Sigma}_1,\ldots,\underline{\Sigma}_k)$. Der Zufallsvektor $\underline{x}$ mit

$$\underline{x} = |c_1\underline{I},\ldots,c_k\underline{I}|\begin{vmatrix}\underline{x}_1\\ \ldots\\ \underline{x}_k\end{vmatrix} = c_1\underline{x}_1+\ldots+c_k\underline{x}_k$$

ist dann nach (255.1) normalverteilt wie $\underline{x}\sim N(c_1\underline{\mu}_1+\ldots+c_k\underline{\mu}_k, c_1^2\underline{\Sigma}_1+\ldots+c_k^2\underline{\Sigma}_k)$, so daß die Aussage folgt.

Beispiel: Es seien k voneinander unabhängige Zufallsvariablen x_i mit $x_i\sim N(\mu,\sigma^2)$ gegeben, das Mittel $\bar{x}=\frac{1}{k}\sum_{i=1}^{k} x_i$ ist dann nach (256.1) normalverteilt wie $\bar{x}\sim N(\mu,\sigma^2/k)$.

26 Testverteilungen für univariate Modelle der Parameterschätzung

261 χ^2-Verteilung

Die χ^2-Verteilung (Chi-Quadrat-Verteilung) gehört wie die folgenden Verteilungen zu den Testverteilungen, die die Verteilungen von Funktionen normalverteilter Zufallsvariablen angeben und die, wie im Abschnitt 4 gezeigt wird, zur Berechnung der Wahrscheinlichkeiten bei Hypothesentests oder bei Bereichsschätzungen in univariaten Modellen der Parameterschätzung dienen.

Satz: Der $n\times 1$ Zufallsvektor $\underline{x}=|x_1,\ldots,x_n|'$ sei normalverteilt wie $\underline{x}\sim N(\underline{0},\underline{I})$, dann besitzt die Quadratsumme $v=\underline{x}'\underline{x}=\sum_{i=1}^{n} x_i^2$ die χ^2-Verteilung $\chi^2(n)$ mit n Freiheitsgraden, also $v\sim\chi^2(n)$, deren Dichte gegeben ist durch

$$f(v) = \frac{1}{2^{n/2}\Gamma(n/2)} v^{(n/2)-1} e^{-v/2} \quad \text{für} \quad 0<v<\infty$$

und f(v)=0 für die übrigen Werte von v. (261.1)

Beweis: Mit $\underline{x} \sim N(\underline{0},\underline{I})$, was nach (254.1) die Unabhängigkeit der Zufallsvariablen x_i bedeutet, ergibt sich die momenterzeugende Funktion $M_v(t)$ der Verteilung von v aus (234.1) und (251.1) zu

$$M_v(t) = \left(\frac{1}{2\pi}\right)^{\frac{n}{2}} \int_{-\infty}^{\infty} \cdots \int_{-\infty}^{\infty} \exp\left(t \sum_{i=1}^{n} x_i^2 - \frac{1}{2} \sum_{i=1}^{n} x_i^2\right) dx_1 \ldots dx_n$$

Jedes der n Integrale besitzt, wie ein Vergleich mit (241.2) zeigt, den Wert

$$\frac{1}{\sqrt{2\pi}} \int_{-\infty}^{\infty} \exp\left(-\frac{1}{2}(1-2t)x_i^2\right) dx_i = (1-2t)^{-\frac{1}{2}}$$

so daß $M_v(t)=(1-2t)^{-n/2}$ folgt. Das ist aber für t<1/2 die momenterzeugende Funktion (243.8) der Gammaverteilung (243.1) mit b=1/2 und p=n/2, so daß wegen (234.3) die Aussage folgt.

Ist anstelle eines Zufallsvektors mit $\underline{I}$ als Kovarianzmatrix der n×1 Zufallsvektor $\underline{y}$ mit $\underline{y} \sim N(\underline{0},\underline{\Sigma})$ gegeben, so läßt sich die Inverse seiner positiv definiten Kovarianzmatrix $\underline{\Sigma}$ nach (143.5) zerlegen in $\underline{\Sigma}^{-1} = \underline{G}\underline{G}'$, wobei $\underline{G}$ eine reguläre untere Dreiecksmatrix bedeutet. Für den Zufallsvektor $\underline{x}$ mit

$$\underline{x} = \underline{G}'\underline{y} \tag{261.2}$$

folgt dann mit $\underline{\Sigma}=(\underline{G}')^{-1}\underline{G}^{-1}$ wegen (131.14) aus (255.1) $\underline{x} \sim N(\underline{0},\underline{I})$ und daher aus (261.1)

$$v = \underline{x}'\underline{x} = \underline{y}'\underline{\Sigma}^{-1}\underline{y} \sim \chi^2(n) \tag{261.3}$$

Ist $\underline{\Sigma}$ eine Diagonalmatrix mit $\underline{\Sigma}=(\text{diag}(\sigma_i^2))$, so gilt $\underline{\Sigma}^{-1}=(\text{diag}(1/\sigma_i^2))$, und man erhält anstelle von (261.3)

$$v = \underline{x}'\underline{x} = \sum_{i=1}^{n} (y_i/\sigma_i)^2 \sim \chi^2(n) \tag{261.4}$$

Für $v \sim \chi^2(n)$ ergibt sich aus (223.5) die Verteilungsfunktion $F(\chi^2;n)$ zu

$$F(\chi^2;n) = (2^{n/2}\Gamma(n/2))^{-1} \int_0^{\chi^2} v^{(n/2)-1} e^{-v/2} dv \tag{261.5}$$

Werte von $F(\chi^2;n)$ findet man häufig tabuliert [Fisher und Yates 1963, S.47; Pearson und Hartley 1976, Vol.I, S.136; Bosch 1976, S.198]. Für eine numerische Berechnung eignet sich besonders für kleine Werte von χ^2 die unendliche Reihe, die man mit b=1/2, p=n/2 und G=χ^2 aus (243.11) erhält

$$F(\chi^2;n) = \left(\frac{\chi^2}{2}\right)^{\frac{n}{2}} \frac{e^{-\chi^2/2}}{\Gamma(\frac{n+2}{2})} \left(1 + \sum_{j=1}^{\infty} \frac{(\chi^2)^j}{(n+2)(n+4)\ldots(n+2j)}\right) \tag{261.6}$$

Aus der partiellen Integration des Integrals in (261.5) in den Grenzen von χ^2 bis ∞ erhält man die Reihe

$$F(\chi^2;n) = 1-(2^{\frac{n}{2}}\Gamma(\tfrac{n}{2}))^{-1}([-2e^{-\frac{v}{2}}v^{\frac{n}{2}-1}]_{\chi^2}^{\infty}+2(\tfrac{n}{2}-1)\int_{\chi^2}^{\infty} v^{\frac{n}{2}-2}e^{-\frac{v}{2}}dv)$$

$$= 1 - \frac{e^{-\frac{\chi^2}{2}}(\chi^2)^{\frac{n}{2}-1}}{2^{\frac{n}{2}}\,\Gamma(\frac{n}{2})}(2+\frac{2^2}{(\chi^2)^1}(\tfrac{n}{2}-1)+\frac{2^3}{(\chi^2)^2}(\tfrac{n}{2}-1)(\tfrac{n}{2}-2)+\ldots) \qquad (261.7)$$

Obwohl die Reihe für ungerade Werte von n divergiert, können aus ihr für große Werte von χ^2 Näherungswerte für $F(\chi^2;n)$ berechnet werden [Abramowitz und Stegun 1972, S.941]. Für gerade Werte von n folgt die endliche Reihe

$$F(\chi^2;n) = 1 - e^{-\chi^2/2}\sum_{j=o}^{n/2-1}\frac{(\chi^2/2)^j}{j!} \qquad (261.8)$$

Für n>100 erhält man mit (241.4) die Näherung [Abramowitz und Stegun 1972, S.941]

$$F(\chi^2;n)\approx F(x;0,1) \quad \text{mit} \quad x = \sqrt{2\chi^2} - \sqrt{2n-1} \qquad (261.9)$$

Entsprechend (241.6) ist das α-Fraktil $\chi^2_{\alpha;n}$ der χ^2-Verteilung definiert durch

$$F(\chi^2_{\alpha;n};n) = \alpha \qquad (261.10)$$

Die α-Fraktile lassen sich den angegebenen Tafeln entnehmen oder berechnen. Näherungsweise gilt [Johnson und Kotz 1970, 1, S.176]

$$\chi^2_{\alpha;n}\approx n(x_\alpha(\tfrac{2}{9n})^{1/2} + 1 - \tfrac{2}{9n})^3 \qquad (261.11)$$

worin x_α das mit (241.6) definierte α-Fraktil der standardisierten Normalverteilung bedeutet.

Um den Näherungswert aus (261.11), der mit $\bar{\chi}^2_{\alpha;n}$ bezeichnet sei, zu verbessern, muß die differentielle Größe $d\chi^2$ berechnet werden, falls $\bar{\chi}^2_{\alpha;n}=\chi^2_{\alpha;n}+d\chi^2$ gilt. Mit (261.5) wird die Wahrscheinlichkeit α_n aus

$$P(v<\chi^2_{\alpha;n}+d\chi^2) = F(\bar{\chi}^2_{\alpha;n};n) = \alpha_n \qquad (261.12)$$

erhalten. Mit (223.7) folgt dann $P(\chi^2_{\alpha;n}<v<\chi^2_{\alpha;n}+d\chi^2)=\alpha_n-\alpha$ und mit (223.8) und (261.1)

$$f(\bar{\chi}^2_{\alpha;n})d\chi^2 = \alpha_n - \alpha \qquad (261.13)$$

woraus zusammen mit (261.12) $d\chi^2$ und damit $\chi^2_{\alpha;n}$ iterativ mit der gewünschten Genauigkeit zu ermitteln ist.

262 Nichtzentrale χ^2-Verteilung

<u>Satz</u>: Der $n\times 1$ Zufallsvektor $\underline{x}=|x_1,\ldots,x_n|'$ sei normalverteilt wie $\underline{x}\sim N(\underline{\mu},\underline{I})$, dann besitzt die Quadratsumme $v=\underline{x}'\underline{x}=\sum_{i=1}^{n} x_i^2$ die <u>nichtzentrale χ^2-Verteilung</u> $\chi'^2(n,\lambda)$ mit n Freiheitsgraden und dem Nichtzentralitätsparameter $\lambda=\underline{\mu}'\underline{\mu}$, also $v\sim\chi'^2(n,\lambda)$, deren Dichte gegeben ist durch

$$f(v) = e^{-\frac{\lambda}{2}} \sum_{j=0}^{\infty} \frac{(\frac{\lambda}{2})^j \; v^{\frac{n}{2}+j-1} \; e^{-\frac{v}{2}}}{j! \; 2^{\frac{n}{2}+j} \; \Gamma(\frac{n}{2}+j)} \quad \text{für} \quad 0<v<\infty$$

und $f(v)=0$ für die übrigen Werte von v. (262.1)

Beweis: Die momenterzeugende Funktion $M_v(t)$ der Quadratsumme v ergibt sich mit (234.1) und (251.1) zu

$$M_v(t) = (\frac{1}{2\pi})^{\frac{n}{2}} \int_{-\infty}^{\infty} \ldots \int_{-\infty}^{\infty} \exp(t \sum_{i=1}^{n} x_i^2 - \frac{1}{2} \sum_{i=1}^{n} (x_i-\mu_i)^2) dx_1 \ldots dx_n$$

$$= \prod_{i=1}^{n} \int_{-\infty}^{\infty} (2\pi)^{-\frac{1}{2}} \exp(tx_i^2 - \frac{1}{2}(x_i-\mu_i)^2) dx_i$$

Der Exponent wird umgeformt

$$-\frac{1}{2}(-2tx_i^2+x_i^2-2x_i\mu_i+\mu_i^2)$$

$$= -\frac{1}{2}(x_i^2(1-2t) - 2x_i\mu_i + \mu_i^2(1-2t)^{-1} + \mu_i^2 - \mu_i^2(1-2t)^{-1})$$

$$= -\frac{1}{2}((x_i-\mu_i(1-2t)^{-1})^2(1-2t) + \mu_i^2(1-(1-2t)^{-1}))$$

so daß sich mit (241.2) ergibt

$$M_v(t) = \exp(-\frac{1}{2}(1-(1-2t)^{-1}) \sum_{i=1}^{n} \mu_i^2)$$

$$\prod_{i=1}^{n} \int_{-\infty}^{\infty} (2\pi)^{-\frac{1}{2}} \exp(-\frac{(x_i-\mu_i(1-2t)^{-1})^2}{2(1-2t)^{-1}}) dx_i$$

$$= (1-2t)^{-n/2} \exp(-\frac{\lambda}{2}(1-(1-2t)^{-1})) \qquad (262.2)$$

Andrerseits erhält man für die momenterzeugende Funktion $M_v(t)$ der Quadratsumme v mit (262.1) aus (234.1)

$$M_v(t) = \sum_{j=0}^{\infty} \frac{e^{-\lambda/2}(\lambda/2)^j}{j!} \int_{0}^{\infty} e^{vt} \frac{v^{n/2+j-1} \; e^{-v/2}}{2^{n/2+j} \; \Gamma(n/2+j)} dv$$

Das Integral stellt, wie ein Vergleich mit (261.1) zeigt, die momenterzeugende Funktion für $v\sim\chi^2(n+2j)$ dar, die $(1-2t)^{-n/2-j}$ beträgt, wie aus dem Beweis zu (261.1) sich ergibt. Es folgt daher

$$M_v(t) = e^{-\lambda/2}(1-2t)^{-n/2}\sum_{j=0}^{\infty}\frac{1}{j!}\left(\frac{\lambda}{2}(1-2t)^{-1}\right)^j$$

und mit (224.3) die mit (262.2) identische momenterzeugende Funktion, so daß wegen (234.3) die Aussage folgt.

Mit $\lambda=0$ erhält man anstelle der nichtzentralen χ^2-Verteilung (262.1) die χ^2-Verteilung (261.1).

Liegt anstelle eines Zufallsvektors mit der Kovarianzmatrix $\underline{I}$ der $n\times 1$ Zufallsvektor $\underline{y}$ mit $\underline{y}\sim N(\underline{\mu},\underline{\Sigma})$ vor, so gelten mit der linearen Transformation (261.2) entsprechend (261.3) und (261.4) die nichtzentralen χ^2-Verteilungen mit $\lambda=\underline{\mu}'\underline{\Sigma}^{-1}\underline{\mu}$.

Für $v\sim\chi'^2(n,\lambda)$ ergibt sich aus (223.5) die Verteilungsfunktion $F(\chi'^2;n,\lambda)$ mit (262.1) und (261.5) zu

$$F(\chi'^2;n,\lambda) = e^{-\lambda/2}\sum_{j=0}^{\infty}\frac{(\lambda/2)^j}{j!}F(\chi'^2;n+2j) \qquad (262.3)$$

so daß die Verteilungsfunktion der nichtzentralen χ^2-Verteilung mit Hilfe der Verteilungsfunktion der χ^2-Verteilung nach (261.6) bis (261.9) zu berechnen ist. Tabellierte Werte für $F(\chi'^2;n,\lambda)$ befinden sich in [Pearson und Hartley 1976, Vol.II, S.232]. Für große Werte von λ konvergiert die Reihe (262.3) langsam, so daß man in diesen Fällen zweckmäßig die mit der Verteilungsfunktion (261.5) der χ^2-Verteilung zu berechnende Näherung wählt [Patnaik 1949]

$$F(\chi'^2;n,\lambda) \approx F(\chi'^2/\rho;\nu) \quad \text{mit} \quad \rho = \frac{n+2\lambda}{n+\lambda}, \quad \nu = \frac{(n+\lambda)^2}{n+2\lambda} \qquad (262.4)$$

263 F-Verteilung

Die F-Verteilung (Fisher-Verteilung) und die nichtzentrale F-Verteilung werden bei Hypothesentests benötigt.

<u>Satz</u>: Die Zufallsvariablen u und v mit $u\sim\chi^2(m)$ und $v\sim\chi^2(n)$ seien voneinander unabhängig, dann besitzt die Zufallsvariable $w=(u/m)/(v/n)$ die <u>F-Verteilung</u> $F(m,n)$ mit m und n Freiheitsgraden, also $w\sim F(m,n)$, mit der Dichte

$$f(w) = \frac{\Gamma(\frac{m}{2}+\frac{n}{2})\,m^{\frac{m}{2}}\,n^{\frac{n}{2}}\,w^{\frac{m}{2}-1}}{\Gamma(\frac{m}{2})\,\Gamma(\frac{n}{2})\,(n+mw)^{\frac{m}{2}+\frac{n}{2}}} \quad \text{für} \quad 0 < w < \infty$$

und $f(w)=0$ für die übrigen Werte von w. (263.1)

Beweis: Da u und v voneinander unabhängig sind, erhält man ihre gemeinsame Verteilung $f(u,v)$ mit (228.2) und (261.1) zu

$$f(u,v) = \frac{u^{\frac{m}{2}-1} v^{\frac{n}{2}-1} e^{-\frac{u}{2}-\frac{v}{2}}}{2^{\frac{m}{2}+\frac{n}{2}} \Gamma(\frac{m}{2}) \Gamma(\frac{n}{2})} \quad \text{mit} \quad u > 0 \quad \text{und} \quad v > 0$$

Durch die Transformation der Variablen u in w mit u=mvw/n und $\det \underline{J}$= mv/n in (229.1) wegen du=mvdw/n ergibt sich

$$f(w,v) = \frac{\frac{m}{n}(\frac{mw}{n})^{\frac{m}{2}-1} v^{\frac{m}{2}+\frac{n}{2}-1}}{2^{\frac{m}{2}+\frac{n}{2}} \Gamma(\frac{m}{2}) \Gamma(\frac{n}{2})} e^{-\frac{1}{2}(1+\frac{mw}{n})v} \quad \text{für} \quad w > 0,\ v > 0$$

Aus dieser Dichte wird durch Integration über v die Randverteilung g(w) nach (226.4) berechnet. Beachtet man, daß das Integral von Null bis Unendlich über die Dichte der Gammaverteilung $G(\frac{1}{2}(1+\frac{mw}{n}), \frac{m}{2}+\frac{n}{2})$ nach (243.3) den Wert Eins ergibt, erhält man die Randverteilung

$$g(w) = \frac{\Gamma(\frac{m}{2}+\frac{n}{2})(\frac{m}{n})^{\frac{m}{2}} w^{\frac{m}{2}-1}}{(1+\frac{mw}{n})^{\frac{m}{2}+\frac{n}{2}} \Gamma(\frac{m}{2}) \Gamma(\frac{n}{2})} \quad \text{für} \quad w > 0$$

die identisch ist mit der F-Verteilung, so daß die Aussage folgt.

Für $w \sim F(m,n)$ ergibt sich aus (223.5) die Verteilungsfunktion $F(F_o;m,n)$ zu

$$F(F_o;m,n) = \frac{\Gamma(\frac{m}{2}+\frac{n}{2}) m^{\frac{m}{2}} n^{\frac{n}{2}}}{\Gamma(\frac{m}{2})\Gamma(\frac{n}{2})} \int_o^{F_o} \frac{w^{\frac{m}{2}-1} dw}{(n+mw)^{\frac{m}{2}+\frac{n}{2}}} \tag{263.2}$$

Werte der Verteilungsfunktion der F-Verteilung liegen in vielen Veröffentlichungen tabelliert vor [Fisher und Yates 1963, S.49; Pearson und Hartley 1976, Vol.I, S.169; Bosch 1976, S.200]. Zur numerischen Berechnung benutzt man zweckmäßig die unvollständige Betafunktion (245.3) zusammen mit (245.4), denn es gilt

$$F(F_o;m,n) = 1 - I_x(\frac{n}{2},\frac{m}{2}) \quad \text{mit } x = \frac{n}{n+mF_o} \tag{263.3}$$

oder wegen (245.5)

$$F(F_o;m,n) = I_{1-x}(\frac{m}{2},\frac{n}{2}) \quad \text{mit} \quad 1 - x = \frac{mF_o}{n+mF_o} \tag{263.4}$$

Führt man nämlich in (263.2) die Variablentransformation t=n/(n+mw) mit $dt=-nmdw/(n+mw)^2$ durch, ergibt sich

$$F(F_o;m,n) = -\frac{\Gamma(\frac{m}{2}+\frac{n}{2}) m^{\frac{m}{2}} n^{\frac{n}{2}}}{\Gamma(\frac{m}{2})\Gamma(\frac{n}{2}) nm} \int_1^x \frac{(\frac{n}{mt})^{\frac{m}{2}-1} (1-t)^{\frac{m}{2}-1}}{(\frac{n}{t})^{\frac{m}{2}+\frac{n}{2}-2}} dt$$

und daraus (263.3) mit (245.3).

Entsprechend (241.6) ist das α-Fraktil $F_{\alpha;m,n}$ der F-Verteilung definiert durch

$$F(F_{\alpha;m,n};m,n) = \alpha \qquad (263.5)$$

Die α-Fraktile lassen sich den angegebenen Tafeln entnehmen oder berechnen. Näherungsweise gilt [Abramowitz und Stegun 1972, S.947]

$$F_{\alpha;m,n} \approx e^{2w} \qquad (263.6)$$

mit

$$w = \frac{x_\alpha(h+\lambda)^{1/2}}{h} - \left(\frac{1}{m-1} - \frac{1}{n-1}\right)\left(\lambda + \frac{5}{6} - \frac{2}{3h}\right)$$

$$h = 2\left(\frac{1}{m-1} + \frac{1}{n-1}\right)^{-1}, \quad \lambda = \frac{x_\alpha^2 - 3}{6}$$

worin x_α das mit (241.6) definierte α-Fraktil der standardisierten Normalverteilung bedeutet. Der aus (263.6) berechnete Näherungswert läßt sich (261.12) und (261.13) entsprechend verbessern.

264 Nichtzentrale F-Verteilung

Satz: Die Zufallsvariablen u und v mit $u \sim \chi'^2(m,\lambda)$ und $v \sim \chi^2(n)$ seien voneinander unabhängig, dann besitzt die Zufallsvariable $w = (u/m)/(v/n)$ die nichtzentrale F-Verteilung $F'(m,n,\lambda)$ mit m und n Freiheitsgraden und dem Nichtzentralitätsparameter λ, also $w \sim F'(m,n,\lambda)$, mit der Dichte

$$f(w) = e^{-\frac{\lambda}{2}} \sum_{j=o}^{\infty} \frac{\left(\frac{\lambda}{2}\right)^j \Gamma\left(\frac{m}{2}+\frac{n}{2}+j\right) m^{\frac{m}{2}+j} n^{\frac{n}{2}} w^{\frac{m}{2}+j-1}}{j!\, \Gamma\left(\frac{m}{2}+j\right) \Gamma\left(\frac{n}{2}\right) (n+mw)^{\frac{m}{2}+\frac{n}{2}+j}}$$

für $0<w<\infty$ und $f(w)=0$ für die übrigen Werte von w. (264.1)

Beweis: Da u und v voneinander unabhängig sind, erhält man ihre gemeinsame Verteilung f(u,v) mit (228.2), (261.1) und (262.1) zu

$$f(u,v) = \frac{v^{\frac{n}{2}-1} e^{-\frac{v}{2}}}{2^{\frac{n}{2}} \Gamma\left(\frac{n}{2}\right)} \sum_{j=o}^{\infty} \frac{e^{-\frac{\lambda}{2}} \left(\frac{\lambda}{2}\right)^j u^{\frac{m}{2}+j-1} e^{-\frac{u}{2}}}{j!\, 2^{\frac{m}{2}+j} \Gamma\left(\frac{m}{2}+j\right)} \quad \text{für} \quad u > 0,\ v > 0$$

Transformiert man die Variable v in x mit $v=u/x$ und $|\det \underline{J}| = u/x^2$ in (229.1) wegen $dv = -udx/x^2$, ergibt sich

$$f(u,x) = \sum_{j=o}^{\infty} G_j \left(\frac{u}{x}\right)^{\frac{n}{2}-1} e^{-\frac{u}{2x}} u^{\frac{m}{2}+j-1} e^{-\frac{u}{2}} \frac{u}{x^2} \quad \text{für} \quad u > 0,\ x > 0$$

mit

$$G_j = \frac{e^{-\lambda/2}(\lambda/2)^j}{j!\, 2^{\frac{m}{2}+\frac{n}{2}+j}\, \Gamma(\frac{m}{2}+j)\Gamma(\frac{n}{2})}$$

Die Randverteilung g(x) von x erhält man hieraus nach (226.4) zu

$$g(x) = \sum_{j=o}^{\infty} G_j x^{-\frac{n}{2}-1} \int_o^{\infty} u^{\frac{m}{2}+\frac{n}{2}+j-1} e^{-\frac{u}{2}(1+\frac{1}{x})} du$$

Durch die Substitution $z=\frac{u}{2}(1+\frac{1}{x})$ mit $dz=\frac{du}{2}(1+\frac{1}{x})$ folgt weiter

$$g(x) = \sum_{j=o}^{\infty} G_j x^{-\frac{n}{2}-1} (\frac{2x}{x+1})^{\frac{m}{2}+\frac{n}{2}+j} \int_o^{\infty} z^{\frac{m}{2}+\frac{n}{2}+j-1} e^{-z} dz$$

und mit (243.2)

$$g(x) = \sum_{j=o}^{\infty} G_j \Gamma(\frac{m}{2}+\frac{n}{2}+j)(\frac{2}{x+1})^{\frac{m}{2}+\frac{n}{2}+j} x^{\frac{m}{2}+j-1}$$

Eine letzte Variablentransformation x=mw/n mit $\det\underline{J}= m/n$ führt schließlich wegen

$$\frac{m(\frac{mw}{n})^{\frac{m}{2}+j-1}}{n(\frac{mw}{n}+1)^{\frac{m}{2}+\frac{n}{2}+j}} = \frac{m^{\frac{m}{2}+j} n^{\frac{n}{2}} w^{\frac{m}{2}+j-1}}{(n+mw)^{\frac{m}{2}+\frac{n}{2}+j}}$$

auf die Dichte der nichtzentralen F-Verteilung, so daß die Aussage folgt.

Mit λ=O erhält man anstelle der nichtzentralen F-Verteilung (264.1) die F-Verteilung (263.1).

Für $w \sim F'(m,n,\lambda)$ ergibt sich die Verteilungsfunktion $F(F';m,n,\lambda)$ mit (263.2) und (263.4) zu

$$F(F';m,n,\lambda)=e^{-\lambda/2} \sum_{j=o}^{\infty} \frac{(\lambda/2)^j}{j!} I_{1-x}(\frac{m}{2}+j,\frac{n}{2})=e^{-\lambda/2} \sum_{j=o}^{\infty} \frac{(\lambda/2)^j}{j!} F(F_j';m+2j,n) \qquad (264.2)$$

mit $1-x=mF'/(n+mF')$ und $F_j'=mF'/(m+2j)$, so daß $F(F';m,n,\lambda)$ mit Hilfe der Verteilungsfunktion (263.2) der F-Verteilung berechenbar ist. Für große Werte von λ konvergiert die Reihe (264.2) langsam, so daß man zweckmäßig die mit der Verteilungsfunktion (263.2) der F-Verteilung zu berechnende Näherung wählt [Patnaik 1949]

$$F(F';m,n,\lambda) \approx F(F_o;\nu,n) \quad \text{mit} \quad F_o= \frac{mF'}{m+\lambda}, \quad \nu = \frac{(m+\lambda)^2}{m+2\lambda} \qquad (264.3)$$

Genauere, aber mit höherem Aufwand zu berechnende Näherungen sind bei [Mudholkar u.a. 1976] angegeben. Tafeln mit Werten für die Verteilungsfunktion der nichtzentralen F-Verteilung befinden sich bei [Tiku 1967, 1972].

Ausdrücke mit einer endlichen Anzahl von Termen für $F(F';m,n,\lambda)$ sind bei [Price 1964] angegeben, wo auch die doppelt nichtzentrale F-Verteilung behandelt wird, die aus dem Verhältnis zweier unabhängiger Zufallsvariablen folgt, die beide nichtzentrale χ^2-Verteilungen besitzen.

265 t-Verteilung

Satz: Die Zufallsvariablen y und u mit $y \sim N(0,1)$ und $u \sim \chi^2(k)$ seien voneinander unabhängig, dann besitzt die Zufallsvariable x mit

$$x = y/\sqrt{u/k}$$

die t-Verteilung t(k), auch Student-Verteilung genannt, mit k Freiheitsgraden, also $x \sim t(k)$, mit der Dichte

$$f(x) = \frac{\Gamma(\frac{k+1}{2})}{\sqrt{k\pi}\,\Gamma(\frac{k}{2})}\left(1+\frac{x^2}{k}\right)^{-\frac{k+1}{2}} \quad \text{für } -\infty < x < \infty \tag{265.1}$$

Beweis: Die gemeinsame Verteilung f(y,u) von y und u ergibt sich aus (228.2) mit (241.1) und (261.1). Substituiert man in ihr die Variable y durch $x=y/\sqrt{u/k}$ mit $\det \underline{J}=\sqrt{u/k}$ in (229.1) ergibt sich die Randverteilung g(x) von x zu

$$g(x) = \frac{1}{\sqrt{2\pi}\,\Gamma(\frac{k}{2})\,2^{\frac{k}{2}}} \int_0^\infty u^{\frac{k}{2}-1}\, e^{-\frac{ux^2}{2k}-\frac{u}{2}} \left(\frac{u}{k}\right)^{\frac{1}{2}} du \quad \text{für } -\infty < x < \infty$$

Beachtet man, daß das Integral über die Gammaverteilung $G(\frac{1}{2}(1+\frac{x^2}{k}), \frac{k+1}{2})$ in den Grenzen von Null bis Unendlich nach (243.3) den Wert Eins ergibt, folgt für g(x) die Dichte der t-Verteilung und damit die Aussage.

Werte der Verteilungsfunktion der t-Verteilung sind tabuliert [Fisher und Yates 1963, S.46; Pearson und Hartley 1976, Vol.I, S.138; Bosch 1976, S.197], doch brauchen hier Rechenformeln für die Verteilungsfunktion nicht angegeben zu werden, da im folgenden t-verteilte Zufallsvariable durch F-verteilte Variable ersetzt werden können. Hierzu dient der

Satz: Die Zufallsvariablen y und u mit $y \sim N(0,1)$ und $u \sim \chi^2(k)$ seien voneinander unabhängig, dann gilt

$$x^2 \sim F(1,k) \quad \text{und} \quad x \sim t(k) \quad \text{mit} \quad x = y/\sqrt{u/k} \tag{265.2}$$

Beweis: Unter den getroffenen Voraussetzungen gilt nach (261.1) $y^2 \sim \chi^2(1)$, so daß $x^2=y^2/(u/k)$ nach (263.1) verteilt ist wie $x^2 \sim F(1,k)$.

Weiter ist $x=y/\sqrt{u/k}$ nach (265.1) verteilt wie $x\sim t(k)$, so daß die Aussage folgt.

Für $x^2 \sim F(1,k)$ mit der Dichte $f(x^2)$ gilt nach (263.5)

$$P(x^2 < F_{\alpha;1,k}) = \int_0^{F_{\alpha;1,k}} f(x^2)dx^2 = \alpha$$

Mit der entsprechenden Variablentransformation im Integral dieser Gleichung folgt weiter $P(\pm x<(F_{\alpha;1,k})^{1/2})=\alpha$ und hiermit wegen (265.2) das dem α-Fraktil der F-Verteilung entsprechende Fraktil $t_{\alpha;k}$ der t-Verteilung

$$t_{\alpha;k} = (F_{\alpha;1,k})^{1/2} \tag{265.3}$$

mit

$$P(-t_{\alpha;k} < x < t_{\alpha;k}) = \alpha \tag{265.4}$$

Da die t-Verteilung wegen (265.1) symmetrisch ist, gilt

$$\int_{-\infty}^{t_{\alpha;k}} f(x)dx = \frac{1}{2}(1+\alpha) \tag{265.5}$$

27 Quadratische Formen

271 Erwartungswert und Kovarianz

Quadratische Formen von Zufallsvariablen benötigt man bei Hypothesentests in univariaten Modellen, und um Varianzen für die Schätzwerte von Parametern anzugeben.

<u>Satz</u>: Besitzen die $n\times 1$ Zufallsvektoren $\underline{x}$ und $\underline{y}$ die Erwartungswertvektoren $E(\underline{x})=\underline{\mu}_x$ sowie $E(\underline{y})=\underline{\mu}_y$ und die Kovarianzmatrizen $D(\underline{x})=\underline{\Sigma}_{xx}$ sowie $C(\underline{x},\underline{y})=\underline{\Sigma}_{xy}$, dann gilt

$$E(\underline{x}'\underline{A}\underline{x}) = sp(\underline{A}\underline{\Sigma}_{xx}) + \underline{\mu}_x'\underline{A}\underline{\mu}_x \quad \text{und} \quad E(\underline{x}'\underline{A}\underline{y}) = sp(\underline{A}\underline{\Sigma}_{yx}) + \underline{\mu}_x'\underline{A}\underline{\mu}_y$$

worin $\underline{A}$ die symmetrische $n\times n$ Matrix der quadratischen beziehungsweise der bilinearen Form bedeutet. (271.1)

Beweis: Mit (137.3), (137.4), (231.5) und (232.8) erhält man

$$E(\underline{x}'\underline{A}\underline{x}) = E(sp(\underline{A}\underline{x}\underline{x}')) = sp(\underline{A}E(\underline{x}\underline{x}')) = sp(\underline{A}(\underline{\Sigma}_{xx}+\underline{\mu}_x\underline{\mu}_x'))$$

und damit die erste Aussage sowie die zweite entsprechend.

Nimmt man den Zufallsvektor $\underline{x}$ als normalverteilt an, sind wegen (252.1) sämtliche Momente der Verteilung durch den Erwartungswertvektor $\underline{\mu}$ und die Kovarianzmatrix $\underline{\Sigma}$ bestimmt. In diesem Fall ergeben sich auch für die Kovarianz zweier quadratischer Formen des Zufallsvektors und für die Kovarianz des Zufallsvektors und einer quadratischen Form Ausdrücke mit $\underline{\mu}$ und $\underline{\Sigma}$.

Satz: Der Zufallsvektor $\underline{x}$ sei normalverteilt wie $\underline{x}\sim N(\underline{\mu},\underline{\Sigma})$, dann gilt für die Kovarianz der beiden quadratischen Formen $\underline{x}'\underline{A}\underline{x}$ und $\underline{x}'\underline{B}\underline{x}$

$$C(\underline{x}'\underline{A}\underline{x},\underline{x}'\underline{B}\underline{x}) = 2sp(\underline{A}\underline{\Sigma}\underline{B}\underline{\Sigma}) + 4\underline{\mu}'\underline{A}\underline{\Sigma}\underline{B}\underline{\mu} \tag{271.2}$$

Beweis: Mit (232.5) und (271.1) erhält man

$$C(\underline{x}'\underline{A}\underline{x},\underline{x}'\underline{B}\underline{x}) = E((\underline{x}'\underline{A}\underline{x} - E(\underline{x}'\underline{A}\underline{x}))(\underline{x}'\underline{B}\underline{x} - E(\underline{x}'\underline{B}\underline{x})))$$
$$= E((\underline{x}'\underline{A}\underline{x} - sp(\underline{A}\underline{\Sigma}) - \underline{\mu}'\underline{A}\underline{\mu})(\underline{x}'\underline{B}\underline{x} - sp(\underline{B}\underline{\Sigma}) - \underline{\mu}'\underline{B}\underline{\mu}))$$

Für den Zufallsvektor $\underline{e}=\underline{x}-\underline{\mu}$ gilt $E(\underline{e})=\underline{0}$ und mit (233.2) $D(\underline{e})=\underline{\Sigma}$ sowie mit (255.1) $\underline{e}\sim N(\underline{0},\underline{\Sigma})$, so daß mit $\underline{x}=\underline{e}+\underline{\mu}$ und (231.5) folgt

$$C(\underline{x}'\underline{A}\underline{x},\underline{x}'\underline{B}\underline{x}) = E((\underline{e}'\underline{A}\underline{e}+2\underline{\mu}'\underline{A}\underline{e}-sp(\underline{A}\underline{\Sigma}))(\underline{e}'\underline{B}\underline{e}+2\underline{\mu}'\underline{B}\underline{e}-sp(\underline{B}\underline{\Sigma})))$$
$$= E(\underline{e}'\underline{A}\underline{e}\underline{e}'\underline{B}\underline{e}) + 2\underline{\mu}'\underline{A}E(\underline{e}\underline{e}'\underline{B}\underline{e}) + 2\underline{\mu}'\underline{B}E(\underline{e}\underline{e}'\underline{A}\underline{e}) - E(\underline{e}'\underline{A}\underline{e})sp(\underline{B}\underline{\Sigma})$$
$$- E(\underline{e}'\underline{B}\underline{e})sp(\underline{A}\underline{\Sigma}) + 4\underline{\mu}'\underline{A}\underline{\Sigma}\underline{B}\underline{\mu} + sp(\underline{A}\underline{\Sigma})sp(\underline{B}\underline{\Sigma})$$
$$= E(\underline{e}'\underline{A}\underline{e}\ \underline{e}'\underline{B}\underline{e}) + 2\underline{\mu}'\underline{A}E(\underline{e}\underline{e}'\underline{B}\underline{e}) + 2\underline{\mu}'\underline{B}E(\underline{e}\underline{e}'\underline{A}\underline{e})$$
$$+ 4\underline{\mu}'\underline{A}\underline{\Sigma}\underline{B}\underline{\mu} - sp(\underline{A}\underline{\Sigma})sp(\underline{B}\underline{\Sigma})$$

Mit (131.6) und (252.8) erhält man, da die Matrizen $\underline{A}$, $\underline{B}$ und $\underline{\Sigma}$ symmetrisch sind

$$E(\underline{e}'\underline{A}\underline{e}\underline{e}'\underline{B}\underline{e}) = \sum_{i=1}^{n}\sum_{j=1}^{n}\sum_{k=1}^{n}\sum_{l=1}^{n} a_{ij}b_{kl}\ E(e_ie_je_ke_l)$$

$$= \sum_{i=1}^{n}\sum_{j=1}^{n}\sum_{k=1}^{n}\sum_{l=1}^{n} (a_{ij}\sigma_{ji}b_{kl}\sigma_{lk} + a_{ji}\sigma_{ik}b_{kl}\sigma_{lj} + a_{ij}\sigma_{jk}b_{kl}\sigma_{li})$$

$$= sp(\underline{A}\underline{\Sigma})sp(\underline{B}\underline{\Sigma}) + 2sp(\underline{A}\underline{\Sigma}\underline{B}\underline{\Sigma})$$

und weiter mit (252.8) für $k\in\{1,\ldots,n\}$

$$E(\underline{e}\underline{e}'\underline{A}\underline{e}) = (\sum_{i=1}^{n}\sum_{j=1}^{n} a_{ij}\ E(e_ie_je_k)) = \underline{0} \tag{271.3}$$

sowie entsprechend $E(\underline{e}\underline{e}'\underline{B}\underline{e})=\underline{0}$. Diese Ergebnisse in die Gleichung für $C(\underline{x}'\underline{A}\underline{x},\underline{x}'\underline{B}\underline{x})$ eingesetzt ergeben die Aussage.

Satz: Der Zufallsvektor $\underline{x}$ sei normalverteilt wie $\underline{x}\sim N(\underline{\mu},\underline{\Sigma})$, dann gilt für die Kovarianz der linearen Form $\underline{A}\underline{x}$ und der quadratischen Form $\underline{x}'\underline{B}\underline{x}$

$$C(\underline{A}\underline{x},\underline{x}'\underline{B}\underline{x}) = 2\underline{A}\underline{\Sigma}\underline{B}\underline{\mu} \tag{271.4}$$

Beweis: Mit (233.11) und (271.1) folgt

$$C(\underline{A}\underline{x},\underline{x}'\underline{B}\underline{x}) = E((\underline{A}\underline{x}-\underline{A}\underline{\mu})(\underline{x}'\underline{B}\underline{x}-\underline{\mu}'\underline{B}\underline{\mu}-sp(\underline{B}\underline{\Sigma}))')$$
$$= E((\underline{A}\underline{x}-\underline{A}\underline{\mu})((\underline{x}-\underline{\mu})'\underline{B}(\underline{x}-\underline{\mu}) + 2(\underline{x}-\underline{\mu})'\underline{B}\underline{\mu}-sp(\underline{B}\underline{\Sigma}))')$$
$$= 2\underline{A}\underline{\Sigma}\underline{B}\underline{\mu}$$

mit $\underline{e}=\underline{x}-\underline{\mu}$ wegen (271.3) und wegen $E(\underline{x}-\underline{\mu})=\underline{0}$.

272 Verteilung der quadratischen Form

Satz: Ist der Zufallsvektor $\underline{x}$ normalverteilt wie $\underline{x}\sim N(\underline{\mu},\underline{\Sigma})$, so gilt genau dann $\underline{x}'\underline{A}\underline{x}\sim\chi'^2(rg\underline{A},\underline{\mu}'\underline{A}\underline{\mu})$, wenn $\underline{A}\underline{\Sigma}$ idempotent ist. (272.1)

Beweis: Die Matrix $\underline{A}\underline{\Sigma}$ sei idempotent, dann gilt nach (152.1)

$\underline{A}\underline{\Sigma}=\underline{A}\underline{\Sigma}\underline{A}\underline{\Sigma}$ und weiter, da $\underline{\Sigma}$ positiv definit ist und somit $\underline{\Sigma}^{-1}$ wegen (143.3) existiert, $\underline{A}=\underline{A}\underline{\Sigma}\underline{A}$. Nach (143.7) ist dann $\underline{A}$ zumindest positiv semidefinit, so daß mit $r=\mathrm{rg}\underline{A}$ nach (143.10) für $\underline{A}$ die Zerlegung $\underline{A}=\underline{H}\underline{H}'$ gilt, in der $\underline{H}$ den vollen Spaltenrang $r=\mathrm{rg}\underline{H}$ besitzt. Mit dem $r\times 1$ Vektor $\underline{z}=\underline{H}'\underline{x}$ folgt dann $\underline{x}'\underline{A}\underline{x}=\underline{z}'\underline{z}$ und nach (255.1) $\underline{z}\sim N(\underline{H}'\underline{\mu},\underline{I})$, denn wegen (143.8) existiert $(\underline{H}'\underline{H})^{-1}$, so daß $\underline{H}'\underline{\Sigma}\underline{H}=(\underline{H}'\underline{H})^{-1}\underline{H}'\underline{H}\underline{H}'\underline{\Sigma}\underline{H}\underline{H}'\underline{H}(\underline{H}'\underline{H})^{-1}=$ $(\underline{H}'\underline{H})^{-1}\underline{H}'\underline{A}\underline{H}(\underline{H}'\underline{H})^{-1}=\underline{I}$ gilt. Dann ergibt sich mit (262.1) $\underline{z}'\underline{z}\sim\chi'^2(r,$ $\underline{\mu}'\underline{H}\underline{H}'\underline{\mu})$ und damit die erste Aussage. Nimmt man andrerseits an, daß $\underline{x}'\underline{A}\underline{x}\sim\chi'^2(\mathrm{rg}\underline{A},\underline{\mu}'\underline{A}\underline{\mu})$ gilt, läßt sich mit Hilfe der momenterzeugenden Funktion von $\underline{x}'\underline{A}\underline{x}$ zeigen, daß $\underline{A}\underline{\Sigma}$ idempotent ist [Graybill 1976, S.135; Searle 1971, S.57].

273 Unabhängigkeit zweier quadratischer Formen

Satz: Ist der Zufallsvektor $\underline{x}$ normalverteilt wie $\underline{x}\sim N(\underline{\mu},\underline{\Sigma})$, so sind die beiden quadratischen Formen $\underline{x}'\underline{A}\underline{x}$ und $\underline{x}'\underline{B}\underline{x}$ mit den zumindest positiv semidefiniten Matrizen $\underline{A}$ und $\underline{B}$ genau dann voneinander unabhängig, falls $\underline{A}\underline{\Sigma}\underline{B}=\underline{O}$ oder $\underline{B}\underline{\Sigma}\underline{A}=\underline{O}$ gilt. (273.1)

Beweis: Da $\underline{A}$, $\underline{B}$ und $\underline{\Sigma}$ symmetrisch sind, ergibt sich die Bedingung $\underline{B}\underline{\Sigma}\underline{A}=\underline{O}$ durch Transponierung von $\underline{A}\underline{\Sigma}\underline{B}=\underline{O}$. Es sei $\underline{A}\underline{\Sigma}\underline{B}=\underline{O}$, dann erhält man mit $\underline{A}=\underline{C}\underline{C}'$ und $\underline{B}=\underline{D}\underline{D}'$ wegen (143.10), wobei $\underline{C}$ und $\underline{D}$ vollen Spaltenrang besitzen, $\underline{A}\underline{\Sigma}\underline{B}=\underline{C}\underline{C}'\underline{\Sigma}\underline{D}\underline{D}'=\underline{O}$ sowie $\underline{C}'\underline{C}\underline{C}'\underline{\Sigma}\underline{D}\underline{D}'\underline{D}=\underline{O}$ und daraus $\underline{C}'\underline{\Sigma}\underline{D}=\underline{O}$, da $\underline{C}'\underline{C}$ und $\underline{D}'\underline{D}$ wegen (143.8) regulär sind. Mit (233.15) folgt dann $C(\underline{C}'\underline{x},\underline{D}'\underline{x})=$ $\underline{C}'\underline{\Sigma}\underline{D}=\underline{O}$, so daß wegen (254.1) die Zufallsvektoren $\underline{C}'\underline{x}$ und $\underline{D}'\underline{x}$ voneinander unabhängig und daher nach (228.1) auch die quadratischen Formen $\underline{x}'\underline{C}\underline{C}'\underline{x}=\underline{x}'\underline{A}\underline{x}$ und $\underline{x}'\underline{D}\underline{D}'\underline{x}=\underline{x}'\underline{B}\underline{x}$ voneinander unabhängig sind. Nimmt man andrerseits für $\underline{x}'\underline{A}\underline{x}$ und $\underline{x}'\underline{B}\underline{x}$ Unabhängigkeit an, so gilt nach (232.7) und (271.2) $C(\underline{x}'\underline{A}\underline{x},\underline{x}'\underline{B}\underline{x})=2\mathrm{sp}(\underline{A}\underline{\Sigma}\underline{B}\underline{\Sigma})+4\underline{\mu}'\underline{A}\underline{\Sigma}\underline{B}\underline{\mu}=0$ für alle Werte von $\underline{\mu}$, woraus $\mathrm{sp}(\underline{A}\underline{\Sigma}\underline{B}\underline{\Sigma})=0$ und $\underline{\mu}'\underline{A}\underline{\Sigma}\underline{B}\underline{\mu}=0$ für alle Werte von $\underline{\mu}$ folgt. Hieraus ergibt sich $\underline{A}\underline{\Sigma}\underline{B}=\underline{O}$. Entsprechend verläuft der Beweis für positiv definite Matrizen $\underline{A}$ und $\underline{B}$.

274 Unabhängigkeit einer linearen Form und einer quadratischen Form

Satz: Ist der Zufallsvektor $\underline{x}$ normalverteilt wie $\underline{x}\sim N(\underline{\mu},\underline{\Sigma})$, so sind die lineare Form $\underline{A}\underline{x}$ und die quadratische Form $\underline{x}'\underline{B}\underline{x}$ mit der zumindest positiv semidefiniten Matrix $\underline{B}$ genau dann voneinander unabhängig, falls $\underline{A}\underline{\Sigma}\underline{B}=\underline{O}$ gilt. (274.1)

Beweis: Es sei $\underline{A}\underline{\Sigma}\underline{B}=\underline{O}$, dann ergibt sich mit $\underline{B}=\underline{C}\underline{C}'$ wegen (143.10), wobei $\underline{C}$ vollen Spaltenrang besitzt, $\underline{A}\underline{\Sigma}\underline{B}=\underline{A}\underline{\Sigma}\underline{C}\underline{C}'=\underline{O}$ sowie $\underline{A}\underline{\Sigma}\underline{C}\underline{C}'\underline{C}=\underline{O}$ und schließlich

$\underline{A}\underline{\Sigma}\underline{C}=\underline{O}$, da $\underline{C}'\underline{C}$ wegen (143.8) regulär ist. Mit (233.15) folgt dann $C(\underline{A}\underline{x},\underline{C}'\underline{x})=\underline{A}\underline{\Sigma}\underline{C}=\underline{O}$, so daß wegen (254.1) die Zufallsvektoren $\underline{A}\underline{x}$ und $\underline{C}'\underline{x}$ und daher nach (228.1) auch $\underline{A}\underline{x}$ und $\underline{x}'\underline{C}\underline{C}'\underline{x}=\underline{x}\underline{B}\underline{x}$ voneinander unabhängig sind. Nimmt man andrerseits Unabhängigkeit an, so gilt nach (232.7) und (271.4) $C(\underline{A}\underline{x},\underline{x}'\underline{B}\underline{x})=2\underline{A}\underline{\Sigma}\underline{B}\underline{\mu}=\underline{O}$ für alle Werte von $\underline{\mu}$. Hieraus folgt $\underline{A}\underline{\Sigma}\underline{B}=\underline{O}$. Entsprechend verläuft der Beweis für eine positiv definite Matrix $\underline{B}$.

28 Testverteilungen für multivariate Modelle der Parameterschätzung

281 Wishart-Verteilung

Der χ^2-, F- und t-Verteilung für Bereichsschätzungen und Hypothesentests in univariaten Modellen der Parameterschätzung entsprechen die Wishart-Verteilung und die aus ihr abgeleiteten Verteilungen für die Hypothesentests in multivariaten Modellen. Die Wishart-Verteilung selbst stellt die multivariate Verallgemeinerung der χ^2-Verteilung dar, wie in dem folgenden Beispiel gezeigt wird.

Satz: Die $p\times 1$ Zufallsvektoren $\underline{x}_k$ mit $k\in\{1,\ldots,n\}$ seien voneinander unabhängig, und jeder Vektor sei normalverteilt wie $\underline{x}_k\sim N(\underline{O},\underline{\Sigma})$. Weiter gelte $p\leq n$, und die $p\times n$ Matrix $\underline{X}$ sei definiert durch $\underline{X}=|\underline{x}_1,\ldots,\underline{x}_n|$. Für die Elemente der $p\times p$ Matrix $\underline{V}$ mit $\underline{V}=\sum_{k=1}^{n}\underline{x}_k\underline{x}_k'=\underline{X}\underline{X}'$ gilt dann die Wishart-Verteilung $W(n,\underline{\Sigma})$, also $\underline{V}\sim W(n,\underline{\Sigma})$, deren Dichte gegeben ist durch

$$f(\underline{V})=\frac{(\det\underline{V})^{\frac{1}{2}(n-p-1)}\,e^{-\frac{1}{2}\mathrm{sp}(\underline{\Sigma}^{-1}\underline{V})}}{2^{\frac{np}{2}}\,\pi^{\frac{p(p-1)}{4}}\,(\det\underline{\Sigma})^{\frac{n}{2}}\prod_{i=1}^{p}\Gamma\left(\frac{n+1-i}{2}\right)}$$

falls $\underline{V}$ positiv definit ist und $f(\underline{V})=\underline{O}$ für beliebige $p\times p$ Matrizen $\underline{V}$. Gilt $\underline{x}_k\sim N(\underline{\mu}_k,\underline{\Sigma})$, ergibt sich für $\underline{V}$ die nichtzentrale Wishart-Verteilung $W'(n,\underline{\Sigma},\underline{\Lambda})$ mit der von den Erwartungswertvektoren $\underline{\mu}_k$ abhängigen $p\times p$ Matrix $\underline{\Lambda}$ der Nichtzentralitätsparameter, also $\underline{V}\sim W'(n,\underline{\Sigma},\underline{\Lambda})$. (281.1)

Bevor dieser Satz bewiesen wird, soll ein einfaches Beispiel behandelt werden.

Beispiel: Mit $p=1$, $x_k\sim N(0,\sigma^2)$ und $\underline{V}=\sum_{k=1}^{n}x_k^2=s$ ergibt sich aus (281.1)

$$f(s)=\frac{s^{(n/2)-1}\,e^{-s/(2\sigma^2)}}{2^{n/2}\,\sigma^n\,\Gamma(n/2)}$$

Die identische Dichte erhält man aber mit Hilfe der χ^2-Verteilung für die Zufallsvariable s mit $s/\sigma^2 \sim \chi^2(n)$ wegen (261.4), was sich durch Substitution von $v=s/\sigma^2$ in (261.1) mit $\det \underline{J}=1/\sigma^2$ in (229.1) unmittelbar ergibt. Die Wishart-Verteilung stellt also die multivariate Verallgemeinerung der χ^2-Verteilung dar.

Im folgenden werden Matrizen, die die Wishart-Verteilung besitzen, abgekürzt als Wishart-Matrizen bezeichnet.

282 Herleitung der Wishart-Verteilung

Zur Herleitung der Wishart-Verteilung wird zunächst angenommen, daß $\underline{x}_k \sim N(\underline{0},\underline{I})$ gilt, um dann später auf die Normalverteilung mit $\underline{\Sigma}$ überzugehen. Mit $\underline{V}=\underline{X}\underline{X}'$ in (281.1) ist $\underline{V}$ nach (143.8) positiv definit oder positiv semidefinit, wobei zunächst der erste Fall angenommen wird.

Es sei $\underline{V}=(v_{ij})$ und $\underline{v}_i'=|v_{i,i+1}, v_{i,i+2},\dots,v_{ip}|$, dann ergibt sich die Untermatrix $\underline{V}_{ii}=(v_{ij})$ von $\underline{V}$ mit $i,j\in\{i,\dots,p\}$ zu

$$\underline{V}_{ii}=\begin{vmatrix} v_{ii} & \underline{v}_i' \\ \underline{v}_i & \underline{V}_{i+1,i+1} \end{vmatrix} \qquad (282.1)$$

Mit $\underline{V}$ ist auch $\underline{V}_{ii}$ positiv definit, wie sich durch die entsprechende Wahl des Vektors in der quadratischen Form in (143.1) zeigen läßt. Weiter sei $v_{(i)}$ definiert durch

$$v_{(i)}=v_{ii}-\underline{v}_i'\underline{V}_{i+1,i+1}^{-1}\underline{v}_i \qquad (282.2)$$

Die Verteilungen von $\underline{v}_i$ und $v_{(i)}$ sind gesucht.

Die Zeilen von $\underline{X}=(x_{ij})$ in (281.1) seien durch die Vektoren $\underline{z}_i=|x_{i1},\dots,x_{in}|'$ bezeichnet. Da $\underline{x}_k \sim N(\underline{0},\underline{I})$ gilt, sind wegen (254.1) die Zufallsvektoren $\underline{z}_i$ für $i\neq j$ voneinander unabhängig. Weiter gilt $x_{ij}\sim N(0,1)$, so daß $\underline{z}_i\sim N(\underline{0},\underline{I})$ folgt, da die Zufallsvektoren $\underline{x}_k$ voneinander unabhängig sind. Mit der Untermatrix $\underline{X}_i$ von $\underline{X}$ mit $\underline{X}_i=|\underline{z}_i,\dots,\underline{z}_p|'$ ergibt sich $\underline{v}_i'=\underline{z}_i'\underline{X}_{i+1}'$ und $\underline{V}_{ii}=\underline{X}_i\underline{X}_i'$, so daß mit (255.1) $\underline{v}_i\sim N(\underline{0},\underline{V}_{i+1,i+1})$ folgt. Weiter erhält man aus (282.2) $v_{(i)}$ als quadratische Form von $\underline{z}_i$

$$v_{(i)}=\underline{z}_i'\underline{z}_i-\underline{z}_i'\underline{X}_{i+1}'(\underline{X}_{i+1}\underline{X}_{i+1}')^{-1}\underline{X}_{i+1}\underline{z}_i$$

Wegen (272.1) gilt $v_{(i)}\sim\chi^2(n-(p-i))$, da die Matrix $\underline{X}_{i+1}'(\underline{X}_{i+1}\underline{X}_{i+1}')^{-1}\underline{X}_{i+1}$ idempotent ist und wegen (137.3) und (152.3) den Rang p-i besitzt, so daß nach (152.4) die Matrix der quadratischen Form $v_{(i)}$ idempotent mit dem Rang n-(p-i) ist. Da außerdem $\underline{X}_{i+1}(\underline{I}-\underline{X}_{i+1}'(\underline{X}_{i+1}\underline{X}_{i+1}')^{-1}\underline{X}_{i+1})=\underline{0}$ gilt, sind $\underline{v}_i$ als lineare Form von $\underline{z}_i$ und $v_{(i)}$ als quadratische Form von $\underline{z}_i$ wegen (274.1) voneinander unabhängig.

Die gemeinsame Verteilung von $v_{(1)}, \underline{v}_1, v_{(2)}, \ldots, v_{(p-1)}, \underline{v}_{p-1}, v_{pp}$ ergibt sich daher mit (228.2), (251.1) und (261.1) zu

$$\prod_{i=1}^{p-1}\left(\frac{v_{(i)}^{\frac{n-(p-i)}{2}-1}\, e^{-\frac{1}{2}v_{(i)}}\, e^{-\frac{1}{2}\underline{v}_i'\underline{V}_{i+1,i+1}^{-1}\underline{v}_i}}{2^{\frac{n-(p-i)}{2}}\,\Gamma\left(\frac{n-(p-i)}{2}\right)(2\pi)^{\frac{p-i}{2}}\,(\det\underline{V}_{i+1,i+1})^{\frac{1}{2}}}\right)\frac{v_{pp}^{\frac{n}{2}-1}\, e^{-\frac{1}{2}v_{pp}}}{2^{\frac{n}{2}}\,\Gamma\left(\frac{n}{2}\right)} \tag{282.3}$$

Durch die Transformation der Variablen $v_{(i)}$ in v_{ii} mittels (282.2), für die in (229.1) $\det\underline{J}=1$ wegen $dv_{(i)}=dv_{ii}$ gilt, ergibt sich dann aus (282.3) die gewünschte Verteilung für die Elemente v_{ij} von $\underline{V}$.

Der Exponent von e in (282.3) berechnet sich mit (282.2) zu $-\frac{1}{2}(v_{pp}+\sum_{i=1}^{p-1} v_{ii})=-\frac{1}{2}\mathrm{sp}\underline{V}$. Weiter erhält man mit (136.12) und (282.1)

$$\det\underline{V}_{ii}=\det(v_{ii}-\underline{v}_i'\underline{V}_{i+1,i+1}^{-1}\underline{v}_i)\det\underline{V}_{i+1,i+1}$$

und daher mit (282.2) $v_{(i)}=\det\underline{V}_{ii}/\det\underline{V}_{i+1,i+1}$ sowie

$$v_{pp}\prod_{i=1}^{p-1}v_{(i)}=v_{pp}\prod_{i=1}^{p-1}\frac{\det\underline{V}_{ii}}{\det\underline{V}_{i+1,i+1}}=\det\underline{V}_{11}=\det\underline{V}$$

Mit den beiden letzten Beziehungen ergibt sich für den folgenden Ausdruck in (282.3)

$$v_{pp}^{\frac{n}{2}-1}\prod_{i=1}^{p-1}\frac{v_{(i)}^{\frac{n-(p-i)}{2}-1}}{(\det\underline{V}_{i+1,i+1})^{\frac{1}{2}}}=v_{pp}^{\frac{n}{2}-1}\prod_{i=1}^{p-1}\frac{(\det\underline{V}_{ii})^{\frac{n-(p-i)}{2}-1}}{(\det\underline{V}_{i+1,i+1})^{\frac{n-(p-i)-1}{2}}}$$

$$=(\det\underline{V})^{\frac{n-p-1}{2}}\,v_{pp}^{\frac{p-1}{2}}\prod_{i=1}^{p-1}\frac{(\det\underline{V}_{ii})^{\frac{i-1}{2}}}{(\det\underline{V}_{i+1,i+1})^{\frac{i}{2}}}=(\det\underline{V})^{\frac{n-p-1}{2}}$$

Die Potenzen von π in (282.3) betragen $\frac{1}{2}(1+\ldots+(p-2)+(p-1))=\frac{1}{4}p(p-1)$. Weiter gilt

$$\Gamma\left(\frac{n}{2}\right)\prod_{i=1}^{p-1}\Gamma\left(\frac{n-(p-i)}{2}\right)=\Gamma\left(\frac{1}{2}(n-1+1)\right)\Gamma\left(\frac{1}{2}(n-2+1)\right)\ldots\Gamma\left(\frac{1}{2}(n-p+1)\right)=\prod_{i=1}^{p}\Gamma\left(\frac{n+1-i}{2}\right)$$

Mit diesen Beziehungen erhält man schließlich aus (282.3) die Dichte für $\underline{V}\sim W(n,\underline{I})$ zu

$$f(\underline{V})=\frac{\det\underline{V}^{\frac{1}{2}(n-p-1)}\, e^{-\frac{1}{2}\mathrm{sp}\underline{V}}}{2^{\frac{np}{2}}\,\pi^{\frac{p(p-1)}{4}}\prod_{i=1}^{p}\Gamma\left(\frac{n+1-i}{2}\right)} \tag{282.4}$$

Mit $\underline{V}=\underline{X}\underline{X}'$ wird $\underline{V}$ nach (143.8) positiv semidefinit, falls die Matrix $\underline{X}$ nicht vollen Zeilenrang besitzt. Dann beträgt die Wahrscheinlichkeit P=1, daß nach (122.3) beispielsweise der Zeilenvektor $\underline{z}_i$ von $\underline{X}$ sich als Linearkombination der übrigen Zeilenvektoren $\underline{z}_j$ mit $i \neq j$ darstellen läßt. Die gemeinsame Verteilung aller Zeilenvektoren läßt sich dann aber nicht mehr in das Produkt ihrer Randverteilungen zerlegen, was nach (228.2) wegen der Unabhängigkeit der Zeilenvektoren erforderlich wäre. Dies führt auf einen Widerspruch, so daß die Matrix $\underline{V}$ positiv definit ist.

Um die Dichte in (281.1) zu erhalten, soll jetzt $\underline{x}_k \sim N(\underline{0},\underline{\Sigma})$ mit $\underline{X}=|\underline{x}_1,\ldots,\underline{x}_n|$ und $\underline{V}=\underline{X}\underline{X}'$ gelten. Für die positiv definite Matrix $\underline{\Sigma}$ erhält man wegen (143.5) $\underline{\Sigma}=\underline{G}^{-1}(\underline{G}')^{-1}$, worin $\underline{G}$ eine reguläre untere Dreiecksmatrix bedeutet. Mit $\underline{G}\underline{\Sigma}\underline{G}'=\underline{I}$ folgt nach (255.1) für die Zufallsvektoren $\underline{G}\underline{x}_k \sim N(\underline{0},\underline{I})$ und für die Matrix $\underline{G}\underline{X}\underline{X}'\underline{G}'=\underline{G}\underline{V}\underline{G}'=\underline{V}^*$ die Verteilung $\underline{V}^* \sim W(n,\underline{I})$ mit der Dichte (282.4), falls dort $\underline{V}$ durch $\underline{V}^*$ ersetzt wird. Um die Verteilung für $\underline{V}$ zu erhalten, wird daher $\underline{V}^*$ in (282.4) transformiert in $\underline{V}=\underline{G}^{-1}\underline{V}^*(\underline{G}')^{-1}$. Mit (173.5) und (229.1) ergibt sich dann für die Dichte $f(\underline{V})$ aus (282.4)

$$f(\underline{V}) = \frac{\det(\underline{G}\underline{V}\underline{G}')^{\frac{1}{2}(n-p-1)}\; e^{-\frac{1}{2}sp(\underline{G}\underline{V}\underline{G}')}\;(\det\underline{G})^{p+1}}{2^{\frac{np}{2}}\;\pi^{\frac{p(p-1)}{4}}\;\prod_{i=1}^{p}\Gamma(\frac{n+1-i}{2})} \qquad (282.5)$$

da $|\det\underline{G}|=\det\underline{G}$ wegen (143.4) und (143.5) gilt. Mit $\det(\underline{G}\underline{\Sigma}\underline{G}')=\det\underline{\Sigma}$ $(\det\underline{G})^2=1$ wegen (136.8) und (136.13) ergibt sich $|\det\underline{G}|=\det\underline{G}=+(\det\underline{\Sigma})^{-1/2}$ und damit $\det(\underline{G}\underline{V}\underline{G}')=\det\underline{V}(\det\underline{\Sigma})^{-1}$. Weiter gilt $sp(\underline{G}\underline{V}\underline{G}')=sp(\underline{G}'\underline{G}\underline{V})=sp(\underline{\Sigma}^{-1}\underline{V})$ wegen (137.3) und (131.14). Mit diesen Beziehungen erhält man schließlich anstelle von (282.5) die Dichte $f(\underline{V})$ in (281.1).

Gilt $\underline{x}_k \sim N(\underline{\mu}_k,\underline{\Sigma})$, gehen in (282.3) die Dichten der nichtzentralen χ^2-Verteilungen ein, deren Nichtzentralitätsparameter von den Erwartungswertvektoren $\underline{\mu}_k$ abhängen. Es ergibt sich $\underline{V} \sim W'(n,\underline{\Sigma},\underline{\Lambda})$, wobei die $p \times p$ Matrix $\underline{\Lambda}$ die von $\underline{\mu}_k$ abhängigen Nichtzentralitätsparameter der Wishart-Verteilung angibt [Constantine 1963; James 1964]. Die Dichte der nichtzentralen Wishart-Verteilung wird im folgenden nicht benötigt und daher nicht abgeleitet.

283 Verteilung der Summe von Wishart-Matrizen

Die Wishart-Verteilung besitzt wie die Gammaverteilung und die Normalverteilung die reproduzierende Eigenschaft.

Satz: Die beiden p×p Matrizen $\underline{V}_1$ und $\underline{V}_2$ mit $\underline{V}_1 \sim W(n_1, \underline{\Sigma})$ und $\underline{V}_2 \sim W(n_2, \underline{\Sigma})$ seien voneinander unabhängig, dann besitzt die Matrix $\underline{V} = \underline{V}_1 + \underline{V}_2$ die Wishart-Verteilung $\underline{V} \sim W(n_1 + n_2, \underline{\Sigma})$. (283.1)

Beweis: Es seien $\underline{V}_1$ und $\underline{V}_2$ mit $\underline{V}_1 \sim W(n_1, \underline{\Sigma})$ und $\underline{V}_2 \sim W(n_2, \underline{\Sigma})$ voneinander unabhängig, dann besitzt nach (281.1) $\underline{V}_1$ dieselbe Verteilung wie $\sum_{k=1}^{n_1} \underline{x}_k \underline{x}_k'$ und $\underline{V}_2$ dieselbe Verteilung wie $\sum_{k=n_1+1}^{n_2} \underline{x}_k \underline{x}_k'$, wobei die Zufallsvektoren $\underline{x}_k$ mit $\underline{x}_k \sim N(\underline{0}, \underline{\Sigma})$ und $k \in \{1, \ldots, n_1 + n_2\}$ voneinander unabhängig seien, da $\underline{V}_1$ und $\underline{V}_2$ voneinander unabhängig sein sollen. Die Summe $\underline{V}_1 + \underline{V}_2$ ist dann verteilt wie die Matrix $\sum_{k=1}^{n_1+n_2} \underline{x}_k \underline{x}_k'$, für die $W(n_1 + n_2, \underline{\Sigma})$ gilt, so daß die Aussage folgt.

284 Verteilung der transformierten Wishart-Matrix

Wie im Kapitel 412 gezeigt wird, besitzt die Schätzung einer Kovarianzmatrix die Wishart-Verteilung. Es erhebt sich daher die Frage nach der Verteilung einer nach (233.2) transformierten Wishart-Matrix.

Satz: Die p×p positiv definite Matrix $\underline{V}$ sei verteilt wie $\underline{V} \sim W(n, \underline{\Sigma})$, dann gilt für die Matrix $\underline{U} = \underline{A}\underline{V}\underline{A}'$, worin $\underline{A}$ vollen Zeilenrang besitze, die Wishart-Verteilung $\underline{U} \sim W(n, \underline{A}\underline{\Sigma}\underline{A}')$. (284.1)

Beweis: Es sei $\underline{V} \sim W(n, \underline{\Sigma})$, dann besitzt nach (281.1) $\underline{V}$ dieselbe Verteilung wie $\sum_{k=1}^{n} \underline{x}_k \underline{x}_k'$, wobei die p×1 Zufallsvektoren $\underline{x}_k$ mit $\underline{x}_k \sim N(\underline{0}, \underline{\Sigma})$ voneinander unabhängig sind. Ferner gelte $\underline{V} = \sum_{k=1}^{n} \underline{x}_k \underline{x}_k' = \underline{X}\underline{X}'$, denn $\underline{V}$ soll positiv definit sein. Mit $\underline{y}_k = \underline{A}\underline{x}_k$ ergibt sich aus (255.1) $\underline{y}_k \sim N(\underline{0}, \underline{A}\underline{\Sigma}\underline{A}')$, wobei wegen (254.1) die $\underline{y}_k$ voneinander unabhängig sind, da mit (233.15) $C(\underline{y}_i, \underline{y}_j) = \underline{A}C(\underline{x}_i, \underline{x}_j)\underline{A}' = \underline{0}$ wegen $C(\underline{x}_i, \underline{x}_j) = \underline{0}$ für $i \neq j$ gilt. Mit $\underline{Y} = |\underline{y}_1, \ldots, \underline{y}_n|$ folgt dann $\underline{U} = \underline{Y}\underline{Y}' = \underline{A}\underline{X}\underline{X}'\underline{A}' = \underline{A}\underline{V}\underline{A}'$ und wegen (281.1) $\underline{U} \sim W(n, \underline{A}\underline{\Sigma}\underline{A}')$, worin $\underline{A}\underline{\Sigma}\underline{A}'$ nach (143.7) positiv definit ist, da $\underline{\Sigma}$ positiv definit ist und $\underline{A}$ vollen Zeilenrang besitzt.

285 Verteilung der Matrizen quadratischer Formen und Unabhängigkeit der Wishart-Matrizen

Wie im Beispiel zu (281.1) gezeigt, stellt die Wishart-Verteilung die multivariate Verallgemeinerung der χ^2-Verteilung dar. Man kann daher mit Hilfe des folgenden Satzes aus der χ^2-Verteilung quadratischer Formen, die in univariaten Modellen der Parameterschätzung benutzt werden, die Wishart-Verteilung von Matrizen bestimmen, deren Diagonalelemente aus quadratischen Formen gebildet werden und die bei der multivariaten Parameterschätzung auftreten. Ebenso läßt sich aus der Unabhängigkeit quadratischer Formen auf die Unabhängigkeit von Wishart-Matrizen schließen.

<u>Satz</u>: Die $p\times 1$ Zufallsvektoren $\underline{x}_k$ mit $\underline{x}_k \sim N(\underline{\mu}_k, \underline{\Sigma})$ und $k\in\{1,\ldots,n\}$ seien voneinander unabhängig und in der Matrix $\underline{X}=|\underline{x}_1,\ldots,\underline{x}_n|$ zusammengefaßt. Weiter sei die $n\times n$ Matrix $\underline{A}$ symmetrisch. Genau dann besitzt die Matrix $\underline{XAX}'$ die nichtzentrale Wishart-Verteilung $\underline{XAX}' \sim W'(r,\underline{\Sigma},\underline{\Lambda})$, wenn für alle $p\times 1$ Vektoren $\underline{b}$ für die quadratische Form $\underline{b}'\underline{XAX}'\underline{b}/\sigma_b^2 \sim \chi'^2(r,\lambda)$ mit $\sigma_b^2=\underline{b}'\underline{\Sigma}\underline{b}$ gilt. In diesem Fall ist $\underline{A}$ idempotent. Weiter gilt $\underline{XAX}'\sim W(r,\underline{\Sigma})$ genau dann, wenn $\underline{b}'\underline{XAX}'\underline{b}/\sigma_b^2\sim\chi^2(r)$ ist. (285.1)

Beweis: Es gelte $\underline{XAX}'\sim W'(r,\underline{\Sigma},\underline{\Lambda})$, dann besitzt wegen (281.1) $\underline{XAX}'$ dieselbe Verteilung wie $\sum_{k=1}^{r}\underline{y}_k\underline{y}_k'$, wobei die r Zufallsvektoren $\underline{y}_k$ voneinander unabhängig und wie $\underline{y}_k\sim N(\underline{m}_k,\underline{\Sigma})$ verteilt sind. Setzt man $\underline{Y}=|\underline{y}_1,\ldots,\underline{y}_r|$, besitzt $\underline{XAX}'$ dieselbe Verteilung wie $\underline{YY}'$. Mit $\sigma_b^2=\underline{b}'\underline{\Sigma}\underline{b}$ ergibt sich für $\underline{b}'\underline{y}_k$ nach (255.1) $\underline{b}'\underline{y}_k\sim N(\underline{b}'\underline{m}_k,\sigma_b^2)$. Faßt man die r voneinander unabhängigen Skalare $\underline{b}'\underline{y}_k$ im Vektor $\underline{z}'=\underline{b}'\underline{Y}$ zusammen, erhält man wegen (254.1) $\underline{z}\sim N(\underline{M}'\underline{b},\sigma_b^2\underline{I})$ mit $\underline{M}=|\underline{m}_1,\ldots,\underline{m}_r|$ und wegen (255.1) $\underline{z}/\sigma_b\sim N(\underline{M}'\underline{b}/\sigma_b,\underline{I})$. Dann folgt aus (262.1) $\underline{z}'\underline{z}/\sigma_b^2\sim\chi'^2(r,\lambda)$ mit $\lambda=\underline{b}'\underline{MM}'\underline{b}/\sigma_b^2$ und daher die erste Aussage, da $\underline{b}'\underline{XAX}'\underline{b}/\sigma_b^2$ dieselbe Verteilung besitzt wie $\underline{z}'\underline{z}/\sigma_b^2=\underline{b}'\underline{YY}'\underline{b}/\sigma_b^2$. Gilt $\underline{XAX}'\sim W(r,\underline{\Sigma})$, dann sind die Zufallsvektoren $\underline{y}_k$ verteilt wie $\underline{y}_k\sim N(\underline{0},\underline{\Sigma})$, so daß sich $\lambda=0$, $\underline{z}'\underline{z}/\sigma_b^2\sim\chi^2(r)$ und die nächste Aussage ergibt. Gilt andrerseits $\underline{b}'\underline{XAX}'\underline{b}/\sigma_b^2\sim\chi'^2(r,\lambda)$, so ist zu beachten, daß $\underline{b}'\underline{x}_k\sim N(\underline{b}'\underline{\mu}_k,\sigma_b^2)$ für $k\in\{1,\ldots,n\}$ und wegen der Unabhängigkeit der Skalare $\underline{b}'\underline{x}_k$ außerdem $\underline{X}'\underline{b}/\sigma_b\sim N(\underline{N}'\underline{b}/\sigma_b,\underline{I})$ mit $\underline{N}=|\underline{\mu}_1,\ldots,\underline{\mu}_n|$ gilt, so daß aus (272.1) folgt, daß $\underline{A}$ idempotent, $\operatorname{rg}\underline{A}=r$ und $\lambda=\underline{b}'\underline{NAN}'\underline{b}/\underline{b}'\underline{\Sigma}\underline{b}$ gilt. Nach (152.7) läßt sich $\underline{A}$ dann mit r orthonormalen $n\times 1$ Vektoren $\underline{p}_i$ darstellen durch $\underline{A}=\underline{p}_1\underline{p}_1'+\ldots+\underline{p}_r\underline{p}_r'$ und somit

$$\underline{XAX}' = \underline{Xp}_1\underline{p}_1'\underline{X}'+\ldots+\underline{Xp}_r\underline{p}_r'\underline{X}' = \sum_{k=1}^{r}\underline{v}_k\underline{v}_k'$$

wobei $\underline{v}_k=\underline{X}\underline{p}_k$ und $\underline{p}_k=|p_{k1},\ldots,p_{kn}|'$ bedeuten. Für die Zufallsvektoren $\underline{v}_k$ gilt $\underline{v}_k=p_{k1}\underline{x}_1+\ldots+p_{kn}\underline{x}_n$ und wegen (256.1) $\underline{v}_k\sim N(\underline{s}_k,\underline{\Sigma})$ mit $\underline{s}_k=\sum_{j=1}^{n}p_{kj}\underline{\mu}_j$ und $\sum_{j=1}^{n}p_{kj}^2=1$, da die Vektoren $\underline{p}_k$ orthonormal sind. Außerdem sind die Vektoren $\underline{v}_k$ voneinander unabhängig, denn mit (233.11) folgt, da $C(\underline{x}_k,\underline{x}_l)=\underline{O}$ für $k\neq l$ gilt, $C(\underline{v}_k,\underline{v}_l)=C(p_{k1}\underline{x}_1+\ldots+p_{kn}\underline{x}_n,p_{l1}\underline{x}_1+\ldots+p_{ln}\underline{x}_n)=p_{k1}p_{l1}D(\underline{x}_1)+\ldots+p_{kn}p_{ln}D(\underline{x}_n)$ und hieraus $C(\underline{v}_k,\underline{v}_l)=\underline{O}$, da $\underline{p}_k'\underline{p}_l=0$ ist. Dann ergibt sich wegen (281.1) $\sum_{k=1}^{r}\underline{v}_k\underline{v}_k'=\underline{X}\underline{A}\underline{X}'\sim W(r,\underline{\Sigma},\underline{\Lambda})$ und daher die weitere Aussage. Gilt schließlich $\underline{b}'\underline{X}\underline{A}\underline{X}'\underline{b}/\sigma_b^2\sim\chi^2(r)$, so folgt $\lambda=\underline{b}'\underline{N}\underline{A}\underline{N}'\underline{b}/\underline{b}'\underline{\Sigma}\underline{b}=0$ und daher $\underline{N}\underline{A}\underline{N}'=\underline{O}$, da $\underline{b}$ beliebig ist. Weiter ergibt sich $\underline{N}\underline{A}\underline{N}'=\underline{N}\underline{p}_1\underline{p}_1'\underline{N}'+\ldots+\underline{N}\underline{p}_r\underline{p}_r'\underline{N}'=\underline{O}$ und somit wegen (131.11) $\underline{N}\underline{p}_k=\sum_{j=1}^{n}p_{kj}\underline{\mu}_j=\underline{O}$. Dann gilt $\underline{v}_k\sim N(\underline{O},\underline{\Sigma})$ und wegen (281.1) $\sum_{k=1}^{r}\underline{v}_k\underline{v}_k'=\underline{X}\underline{A}\underline{X}'\sim W(r,\underline{\Sigma})$, so daß die letzte Aussage erhalten wird.

Die Unabhängigkeit von Wishart-Matrizen wird im folgenden Satz behandelt.

Satz: Unter den Voraussetzungen des Satzes (285.1) sind die Matrizen $\underline{X}\underline{A}_1\underline{X}'$ und $\underline{X}\underline{A}_2\underline{X}'$ mit Wishart-Verteilungen genau dann voneinander unabhängig, wenn für alle Vektoren $\underline{b}$ die quadratischen Formen $\underline{b}'\underline{X}\underline{A}_1\underline{X}'\underline{b}$ und $\underline{b}'\underline{X}\underline{A}_2\underline{X}'\underline{b}$ mit χ^2-Verteilungen voneinander unabhängig sind. (285.2)

Beweis: Die Matrizen $\underline{X}\underline{A}_1\underline{X}'$ und $\underline{X}\underline{A}_2\underline{X}'$ mit Wishart-Verteilungen seien voneinander unabhängig, dann läßt sich wie im Beweis zu (285.1) zeigen, daß $\underline{X}\underline{A}_1\underline{X}'$ dieselbe Verteilung besitzt wie $\underline{Y}_1\underline{Y}_1'$ und $\underline{X}\underline{A}_2\underline{X}'$ dieselbe Verteilung wie $\underline{Y}_2\underline{Y}_2'$, wobei die Zufallsvektoren, die $\underline{Y}_1$ bilden, unabhängig von den Zufallsvektoren sind, die $\underline{Y}_2$ bilden. Somit sind nach (254.1) auch die Zufallsvektoren $\underline{z}\ =\underline{Y}_1'\underline{b}$ und $\underline{z}_2=\underline{Y}_2'\underline{b}$ voneinander unabhängig, so daß sich für $\underline{z}_1'\underline{z}_1$ und $\underline{z}_2'\underline{z}_2$ und damit für $\underline{b}'\underline{X}\underline{A}_1\underline{X}'\underline{b}$ und $\underline{b}'\underline{X}\underline{A}_2\underline{X}'\underline{b}$ voneinander unabhängige χ^2-Verteilungen ergeben. Sind andrerseits die beiden quadratischen Formen mit χ^2-Verteilungen voneinander unabhängig, so sind die im Beweis zu (285.1) definierten Zufallsvektoren $\underline{X}'\underline{b}$ und $\underline{v}_k$ der ersten quadratischen Form von denen der zweiten quadratischen Form unabhängig, so daß voneinander unabhängige Matrizen $\underline{X}\underline{A}_1\underline{X}'$ und $\underline{X}\underline{A}_2\underline{X}'$ mit Wishart-Verteilungen folgen.

286 Verteilung des Verhältnisses der Determinanten zweier Wishart-Matrizen

Wie mit (425.3) gezeigt wird, treten bei Hypothesenprüfungen in multivariaten Modellen der Parameterschätzung als Testgrößen die Verhältnisse der Determinanten zweier Matrizen auf, die die Wishart-Verteilung besitzen.

Satz: Die p×p Matrizen $\underline{U}$ mit $\underline{U} \sim W(m,\underline{\Sigma})$ und $\underline{V}$ mit $\underline{V} \sim W(n,\underline{\Sigma})$ seien voneinander unabhängig, dann ist die Größe $\Lambda_{p,n,m} = \det\underline{U}/\det(\underline{U}+\underline{V})$ verteilt wie das Produkt $\prod_{i=1}^{p} x_i$ voneinander unabhängiger Zufallsvariablen x_i, die die Betaverteilung $x_i \sim B(\frac{1}{2}(m+1-i), \frac{1}{2}n)$ besitzen. (286.1)

Beweis: Wie bereits im Zusammenhang mit (245.2) erwähnt, besitzt die momenterzeugende Funktion der Betaverteilung keine einfache Form, so daß der Beweis mit Hilfe der Momente geführt wird. Das h-te Moment von $\Lambda_{p,n,m}$ ergibt sich mit (228.2), (232.2) und (281.1) sowie mit $\underline{U}=(u_{ij})$ und $\underline{V}=(v_{ij})$ zu

$$E(\Lambda^h_{p,n,m}) = E((\det\underline{U})^h(\det(\underline{U}+\underline{V}))^{-h})$$

$$= \int_{-\infty}^{\infty} \ldots \int_{-\infty}^{\infty} (\det\underline{U})^h(\det(\underline{U}+\underline{V}))^{-h} K(m,\underline{\Sigma})(\det\underline{U})^{\frac{1}{2}(m-p-1)}$$

$$\exp(-\frac{1}{2}\mathrm{sp}(\underline{\Sigma}^{-1}\underline{U}))K(n,\underline{\Sigma})(\det\underline{V})^{\frac{1}{2}(n-p-1)}\exp(-\frac{1}{2}\mathrm{sp}(\underline{\Sigma}^{-1}\underline{V}))dU\,dV$$

mit $dU=du_{11}du_{12}\ldots du_{pp}$, $dV=dv_{11}dv_{12}\ldots dv_{pp}$ und

$$K^{-1}(m,\underline{\Sigma}) = 2^{\frac{mp}{2}} \pi^{\frac{p(p-1)}{4}} (\det\underline{\Sigma})^{\frac{m}{2}} \prod_{i=1}^{p} \Gamma(\frac{m+1-i}{2}) \tag{286.2}$$

sowie $K(n,\underline{\Sigma})$ entsprechend. Weiter gilt

$$E(\Lambda^h_{p,n,m}) = \frac{K(m,\underline{\Sigma})}{K(m+2h,\underline{\Sigma})} \int_{-\infty}^{\infty} \ldots \int_{-\infty}^{\infty} (\det(\underline{U}+\underline{V}))^{-h} K(m+2h,\underline{\Sigma})(\det\underline{U})^{\frac{1}{2}(m+2h-p-1)}$$

$$\exp(-\frac{1}{2}\mathrm{sp}(\underline{\Sigma}^{-1}\underline{U}))K(n,\underline{\Sigma})(\det\underline{V})^{\frac{1}{2}(n-p-1)}\exp(-\frac{1}{2}\mathrm{sp}(\underline{\Sigma}^{-1}\underline{V}))dU\,dV$$

Der Integralausdruck gleicht $E(\det(\underline{U}+\underline{V})^{-h})$ mit $\underline{U} \sim W(m+2h,\underline{\Sigma})$ und $V \sim W(n,\underline{\Sigma})$, da $\underline{U}$ und $\underline{V}$ voneinander unabhängig sind. Weiter gilt nach (283.1) $\underline{U}+\underline{V} \sim W(m+2h+n,\underline{\Sigma})$, so daß man mit (232.2) und (281.1) erhält

$$E(\det(\underline{U}+\underline{V})^{-h}) = \frac{K(m+2h+n,\underline{\Sigma})}{K(m+n,\underline{\Sigma})} \int_{-\infty}^{\infty} \ldots \int_{-\infty}^{\infty} (\det(\underline{U}+\underline{V}))^{-h}$$

$$K(m+n,\underline{\Sigma})\det(\underline{U}+\underline{V})^{\frac{1}{2}(m+2h+n-p-1)}\exp(-\frac{1}{2}(\underline{\Sigma}^{-1}(\underline{U}+\underline{V})))d(U+V)$$

Der Integrand gleicht der Dichte der Wishart-Verteilung $W(m+n,\underline{\Sigma})$, so daß das Integral wegen (225.6) den Wert Eins besitzt. Folglich ergibt sich mit (286.2)

$$E(\Lambda^h_{p,n,m}) = \frac{K(m,\underline{\Sigma})K(m+2h+n,\underline{\Sigma})}{K(m+2h,\underline{\Sigma})K(m+n,\underline{\Sigma})}$$

$$= \prod_{i=1}^{p} \frac{\Gamma(\frac{1}{2}(m+1-i)+h)\Gamma(\frac{1}{2}(m+n+1-i))}{\Gamma(\frac{1}{2}(m+1-i))\Gamma(\frac{1}{2}(m+n+1-i)+h)} = \prod_{i=1}^{p} E(x_i^h)$$

mit $x_i \sim B(\frac{1}{2}(m+1-i),\frac{1}{2}n)$ wegen (245.2), so daß die Aussage folgt, da die Verteilung einer für ein endliches Intervall definierten Zufallsvariablen durch ihre Momente eindeutig bestimmt ist [Cramér 1946, S.177].

Mit p=1 ergibt sich für $\Lambda_{p,n,m}$ die Betaverteilung und mit (263.3) die Verbindung zur F-Verteilung, die auch für p=2 besteht. Es gilt [Anderson 1958, S.195]

$$\frac{1-\Lambda_{1,n,m}}{\Lambda_{1,n,m}}\frac{m}{n} \sim F(n,m) \text{ und } \frac{1-\Lambda_{p,1,m}}{\Lambda_{p,1,m}}\frac{m+1-p}{p} \sim F(p,m+1-p) \quad (286.3)$$

sowie

$$\frac{1-\Lambda^{1/2}_{2,n,m}}{\Lambda^{1/2}_{2,n,m}}\frac{m-1}{n} \sim F(2n,2m-2) \text{ und } \frac{1-\Lambda^{1/2}_{p,2,m}}{\Lambda^{1/2}_{p,2,m}}\frac{m+1-p}{p} \sim F(2p,2(m+1-p)) \quad (286.4)$$

Eine exakte Integraldarstellung der Verteilung für $\Lambda_{p,n,m}$ wird bei [Consul 1969] angegeben. Werte ihrer Verteilungsfunktion sind in [Kres 1975, S.14] tabuliert. Für die numerische Berechnung von Werten der Verteilungsfunktion von $\Lambda_{p,n,m}$ eignen sich genäherte Verteilungen, insbesondere die auf der Grundlage der F-Verteilung, die auch für univariate Hypothesenprüfungen benötigt wird. Es gilt [Rao 1973, S.556]

$$\frac{1-\Lambda^{1/s}_{p,n,m}}{\Lambda^{1/s}_{p,n,m}}\frac{os-2\lambda}{np} \sim F(np,os-2\lambda) \quad (286.5)$$

mit

$$o = m + \frac{1}{2}(n-p-1)\,,\quad s = \left(\frac{n^2p^2-4}{n^2+p^2-5}\right)^{\frac{1}{2}}\,,\quad \lambda = \frac{np-2}{4}$$

Der Freiheitsgrad $os-2\lambda$ der F-Verteilung in (286.5) wird im allgemeinen keine ganze Zahl sein, was aber bei einer Berechnung der Verteilungsfunktion der F-Verteilung nach (263.3) oder (263.4) unerheblich ist.

Werte der Verteilungsfunktion von $\Lambda_{p,n,m}$ ergeben sich aus (286.5) folgendermaßen. Setzt man

$$w = \frac{1-\Lambda_{p,n,m}^{1/s}}{\Lambda_{p,n,m}^{1/s}} \frac{os-2\lambda}{np} \quad \text{und} \quad F_o = \frac{1-\Lambda_{o,p,n,m}^{1/s}}{\Lambda_{o,p,n,m}^{1/s}} \frac{os-2\lambda}{np} \tag{286.6}$$

worin $\Lambda_{o,p,n,m}$ einen Wert von $\Lambda_{p,n,m}$ bedeutet, für den die Verteilungsfunktion ermittelt werden soll, so gilt mit (263.2), falls f(w) die Dichte der F-verteilten Zufallsvariablen w bezeichnet,

$$P(w>F_o) = \int_{F_o}^{\infty} f(w)dw = 1 - F(F_o;np,os-2\lambda)$$

Durch entsprechende Variablentransformation im Integral dieser Gleichung erhält man $P(w>F_o)=P(\Lambda_{p,n,m}<\Lambda_{o,p,n,m})$, denn es gilt

$$\Lambda_{p,n,m} = (1/(1+ \frac{np}{os-2\lambda} w))^s \tag{286.7}$$

so daß $\Lambda_{p,n,m}$ mit wachsendem w fällt. Somit ergeben sich die Werte der Verteilungsfunktion von $\Lambda_{p,n,m}$ aus

$$P(\Lambda_{p,n,m} < \Lambda_{o,p,n,m}) = 1 - F(F_o;np,os-2\lambda) \tag{286.8}$$

mit F_o aus (286.6). Setzt man F_o gleich dem α-Fraktil (263.5) der F-Verteilung, so läßt sich das α-Fraktil $\Lambda_{\alpha;p,n,m}$ der Verteilung von $\Lambda_{p,n,m}$ aus (286.7) und (286.8) berechnen

$$\Lambda_{\alpha;p,n,m} = (1/(1+ \frac{np}{os-2\lambda} F_{1-\alpha;np,os-2\lambda}))^s \tag{286.9}$$

oder der angegebenen Tafel entnehmen.

287 Verteilung spezieller Funktionen von Wishart-Matrizen

Bei der multivariaten Analyse treten in (425.12) und (426.2) noch zwei Testgrößen auf, deren Verteilungen im folgenden angegeben werden.

Die p×p Matrizen $\underline{U}$ mit $\underline{U} \sim W(m,\underline{\Sigma})$ und $\underline{V}$ mit $\underline{V} \sim W(n,\underline{\Sigma})$ seien voneinander unabhängig. Gesucht ist dann die Verteilung der Testgröße

$$T^2_{p,n,m} = sp(\underline{V}\underline{U}^{-1}) \tag{287.1}$$

Die exakte Verteilung für $T^2_{p,n,m}$ ist bei [Pillai und Young 1971] angegeben, Tafelwerte für ihre Verteilungsfunktion befinden sich in [Kres 1975, S.118]. Zur numerischen Berechnung von Werten der Verteilungsfunktion eignen sich genäherte Verteilungen, insbesondere die mit Hilfe der F-Verteilung, beispielsweise [Läuter 1974]

$$\frac{m-p-1}{np} \frac{g_2}{g_2-2} T^2_{p,n,m} \sim F(g_1,g_2) \quad \text{für} \quad m \geq p+2 \tag{287.2}$$

mit

$$g_1 = \frac{np(m-p)}{n+m-np-1}, \; g_2 = m-p+1$$

falls n+m-np-1>0, und in den übrigen Fällen

$$g_1 = \infty,\ g_2 = m-p+1 - \frac{(m-p-1)(m-p-3)(n+m-np-1)}{(m-1)(n+m-p-1)}$$

so daß die Verteilungsfunktion von $T^2_{p,n,m}$ nach (263.3) oder (263.4) berechenbar ist, und zwar gilt den Überlegungen entsprechend, die zu (286.8) führten,

$$P(T^2_{p,n,m} < T^2_{o,p,n,m}) = F(F_o;g_1,g_2) \tag{287.3}$$

mit

$$F_o = \frac{m-p-1}{np} \frac{g_2}{g_2-2} T^2_{o,p,n,m}$$

falls $T^2_{o,p,n,m}$ den Wert bedeutet, für den die Verteilungsfunktion zu ermitteln ist. Entsprechend (286.9) erhält man das α-Fraktil $T^2_{\alpha;p,n,m}$ zu

$$T^2_{\alpha;p,n,m} = \frac{np}{m-p-1} \frac{g_2-2}{g_2} F_{\alpha;g_1,g_2} \tag{287.4}$$

Es sei $\underline{\Sigma}_o$ eine positiv definite p×p Matrix von Konstanten und $\hat{\underline{\Sigma}}$ eine p×p Matrix mit $m\hat{\underline{\Sigma}} \sim W(m,\underline{\Sigma})$. Unter der Bedingung, daß $\underline{\Sigma}=\underline{\Sigma}_o$ gilt, ist dann die Testgröße

$$\lambda_{p,m} = m(\ln(\det\underline{\Sigma}_o/\det\hat{\underline{\Sigma}}) - p + sp(\hat{\underline{\Sigma}}\underline{\Sigma}_o^{-1})) \tag{287.5}$$

mit $m \to \infty$ verteilt wie $\chi^2(\frac{1}{2}p(p+1))$ [Anderson 1958, S.267]. Eine Näherungsverteilung für $\lambda_{p,m}$ läßt sich mit Hilfe der χ^2-Verteilung und eine etwas günstigere mit der F-Verteilung angeben [Korin 1968]. Für letztere gilt

$$\lambda_{p,m}/b \sim F(q_1,q_2) \quad \text{für} \quad p > 1 \tag{287.6}$$

mit

$$q_1 = \frac{1}{2}p(p+1),\ q_2 = (q_1+2)/(D_2-D_1^2),\ b = q_1/(1-D_1-q_1/q_2),$$
$$D_1 = (2p+1-2/(p+1))/6m,\ D_2 = (p-1)(p+2)/6m^2$$

so daß die Verteilungsfunktion von $\lambda_{p,m}$ und das α-Fraktil $\lambda_{\alpha;p,m}$ (287.3) und (287.4) entsprechend sich berechnen lassen. Tafeln für die Verteilungsfunktion von $\lambda_{p,m}$, aus denen $\lambda_{\alpha;p,m}$ zu entnehmen ist, befinden sich in [Kres 1975, S.263].

3 Parameterschätzung in linearen Modellen

Die linearen Modelle für die Parameterschätzung baut man derart auf, daß die Erwartungswerte der Beobachtungen, die für die Parameterschätzung vorgenommen werden und die Zufallsvariable darstellen, als lineare Funktionen der unbekannten Parameter ausgedrückt werden. Die Koeffizienten der linearen Funktionen setzt man als bekannt voraus, so daß die Parameterschätzung in linearen Modellen im wesentlichen eine Schätzung der Erwartungswerte der Beobachtungen bedeutet.

Die lineare Abhängigkeit der Parameter von den Beobachtungen ergibt sich im allgemeinen nach einer Linearisierung aus physikalischen oder mathematischen Gesetzmäßigkeiten oder geometrischen Zusammenhängen. Beispielsweise schätzt man die Koordinaten eines Punktes in einer Ebene aus den Entfernungsmessungen zu zwei oder mehr Punkten in der Ebene mit bekannten Koordinaten. Im Gegensatz zu diesen Modellen, die durch quantitative Aussagen entstehen und in denen die Parameterschätzung als Regressionsanalyse bezeichnet wird, kann man bei vielen Experimenten nur qualitative Annahmen über den linearen Zusammenhang zwischen den unbekannten Parametern und den Beobachtungen treffen. Sämtliche Koeffizienten der linearen Funktionen erhalten dann die Werte Null oder Eins. Parameterschätzungen in solchen Modellen bezeichnet man als Varianzanalyse, die beispielsweise vorliegt, wenn Preise von Waren in Abhängigkeit sich addierender Einflußfaktoren wie durchschnittliches Preisniveau, Geschäftslage und Zeitpunkt des Angebots analysiert werden.

Während die Koeffizienten der linearen Funktionen der Parameter im folgenden stets als feste Größen angesehen werden - Modelle mit Koeffizienten als Zufallsvariable befinden sich bei [Schach und Schäfer 1978, S.152; Toutenburg 1975, S.141] - werden die unbekannten Parameter sowohl als feste Größen als auch als Zufallsvariable definiert. Schätzungen in Modellen für den letztgenannten Fall führen auf die Vorhersage und Filterung von Beobachtungen und Signalen.

Bei der Einführung der Modelle wird zunächst angenommen, daß nur ein Merkmal eines Experimentes beobachtet wird, beispielsweise der Ertrag an Weizenkörnern bei einem Versuch, die Auswirkungen verschiedener Düngemittel auf eine bestimmte Weizensorte zu untersuchen. Als weitere Merkmale könnten die Qualität der Weizenkörner und ihr Proteingehalt gemessen worden sein. Die Analyse mehrerer Merkmale bei der Parameterschätzung wird in den multivariaten Modellen behandelt. Diese Modelle erlauben auch die Schätzung von Kovarianzmatrizen. Wie gezeigt wird, läßt sich diese Schätzung ebenso als Varianz- und Kovarianzkomponentenschätzung herleiten.

31 Methoden der Parameterschätzung

311 Punktschätzung

Die Beobachtungen, die die Information über die unbekannten Parameter enthalten, seien in dem Vektor $\underline{y}$ zusammengefaßt. Er ist ein Zufallsvektor und enthält Werte der stetigen Zufallsvariablen, die nach (225.1) für den Wahrscheinlichkeitsraum (S,Z,P) des Experiments definiert ist, aus dem die Beobachtungen resultieren. Da bei stetigen Zufallsvariablen nicht sämtliche Werte, für die die Zufallsvariablen definiert sind, auch beobachtet werden können, stellt die Teilmenge der gemessenen Vektoren $\underline{y}$ eine *Stichprobe* aus dem Wahrscheinlichkeitsraum dar, der in diesem Zusammenhang auch als *Grundgesamtheit* definiert ist. Zu jeder Stichprobe gehört aufgrund der Verteilungen der einzelnen Zufallsvektoren $\underline{y}$ der Stichprobe eine gemeinsame Verteilung. Die für sie definierten Parameter wie der Erwartungswert, die Varianz oder Funktionen dieser Größen, bilden die *unbekannten Parameter* der Stichprobe, die in dem Vektor $\underline{\beta}$ zusammengefaßt seien. Die Parametervektoren $\underline{\beta}$ beliebiger Stichproben spannen nach (122.4) einen Vektorraum auf, der als *Parameterraum* B bezeichnet wird, so daß $\underline{\beta} \in B$ gilt.

Die unbekannten Parameter $\underline{\beta}$ werden mittels der Schätzfunktion $s(\underline{y})$ als Funktion der Beobachtungen $\underline{y}$ geschätzt. Man nennt dies eine *Punktschätzung*. Wird nach einem Bereich gesucht, in dem die Parameter $\underline{\beta}$ bei vorgegebener Wahrscheinlichkeit liegen, handelt es sich um eine *Bereichsschätzung*, die im Kapitel 43 behandelt wird.

Besitzt die Schätzfunktion $s(\underline{y})$ alle Information über $\underline{\beta}$, die in den Beobachtungen $\underline{y}$ enthalten sind, spricht man von einer *suffizienten* oder *erschöpfenden* Schätzfunktion [Müller 1975, S.201; Rao 1973, S.130]. Eine Schätzfunktion heißt *konsistent*, wenn mit der Wahrscheinlichkeit von Eins die Folge der Schätzungen bei unbegrenzt anwachsendem Stichprobenumfang sich den zu schätzenden Parametern beliebig nähert [Mood, Graybill und Boes 1974, S.295]. Eine Schätzfunktion bezeichnet man als *robust*, wenn ihre Wahrscheinlichkeitsverteilung gegenüber kleinen Änderungen der Verteilung der Stichprobe unempfindlich ist [Doksum 1976, S.246]. Auf die Eigenschaften der erwartungstreuen und besten Schätzfunktion, die man auch *wirksamste* oder *effiziente* Schätzfunktion nennt, wird im folgenden ausführlich im Zusammenhang mit den drei gebräuchlichsten Schätzverfahren, der besten erwartungstreuen Schätzung, der Methode der kleinsten Quadrate und der Maximum-Likelihood-Methode eingegangen. Fragen nach der Konsistenz der zu behandelnden Schätzverfahren werden in [Humak 1977, S.63] und Fragen der Robustheitseigenschaften bei [Bandemer 1977, S.83] untersucht, während der Zusammenhang zwischen bester erwartungstreuer und suffizienter Schätzung bei [Fisz 1976, S.547; Rao 1973, S.320] erläutert wird. Bayes-Schätzungen aufgrund von Vorinformationen befinden sich in [Humak 1977, S.365; Stange 1977].

312 Beste erwartungstreue Schätzung

Es sei $h(\underline{\beta})$ eine zu schätzende Funktion der unbekannten Parameter $\underline{\beta}$ und die Funktion $s(\underline{y})$ der Beobachtungen $\underline{y}$ ihre Schätzung. Die Schätzung $s(\underline{y})$ sollte der zu schätzenden Größe $h(\underline{\beta})$ möglichst nahe kommen, das heißt, der Fehler der Schätzung, der sich in der Differenz $s(\underline{y})-h(\underline{\beta})$ ausdrückt, sollte klein sein. Statt aber den Fehler selbst zu minimieren, ist es zweckmäßiger, das Quadrat $(s(\underline{y})-h(\underline{\beta}))^2$ des Fehlers klein zu halten. Da $\underline{y}$ ein Zufallsvektor ist, wird das Fehlerquadrat für einige Werte von $\underline{y}$ klein und für andere Werte groß sein, so daß am zweckmäßigsten der zu erwartende quadratische Fehler $E((s(\underline{y})-h(\underline{\beta}))^2)$ der Schätzung minimiert wird, was auf eine *beste* Schätzung führt.

Der Erwartungswert $E(s(\underline{y})-h(\underline{\beta}))$ der Abweichung der Schätzung von der zu schätzenden Größe bezeichnet man als *Verzerrung*. Sie sollte gleich Null sein, also $E(s(\underline{y})-h(\underline{\beta}))=0$, so daß mit (231.5) $E(s(\underline{y}))=E(h(\underline{\beta}))$ folgt, denn der für die Schätzung zu erwartende Wert sollte nicht vom Erwartungswert der zu schätzenden Größe abweichen. Stimmen beide Erwartungswerte überein, spricht man von unverzerrter oder erwartungstreuer Schätzung. Folglich ist für eine beste erwartungstreue Schätzung

$$E(s(\underline{y}) - h(\underline{\beta})) = 0 \quad \text{und} \quad E((s(\underline{y}) - h(\underline{\beta}))^2) \text{ minimal.} \qquad (312.1)$$

Enthält der Parametervektor $\underline{\beta}$ feste Größen im Gegensatz zu Zufallsvariablen, so ist $h(\underline{\beta})$ eine Konstante und $E(h(\underline{\beta}))=h(\underline{\beta})$ wegen (231.5). Man erhält dann für den Erwartungswert des quadratischen Fehlers der Schätzung $E((s(\underline{y})-h(\underline{\beta}))^2)=E((s(\underline{y})-E(s(\underline{y}))+E(s(\underline{y}))-h(\underline{\beta}))^2)$ und mit (232.5)

$$E((s(\underline{y}) - h(\underline{\beta}))^2) = V(s(\underline{y})) + (E(s(\underline{y})) - h(\underline{\beta}))^2$$

denn es gilt, da $E(s(\underline{y}))$ und $h(\underline{\beta})$ Konstanten sind, $E((s(\underline{y})-E(s(\underline{y})))(E(s(\underline{y}))-h(\underline{\beta})))=(E(s(\underline{y}))-E(s(\underline{y})))(E(s(\underline{y}))-h(\underline{\beta}))=0$. Für eine erwartungstreue Schätzung gilt $E(s(\underline{y}))-h(\underline{\beta})=0$ und damit $E((s(\underline{y})-h(\underline{\beta}))^2)=V(s(\underline{y}))$, so daß, um eine beste erwartungstreue Schätzung zu erhalten, die Varianz $V(s(\underline{y}))$ der Schätzung zu minimieren ist. Existiert eine solche erwartungstreue Schätzung mit minimaler Varianz für alle Parameter $\underline{\beta}$, dann bezeichnet man sie als gleichmäßig beste erwartungstreue Schätzung.

Definition: Die Funktion $s(\underline{y})$ der Beobachtungen $\underline{y}$ sei Schätzung der Funktion $h(\underline{\beta})$ der unbekannten, festen Parameter $\underline{\beta}$ der Verteilung der Stichprobe der $\underline{y}$, dann bezeichnet man $s(\underline{y})$ als (gleichmäßig) beste erwartungstreue Schätzung, falls für alle $\underline{\beta}$ gilt

1) $E(s(\underline{y}))=h(\underline{\beta})$, das heißt, $s(\underline{y})$ ist eine erwartungstreue Schätzung von $h(\underline{\beta})$,
2) $V(s(\underline{y})) \leq V(s^*(\underline{y}))$,

wobei $s^*(\underline{y})$ eine beliebige erwartungstreue Schätzung von $h(\underline{\beta})$ bedeutet, so daß $s(\underline{y})$ minimale Varianz besitzt. (312.2)

Im folgenden sollen mit Hilfe der Beobachtungen $\underline{y}$ nicht nur feste Parameter $\underline{\beta}$, sondern auch Zufallsparameter $\underline{\gamma}$ der Stichprobe der $\underline{y}$ geschätzt werden. Ein solches Problem liegt zum Beispiel vor, wenn Beobachtungen vorhergesagt werden sollen. Ist $h(\underline{\gamma})$ die zu schätzende Funktion der unbekannten Zufallsvariablen $\underline{\gamma}$ und $s(\underline{y})$ ihre Schätzung, ergibt sich mit $s(\underline{y})-h(\underline{\gamma})=s(\underline{y})-h(\underline{\gamma})-E(s(\underline{y})-h(\underline{\gamma}))+E(s(\underline{y}))-E(h(\underline{\gamma}))$, da $\underline{\gamma}$ eine Zufallsvariable ist und daher $E(h(\underline{\gamma}))\neq h(\underline{\gamma})$ gilt, für den Erwartungswert des Fehlerquadrats der Schätzung aus (312.1) wegen (232.5)

$$E((s(\underline{y}) - h(\underline{\gamma}))^2) = V(s(\underline{y}) - h(\underline{\gamma})) + (E(s(\underline{y})) - E(h(\underline{\gamma})))^2$$

denn es gilt $E(s(\underline{y})-h(\underline{\gamma})-E(s(\underline{y})-h(\underline{\gamma})))(E(s(\underline{y}))-E(h(\underline{\gamma})))=0$. Bedeutet $s(\underline{y})$ eine erwartungstreue Schätzung von $h(\underline{\gamma})$, erhält man $E(s(\underline{y}))-E(h(\underline{\gamma}))=0$ und für den Erwartungswert des quadratischen Fehlers $E((s(\underline{y})-$

$h(\gamma))^2)=V(s(\underline{y})-h(\gamma))$. Entsprechend (312.2) ergibt sich nun die

Definition: Die Funktion $s(\underline{y})$ der Beobachtungen $\underline{y}$ sei Schätzung der Funktion $h(\gamma)$ der unbekannten Zufallsparameter γ der Stichprobe der $\underline{y}$, dann bezeichnet man $s(\underline{y})$ als (gleichmäßig) beste erwartungstreue Schätzung, falls für alle γ gilt

    1) $E(s(\underline{y}))=E(h(\gamma))$, das heißt, $s(\underline{y})$ ist eine erwartungstreue
       Schätzung von $h(\gamma)$,

    2) $V(s(\underline{y})-h(\gamma))\leq V(s^*(\underline{y})-h(\gamma))$,

wobei $s^*(\underline{y})$ eine beliebige erwartungstreue Schätzung von $h(\gamma)$ bedeutet, so daß $s(\underline{y})-h(\gamma)$ minimale Varianz besitzt.   (312.3)

    Während bei der besten erwartungstreuen Schätzung einer Funktion $h(\beta)$ fester Parameter β wegen $E(h(\beta))=h(\beta)$ nach (312.2) die Varianz $V(s(\underline{y}))$ der Schätzung minimal wird, ergibt sich bei der besten erwartungstreuen Schätzung einer Funktion $h(\gamma)$ der Zufallsparameter γ wegen $E(h(\gamma))\neq h(\gamma)$ minimale Varianz $V(s(\underline{y})-h(\gamma))$ für die Differenz zwischen Schätzung und zu schätzender Größe.

313 Methode der kleinsten Quadrate

    Eine weitere sinnvolle Methode, unbekannte Parameter zu schätzen, besteht darin, die Quadratsumme der Abweichungen der Beobachtungen $\underline{y}$ von den Schätzwerten $s(E(\underline{y}))$ ihrer Erwartungswerten $E(\underline{y})$ zu minimieren, die, wie sich aus dem Kapitel 32 ergibt, Funktionen der unbekannten Parameter darstellen. Die Quadratsumme $(\underline{y}-s(E(\underline{y})))'(\underline{y}-s(E(\underline{y})))$ soll also minimal werden. Mit der positiv definiten Kovarianzmatrix $D(\underline{y})=\underline{\Sigma}$ der Beobachtungen läßt sich die Methode verallgemeinern, und man fordert, daß die quadratische Form $(\underline{y}-s(E(\underline{y})))'\underline{\Sigma}^{-1}(\underline{y}-s(E(\underline{y})))$ minimal wird, da in der inversen Kovarianzmatrix $\underline{\Sigma}^{-1}$, die wegen (143.3) existiert, kleinen Varianzen große Elemente entsprechen.

Definition: Der Zufallsvektor $\underline{y}$ der Beobachtungen besitze die positiv definite Kovarianzmatrix $D(\underline{y})=\underline{\Sigma}$, und der Erwartungswertvektor $E(\underline{y})$ sei Funktion der unbekannten Parameter und $s(E(\underline{y}))$ eine Schätzung von $E(\underline{y})$, dann bezeichnet man als Methode der kleinsten Quadrate die Schätzung der Parameter, die die quadratische Form

$$(\underline{y}-s(E(\underline{y})))'\underline{\Sigma}^{-1}(\underline{y}-s(E(\underline{y})))$$

minimal werden läßt.   (313.1)

    Auf der Methode der kleinsten Quadrate zur Parameterschätzung beruht die Ausgleichungsrechnung [Gotthardt 1978; Großmann 1969; Linnik

1961;Mikhail und Ackermann 1976; Reißmann 1976; Wolf 1968, 1975, 1979 a]. Analogien zur Elastomechanik sind bei [Linkwitz 1977] behandelt.

314 Maximum-Likelihood-Methode

Die beste erwartungstreue Schätzung und die Methode der kleinsten Quadrate benötigen keine Angaben über die spezielle Art der Verteilung des Beobachtungsvektors $\underline{y}$. Bei der Parameterschätzung nach der Maximum-Likelihood-Methode dagegen muß die Dichte der Beobachtungen in Abhängigkeit von den unbekannten Parametern gegeben sein.

Definition: Der Zufallsvektor $\underline{y}$ der Beobachtungen besitze die von den unbekannten, festen Parametern $\underline{\beta}$ abhängige Dichte $f(\underline{\beta})$, dann ist die Likelihoodfunktion $L(\underline{y};\underline{\beta})$ definiert durch $L(\underline{y};\underline{\beta})=f(\underline{\beta})$. (314.1)

In der Likelihoodfunktion $L(\underline{y};\underline{\beta})$ sind also die festen Parameter $\underline{\beta}$ unbekannt. Ihre Schätzwerte werden derart bestimmt, daß $L(\underline{y};\underline{\beta})$ für die Schätzwerte maximal wird, denn dann ergeben sich wegen (314.1) auch Maximalwerte für die Dichte der Beobachtungen $\underline{y}$.

Definition: Der Zufallsvektor $\underline{y}$ der Beobachtungen besitze die Likelihoodfunktion $L(\underline{y};\underline{\beta})$, dann bezeichnet man als Maximum-Likelihood-Methode die Schätzung der festen Parameter $\underline{\beta}$, die maximale Werte für $L(\underline{y};\underline{\beta})$ liefert. (314.2)

32 Gauß-Markoff-Modell

321 Definition und Linearisierung

a) Definition

Zunächst soll die Parameterschätzung in dem folgenden Modell behandelt werden.

Definition: Es sei $\underline{X}$ eine n×u Matrix gegebener Koeffizienten, $\underline{\beta}$ ein u×1 Vektor unbekannter, fester Parameter, $\underline{y}$ ein n×1 Zufallsvektor von Beobachtungen und $D(\underline{y})=\sigma^2\underline{P}^{-1}$ die n×n Kovarianzmatrix von $\underline{y}$, wobei die Matrix $\underline{P}$ bekannt und der positive Faktor σ^2 unbekannt sei. Ferner besitze $\underline{X}$ den vollen Spaltenrang $\operatorname{rg}\underline{X}=u$ und die Matrix $\underline{P}$ sei positiv definit. Dann bezeichnet man

$$\underline{X}\underline{\beta} = E(\underline{y}) \quad \text{mit} \quad D(\underline{y}) = \sigma^2\underline{P}^{-1}$$

als Gauß-Markoff-Modell mit vollem Rang. (321.1)

Für dieses Modell wird also vorausgesetzt, daß die Erwartungswerte der Beobachtungen $\underline{y}$ sich aus Linearkombinationen gegebener Koeffizienten und unbekannter Parameter darstellen lassen. Es liegt daher ein lineares Modell vor. Die lineare Abhängigkeit ergibt sich aufgrund physikalischer oder mathematischer Gesetzmäßigkeiten, also aufgrund quantitativer Aussagen. Man bezeichnet diese Abhängigkeit auch als Regression und die Schätzung im Modell (321.1) als Regressionsanalyse. Dieses Modell unterscheidet sich aber wesentlich von dem im Kapitel 351 zu behandelnden Regressionsmodell, in dem Zufallsparameter aus Linearkombinationen der Beobachtungen geschätzt werden.

Mit $\mathrm{rg}\underline{X}=u$ besitzt das Modell vollen Rang, und es muß wegen (132.8) $n \geq u$ gelten. Man geht aber im allgemeinen davon aus, daß die Anzahl n der Beobachtungen größer ist als die Anzahl u der Unbekannten, um den Einfluß des zufälligen Charakters der Beobachtungen $\underline{y}$ auf die Schätzwerte gering zu halten. Für $n>u$ ist das Gleichungssystem $\underline{X}\underline{\beta}=\underline{y}$ nach (154.2) im allgemeinen nicht konsistent, da nach (135.5) $\dim R(\underline{X})=\mathrm{rg}\underline{X}=u$ und im allgemeinen $\underline{y}\in E^n$ gilt, so daß $\underline{y}\notin R(\underline{X})$ folgt. Durch Addition des $n\times 1$ Zufallsvektors $\underline{e}$ der Fehler von $\underline{y}$ erhält man das konsistente System

$$\underline{X}\underline{\beta} = \underline{y} + \underline{e} \quad \text{mit} \quad E(\underline{e}) = \underline{0} \quad \text{und} \quad D(\underline{e}) = D(\underline{y}) = \sigma^2\underline{P}^{-1} \qquad (321.2)$$

denn mit $E(\underline{y})=\underline{X}\underline{\beta}$ in (321.1) folgt $E(\underline{e})=\underline{0}$ und mit $\underline{e}=\underline{y}-\underline{X}\underline{\beta}$ aus (233.2) $D(\underline{e})=\sigma^2\underline{P}^{-1}$. Damit stellt (321.2) eine alternative Formulierung des Modells (321.1) dar. Die Gleichungen $\underline{X}\underline{\beta}=\underline{y}+\underline{e}$ nennt man auch Beobachtungsgleichungen und in der Ausgleichungsrechnung Fehler- oder Verbesserungsgleichungen.

Das Modell (321.1) oder (321.2) trägt den Namen Gauß-Markoff-Modell, denn Gauß [1809, S.213] leitete in diesem Modell mit Hilfe der Likelihoodfunktion die Methode der kleinsten Quadrate ab und zeigte, daß sie auf eine beste Schätzung führt [Gauss 1823, S.21]. Markoff [1912, S.218] bestimmte die Parameter dieses Modells mit Hilfe der besten erwartungstreuen Schätzung. In der Ausgleichungsrechnung bezeichnet man die Schätzung im Gauß-Markoff-Modell als die Ausgleichung nach vermittelnden Beobachtungen.

Die Kovarianzmatrix $D(\underline{y})=\sigma^2\underline{P}^{-1}$ der Beobachtungen $\underline{y}$ setzt man in (321.1) und (321.2) bis auf den Faktor σ^2 als bekannt voraus. Die Schätzung einer Kovarianzmatrix wird im Kapitel 375 behandelt. Die Matrix $\underline{P}$ bezeichnet man als Matrix der Gewichte. Je kleiner die Varianzen der Beobachtungen ausfallen, desto größer sind ihre Gewichte. Da $\underline{P}$ als positiv definit vorausgesetzt wurde, existiert nach (143.3) die Inverse $\underline{P}^{-1}$ und ist nach (143.9) positiv definit. Mit $\underline{P}=\underline{I}$ folgt aus

(321.1) $D(\underline{y})=\sigma^2\underline{I}$, so daß der Faktor σ^2 als <u>Varianz der Gewichtseinheit</u> bezeichnet wird.

Ein lineares Modell wie in (321.1) sei durch

$$\underline{\bar{X}}\underline{\beta} = E(\underline{\bar{y}}) \quad \text{mit} \quad D(\underline{\bar{y}}) = \sigma^2\underline{P}^{-1} \tag{321.3}$$

oder wie in (321.2) durch $\underline{\bar{X}}\underline{\beta}=\underline{\bar{y}}+\underline{\bar{e}}$ mit $D(\underline{\bar{e}})=D(\underline{\bar{y}})$ gegeben. Da $\underline{P}$ positiv definit ist, gilt nach (143.5) die Cholesky-Faktorisierung $\underline{P}=\underline{G}\underline{G}'$, in der $\underline{G}$ eine reguläre untere Dreiecksmatrix bedeutet. Mit

$$\underline{P} = \underline{G}\underline{G}', \ \underline{X} = \underline{G}'\underline{\bar{X}}, \ \underline{y} = \underline{G}'\underline{\bar{y}} \ \text{ und } \ \underline{e} = \underline{G}'\underline{\bar{e}} \tag{321.4}$$

wobei wegen (132.12) $\text{rg}\underline{\bar{X}}=\text{rg}\underline{X}=u$ gilt, folgt dann

$$\underline{X}\underline{\beta} = E(\underline{y}) \quad \text{mit} \quad D(\underline{y}) = \sigma^2\underline{I} \tag{321.5}$$

oder $\underline{X}\underline{\beta}=\underline{y}+\underline{e}$ mit $D(\underline{e})=\sigma^2\underline{I}$, denn mit (131.14) und (233.2) erhält man $D(\underline{y}) =\sigma^2\underline{G}'((\underline{G}')^{-1}\underline{G}^{-1})\underline{G}=\sigma^2\underline{I}$. Das Modell (321.1) oder (321.2) läßt sich also in das einfachere Modell (321.5) transformieren, in dem die Beobachtungen unkorreliert sind und gleiche Varianzen besitzen, was als <u>Homoskedastizität</u> bezeichnet wird. Zur einfacheren Ableitung der Schätzwerte wird daher im folgenden das Modell (321.5) anstelle von (321.1) verwendet. Die Schätzwerte für (321.1) lassen sich dann aus denen für (321.5) durch die Transformationen (321.4) gewinnen.

<u>Beispiel</u>: Um einen Kurvenverlauf in einer Ebene zu erfassen, werden für n gegebene Abszissenwerte x_i die Ordinaten y_i der Kurve gemessen, wobei die Beobachtungen unkorreliert seien und gleiche Varianzen besitzen sollen. Für die Darstellung des durch die Meßwerte repräsentierten Kurvenverlaufs genüge ein Polynom 2.Grades mit den drei unbekannten Koeffizienten β_o,β_1,β_2. Man erhält dann das lineare Modell

$$\beta_o+ x_i\beta_1+ x_i^2\beta_2= E(y_i) \quad \text{mit} \quad i\in\{1,\ldots,n\} \quad \text{und} \quad D(\underline{y}) = \sigma^2\underline{I}$$

Ausführlicher wird dieses sogenannte Polynommodell im Kapitel 341 behandelt.

b) Linearisierung

Im allgemeinen wird keine lineare Abhängigkeit zwischen den Parametern $\underline{\beta}$ und den Beobachtungen $\underline{y}$ bestehen, wie sie in (321.1) vorausgesetzt wurde, vielmehr wird (321.2) entsprechend gelten

$$\begin{aligned} y_1^* + e_1 &= h_1(\beta_1,\ldots,\beta_u) \\ y_2^* + e_2 &= h_2(\beta_1,\ldots,\beta_u) \\ &\cdots\cdots\cdots\cdots \\ y_n^* + e_n &= h_n(\beta_1,\ldots,\beta_u) \end{aligned} \tag{321.6}$$

worin y_i^* die Beobachtungen, e_i die Fehler und $h_i(\beta_1,\ldots,\beta_u)$ reelle differenzierbare Funktionen der unbekannten Parameter $\beta_1,\ldots,\beta_u$ seien. Sind mit $\beta_1=\beta_{1o}+\Delta\beta_1,\ldots,\beta_u=\beta_{uo}+\Delta\beta_u$ Näherungswerte β_{jo} für die Parameter gegeben und die Korrektionen $\Delta\beta_j$ unbekannt, läßt sich (321.6) mit der Taylor-Entwicklung (171.3) linearisieren. Man erhält

$$h_i(\beta_1,\ldots,\beta_u) = h_i(\beta_{1o}+\Delta\beta_1,\ldots,\beta_{uo}+\Delta\beta_u)$$

$$= h_i(\beta_{1o},\ldots,\beta_{uo}) + \left.\frac{\partial h_i}{\partial \beta_1}\right|_{\beta_j=\beta_{jo}} \Delta\beta_1 + \ldots + \left.\frac{\partial h_i}{\partial \beta_u}\right|_{\beta_j=\beta_{jo}} \Delta\beta_u \qquad (321.7)$$

Mit

$$\underline{y} = |y_1^*-h_1(\beta_{1o},\ldots,\beta_{uo}),\ldots,y_n^*-h_n(\beta_{1o},\ldots,\beta_{uo})|', \quad \underline{\beta} = |\Delta\beta_1,\ldots,\Delta\beta_u|'$$

und

$$\underline{X} = \begin{vmatrix} \partial h_1/\partial\beta_1|\beta_j=\beta_{jo} & \ldots & \partial h_1/\partial\beta_u|\beta_j=\beta_{jo} \\ \ldots & \ldots & \ldots \\ \partial h_n/\partial\beta_1|\beta_j=\beta_{jo} & \ldots & \partial h_n/\partial\beta_u|\beta_j=\beta_{jo} \end{vmatrix} \qquad (321.8)$$

ergibt sich dann anstelle von (321.6) das Modell (321.1), (321.2) oder (321.5). Werden die Schätzwerte der Parameter dazu benutzt, um iterativ neue Näherungswerte zu berechnen, da die zuerst benutzten Näherungswerte nicht genau genug waren, um eine Linearisierung nach (321.7) zu ermöglichen, müssen die Differentialquotienten in (321.8) jeweils an den Stellen der neuen Näherungswerte gebildet werden. Es wird dann unter der Voraussetzung, daß das Iterationsverfahren konvergiert, solange iteriert, bis die Elemente des Vektors $\underline{\beta}$ genügend klein sind. Dieses Verfahren ist für praktische Rechnungen geeignet [Schek und Meier 1976], aber es muß eventuell numerisch geprüft werden, ob mit unterschiedlichen Näherungswerten identische Ergebnisse für die unbekannten Parameter erhalten werden. Weitere Möglichkeiten, nichtlineare Modelle zu behandeln, sind bei [Draper und Smith 1966, S.267; Späth 1974, S.92] angegeben. Ein Beispiel für eine Linearisierung befindet sich im Kapitel 326.

322 Beste lineare erwartungstreue Schätzung

26.11.80

In dem linearen Modell (321.5) soll die lineare Funktion $\underline{a}'\underline{\beta}$ der unbekannten Parameter $\underline{\beta}$ durch die lineare Funktion $\underline{c}'\underline{y}$ der Beobachtungen $\underline{y}$ geschätzt werden, so daß eine lineare Schätzung vorliegt, wobei $\underline{a}$ ein gegebener $u\times 1$ Vektor und $\underline{c}$ ein zu bestimmender $n\times 1$ Vektor bedeutet. Um eine beste lineare erwartungstreue Schätzung zu erhalten, muß nach (312.2) für alle $\underline{\beta}$

$$1)\ E(\underline{c}'\underline{y}) = \underline{a}'\underline{\beta} \qquad (322.1)$$

oder mit (321.5) $\underline{c}'\underline{X}\underline{\beta}=\underline{a}'\underline{\beta}$ erfüllt sein. Somit folgt

$$\underline{c}'\underline{X} = \underline{a}' \qquad (322.2)$$

Ferner muß

2) $V(\underline{c}'\underline{y})$ minimal

werden. Mit (233.2) und (321.5) erhält man

$$V(\underline{c}'\underline{y}) = \sigma^2\underline{c}'\underline{c} \qquad (322.3)$$

so daß (322.3) in Abhängigkeit von $\underline{c}$ unter den Restriktionen (322.2) zu minimieren ist.

Zur Lösung dieses Problems wird nach (171.6) die Lagrangesche Funktion $w(\underline{c})$ gebildet, deren Ableitungen nach $\underline{c}$ gleich Null zu setzen sind. Man erhält $w(\underline{c})=\sigma^2\underline{c}'\underline{c}-2\underline{k}'(\underline{X}'\underline{c}-\underline{a})$, worin $\underline{k}$ den $u\times 1$ Vektor der Lagrangeschen Multiplikatoren bezeichnet. Aus $\partial w(\underline{c})/\partial\underline{c}=2\sigma^2\underline{c}-2\underline{X}\underline{k}=\underline{O}$ wegen (172.1) und (172.2) folgt $\underline{c}=\underline{X}\underline{k}/\sigma^2$ und mit (322.2) $\underline{a}'=\underline{k}'\underline{X}'\underline{X}/\sigma^2$ oder $\underline{k}'/\sigma^2=\underline{a}'(\underline{X}'\underline{X})^{-1}$ und schließlich

$$\underline{c}' = \underline{a}'(\underline{X}'\underline{X})^{-1}\underline{X}' \qquad (322.4)$$

Die Lösung für $\underline{c}$ existiert und ist eindeutig, denn die Matrix $(\underline{X}'\underline{X})^{-1}$ existiert wegen (133.1), da nach (135.6) $\text{rg}\underline{X}=\text{rg}(\underline{X}'\underline{X})=u$ gilt, und sie ist eindeutig wegen (131.13).

Mit (322.4) folgt aus (322.3)

$$V(\underline{c}'\underline{y}) = \sigma^2\underline{a}'(\underline{X}'\underline{X})^{-1}\underline{a} \qquad (322.5)$$

Es muß jetzt gezeigt werden, daß diese Varianz minimal ist, daß sie also die zweite Bedingung in (312.2) $V(\underline{c}'\underline{y})\le V(\underline{c}^{*\prime}\underline{y})$ erfüllt, wobei $\underline{c}^{*\prime}\underline{y}$ eine beliebige erwartungstreue Schätzung von $\underline{a}'\underline{\beta}$ bedeutet. Aus der Erwartungstreue folgt mit (322.2) $\underline{c}^{*\prime}\underline{X}=\underline{a}'$. Weiter erhält man mit (233.13)

$$V(\underline{c}^{*\prime}\underline{y}) = V(\underline{c}^{*\prime}\underline{y}-\underline{c}'\underline{y}+\underline{c}'\underline{y}) = V(\underline{c}^{*\prime}\underline{y}-\underline{c}'\underline{y}) + V(\underline{c}'\underline{y}) + 2f \qquad (322.6)$$

und mit (233.15)

$$f = (\underline{c}^*-\underline{c})'D(\underline{y})\underline{c} \qquad (322.7)$$

Substituiert man (322.4) folgt mit $\underline{c}^{*\prime}\underline{X}=\underline{a}'$ schließlich

$$f = \sigma^2\underline{c}^{*\prime}\underline{X}(\underline{X}'\underline{X})^{-1}\underline{a} - \sigma^2\underline{a}'(\underline{X}'\underline{X})^{-1}\underline{a} = 0$$

so daß $V(\underline{c}'\underline{y})\le V(\underline{c}^{*\prime}\underline{y})$ sich ergibt, da für die Varianz $V(\underline{c}^{*\prime}\underline{y}-\underline{c}'\underline{y})\ge 0$ gilt.

Bezeichnet man mit $\underline{a}'\hat{\underline{\beta}}$ die beste lineare erwartungstreue Schätzung von $\underline{a}'\underline{\beta}$, gilt $\underline{a}'\hat{\underline{\beta}}=\underline{c}'\underline{y}$ und somit $\underline{a}'\hat{\underline{\beta}}=\underline{a}'(\underline{X}'\underline{X})^{-1}\underline{X}'\underline{y}$. Mit $\underline{a}'=|1,0,0,\ldots|$ und $\underline{\beta}=(\beta_i)$ erhält man aus $\underline{a}'\hat{\underline{\beta}}$ den Schätzwert $\hat{\beta}_1$ des Parameters β_1, mit $\underline{a}'=|0,1,0,\ldots|$ den Schätzwert $\hat{\beta}_2$ von β_2 und so fort, so daß mit $\hat{\underline{\beta}}=(\hat{\beta}_i)$ sich $\hat{\underline{\beta}}=(\underline{X}'\underline{X})^{-1}\underline{X}'\underline{y}$ ergibt. Damit folgt $\underline{a}'\hat{\underline{\beta}}=\underline{a}'\hat{\underline{\beta}}$, und man erhält den

<u>Satz</u>: Die beste lineare erwartungstreue Schätzung $\underline{a}'\hat{\underline{\beta}}$ und ihre Varianz $V(\underline{a}'\hat{\underline{\beta}})$ der linearen Funktion $\underline{a}'\underline{\beta}$ der unbekannten Parameter $\underline{\beta}$ im Gauß-Markoff-Modell (321.5) ist gegeben durch

$$\underline{a}'\hat{\underline{\beta}} = \underline{a}'(\underline{X}'\underline{X})^{-1}\underline{X}'\underline{y} \quad \text{und} \quad V(\underline{a}'\hat{\underline{\beta}}) = \sigma^2\underline{a}'(\underline{X}'\underline{X})^{-1}\underline{a} \qquad (322.8)$$

Normalgleichung $\underline{X}'\underline{X}\hat{\underline{\beta}} = \underline{X}'\underline{y}$

$\underline{X}'\underline{X}\hat{\underline{\beta}} - \underline{X}'\underline{y} = 0$

Mit $\underline{a}'=|1,0,0,\ldots|$, $\underline{a}'=|0,1,0,\ldots|$ und so fort ergibt sich aus $V(\underline{a}'\hat{\underline{\beta}})$ für die Varianz $V(\hat{\beta}_1)$ das erste Diagonalelement von $\sigma^2(\underline{X}'\underline{X})^{-1}$, für die Varianz $V(\hat{\beta}_2)$ das zweite Diagonalelement von $\sigma^2(\underline{X}'\underline{X})^{-1}$ und so weiter. Für die Kovarianzmatrix $D(\hat{\underline{\beta}})$ der Schätzwerte $\hat{\underline{\beta}}=(\underline{X}'\underline{X})^{-1}\underline{X}'\underline{y}$ folgt mit (233.1) $D(\hat{\underline{\beta}})=E((\hat{\underline{\beta}}-E(\hat{\underline{\beta}}))(\hat{\underline{\beta}}-E(\hat{\underline{\beta}}))')=(\underline{X}'\underline{X})^{-1}\underline{X}'D(\underline{y})\underline{X}(\underline{X}'\underline{X})^{-1}=\sigma^2(\underline{X}'\underline{X})^{-1}$. Da $V(\hat{\beta}_i)$ minimal ist, ist auch $\mathrm{sp}D(\hat{\underline{\beta}})$ minimal. Mit (321.4) ergeben sich aus $\hat{\underline{\beta}}$ und $D(\hat{\underline{\beta}})$ die Schätzwerte und ihre Kovarianzmatrix im Modell (321.1), und man erhält den

Satz: Die beste lineare erwartungstreue Schätzung $\hat{\underline{\beta}}$ der unbekannten Parameter $\underline{\beta}$ und ihre Kovarianzmatrix $D(\hat{\underline{\beta}})$, die minimale Spur besitzt, sind im Gauß-Markoff-Modell (321.5) gegeben durch

Matrizen Schätzwerte → $\boxed{\hat{\underline{\beta}} = (\underline{X}'\underline{X})^{-1}\underline{X}'\underline{y}}$ und $D(\hat{\underline{\beta}}) = \sigma^2(\underline{X}'\underline{X})^{-1}$ ← *Kovarianz matrix*
sind nicht nicht einfach ↑ und im Gauß-Markoff-Modell (321.1) durch $\underline{X}\underline{\beta}=E(\underline{y})$ *mit* $D(\underline{y})=\sigma^2\underline{P}$ *durch*
allgemein: $\boxed{\hat{\underline{\beta}} = (\underline{X}'\underline{P}\underline{X})^{-1}\underline{X}'\underline{P}\underline{y}}$ und $D(\hat{\underline{\beta}}) = \sigma^2(\underline{X}'\underline{P}\underline{X})^{-1}$ \hfill (322.9)

323 Methode der kleinsten Quadrate

Zur Parameterschätzung im Gauß-Markoff-Modell (321.5) nach der Methode der kleinsten Quadrate sind mit $\underline{X}\underline{\beta}=E(\underline{y})$ gemäß (313.1) die Schätzwerte für $\underline{\beta}$ derart zu bestimmen, daß die Quadratsumme

$$S(\underline{\beta}) = \frac{1}{\sigma^2}(\underline{y}-\underline{X}\underline{\beta})'(\underline{y}-\underline{X}\underline{\beta}) \hspace{2cm} (323.1)$$

minimal wird. Nach (171.4) ergibt sich ein Extremwert mit *(Durch Ableiten)*

$$\partial S(\underline{\beta})/\partial\underline{\beta} = \partial(\frac{1}{\sigma^2}(\underline{y}'\underline{y}-2\underline{y}'\underline{X}\underline{\beta}+\underline{\beta}'\underline{X}'\underline{X}\underline{\beta}))/\partial\underline{\beta} = \underline{0}$$

woraus mit (172.1) und (172.2) die mit (322.9) identische Schätzung $\hat{\underline{\beta}}=(\underline{X}'\underline{X})^{-1}\underline{X}'\underline{y}$ folgt.

Mit $\hat{\underline{\beta}}$ wird (323.1) minimal, denn für einen beliebigen $u\times1$ Vektor $\underline{\beta}^*$ gilt

$$(\underline{y}-\underline{X}\underline{\beta}^*)'(\underline{y}-\underline{X}\underline{\beta}^*) = (\underline{y}-\underline{X}\hat{\underline{\beta}}+\underline{X}(\hat{\underline{\beta}}-\underline{\beta}^*))'(\underline{y}-\underline{X}\hat{\underline{\beta}}+\underline{X}(\hat{\underline{\beta}}-\underline{\beta}^*))$$

$$= (\underline{y}-\underline{X}\hat{\underline{\beta}})'(\underline{y}-\underline{X}\hat{\underline{\beta}}) + (\hat{\underline{\beta}}-\underline{\beta}^*)'\underline{X}'\underline{X}(\hat{\underline{\beta}}-\underline{\beta}^*)$$

$$\geq (\underline{y}-\underline{X}\hat{\underline{\beta}})'(\underline{y}-\underline{X}\hat{\underline{\beta}}) \hspace{2cm} (323.2)$$

da $(\hat{\underline{\beta}}-\underline{\beta}^*)'\underline{X}'\underline{X}(\hat{\underline{\beta}}-\underline{\beta}^*)\geq0$ gilt, weil $\underline{X}'\underline{X}$ wegen (143.8) positiv definit ist, und da $2(\hat{\underline{\beta}}-\underline{\beta}^*)'\underline{X}'(\underline{y}-\underline{X}\hat{\underline{\beta}})=2(\hat{\underline{\beta}}-\underline{\beta}^*)'(\underline{X}'\underline{y}-\underline{X}'\underline{y})=\underline{0}$ gilt. Für die Quadratsumme $(\underline{y}-\underline{X}\hat{\underline{\beta}})'(\underline{y}-\underline{X}\hat{\underline{\beta}})$ im Modell (321.5) folgt mit (321.4) die quadratische Form $(\underline{y}-\underline{X}\hat{\underline{\beta}})'\underline{P}(\underline{y}-\underline{X}\hat{\underline{\beta}})$ im Modell (321.1), die ebenfalls minimal ist. Man erhält daher den

Satz: Die beste lineare erwartungstreue Schätzung und die Methode der kleinsten Quadrate im Gauß-Markoff-Modell (321.1) oder (321.5)

$\hat{\underline{e}} = \underline{X}\hat{\underline{\beta}}-\underline{y}$
$-\hat{\underline{e}} = \underline{y}-\underline{X}\hat{\underline{\beta}} = (\underline{I}-\underline{X}(\underline{X}'\underline{X})^{-1}\underline{X}')\underline{y}$ \hfill *Kovarianzmatrix der Residuen ist singulär*
Matrix ist idempotent
d.h.: mit sich selbst multipliziert ergibt
wieder obige Matrix

Idempotente Matrize hat keine Inverse und keinen vollen Rang *rg $D(\hat{\underline{e}})=$ n-u*

liefern identische Schätzwerte $\hat{\beta}$, die in (322.9) angegeben sind, für
die Parameter β.   (323.3)

Bezeichnet man mit dem n×1 Vektor $\hat{y}$ die Schätzwerte der Erwartungswerte $E(\underline{y})$ der Beobachtungen, erhält man den n×1 Vektor $\hat{e}$ der Schätzwerte des Vektors $\underline{e}$ in (321.2) zu

$$\hat{\underline{e}} = \hat{\underline{y}} - \underline{y} \quad \text{mit} \quad \hat{\underline{y}} = \underline{X}\hat{\beta} \tag{323.4}$$

Man bezeichnet $\hat{\underline{e}}$ als Vektor der <u>Residuen</u> und in der Ausgleichungsrechnung als Vektor der <u>Verbesserungen</u>. Wegen (323.2) gilt der

Satz: Bei der besten linearen erwartungstreuen Schätzung und der
Methode der kleinsten Quadrate ist im Gauß-Markoff-Modell (321.1) die
quadratische Form $\hat{\underline{e}}'\underline{P}\hat{\underline{e}}$ der Residuen und im Modell (321.5) <u>die Quadrat-</u>
<u>summe</u> $\hat{\underline{e}}'\hat{\underline{e}}$ der Residuen minimal. $\underline{x}\hat{\beta} = E(y) \text{ mit } D(y) = \delta^2 \underline{I}$ (323.5)

$\hat{\underline{e}}'\underline{e} = \hat{\underline{e}}'\underline{P}\hat{\underline{e}} = \Omega$

Die Schätzung nach der Methode der kleinsten Quadrate läßt sich
auch geometrisch interpretieren. Durch den nach (135.1) mit $R(\underline{X})=\{\underline{z}|\underline{z}=$
$\underline{X}\beta\}$ definierten Spaltenraum der Matrix $\underline{X}$ ist wegen $rg\underline{X}=u$ nach (135.5)
ein u-dimensionaler Euklidischer Raum E^u bestimmt, in dem $\underline{X}\beta$ zu schätzen ist. Dieser Raum ist in Abbildung 323-1 als Ebene dargestellt. Die

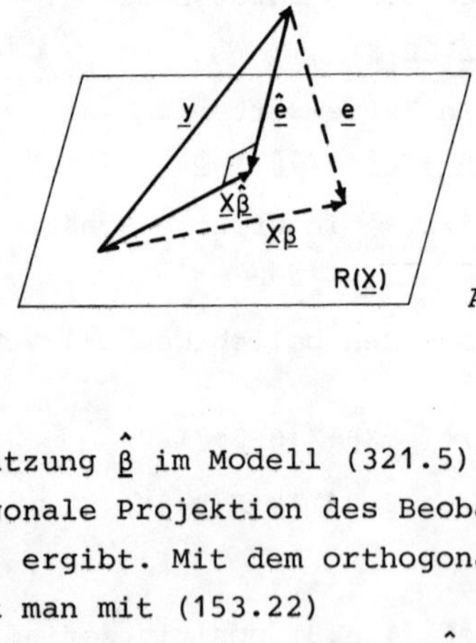

Abbildung 323-1

Schätzung $\hat{\beta}$ im Modell (321.5) wird derart bestimmt, daß $\underline{X}\hat{\beta}$ sich als orthogonale Projektion des Beobachtungsvektors $\underline{y}\in E^n$ auf den Spaltenraum
$R(\underline{X})$ ergibt. Mit dem orthogonalen Projektionsoperator $\underline{R}$ in (162.3) erhält man mit (153.22)

$$\underline{R}\underline{y} = \underline{X}\hat{\beta} \quad \text{mit} \quad \underline{R} = \underline{X}(\underline{X}'\underline{X})^{-1}\underline{X}' \tag{323.6}$$

woraus durch linksseitige Multiplikation mit $(\underline{X}'\underline{X})^{-1}\underline{X}'$ die Schätzung $\hat{\beta}$
in (322.9) folgt.

Durch die Projektion wird der Beobachtungsvektor $\underline{y}$ nach (162.3)
eindeutig zerlegt in $\underline{y}=\underline{R}\underline{y}+(\underline{I}-\underline{R})\underline{y}$, so daß wegen (323.4) und (323.6)

$$\hat{\underline{e}} = (\underline{R}-\underline{I})\underline{y} \tag{323.7}$$

folgt. Weiter ist $\underline{X}\hat{\underline{\beta}} \in R(\underline{X})$ und $\hat{\underline{e}} \in R(\underline{X})^{\perp}$. Dann gilt nach (162.1) $\hat{\underline{\beta}}'\underline{X}'\hat{\underline{e}}=0$, und da diese Beziehung für beliebige Vektoren $\hat{\underline{\beta}} \in E^u$ erfüllt sein muß

$$\underline{X}'\hat{\underline{e}} = \underline{O} \tag{323.8}$$

Hieraus folgt mit (323.4) $\underline{X}'(\underline{X}\hat{\underline{\beta}}-\underline{y})=\underline{O}$ oder die Gleichungen $\underline{X}'\underline{X}\hat{\underline{\beta}}=\underline{X}'\underline{y}$ für die Schätzwerte $\hat{\underline{\beta}}$, die wegen (323.8) auch als Normalgleichungen bezeichnet und im Kapitel 326 ausführlicher behandelt werden.

Da $\hat{\underline{y}}=\underline{X}\hat{\underline{\beta}}$ und $\hat{\underline{e}}$ zueinander orthogonal sind, erhält man aus (323.4) die folgende Zerlegung der Quadratsumme $\underline{y}'\underline{y}$ der Beobachtungen

$$\underline{y}'\underline{y} = \hat{\underline{y}}'\hat{\underline{y}} + \hat{\underline{e}}'\hat{\underline{e}} \tag{323.9}$$

Die Quadratsumme $\hat{\underline{e}}'\hat{\underline{e}}$ der Residuen wird bei der Schätzung der Varianz σ^2 der Gewichtseinheit und bei den Hypothesentests eine besondere Rolle spielen. Die den Gleichungen (323.8) und (323.9) entsprechenden Beziehungen im Gauß-Markoff-Modell (321.1) ergeben sich mit (321.4) zu

$$\underline{X}'\underline{P}\hat{\underline{e}} = \underline{O} \quad \text{und} \quad \underline{y}'\underline{P}\underline{y} = \hat{\underline{y}}'\underline{P}\hat{\underline{y}} + \hat{\underline{e}}'\underline{P}\hat{\underline{e}} \tag{323.10}$$

Da die Matrizen $\underline{R}$ und $\underline{I}-\underline{R}$ in (323.6) und (323.7) wegen (162.2) und (162.3) idempotent sind, ergibt sich mit (233.2) und (321.5) die Kovarianzmatrix $D(\hat{\underline{e}})$ des Residuenvektors $\hat{\underline{e}}$ aus (323.7) zu

$$D(\hat{\underline{e}}) = \sigma^2(\underline{I}-\underline{X}(\underline{X}'\underline{X})^{-1}\underline{X}') \tag{323.11}$$

und mit $rg(\underline{X}(\underline{X}'\underline{X})^{-1}\underline{X}')=sp(\underline{X}'\underline{X}(\underline{X}'\underline{X})^{-1})=u$ wegen (137.3) und (152.3) sowie mit (152.4)

$$rgD(\hat{\underline{e}}) = n - u \quad \text{und} \quad spD(\hat{\underline{e}}) = \sigma^2(n-u) \tag{323.12}$$

so daß die Kovarianzmatrix $D(\hat{\underline{e}})$ nach (133.1) singulär ist. Im Modell (321.1) erhält man mit $\bar{\underline{e}}=(\underline{G}')^{-1}\underline{e}$ aus (321.4) und mit (233.2) aus (323.11)

$$D(\hat{\underline{e}}) = \sigma^2(\underline{P}^{-1}-\underline{X}(\underline{X}'\underline{P}\underline{X})^{-1}\underline{X}') \quad \text{und} \quad rgD(\hat{\underline{e}}) = n - u \tag{323.13}$$

324 Maximum-Likelihood-Methode

Die beste lineare erwartungstreue Schätzung und die Methode der kleinsten Quadrate benötigen keine Angaben über die Art der Verteilung des Zufallsvektors $\underline{y}$ der Beobachtungen, die aber für die Parameterschätzung nach der Maximum-Likelihood-Methode (314.2) erforderlich sind. Aufgrund des im Kapitel 241 erläuterten zentralen Grenzwertsatzes wird $\underline{y}$ als normalverteilt angenommen. Mit $E(\underline{y})=\underline{X}\underline{\beta}$ und $D(\underline{y})=\sigma^2\underline{I}$ im Gauß-Markoff-Modell (321.5) folgt dann mit (251.1)

$$\underline{y} \sim N(\underline{X}\underline{\beta},\sigma^2\underline{I}) \tag{324.1}$$

und mit (314.1) die Likelihoodfunktion $L(\underline{y};\underline{\beta},\sigma^2)=(2\pi)^{-n/2}(\det\sigma^2\underline{I})^{-1/2}$ $\exp(-(\underline{y}-\underline{X}\underline{\beta})'(\underline{y}-\underline{X}\underline{\beta})/2\sigma^2)$ oder mit (136.9)

$$L(\underline{y};\underline{\beta},\sigma^2) = (2\pi\sigma^2)^{-n/2}\exp(-(\underline{y}-\underline{X}\underline{\beta})'(\underline{y}-\underline{X}\underline{\beta})/2\sigma^2) \tag{324.2}$$

Nach (314.2) sind die unbekannten Parameter $\underline{\beta}$ und σ^2 derart zu bestimmen, daß $L(\underline{y};\underline{\beta},\sigma^2)$ maximal wird.

Hierzu wird nach (171.4) $L(\underline{y};\underline{\beta},\sigma^2)$ nach $\underline{\beta}$ und σ^2 differenziert und die Ableitungen gleich Null gesetzt. Zur Vereinfachung der Differentiation wird nicht $L(\underline{y};\underline{\beta},\sigma^2)$ sondern $\ln L(\underline{y};\underline{\beta},\sigma^2)$ abgeleitet, was zulässig ist, da die Likelihoodfunktion wie die Dichte der Normalverteilung positiv ist, und somit $\ln L(\underline{y};\underline{\beta},\sigma^2)$ eine mit $L(\underline{y};\underline{\beta},\sigma^2)$ monoton wachsende Funktion darstellt, die an der gleichen Stelle ihr Maximum besitzt. Man erhält

$$\ln L(\underline{y};\underline{\beta},\sigma^2) = -\frac{n}{2}\ln(2\pi) - \frac{n}{2}\ln\sigma^2 - \frac{1}{2\sigma^2}(\underline{y}-\underline{X}\underline{\beta})'(\underline{y}-\underline{X}\underline{\beta}) \qquad (324.3)$$

Die von $\underline{\beta}$ abhängige Quadratsumme in (324.3) ist bis auf den Faktor 1/2 identisch mit (323.1). Mit $\partial \ln L(\underline{y};\underline{\beta},\sigma^2)/\partial\underline{\beta}=\underline{0}$ ergeben sich also die Schätzwerte $\hat{\underline{\beta}}$ der Methode der kleinsten Quadrate. Mit (323.3) folgt daher der

Satz: Im Gauß-Markoff-Modell (321.1) oder (321.5) liefern die beste lineare erwartungstreue Schätzung, die Methode der kleinsten Quadrate und die Maximum-Likelihood-Methode im Falle normalverteilter Beobachtungen identische Schätzwerte $\hat{\underline{\beta}}$, die in (322.9) angegeben sind, für die Parameter $\underline{\beta}$.

$$\hat{\underline{\beta}} = (\underline{x}'\underline{x})^{-1}\underline{x}'\underline{y} \qquad (324.4)$$

Aus

$$\frac{\partial \ln L(\underline{y};\underline{\beta},\sigma^2)}{\partial\sigma^2} = -\frac{n}{2\sigma^2} + \frac{1}{2\sigma^4}(\underline{y}-\underline{X}\underline{\beta})'(\underline{y}-\underline{X}\underline{\beta}) = 0$$

folgt für die Schätzung $\bar{\sigma}^2$ der Varianz σ^2 der Gewichtseinheit

$$\bar{\sigma}^2 = \frac{1}{n}(\underline{y}-\underline{X}\hat{\underline{\beta}})'(\underline{y}-\underline{X}\hat{\underline{\beta}}) \qquad (324.5)$$

Im folgenden Kapitel wird gezeigt, daß $\bar{\sigma}^2$ keine erwartungstreue Schätzung von σ^2 darstellt. Um zu zeigen, daß mit $\hat{\underline{\beta}}$ und $\bar{\sigma}^2$ die Likelihoodfunktion (324.2) maximal wird, kann man wie bei [Graybill 1976, S.343] vorgehen.

325 Erwartungstreue Schätzung der Varianz der Gewichtseinheit

Die Schätzung $\bar{\sigma}^2$ der unbekannten Varianz σ^2 der Gewichtseinheit im Gauß-Markoff-Modell (321.5) ergibt sich nach (323.4) und (324.5) mit Hilfe der Quadratsumme $\hat{\underline{e}}'\hat{\underline{e}}$ der Residuen. Diese sei mit Ω bezeichnet, so daß man in den Modellen (321.5) und (321.1) erhält

$$\Omega = \hat{\underline{e}}'\hat{\underline{e}} \quad \text{und} \quad \Omega = \hat{\underline{e}}'\underline{P}\hat{\underline{e}} \qquad (325.1)$$

Der Erwartungswert von Ω soll berechnet werden, um daraus eine erwartungstreue Schätzung von σ^2 abzuleiten.

Mit (323.7) erhält man, da die Matrix $\underline{I}-\underline{R}$ wegen (162.2) und (162.3) idempotent und symmetrisch ist, Ω für das Modell (321.5) und mit (321.4) für das Modell (321.1)

$$\Omega = \underline{y}'(\underline{I}-\underline{X}(\underline{X}'\underline{X})^{-1}\underline{X}')\underline{y} \quad \text{und} \quad \Omega = \underline{y}'(\underline{P}-\underline{P}\underline{X}(\underline{X}'\underline{P}\underline{X})^{-1}\underline{X}'\underline{P})\underline{y} \qquad (325.2)$$

und mit (152.8)

$$\Omega \geq 0 \qquad (325.3)$$

Nach Substitution von $\hat{\underline{\beta}}$ aus (322.9) in (325.2) ergeben sich für die beiden Modelle (321.5) und (321.1) die Beziehungen

$$\Omega = \underline{y}'\underline{y} - \underline{y}'\underline{X}\hat{\underline{\beta}} \quad \text{und} \quad \Omega = \underline{y}'\underline{P}\underline{y} - \underline{y}'\underline{P}\underline{X}\hat{\underline{\beta}} \qquad (325.4)$$

die im folgenden Kapitel benötigt werden. Mit (271.1), (321.5) und (323.12) berechnet sich $E(\Omega)$ aus (325.2) zu $E(\Omega)=\sigma^2(n-u)+\underline{\beta}'\underline{X}'(\underline{I}-\underline{X}(\underline{X}'\underline{X})^{-1}\underline{X}')\underline{X}\underline{\beta}$ und somit

$$E(\Omega) = \sigma^2(n-u) \qquad (325.5)$$

Die erwartungstreue Schätzung $\hat{\sigma}^2$ der Varianz σ^2 der Gewichtseinheit in den beiden Modellen (321.1) und (321.5) ergibt sich daher zu

$$\hat{\sigma}^2 = \Omega/(n-u) \qquad (325.6)$$

Diese Schätzung von σ^2 ist unter der Voraussetzung normalverteilter Beobachtungen auch die beste Schätzung im Sinne von (312.2), wie mit (364.5) gezeigt wird.

Aus (322.9) ergibt sich die mit $\hat{\sigma}^2$ berechnete Kovarianzmatrix $\hat{D}(\hat{\underline{\beta}})$ der Schätzwerte der Parameter zu

$$\hat{D}(\hat{\underline{\beta}}) = \hat{\sigma}^2(\underline{X}'\underline{X})^{-1} \qquad (325.7)$$

und aus (321.5) sowie aus (233.2) mit (323.4) die mit $\hat{\sigma}^2$ berechneten Kovarianzmatrizen $\hat{D}(\underline{y})$ der Beobachtungen und $\hat{D}(\hat{\underline{y}})$ der geschätzten Erwartungswerte der Beobachtungen zu

$$\hat{D}(\underline{y}) = \hat{\sigma}^2\underline{I} \quad \text{und} \quad \hat{D}(\hat{\underline{y}}) = \hat{\sigma}^2\underline{X}(\underline{X}'\underline{X})^{-1}\underline{X}' \qquad (325.8)$$

326 Numerische Berechnung der Schätzwerte und ihrer Kovarianzen

Die Gleichungen

$$\underline{X}'\underline{X}\hat{\underline{\beta}} = \underline{X}'\underline{y} \qquad (326.1)$$

zur Berechnung der Schätzwerte $\hat{\underline{\beta}}$ der Parameter aus (322.9) bezeichnet man, wie bereits im Zusammenhang mit (323.8) erwähnt, als Normalgleichungen und die Matrix $\underline{X}'\underline{X}$ als <u>Normalgleichungsmatrix</u>. Die Normalgleichungen sind eindeutig lösbar, da, wie bei (322.4) erwähnt, die Inverse $(\underline{X}'\underline{X})^{-1}$ existiert und eindeutig ist. Braucht lediglich der Vektor $\hat{\underline{\beta}}$ berechnet zu werden, genügt die Gaußsche Elimination (133.16) mit anschließender Rückrechnung (133.17). Soll auch die Kovarianzmatrix $D(\hat{\underline{\beta}})$ in (322.9) angegeben werden, ist die Normalgleichungsmatrix beispielsweise nach den im Kapitel 133 angegebenen Verfahren zu invertieren. Sollen $\hat{\underline{\beta}}$ und $D(\hat{\underline{\beta}})$ mit Hilfe der Gaußschen Elimination erhalten werden, geht man nach (134.9) vor.

Mit Hilfe der Gaußschen Elimination lassen sich auch die Größen ermitteln, die für die Varianzen und Kovarianzen der Schätzwerte linearer Funktionen der Parameter benötigt werden. Soll beispielsweise die Kovarianzmatrix $D(\underline{F}\hat{\underline{\beta}})$ der Schätzwerte für $\underline{F}\underline{\beta}$ berechnet werden, wobei $\underline{F}$ eine m×u Matrix bedeutet, benötigt man nach (322.8) die Matrix $\underline{F}(\underline{X}'\underline{X})^{-1}\underline{F}'$. Diese Matrix ergibt sich nach (134.8) durch die Gaußsche Elimination, falls die Normalgleichungsmatrix um die Matrizen $\underline{F},\underline{F}'$ und die m×m Nullmatrix $\underline{O}$ erweitert wird. Faßt man die einzelnen Eliminationsschritte in einer Blockmatrix zusammen, erhält man

$$\begin{vmatrix} \underline{I} & \underline{O} \\ -\underline{F}(\underline{X}'\underline{X})^{-1} & \underline{I} \end{vmatrix} \begin{vmatrix} \underline{X}'\underline{X} & \underline{F}' \\ \underline{F} & \underline{O} \end{vmatrix} = \begin{vmatrix} \underline{X}'\underline{X} & \underline{F}' \\ \underline{O} & -\underline{F}(\underline{X}'\underline{X})^{-1}\underline{F}' \end{vmatrix} \tag{326.2}$$

Ebenfalls mit Hilfe der Gaußschen Elimination läßt sich die Quadratsumme Ω der Residuen ermitteln, die nach (325.6) zur Schätzung der Varianz der Gewichtseinheit benötigt wird. Hierzu erweitert man die Normalgleichungsmatrix um die Absolutglieder $\underline{X}'\underline{y}$ der Normalgleichungen und die Quadratsumme $\underline{y}'\underline{y}$ der Beobachtungen. Man erhält nach (134.8) durch die Gaußsche Elimination

$$\begin{vmatrix} \underline{I} & \underline{O} \\ -\underline{y}'\underline{X}(\underline{X}'\underline{X})^{-1} & 1 \end{vmatrix} \begin{vmatrix} \underline{X}'\underline{X} & \underline{X}'\underline{y} \\ \underline{y}'\underline{X} & \underline{y}'\underline{y} \end{vmatrix} = \begin{vmatrix} \underline{X}'\underline{X} & \underline{X}'\underline{y} \\ \underline{O}' & \Omega \end{vmatrix} \tag{326.3}$$

denn es gilt $\Omega=\underline{y}'\underline{y}-\underline{y}'\underline{X}(\underline{X}'\underline{X})^{-1}\underline{X}'\underline{y}$ wegen (325.4). Sollen $\hat{\underline{\beta}}$, $D(\hat{\underline{\beta}})$ und Ω mit der Gaußschen Elimination berechnet werden, erhält man mit (134.8), (134.9) und (326.3)

$$\begin{vmatrix} \underline{I} & \underline{O} & \underline{O} \\ -\underline{y}'\underline{X}(\underline{X}'\underline{X})^{-1} & 1 & \underline{O}' \\ -(\underline{X}'\underline{X})^{-1} & \underline{O} & \underline{I} \end{vmatrix} \begin{vmatrix} \underline{X}'\underline{X} & \underline{X}'\underline{y} & \underline{I} \\ \underline{y}'\underline{X} & \underline{y}'\underline{y} & \underline{O}' \\ \underline{I} & \underline{O} & \underline{O} \end{vmatrix} = \begin{vmatrix} \underline{X}'\underline{X} & \underline{X}'\underline{y} & \underline{I} \\ \underline{O}' & \Omega & -\hat{\underline{\beta}}' \\ \underline{O} & -\hat{\underline{\beta}} & -(\underline{X}'\underline{X})^{-1} \end{vmatrix} \tag{326.4}$$

Ersetzt man in (326.1) bis (326.4) $\underline{X}'\underline{X}$ durch $\underline{X}'\underline{P}\underline{X}$, $\underline{X}'\underline{y}$ durch $\underline{X}'\underline{P}\underline{y}$ und $\underline{y}'\underline{y}$ durch $\underline{y}'\underline{P}\underline{y}$ erhält man die Gleichungssysteme für das Gauß-Markoff-Modell (321.1). Da die Normalgleichungen in (326.1) und die erweiterten Systeme in (326.2) bis (326.4) symmetrisch sind, brauchen bei der Gaußschen Elimination jeweils nur die Glieder auf und oberhalb der Diagonalen berücksichtigt zu werden. Zur Rechenkontrolle der numerischen Rechnung sollte, wie im folgenden Beispiel gezeigt wird, eine Summenspalte gebildet und in den Eliminationsprozeß einbezogen werden.

Eine Rechenkontrolle der gesamten Berechnung der Schätzwerte einschließlich der Linearisierung (321.7) und der eventuell durchgeführten

Transformation (321.4) besteht unter der Voraussetzung, daß Rechenfehler sich nicht gegenseitig aufheben, darin, daß im Modell (321.1) die Schätzwerte $y_i^* + \hat{e}_i$ in (321.6) einmal mit Hilfe des Vektors $\hat{\underline{e}}$ und zum anderen nach (321.7) mit Hilfe von $h_i(\beta_{1o}+\Delta\hat{\beta}_1,\ldots,\beta_{uo}+\Delta\hat{\beta}_u)$ mit $\hat{\underline{\beta}}=(\Delta\hat{\beta}_j)$ und $i\in\{1,\ldots,n\}$ berechnet werden. Stimmen die beiden Werte innerhalb der Rechengenauigkeit nicht überein, ohne daß ein Rechenfehler vorliegt, so wird die Differenz, die durch die Vernachlässigung der Glieder zweiter und höherer Ordnung in der Taylor-Entwicklung (321.7) hervorgerufen wird, durch ungünstig gewählte Näherungswerte verursacht sein. In einem solchen Fall führt meistens, wie bereits im Zusammenhang mit (321.8) erwähnt, eine iterative Vorgehensweise zum Ziel.

Beispiel: Gegeben seien drei Punkte P_1, P_2 und P_3 in einer Ebene mit ihren $(x_i;y_i)$-Koordinaten in der Dimension Meter: (235,25; 110,52) für P_1, (726,14; 147,38) für P_2 und (883,67; 621,01) für P_3. Zu einem vierten Punkt P_4 in der Ebene seien, wie in Abbildung 326-1 dargestellt, von P_1, P_2 und P_3 die Strecken s_1=391,544 m; s_2=546,146 m und

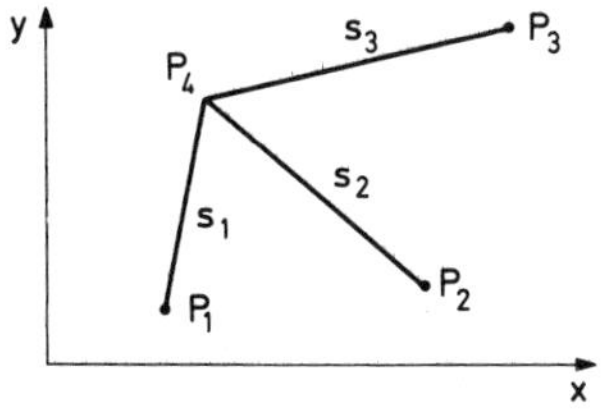

Abbildung 326-1

s_3=591,545 m gemessen worden. Die Messungen seien unkorreliert und ihre Gewichte mit $\underline{P}=(p_{ij})$ in der Dimension $1/cm^2$ gegeben durch p_{11}=0,444; p_{22}=0,250 und p_{33}=0,160. Gesucht sind die Schätzwerte der Koordinaten $(x_4;y_4)$ von P_4, ihre Kovarianzmatrix und die Schätzung der Varianz σ^2 der Gewichtseinheit. Damit liegt das Modell (321.1) vor, in dem die Schätzwerte nach den für (321.1) gültigen Formeln berechnet werden sollen. Wie im Beispiel des Kapitels 374 geschehen, könnte man auch numerisch das Modell (321.1) mit Hilfe von (321.4) in das Modell (321.5) überführen und in diesem Modell die Schätzungen berechnen, was auf identische Ergebnisse führen würde.

Mit $s_i=((x_i-x_4)^2+(y_i-y_4)^2)^{1/2}$ und $i\in\{1,2,3\}$ stellen die Beobachtungen eine nichtlineare Funktion der unbekannten Parameter dar, so daß linearisiert werden muß. Näherungskoordinaten $(x_{4o};y_{4o})$ für P_4 lassen sich mit Hilfe von s_1 und s_2 und der Koordinaten von P_1 und P_2 berechnen, und zwar wird mit dem Kosinussatz aus s_1, s_2 und der Strecke

P_1P_2 der Winkel in P_1 zwischen den Schenkeln P_1P_2 und P_1P_4 ermittelt. Zu diesem Winkel ist der Winkel in P_1 zwischen der Parallelen zur x-Achse durch P_1 und der Strecke P_1P_2 zu addieren, um mit dem so gewonnenen Winkel und s_1 die Näherungskoordinaten (305,497; 495,711) für P_4 zu erhalten. Für $s_{io}=((x_i-x_{4o})^2+(y_i-y_{4o})^2)^{1/2}$ mit $i\in\{1,2,3\}$ folgt dann $s_{1o}=391{,}544$ m; $s_{2o}=546{,}146$ m und $s_{3o}=591{,}594$ m, so daß sich mit

$$\left.\frac{\partial s_i}{\partial x_4}\right|_o = -\frac{x_i-x_{4o}}{s_{io}} \quad \text{und} \quad \left.\frac{\partial s_i}{\partial y_4}\right|_o = -\frac{y_i-y_{4o}}{s_{io}}$$

und $\underline{\beta}=|\Delta x_4, \Delta y_4|'$ aus (321.8) mit etwa gleichen Größenordnungen die Matrix $\underline{X}$, der Vektor $\underline{y}$ in der Dimension 0,1 m und die Gewichtsmatrix $\underline{P}$ in der Dimension $1/(0{,}1\text{ m})^2$ ergeben zu

$$\underline{X} = \begin{vmatrix} 0{,}179 & 0{,}984 \\ -0{,}770 & 0{,}638 \\ -0{,}977 & -0{,}212 \end{vmatrix}, \quad \underline{y} = \begin{vmatrix} 0 \\ 0 \\ -0{,}49 \end{vmatrix}, \quad \underline{P} = 100 \begin{vmatrix} 0{,}444 & 0 & 0 \\ & 0{,}250 & 0 \\ & & 0{,}160 \end{vmatrix}$$

Die Normalgleichungen $\underline{X}'\underline{P}\underline{X}\hat{\underline{\beta}}=\underline{X}'\underline{P}\underline{y}$ werden zweckmäßig mit Hilfe der im Beispiel zu (131.6) angegebenen Probe aufgestellt. Die Lösung soll nach (326.4) erhalten werden, so daß das Schema (326.5) folgt, wenn man die einzelnen Eliminationsschritte untereinander schreibt, wobei die Faktoren und Summanden bei der Elimination in Klammern angegeben sind. Mit

$0{,}01\cdot\underline{X}'\underline{P}\underline{X}$		$0{,}01\cdot\underline{X}'\underline{P}\underline{y}$	$\underline{I}$		Summe
0,315	-0,011	0,077	1	0	1,381
	0,539	0,017	0	1	1,545
(0,0349)	(0)	(0,003)	(0,035)	(0)	(0,048)
		0,038	0	0	0,132
(-0,244)		(-0,019)	(-0,244)	(0)	(-0,337)
			0	0	1
(-3,175)			(-3,175)	(0)	(-4,385)
				0	1
(0)				(0)	(0)
	0,539	0,020	0,035	1	1,593
		0,019	-0,244	0	-0,205
(-0,0371)		(-0,001)	(-0,001)	(-0,037)	(-0,059)
			-3,175	0	-3,385
(-0,0649)			(-0,002)	(-0,065)	(-0,103)
				0	1
(-1,855)				(-1,855)	(-2,955)
$0{,}01\cdot\Omega$ und $-\hat{\underline{\beta}}'$		0,018	-0,245	-0,037	-0,264
		-100·	-3,177	-0,065	-3,488
		$(\underline{X}'\underline{P}\underline{X})^{-1}$		-1,855	-1,955

(326.5)

dem Vektor $\hat{\underline{\beta}}$ läßt sich der Vektor $\hat{\underline{e}}$ der Residuen aus (323.4) berechnen, so daß man in der Dimension 0,1 m erhält $\hat{\underline{e}}'=|0{,}080;\ -0{,}165;\ 0{,}243|$ und damit $\Omega=\hat{\underline{e}}'\underline{P}\hat{\underline{e}}=1{,}9$ in ausreichender Übereinstimmung mit dem Ergebnis aus der Elimination in (326.5). Als weitere Rechenprobe für die Residuen ergibt sich aus (323.20) $0{,}01\cdot\underline{X}'\underline{P}\hat{\underline{e}}=|0{,}000;\ 0{,}000|'$. Die geschätzten Erwartungswerte der Beobachtungen $\hat{s}_i=s_i+\hat{e}_i$ ergeben sich zu $\hat{s}_1=391{,}552$ m; $\hat{s}_2=546{,}130$ m und $\hat{s}_3=591{,}569$ m. Bis auf 0,001 m übereinstimmende Werte erhält man, wenn $\hat{s}_1, \hat{s}_2$ und $\hat{s}_3$ aus den für P_4 geschätzten Koordinaten $\hat{x}_4=x_{4o}+\Delta\hat{x}_4$ und $\hat{y}_4=y_{4o}+\Delta\hat{y}_4$ mit $\hat{x}_4=305{,}521$ m und $\hat{y}_4=495{,}715$ m und den Koordinaten für P_1 bis P_3 berechnet werden, so daß die gesamte Rechnung einschließlich der Linearisierung geprüft ist. Mit (325.6) folgt weiter $\hat{\sigma}^2=1{,}8/(3-2)$ und mit (325.7) und (325.8) die Kovarianzmatrizen $\hat{D}(\underline{y})$ und $\hat{D}(\hat{\underline{\beta}})$ in der Dimension $(0{,}01\ \text{m})^2$

$$\hat{D}(\underline{y}) = 1{,}8\begin{vmatrix} 2{,}25 & 0 & 0 \\ & 4{,}00 & 0 \\ & & 6{,}25 \end{vmatrix}, \quad \hat{D}(\hat{\underline{\beta}}) = 1{,}8\begin{vmatrix} 3{,}18 & 0{,}06 \\ & 1{,}86 \end{vmatrix}$$

327 Gauß-Markoff-Modell mit Restriktionen

Die unbekannten Parameter des Gauß-Markoff-Modells sollen jetzt linearen Restriktionen unterworfen werden.

Definition: Gelten im Gauß-Markoff-Modell (321.1) für die Parameter $\underline{\beta}$ zusätzlich die Restriktionen $\underline{H}\underline{\beta}=\underline{w}$, wobei $\underline{H}$ eine $r\times u$ Matrix bekannter Koeffizienten mit $\text{rg}\underline{H}=r$ sowie $r\leq u$ und $\underline{w}$ ein bekannter $r\times 1$ Vektor bedeuten, so bezeichnet man

$$\underline{X}\underline{\beta} = E(\underline{y}) \quad \text{mit} \quad \underline{H}\underline{\beta} = \underline{w} \quad \text{und} \quad D(\underline{y}) = \sigma^2\underline{P}^{-1}$$

als Gauß-Markoff-Modell mit Restriktionen. (327.1)

Bei nichtlinearen Restriktionen ist mit Hilfe von Näherungswerten für die Parameter entsprechend (321.6) bis (321.8) zu linearisieren.

Mit den Transformationen (321.4) läßt sich das Modell (327.1) in

$$\underline{X}\underline{\beta} = E(\underline{y}) \quad \text{mit} \quad \underline{H}\underline{\beta} = \underline{w} \quad \text{und} \quad D(\underline{y}) = \sigma^2\underline{I} \qquad (327.2)$$

überführen, in dem im folgenden die Parameterschätzung abgeleitet wird. Die Ergebnisse lassen sich dann wieder mit (321.4) in die Schätzungen im Modell (327.1) transformieren.

Mit $\text{rg}\underline{H}=r$ folgt wegen (135.5) $\underline{w}\in R(\underline{H})$ und damit nach (154.2) die Konsistenz des Gleichungssystems $\underline{H}\underline{\beta}=\underline{w}$. Gilt $r<u$, so lassen sich also r unbekannte Parameter $\underline{\beta}$ aus $\underline{H}\underline{\beta}=\underline{w}$ eliminieren, um dann für die verbleibenden wie mit (321.5) vorzugehen. Rechentechnisch günstigere Formeln ergeben sich aber, wenn die unbekannten Parameter in (327.1) oder (327.2) nach dem Verfahren der Kapitel 312 bis 314 geschätzt werden. Gilt $r=u$, so sind mit $\underline{\beta}=\underline{H}^{-1}\underline{w}$ wegen (133.1) die Parameter $\underline{\beta}$ eindeutig bestimmt.

a) Beste lineare erwartungstreue Schätzung

Die lineare Funktion $\underline{a}'\underline{\beta}$ der unbekannten Parameter $\underline{\beta}$ soll durch die lineare Funktion $\underline{c}'\underline{y}$ der Beobachtungen $\underline{y}$ geschätzt werden, zu der wegen der Restriktionen noch die lineare Funktion $\underline{d}'\underline{w}$ zu addieren ist, wobei der u×1 Vektor $\underline{a}$ bekannt und der n×1 Vektor $\underline{c}$ sowie der r×1 Vektor $\underline{d}$ zu bestimmen sind. Für eine beste lineare erwartungstreue Schätzung wird nach (312.2) für alle $\underline{\beta}$

1) $E(\underline{c}'\underline{y}+\underline{d}'\underline{w}) = \underline{a}'\underline{\beta}$

oder mit (327.2) $\underline{c}'\underline{X}\underline{\beta}+\underline{d}'\underline{H}\underline{\beta}=\underline{a}'\underline{\beta}$ gefordert. Somit folgt

$$\underline{c}'\underline{X} + \underline{d}'\underline{H} = \underline{a}' \tag{327.3}$$

Ferner soll

2) $V(\underline{c}'\underline{y}+\underline{d}'\underline{w})$ minimal

werden, wofür man wegen (233.2) und (327.2) erhält

$$V(\underline{c}'\underline{y}+\underline{d}'\underline{w}) = V(\underline{c}'\underline{y}) = \sigma^2\underline{c}'\underline{c} \tag{327.4}$$

Die zur Lösung dieses Minimumproblems nach (171.6) zu bildende Lagrangesche Funktion lautet für r<u mit dem u×1 Vektor $\underline{k}$ der Lagrangeschen Multiplikatoren $w(\underline{c},\underline{d})=\sigma^2\underline{c}'\underline{c}-2\underline{k}'(\underline{X}'\underline{c}+\underline{H}'\underline{d}-\underline{a})$. Aus $\partial w(\underline{c},\underline{d})/\partial\underline{c}=2\sigma^2\underline{c}-2\underline{X}\underline{k}=\underline{0}$ wegen (172.1) und (172.2) folgt $\underline{c}=\underline{X}\underline{k}/\sigma^2$ und mit (327.3) $\underline{X}'\underline{X}\underline{k}/\sigma^2+\underline{H}'\underline{d}=\underline{a}$ oder $\underline{k}/\sigma^2=(\underline{X}'\underline{X})^{-1}(\underline{a}-\underline{H}'\underline{d})$, denn wie bereits bei (322.4) erwähnt, existiert $(\underline{X}'\underline{X})^{-1}$. Mit $\partial w(\underline{c},\underline{d})/\partial\underline{d}=-2\underline{H}\underline{k}=\underline{0}$ folgt $\underline{H}\underline{k}/\sigma^2=\underline{H}(\underline{X}'\underline{X})^{-1}(\underline{a}-\underline{H}'\underline{d})=\underline{0}$ und hieraus

$$\underline{d} = (\underline{H}(\underline{X}'\underline{X})^{-1}\underline{H}')^{-1}\underline{H}(\underline{X}'\underline{X})^{-1}\underline{a} \tag{327.5}$$

denn mit $rg\underline{H}=r$ ist die Matrix $\underline{H}(\underline{X}'\underline{X})^{-1}\underline{H}'$ wegen (143.7) positiv definit und daher wegen (143.3) regulär, da auch $(\underline{X}'\underline{X})^{-1}$ wegen (143.8) und (143.9) positiv definit ist. Weiter erhält man

$$\underline{c} = \underline{X}(\underline{X}'\underline{X})^{-1}(\underline{I}-\underline{H}'(\underline{H}(\underline{X}'\underline{X})^{-1}\underline{H}')^{-1}\underline{H}(\underline{X}'\underline{X})^{-1})\underline{a} \tag{327.6}$$

und anstelle von (327.4)

$$V(\underline{c}'\underline{y}) = \sigma^2\underline{a}'((\underline{X}'\underline{X})^{-1} - (\underline{X}'\underline{X})^{-1}\underline{H}'(\underline{H}(\underline{X}'\underline{X})^{-1}\underline{H}')^{-1}\underline{H}(\underline{X}'\underline{X})^{-1})\underline{a} \tag{327.7}$$

Um zu zeigen, daß (327.7) minimal ist, daß also die zweite Bedingung in (312.2) $V(\underline{c}'\underline{y}+\underline{d}'\underline{w})\leq V(\underline{c}^{*\prime}\underline{y}+\underline{d}^{*\prime}\underline{w})$ erfüllt ist, wobei $\underline{c}^{*\prime}\underline{y}+\underline{d}^{*\prime}\underline{w}$ eine beliebige erwartungstreue Schätzung von $\underline{a}'\underline{\beta}$ bedeutet, geht man analog zu (322.6) vor und erhält mit $\underline{c}$ aus (327.6) anstelle von (322.7)

$$f = \sigma^2(\underline{c}^*-\underline{c})'\underline{X}(\underline{X}'\underline{X})^{-1}(\underline{I}-\underline{H}'(\underline{H}(\underline{X}'\underline{X})^{-1}\underline{H}')^{-1}\underline{H}(\underline{X}'\underline{X})^{-1})\underline{a}$$

und mit $\underline{c}^{*\prime}\underline{X}=\underline{a}'-\underline{d}^{*\prime}\underline{H}$ aus (327.3) schließlich f=0, da $\underline{d}^{*\prime}\underline{H}(\underline{X}'\underline{X})^{-1}(\underline{I}-\underline{H}'(\underline{H}(\underline{X}'\underline{X})^{-1}\underline{H}')^{-1}\underline{H}(\underline{X}'\underline{X})^{-1})\underline{a}=0$ gilt.

Bezeichnet man mit $\widetilde{\underline{a}'\underline{\beta}}$ die beste erwartungstreue Schätzung von $\underline{a}'\underline{\beta}$, so gilt $\widetilde{\underline{a}'\underline{\beta}}=\underline{c}'\underline{y}+\underline{d}'\underline{w}$ mit $\underline{d}$ und $\underline{c}$ aus (327.5) und (327.6) sowie $V(\widetilde{\underline{a}'\underline{\beta}})$ aus (327.7). Durch entsprechende Wahl von $\underline{a}$ wie für (322.9) ergibt sich hieraus $\tilde{\underline{\beta}}$ und mit (233.2) und (327.2) $D(\tilde{\underline{\beta}})$, wobei für die numerische Rechnung die im folgenden angegebenen Formeln vorzuziehen sind. Wegen $\underline{H}\tilde{\underline{\beta}}=\underline{w}$ erhält man für r=u mit (327.1) $\tilde{\underline{\beta}}=\underline{H}^{-1}\underline{w}=\underline{\beta}$. Zusammenfassend gilt der

Satz: Die beste lineare erwartungstreue Schätzung $\tilde{\underline{\beta}}$ der unbekannten Parameter $\underline{\beta}$ im Gauß-Markoff-Modell (327.2) mit Restriktionen ist gegeben durch

$$\tilde{\underline{\beta}} = (\underline{X}'\underline{X})^{-1}(\underline{X}'\underline{y}+\underline{H}'(\underline{H}(\underline{X}'\underline{X})^{-1}\underline{H}')^{-1}(\underline{w}-\underline{H}(\underline{X}'\underline{X})^{-1}\underline{X}'\underline{y}))$$

und die Kovarianzmatrix $D(\tilde{\underline{\beta}})$ durch

$$D(\tilde{\underline{\beta}}) = \sigma^2((\underline{X}'\underline{X})^{-1} - (\underline{X}'\underline{X})^{-1}\underline{H}'(\underline{H}(\underline{X}'\underline{X})^{-1}\underline{H}')^{-1}\underline{H}(\underline{X}'\underline{X})^{-1}) \quad (327.8)$$

Mit (321.4) ergeben sich die entsprechenden Schätzwerte im Modell (327.1), indem in (327.8) $\underline{X}'\underline{X}$ durch $\underline{X}'\underline{P}\underline{X}$ und $\underline{X}'\underline{y}$ durch $\underline{X}'\underline{P}\underline{y}$ ersetzt werden.

b) Methode der kleinsten Quadrate und Maximum-Likelihood-Methode

Bei der Parameterschätzung nach der Methode der kleinsten Quadrate im Modell (372.2) ist nach (313.1) die Quadratsumme $(\underline{y}-\underline{X}\underline{\beta})'(\underline{y}-\underline{X}\underline{\beta})/\sigma^2$ unter der Bedingung $\underline{H}\underline{\beta}=\underline{w}$ zu minimieren. Wie aus (324.2) ersichtlich, ist im Falle normalverteilter Beobachtungen bei der Maximum-Likelihood-Schätzung im Modell (372.2) die gleiche Quadratsumme, abgesehen von dem Faktor 1/2, unter den gleichen Bedingungen zu minimieren, so daß beide Methoden identische Schätzungsergebnisse liefern werden.

Nach (171.6) ergibt sich die Lagrangesche Funktion $w(\underline{\beta})$ mit dem $r\times 1$ Vektor $\underline{k}/\sigma^2$ der Lagrangeschen Multiplikatoren zu $w(\underline{\beta})=(\underline{y}-\underline{X}\underline{\beta})'(\underline{y}-\underline{X}\underline{\beta})/\sigma^2+2\underline{k}'(\underline{H}\underline{\beta}-\underline{w})/\sigma^2$ und daraus mit (172.1) und (172.2) $\partial w(\underline{\beta})/\partial\underline{\beta}= -2\underline{X}'\underline{y}/\sigma^2+2\underline{X}'\underline{X}\underline{\beta}/\sigma^2+2\underline{H}'\underline{k}/\sigma^2=\underline{0}$. Zusammen mit den Bedingungsgleichungen folgen hieraus die Normalgleichungen für die Schätzwerte $\tilde{\underline{\beta}}$ und die Multiplikatoren $\underline{k}$ zu

$$\begin{vmatrix} \underline{X}'\underline{X} & \underline{H}' \\ \underline{H} & \underline{0} \end{vmatrix} \begin{vmatrix} \tilde{\underline{\beta}} \\ \underline{k} \end{vmatrix} = \begin{vmatrix} \underline{X}'\underline{y} \\ \underline{w} \end{vmatrix} \quad (327.9)$$

Die Werte für $\tilde{\underline{\beta}}$ und $\underline{k}$ werden hieraus eindeutig bestimmt, da die Normalgleichungsmatrix wegen (136.17) regulär ist, denn mit (136.12) gilt

$$\det \begin{vmatrix} \underline{X}'\underline{X} & \underline{H}' \\ \underline{H} & \underline{0} \end{vmatrix} = \det(\underline{X}'\underline{X})\det(-\underline{H}(\underline{X}'\underline{X})^{-1}\underline{H}') \neq 0$$

Die Schätzwerte $\tilde{\underline{\beta}}$ aus (327.9) sind identisch mit denen aus (327.8), denn durch Elimination von $\tilde{\underline{\beta}}$ in (327.9) nach (134.8) ergibt sich

$$-\underline{H}(\underline{X}'\underline{X})^{-1}\underline{H}'\underline{k} = \underline{w} - \underline{H}(\underline{X}'\underline{X})^{-1}\underline{X}'\underline{y} \quad (327.10)$$

Substituiert man diese Gleichung in (327.9), erhält man $\tilde{\underline{\beta}}$ in (327.8). Mit (322.9) erhält man weiter

$$\tilde{\underline{\beta}} = \hat{\underline{\beta}} - (\underline{X}'\underline{X})^{-1}\underline{H}'(\underline{H}(\underline{X}'\underline{X})^{-1}\underline{H}')^{-1}(\underline{H}\hat{\underline{\beta}}-\underline{w}) \quad (327.11)$$

Die Normalgleichungsmatrix in (327.9) ist im Gegensatz zu $\underline{X}'\underline{X}$ wegen (143.4) nicht positiv definit, da die Gaußsche Elimination von $\tilde{\underline{\beta}}$ nach (133.2) oder (134.8) auf negative Diagonalelemente führt, wie aus (327.10) zu erkennen ist. Dennoch eignen sich die Normalgleichungen (327.9) zur numerischen Ermittlung der Schätzwerte $\tilde{\beta}$, wobei allerdings die Cholesky-Faktorisierung (133.23) nicht anwendbar ist, falls nicht die Normalgleichungen nach Elimination von $\tilde{\underline{\beta}}$ mit -1 multipliziert werden.

Die Inverse der Normalgleichungsmatrix in (327.9) ergibt sich aus (134.3) mit $\underline{N}=\underline{X}'\underline{X}$ zu

$$\begin{vmatrix} \underline{N} & \underline{H}' \\ \underline{H} & \underline{O} \end{vmatrix}^{-1} = \begin{vmatrix} \underline{N}^{-1}-\underline{N}^{-1}\underline{H}'(\underline{H}\underline{N}^{-1}\underline{H}')^{-1}\underline{H}\underline{N}^{-1} & \underline{N}^{-1}\underline{H}'(\underline{H}\underline{N}^{-1}\underline{H}')^{-1} \\ (\underline{H}\underline{N}^{-1}\underline{H}')^{-1}\underline{H}\underline{N}^{-1} & -(\underline{H}\underline{N}^{-1}\underline{H}')^{-1} \end{vmatrix} \quad (327.12)$$

so daß in der inversen Matrix an der Stelle von $\underline{X}'\underline{X}$ die zur Berechnung von $D(\tilde{\underline{\beta}})$ aus (327.8) benötigte Matrix steht. Dies entspricht im Modell (321.5) der Berechnung von $D(\hat{\underline{\beta}})$ in (322.9) aus $(\underline{X}'\underline{X})^{-1}$.

Wie im folgenden noch zu zeigen ist, wird mit $\tilde{\underline{\beta}}$ die Quadratsumme der Residuen minimal. Zusammenfassend gilt daher der

Satz: Im Gauß-Markoff-Modell (327.2) mit Restriktionen liefern die beste lineare erwartungstreue Schätzung, die Methode der kleinsten Quadrate und die Maximum-Likelihood-Methode im Falle normalverteilter Beobachtungen identische Schätzwerte $\tilde{\underline{\beta}}$ für die Parameter, die aus den Normalgleichungen (327.9) berechenbar sind. Ersetzt man dort $\underline{X}'\underline{X}$ durch $\underline{X}'\underline{P}\underline{X}$ und $\underline{X}'\underline{y}$ durch $\underline{X}'\underline{P}\underline{y}$ ergeben sich die Schätzwerte im Modell (327.1). (327.13)

Erweitert man also die Normalgleichungsmatrix $\underline{X}'\underline{X}$ für die Schätzung im Gauß-Markoff-Modell um die Matrix $\underline{H}$ der Restriktionen, wie in (327.9) angegeben, so erhält man die Normalgleichungsmatrix für die Schätzung im Gauß-Markoff-Modell mit Restriktionen. Sind zu den Restriktionen weitere hinzuzufügen, etwa in Form von Hypothesen, die im Kapitel 42 behandelt werden, brauchen die Normalgleichungen lediglich um die zusätzlichen Restriktionen erweitert zu werden, um die entsprechenden Schätzwerte berechnen zu können.

c) Erwartungstreue Schätzung der Varianz der Gewichtseinheit

Wird die aus der Likelihoodfunktion (324.2) mit der Bedingung $\underline{H}\underline{\beta}=\underline{w}$ sich ergebende Lagrangesche Funktion nach σ^2 differenziert und die Ableitung gleich Null gesetzt, erhält man (324.5) entsprechend als Maximum-Likelihood-Schätzung $\bar{\bar{\sigma}}^2$ der Varianz σ^2 der Gewichtseinheit

$$\bar{\bar{\sigma}}^2 = \frac{1}{n}(\underline{y}-\underline{X}\tilde{\underline{\beta}})'(\underline{y}-\underline{X}\tilde{\underline{\beta}}) \qquad (327.14)$$

Um eine erwartungstreue Schätzung von σ^2 zu erhalten, wird wie für (325.5) der Erwartungswert der Quadratsumme

$$\Omega_H = (\underline{X}\tilde{\underline{\beta}}-\underline{y})'(\underline{X}\tilde{\underline{\beta}}-\underline{y}) \qquad (327.15)$$

ermittelt, in der der Vektor

$$\tilde{\underline{e}} = \underline{X}\tilde{\underline{\beta}} - \underline{y} \qquad (327.16)$$

entsprechend (323.4) die Residuen enthält. Ihre Kovarianzmatrix $D(\tilde{\underline{e}})$ ergibt sich mit (233.2) und (327.8) zu

$$D(\tilde{\underline{e}})=\sigma^2(\underline{I}-\underline{X}(\underline{X}'\underline{X})^{-1}\underline{X}'+\underline{X}(\underline{X}'\underline{X})^{-1}\underline{H}'(\underline{H}(\underline{X}'\underline{X})^{-1}\underline{H}')^{-1}\underline{H}(\underline{X}'\underline{X})^{-1}\underline{X}')$$

$$\text{mit } \operatorname{rg}D(\tilde{\underline{e}}) = n-u+r \text{ und } \operatorname{sp}D(\tilde{\underline{e}}) = \sigma^2(n-u+r) \qquad (327.17)$$

wegen (137.3) und (152.3), da die Matrix $D(\tilde{\underline{e}})/\sigma^2$ idempotent ist und beispielsweise $\operatorname{sp}(\underline{X}(\underline{X}'\underline{X})^{-1}\underline{X}')=\operatorname{sp}(\underline{X}'\underline{X}(\underline{X}'\underline{X})^{-1})$ gilt. Nach (133.1) ist $D(\tilde{\underline{e}})$ singulär.

Mit $\Omega_H=(\underline{X}(\tilde{\underline{\beta}}-\hat{\underline{\beta}})+\underline{X}\hat{\underline{\beta}}-\underline{y})'(\underline{X}(\tilde{\underline{\beta}}-\hat{\underline{\beta}})+\underline{X}\hat{\underline{\beta}}-\underline{y})$ folgt wegen (323.8)

$$\Omega_H = (\underline{X}\hat{\underline{\beta}}-\underline{y})'(\underline{X}\hat{\underline{\beta}}-\underline{y}) + (\tilde{\underline{\beta}}-\hat{\underline{\beta}})'\underline{X}'\underline{X}(\tilde{\underline{\beta}}-\hat{\underline{\beta}}) \qquad (327.18)$$

Der zweite Summand wird mit (327.11) umgeformt, so daß sich mit (325.1) ergibt

$$\Omega_H = \Omega + R \quad \text{mit} \quad R = (\underline{H}\hat{\underline{\beta}}-\underline{w})'(\underline{H}(\underline{X}'\underline{X})^{-1}\underline{H}')^{-1}(\underline{H}\hat{\underline{\beta}}-\underline{w}) \qquad (327.19)$$

Durch die Einführung der Restriktionen $\underline{H}\underline{\beta}=\underline{w}$ vergrößert sich also die Quadratsumme Ω um R, denn es gilt nach (143.1) $R \geq 0$, da die Matrix $\underline{H}'(\underline{X}'\underline{X})^{-1}\underline{H}$ und damit auch ihre Inverse positiv definit ist, wie bereits bei (327.5) gezeigt wurde. Der Erwartungswert von Ω_H ergibt sich mit (233.2), (271.1), (322.9), (325.5) und $E(\underline{H}\hat{\underline{\beta}})=\underline{H}\underline{\beta}=\underline{w}$ zu

$$E(\Omega_H) = E(\Omega) + \sigma^2\operatorname{sp}((\underline{H}(\underline{X}'\underline{X})^{-1}\underline{H}')^{-1}\underline{H}(\underline{X}'\underline{X})^{-1}\underline{H}') = \sigma^2(n-u+r)$$

Die erwartungstreue Schätzung $\tilde{\sigma}^2$ der Varianz σ^2 der Gewichtseinheit im Gauß-Markoff-Modell mit Restriktionen beträgt daher

$$\tilde{\sigma}^2 = \Omega_H/(n-u+r) \qquad (327.20)$$

Mit den Schätzwerten $\tilde{\underline{\beta}}$ wird die Quadratsumme Ω_H der Residuen minimal, denn bedeutet $\underline{\beta}^*$ ein beliebiger $u\times 1$ Vektor, für den $\underline{H}\underline{\beta}^*=\underline{w}$ gilt, erhält man

$$(\hat{\underline{\beta}}-\underline{\beta}^*)'\underline{X}'\underline{X}(\hat{\underline{\beta}}-\underline{\beta}^*) = (\hat{\underline{\beta}}-\tilde{\underline{\beta}}+\tilde{\underline{\beta}}-\underline{\beta}^*)'\underline{X}'\underline{X}(\hat{\underline{\beta}}-\tilde{\underline{\beta}}+\tilde{\underline{\beta}}-\underline{\beta}^*)$$

$$= (\hat{\underline{\beta}}-\tilde{\underline{\beta}})'\underline{X}'\underline{X}(\hat{\underline{\beta}}-\tilde{\underline{\beta}}) + (\tilde{\underline{\beta}}-\underline{\beta}^*)'\underline{X}'\underline{X}(\tilde{\underline{\beta}}-\underline{\beta}^*) \qquad (327.21)$$

da mit (327.11) für $2(\hat{\underline{\beta}}-\tilde{\underline{\beta}})'\underline{X}'\underline{X}(\tilde{\underline{\beta}}-\underline{\beta}^*)=0$ folgt, denn es gilt $\underline{H}\tilde{\underline{\beta}}=\underline{w}$ wegen

(327.8) und $\underline{H}\underline{\beta}^*=\underline{w}$ nach Voraussetzung. Das Ergebnis (327.21) in (323.2) eingesetzt ergibt mit (327.18), da $\underline{X}'\underline{X}$ nach (143.8) positiv definit ist,

$$(\underline{X}\underline{\beta}^*-\underline{y})'(\underline{X}\underline{\beta}^*-\underline{y}) = (\underline{X}\hat{\underline{\beta}}-\underline{y})'(\underline{X}\hat{\underline{\beta}}-\underline{y}) + (\hat{\underline{\beta}}-\tilde{\underline{\beta}})'\underline{X}'\underline{X}(\hat{\underline{\beta}}-\tilde{\underline{\beta}})$$
$$+ (\tilde{\underline{\beta}}-\underline{\beta}^*)'\underline{X}'\underline{X}(\tilde{\underline{\beta}}-\underline{\beta}^*) = \Omega_H + (\tilde{\underline{\beta}}-\underline{\beta}^*)'\underline{X}'\underline{X}(\tilde{\underline{\beta}}-\underline{\beta}^*) \geq \Omega_H \qquad (327.22)$$

Die Quadratsumme Ω_H der Residuen läßt sich (326.3) entsprechend durch Gaußsche Elimination in den Normalgleichungen (327.9) berechnen. Aus (327.15) ergibt sich $\Omega_H=\underline{y}'\underline{y}-\underline{y}'\underline{X}\tilde{\underline{\beta}}+\tilde{\underline{\beta}}'\underline{X}'\underline{X}\tilde{\underline{\beta}}-\tilde{\underline{\beta}}'\underline{X}'\underline{y}$ und mit $\tilde{\underline{\beta}}=(\underline{X}'\underline{X})^{-1}$ $(\underline{X}'\underline{y}-\underline{H}'\underline{k})$ aus (327.9) sowie $\underline{H}\tilde{\underline{\beta}}=\underline{w}$ aus (327.8)

$$\Omega_H = \underline{y}'\underline{y} - \underline{y}'\underline{X}\tilde{\underline{\beta}} - \underline{w}'\underline{k} \qquad (327.23)$$

Erweitert man die Normalgleichungen in (327.9) um den Absolutgliedvektor $|\underline{y}'\underline{X},\underline{w}'|'$ sowie um die Quadratsumme $\underline{y}'\underline{y}$ und führt die Gaußsche Elimination durch, so wird (326.3) entsprechend gebildet

$$\underline{y}'\underline{y} - |\underline{y}'\underline{X},\underline{w}'|\begin{vmatrix}\underline{X}'\underline{X} & \underline{H}'\\ \underline{H} & \underline{O}\end{vmatrix}^{-1}\begin{vmatrix}\underline{X}'\underline{y}\\ \underline{w}\end{vmatrix} = \underline{y}'\underline{y} - |\underline{y}'\underline{X},\underline{w}'|\begin{vmatrix}\tilde{\underline{\beta}}\\ \underline{k}\end{vmatrix} \qquad (327.24)$$

woraus wegen (327.23) Ω_H folgt.

d) Restriktionen als Beobachtungen mit sehr kleinen Varianzen

Das Gauß-Markoff-Modell (327.1) mit Restriktionen läßt sich in das Modell (321.1) ohne Restriktionen überführen, falls die Restriktionen als Beobachtungen mit sehr kleinen Varianzen angesehen werden. Um das zu zeigen, sei das Gauß-Markoff-Modell gegeben

$$\bar{\underline{X}}\underline{\beta} = E(\bar{\underline{y}}) \quad \text{mit} \quad D(\bar{\underline{y}}) = \sigma^2\bar{\underline{P}}^{-1} \qquad (327.25)$$

und

$$\bar{\underline{X}} = \begin{vmatrix}\underline{X}\\ \underline{H}\end{vmatrix},\ \bar{\underline{y}} = \begin{vmatrix}\underline{y}\\ \underline{w}\end{vmatrix},\ \bar{\underline{P}}^{-1} = \begin{vmatrix}\underline{P}^{-1} & \underline{O}\\ \underline{O} & c\underline{I}\end{vmatrix},\ c \neq o,\ c > o \qquad (327.26)$$

Aus (322.9) folgen die Schätzwerte $\hat{\underline{\beta}}$ mit

$$\hat{\underline{\beta}} = (\underline{X}'\underline{P}\underline{X}+\underline{H}'\underline{H}/c)^{-1}(\underline{X}'\underline{P}\underline{y}+\underline{H}'\underline{w}/c) \qquad (327.27)$$

Für einen sehr kleinen Wert für c, der sehr kleine Varianzen für $\underline{w}$ bedingt, gleicht $\hat{\underline{\beta}}$ aus (327.27) näherungsweise $\tilde{\underline{\beta}}$ aus (327.8), wie sich aus dem folgenden Grenzprozeß ergibt. Mit (134.4) und $\underline{X}'\underline{P}\underline{X}=\underline{G}\underline{G}'$ wegen (143.5) sowie $(\underline{X}'\underline{P}\underline{X})^{-1}=(\underline{G}')^{-1}\underline{G}^{-1}$ wegen (131.14) erhält man anstelle von (327.27)

$$\hat{\underline{\beta}} = ((\underline{X}'\underline{P}\underline{X})^{-1} - (\underline{X}'\underline{P}\underline{X})^{-1}\underline{H}'(c\underline{I}+\underline{H}(\underline{X}'\underline{P}\underline{X})^{-1}\underline{H}')^{-1}\underline{H}(\underline{X}'\underline{P}\underline{X})^{-1})\underline{X}'\underline{P}\underline{y}$$
$$+ (\underline{G}')^{-1}(c\underline{I}+\underline{G}^{-1}\underline{H}'\underline{H}(\underline{G}')^{-1})^{-1}\underline{G}^{-1}\underline{H}'\underline{w}$$

Weiter folgt mit (153,21) und (327.8)

$$\lim_{c\to o} \hat{\underline{\beta}} = (\underline{X}'\underline{P}\underline{X})^{-1}(\underline{X}'\underline{P}\underline{y}-\underline{H}'(\underline{H}(\underline{X}'\underline{P}\underline{X})^{-1}\underline{H}')^{-1}\underline{H}(\underline{X}'\underline{P}\underline{X})^{-1}\underline{X}'\underline{P}\underline{y}) + (\underline{G}')^{-1}(\underline{H}(\underline{G}')^{-1})^{+}\underline{w} = \tilde{\underline{\beta}} \qquad (327.28)$$

wegen $(\underline{H}(\underline{G}')^{-1})^{+}=\underline{G}^{-1}\underline{H}'(\underline{H}(\underline{X}'\underline{P}\underline{X})^{-1}\underline{H}')^{-1}$ aus (153.20).

Die Konstante c in (327.27) ist also so klein zu wählen, daß die Differenz von $\hat{\underline{\beta}}$ aus (327.27) und $\tilde{\underline{\beta}}$ aus (327.8) vernachlässigbar klein wird, was numerisch mit Hilfe der aus (327.27) zu ermittelnden Residuen für die Restriktionen überprüft werden kann. Der Wert für c darf aber nicht so klein gesetzt werden, daß wegen der beschränkten Rechengenauigkeit jeder Numerik die Elemente von $\underline{X}'\underline{P}\underline{X}$ und $\underline{X}'\underline{P}\underline{y}$ bei der Addition in (327.27) vernachlässigt werden.

Mit Hilfe sehr kleiner Varianzen für die Restriktionen läßt sich auch aus dem Gauß-Markoff-Modell das im Kapitel 352 zu behandelnde gemischte Modell annähern [Koch und Pope 1969]. In diesem Modell können die festen Parameter als Beobachtungen mit sehr großen Varianzen interpretiert werden [Schmid 1965].

328 Rekursive Parameterschätzung

Die Beobachtungen im Gauß-Markoff-Modell (321.1) sollen nun in die unkorrelierten Vektoren $\underline{y}_{m-1}$ und $\underline{y}_m$ zerfallen, die beispielsweise durch Messungen zu verschiedenen Zeiten gewonnen seien. Man will aber nicht warten, bis sämtliche Beobachtungen vorliegen, um dann die unbekannten Parameter zu schätzen, sondern die Schätzwerte sollen jeweils aufgrund der vorliegenden Beobachtungen berechnet werden. In (321.1) sei

$$\underline{X} = \begin{vmatrix} \underline{X}_{m-1} \\ \underline{X}_m \end{vmatrix}, \quad \underline{y} = \begin{vmatrix} \underline{y}_{m-1} \\ \underline{y}_m \end{vmatrix} \quad \text{und} \quad D(\underline{y}) = \sigma^2 \begin{vmatrix} \underline{P}_{m-1}^{-1} & \underline{O} \\ \underline{O} & \underline{P}_m^{-1} \end{vmatrix}$$

wobei $\text{rg}\underline{X}=\text{rg}\underline{X}_{m-1}=\text{rg}\underline{X}_m=u$ gelte und die Kovarianzmatrix $D(\underline{y})$ positiv definit sei, so daß $\underline{P}_{m-1}^{-1}$ und $\underline{P}_m^{-1}$ und wegen (143.9) auch ihre Inversen positiv definit sind, was sich durch die entsprechende Wahl des Vektors der quadratischen Form (143.1) zeigen läßt. Mit (322.9) folgt dann

$$\hat{\underline{\beta}} = (\underline{X}_{m-1}'\underline{P}_{m-1}\underline{X}_{m-1}+\underline{X}_m'\underline{P}_m\underline{X}_m)^{-1}(\underline{X}_{m-1}'\underline{P}_{m-1}\underline{y}_{m-1}+\underline{X}_m'\underline{P}_m\underline{y}_m) \qquad (328.1)$$

Bezeichnet man mit $\hat{\underline{\beta}}_{m-1}$ die Schätzwerte der Parameter aus den Beobachtungen $\underline{y}_{m-1}$ und mit $D(\hat{\underline{\beta}}_{m-1})=\sigma^2\underline{\Sigma}_{m-1}$ ihre Kovarianzmatrix, erhält man mit (322.9) anstelle von (328.1), falls $\hat{\underline{\beta}}=\hat{\underline{\beta}}_m$ gesetzt wird, da $\hat{\underline{\beta}}_m$

durch Hinzunahme der Beobachtungen $\underline{y}_m$ geschätzt wird

$$\hat{\underline{\beta}}_m = (\underline{\Sigma}_{m-1}^{-1} + \underline{X}_m'\underline{P}_m\underline{X}_m)^{-1}(\underline{\Sigma}_{m-1}^{-1}\hat{\underline{\beta}}_{m-1} + \underline{X}_m'\underline{P}_m\underline{y}_m) \tag{328.2}$$

Mit $D(\hat{\underline{\beta}}_m)=\sigma^2\underline{\Sigma}_m$ gleicht wegen (322.9) die Matrix $\underline{\Sigma}_m$ der inversen Normalgleichungsmatrix in (328.2). Mit (134.6) folgt für sie

$$\underline{\Sigma}_m = \underline{\Sigma}_{m-1} - \underline{F}_m\underline{X}_m\underline{\Sigma}_{m-1} \tag{328.3}$$

mit

$$\underline{F}_m = \underline{\Sigma}_{m-1}\underline{X}_m'(\underline{P}_m^{-1} + \underline{X}_m\underline{\Sigma}_{m-1}\underline{X}_m')^{-1} \tag{328.4}$$

Setzt man dieses Ergebnis in (328.2) ein, ergibt sich

$$\hat{\underline{\beta}}_m = \hat{\underline{\beta}}_{m-1} - \underline{F}_m\underline{X}_m\hat{\underline{\beta}}_{m-1} + (\underline{\Sigma}_{m-1}\underline{X}_m'\underline{P}_m - \underline{F}_m\underline{X}_m\underline{\Sigma}_{m-1}\underline{X}_m'\underline{P}_m - \underline{F}_m\underline{P}_m^{-1}\underline{P}_m + \underline{F}_m)\underline{y}_m$$

und daraus mit $\underline{F}_m(\underline{X}_m\underline{\Sigma}_{m-1}\underline{X}_m' + \underline{P}_m^{-1})\underline{P}_m = \underline{\Sigma}_{m-1}\underline{X}_m'\underline{P}_m$ die Beziehung

$$\hat{\underline{\beta}}_m = \hat{\underline{\beta}}_{m-1} + \underline{F}_m(\underline{y}_m - \underline{X}_m\hat{\underline{\beta}}_{m-1}) \tag{328.5}$$

Aus (328.5) erhält man durch Hinzunahme der Beobachtungen $\underline{y}_m$ die Schätzwerte $\hat{\underline{\beta}}_m$ rekursiv aus $\hat{\underline{\beta}}_{m-1}$ und aus (328.3) die rekursive Berechnung von $\underline{\Sigma}_m$ aus $\underline{\Sigma}_{m-1}$, wobei $D(\hat{\underline{\beta}}_m)=\sigma^2\underline{\Sigma}_m$ gilt.

Nimmt man an, daß die Parameter die Zustandsvariablen eines dynamischen Systems darstellen, die sich vom Zeitpunkt t_{m-1} zum Zeitpunkt t_m linear unter Addition von Störungen transformieren, erhält man aus (328.3) und (328.5) die Gleichungen des Kalman-Bucy-Filters [Brammer und Siffling 1975, S.82; Bucy und Joseph 1968, S.140].

329 Abweichungen vom Modell

Die Parameterschätzung im Gauß-Markoff-Modell (321.1) oder (321.5) beruht auf der Voraussetzung, daß sich die Erwartungswerte der Beobachtungen als Linearkombinationen der Parameter darstellen lassen und daß die Gewichtsmatrix der Beobachtungen bekannt ist. Im folgenden sollen drei Fälle betrachtet werden, unter denen diese Voraussetzungen verletzt sind, und zwar soll angenommen werden, daß einmal zu wenige und zum anderen zu viele unbekannte Parameter eingeführt werden und daß eine fehlerhafte Gewichtsmatrix der Beobachtungen vorliegt.

Zur Untersuchung der beiden zuerst genannten Fälle sei das Modell gegeben

$$|\underline{X}_1, \underline{X}_2| \begin{vmatrix} \underline{\beta}_1 \\ \underline{\beta}_2 \end{vmatrix} = E(\underline{y}) \quad \text{mit} \quad D(\underline{y}) = \sigma^2\underline{I} \tag{329.1}$$

worin $\underline{X}_1$ eine n×k Matrix, $\underline{X}_2$ eine n×(u-k) Matrix, $\underline{\beta}_1$ ein k×1 Vektor und $\underline{\beta}_2$ ein (u-k)×1 Vektor bedeuten. Es gelte $rg|\underline{X}_1, \underline{X}_2|=u$. Die Schätzwerte $\hat{\underline{\beta}}_1$ und $\hat{\underline{\beta}}_2$ ergeben sich dann aus (322.9) zu

$$\begin{vmatrix} \hat{\underline{\beta}}_1 \\ \hat{\underline{\beta}}_2 \end{vmatrix} = \begin{vmatrix} \underline{X}_1'\underline{X}_1 & \underline{X}_1'\underline{X}_2 \\ \underline{X}_2'\underline{X}_1 & \underline{X}_2'\underline{X}_2 \end{vmatrix}^{-1} \begin{vmatrix} \underline{X}_1'\underline{y} \\ \underline{X}_2'\underline{y} \end{vmatrix} \tag{329.2}$$

Mit $\underline{N}=\underline{X}_1'\underline{X}_1$ und $\underline{M}=\underline{X}_2'\underline{X}_2-\underline{X}_2'\underline{X}_1\underline{N}^{-1}\underline{X}_1'\underline{X}_2$ folgt wegen (134.3)

$$\begin{vmatrix} \underline{X}_1'\underline{X}_1 & \underline{X}_1'\underline{X}_2 \\ \underline{X}_2'\underline{X}_1 & \underline{X}_2'\underline{X}_2 \end{vmatrix}^{-1} = \begin{vmatrix} \underline{N}^{-1}+\underline{N}^{-1}\underline{X}_1'\underline{X}_2\underline{M}^{-1}\underline{X}_2'\underline{X}_1\underline{N}^{-1} & -\underline{N}^{-1}\underline{X}_1'\underline{X}_2\underline{M}^{-1} \\ -\underline{M}^{-1}\underline{X}_2'\underline{X}_1\underline{N}^{-1} & \underline{M}^{-1} \end{vmatrix} \tag{329.3}$$

Wegen $\operatorname{rg}|\underline{X}_1,\underline{X}_2|=u$ sind nach (143.8) und (143.9) die Matrizen auf der rechten und linken Seite von (329.3) positiv definit. Dann sind auch, wie sich durch entsprechende Wahl des Vektors in der quadratischen Form (143.1) zeigen läßt, die Matrizen $\underline{N}^{-1}$ und $\underline{M}^{-1}$ positiv definit und nach (143.8) die Matrix $\underline{N}^{-1}\underline{X}_1'\underline{X}_2\underline{M}^{-1}\underline{X}_2'\underline{X}_1\underline{N}^{-1}$ zumindest positiv semidefinit.

a) Anzahl der Parameter zu klein

Die Parameterschätzung sei in dem Modell $\underline{X}_1\underline{\beta}_1=E(\underline{y})$ mit $D(\underline{y})=\sigma^2\underline{I}$ vorgenommen, so daß mit (322.9) sich $\hat{\underline{\beta}}_1=(\underline{X}_1'\underline{X}_1)^{-1}\underline{X}_1'\underline{y}$ ergibt.Tatsächlich gelte aber das Modell (329.1). Die Schätzwerte $\hat{\underline{\beta}}_1$ sind dann im allgemeinen verzerrt, also nicht erwartungstreu, denn mit (329.1) folgt $E(\hat{\underline{\beta}}_1)=(\underline{X}_1'\underline{X}_1)^{-1}\underline{X}_1'(\underline{X}_1\underline{\beta}_1+\underline{X}_2\underline{\beta}_2)$ oder, sofern nicht $\underline{X}_1'\underline{X}_2=\underline{O}$ gilt,

$$E(\hat{\underline{\beta}}_1) = \underline{\beta}_1 + (\underline{X}_1'\underline{X}_1)^{-1}\underline{X}_1'\underline{X}_2\underline{\beta}_2 \tag{329.4}$$

Die Varianzen der Schätzung in $D(\hat{\underline{\beta}}_1)=\sigma^2(\underline{X}_1'\underline{X}_1)^{-1}=\sigma^2\underline{N}^{-1}$ ergeben im allgemeinen zu kleine Werte, da, wie aus (329.3) ersichtlich, die positiv semidefinite Matrix $\underline{N}^{-1}\underline{X}_1'\underline{X}_2\underline{M}^{-1}\underline{X}_2'\underline{X}_1\underline{N}^{-1}$ addiert werden müßte, um die für $\hat{\underline{\beta}}_1$ gültige Kovarianzmatrix zu erhalten. Im allgemeinen verzerrt ergibt sich auch die Schätzung der Varianz der Gewichtseinheit, denn mit $\hat{\underline{e}}=\underline{X}_1\hat{\underline{\beta}}_1-\underline{y}$ erhält man aus (271.1), (325.1), (325.5) und (329.1)

$$\begin{aligned} E(\hat{\underline{e}}'\hat{\underline{e}}) &= \sigma^2(n-k) + (\underline{X}_1\underline{\beta}_1+\underline{X}_2\underline{\beta}_2)'(\underline{I}-\underline{X}_1(\underline{X}_1'\underline{X}_1)^{-1}\underline{X}_1')(\underline{X}_1\underline{\beta}_1+\underline{X}_2\underline{\beta}_2) \\ &= \sigma^2(n-k) + \underline{\beta}_2'\underline{X}_2'(\underline{I}-\underline{X}_1(\underline{X}_1'\underline{X}_1)^{-1}\underline{X}_1')\underline{X}_2\underline{\beta}_2 \geq \sigma^2(n-k) \end{aligned} \tag{329.5}$$

da die Matrix $\underline{I}-\underline{X}_1(\underline{X}_1'\underline{X}_1)^{-1}\underline{X}_1'$ wie bereits bei (325.2) erwähnt, idempotent und symmetrisch und daher wegen (152.8) positiv semidefinit ist.

Ist die Varianz der Gewichtseinheit bekannt und wird $\sigma^2=1$ gesetzt, so kann wegen (329.5) ein Schätzwert $\hat{\sigma}^2>1$ auf zu wenige Parameter im Modell hindeuten.

b) Anzahl der Parameter zu groß

Die unbekannten Parameter seien in dem Modell (329.1) geschätzt, tatsächlich gelte aber das Modell

$$\mathbf{X}_1\boldsymbol{\beta}_1 = E(\mathbf{y}) \quad \text{und} \quad D(\mathbf{y}) = \sigma^2\mathbf{I} \tag{329.6}$$

Die Schätzwerte $\hat{\boldsymbol{\beta}}_1$ aus (329.2) ergeben sich erwartungstreu, denn mit (329.3) und (329.6) erhält man

$$E(\hat{\boldsymbol{\beta}}_1) = |\mathbf{N}^{-1}+\mathbf{N}^{-1}\mathbf{X}_1'\mathbf{X}_2\mathbf{M}^{-1}\mathbf{X}_2'\mathbf{X}_1\mathbf{N}^{-1}, \; -\mathbf{N}^{-1}\mathbf{X}_1'\mathbf{X}_2\mathbf{M}^{-1}| \begin{vmatrix} \mathbf{X}_1'\mathbf{X}_1\boldsymbol{\beta}_1 \\ \mathbf{X}_2'\mathbf{X}_1\boldsymbol{\beta}_1 \end{vmatrix} = \boldsymbol{\beta}_1 \tag{329.7}$$

Die Varianzen in $D(\hat{\boldsymbol{\beta}}_1)$ aus (329.3) ergeben im allgemeinen zu große Werte, denn die positiv semidefinite Matrix $\mathbf{N}^{-1}\mathbf{X}_1'\mathbf{X}_2\mathbf{M}^{-1}\mathbf{X}_2'\mathbf{X}_1\mathbf{N}^{-1}$ müßte subtrahiert werden, um die für $\hat{\boldsymbol{\beta}}_1$ gültige Kovarianzmatrix $D(\hat{\boldsymbol{\beta}}_1)=\sigma^2\mathbf{N}^{-1}$ zu erhalten. Setzt man $\mathbf{X}=|\mathbf{X}_1,\mathbf{X}_2|$, ergibt sich mit (271.1), (325.1), (325.5) und (329.6) für den Erwartungswert der Quadratsumme der Residuen

$$E(\hat{\mathbf{e}}'\hat{\mathbf{e}}) = \sigma^2(n-u) + \boldsymbol{\beta}_1'\mathbf{X}_1'(\mathbf{I}-\mathbf{X}(\mathbf{X}'\mathbf{X})^{-1}\mathbf{X}')\mathbf{X}_1\boldsymbol{\beta}_1 = \sigma^2(n-u) \tag{329.8}$$

da $(\mathbf{I}-\mathbf{X}(\mathbf{X}'\mathbf{X})^{-1}\mathbf{X}')|\mathbf{X}_1,\mathbf{X}_2|=\mathbf{O}$ gilt. Die Varianz σ^2 der Gewichtseinheit wird also erwartungstreu geschätzt.

c) Fehlerhafte Gewichtsmatrix der Beobachtungen

Für die Parameterschätzung sei das Modell $\mathbf{X}\boldsymbol{\beta}=E(\mathbf{y})$ mit $D(\mathbf{y})=\sigma^2\mathbf{V}^{-1}$ angenommen, tatsächlich gelte aber das Modell (321.1)

$$\mathbf{X}\boldsymbol{\beta} = E(\boldsymbol{\beta}) \quad \text{mit} \quad D(\mathbf{y}) = \sigma^2\mathbf{P}^{-1} \tag{329.9}$$

Mit $\hat{\boldsymbol{\beta}}=(\mathbf{X}'\mathbf{V}\mathbf{X})^{-1}\mathbf{X}'\mathbf{V}\mathbf{y}$ aus (322.9) ergibt sich eine erwartungstreue Schätzung von $\boldsymbol{\beta}$, denn es gilt $E(\hat{\boldsymbol{\beta}})=\boldsymbol{\beta}$. Verzerrt erhält man aber die Schätzung der Varianz der Gewichtseinheit, denn mit (271.1) folgt aus (325.2) und (329.9)

$$E(\hat{\mathbf{e}}'\mathbf{V}\hat{\mathbf{e}}) = \sigma^2 sp(\mathbf{P}^{-1}(\mathbf{V}-\mathbf{V}\mathbf{X}(\mathbf{X}'\mathbf{V}\mathbf{X})^{-1}\mathbf{X}'\mathbf{V})) \neq \sigma^2(n-u) \tag{329.10}$$

Um die Auswirkung einer fehlerhaften Gewichtsmatrix der Beobachtungen auf die Parameterschätzung zu berechnen, wird angenommen, daß

$$\mathbf{P} = \mathbf{V} + \Delta\mathbf{V} \tag{329.11}$$

gelte, wobei $\Delta\mathbf{V}$ wie $\mathbf{V}$ positiv definit sei. Für die Schätzung

$$\hat{\boldsymbol{\beta}} = (\mathbf{X}'\mathbf{P}\mathbf{X})^{-1}\mathbf{X}'\mathbf{P}\mathbf{y} = (\mathbf{X}'\mathbf{V}\mathbf{X}+\mathbf{X}'\Delta\mathbf{V}\mathbf{X})^{-1}(\mathbf{X}'\mathbf{V}\mathbf{y}+\mathbf{X}'\Delta\mathbf{V}\mathbf{y}) \tag{329.12}$$

ergibt sich die inverse Normalgleichungsmatrix mit (134.6) zu

$$(\mathbf{X}'\mathbf{V}\mathbf{X}+\mathbf{X}'\Delta\mathbf{V}\mathbf{X})^{-1} = (\mathbf{X}'\mathbf{V}\mathbf{X})^{-1}(\mathbf{I}-\mathbf{X}'(\Delta\mathbf{V}^{-1}+\mathbf{X}(\mathbf{X}'\mathbf{V}\mathbf{X})^{-1}\mathbf{X}')^{-1}\mathbf{X}(\mathbf{X}'\mathbf{V}\mathbf{X})^{-1})$$

$$= (\mathbf{X}'\mathbf{V}\mathbf{X})^{-1}(\mathbf{I}-\mathbf{X}'\Delta\mathbf{V}(\mathbf{I}+\mathbf{X}(\mathbf{X}'\mathbf{V}\mathbf{X})^{-1}\mathbf{X}'\Delta\mathbf{V})^{-1}\mathbf{X}(\mathbf{X}'\mathbf{V}\mathbf{X})^{-1})$$

Mit

$$(\mathbf{I}+\mathbf{X}(\mathbf{X}'\mathbf{V}\mathbf{X})^{-1}\mathbf{X}'\Delta\mathbf{V})^{-1} = \mathbf{I} - \mathbf{X}(\mathbf{X}'\mathbf{V}\mathbf{X}+\mathbf{X}'\Delta\mathbf{V}\mathbf{X})^{-1}\mathbf{X}'\Delta\mathbf{V}$$

ergibt sich weiter

$$(\mathbf{X}'\mathbf{V}\mathbf{X}+\mathbf{X}'\Delta\mathbf{V}\mathbf{X})^{-1} = (\mathbf{X}'\mathbf{V}\mathbf{X})^{-1}(\mathbf{I}-\mathbf{X}'\Delta\mathbf{V}(\mathbf{I}-\mathbf{X}(\mathbf{X}'\mathbf{V}\mathbf{X}+\mathbf{X}'\Delta\mathbf{V}\mathbf{X})^{-1}\mathbf{X}'\Delta\mathbf{V})\mathbf{X}(\mathbf{X}'\mathbf{V}\mathbf{X})^{-1}) \tag{329.13}$$

Sind die Elemente von $\Delta\mathbf{V}$ so klein, daß Matrizenprodukte, in denen $\Delta\mathbf{V}$

zweimal erscheint, vernachlässigt werden können, erhält man

$$(\underline{X}'\underline{V}\underline{X}+\underline{X}'\underline{\Delta V}\underline{X})^{-1} \approx (\underline{X}'\underline{V}\underline{X})^{-1}(\underline{I}-\underline{X}'\underline{\Delta V}\underline{X}(\underline{X}'\underline{V}\underline{X})^{-1}) \qquad (329.14)$$

und damit anstelle von (329.12) die Schätzung

$$\hat{\underline{\beta}} \approx (\underline{X}'\underline{V}\underline{X})^{-1}(\underline{X}'\underline{V}\underline{y}-\underline{X}'\underline{\Delta V}\underline{X}(\underline{X}'\underline{V}\underline{X})^{-1}\underline{X}'\underline{V}\underline{y}+\underline{X}'\underline{\Delta V}\underline{y}) \qquad (329.15)$$

33 Gauß-Markoff-Modell mit nicht vollem Rang

331 Methode der kleinsten Quadrate und Maximum-Likelihood-Schätzung

In dem Gauß-Markoff-Modell (321.1) wurde eine Koeffizientenmatrix $\underline{X}$ mit vollem Spaltenrang vorausgesetzt. Im folgenden soll $\underline{X}$ einen Rangdefekt aufweisen, doch wird die Forderung nach einer positiv definiten Kovarianzmatrix der Beobachtungen aufrecht erhalten. Modelle mit singulärer Kovarianzmatrix werden in [Rao 1973, S.297; Schaffrin 1975; Searle 1971, S.221] behandelt.

Definition: Gilt in dem Gauß-Markoff-Modell (321.1) oder (321.5) $\text{rg}\underline{X}=q<u$, bezeichnet man es als Gauß-Markoff-Modell mit nicht vollem Rang. (331.1)

Zur Vereinfachung der Ableitungen sollen wie im Kapitel 32 die Parameterschätzungen im Modell (321.5) mit nicht vollem Rang vorgenommen werden, das durch die lineare Transformation (321.4) aus dem Modell (321.1) entsteht. Das folgende Modell wird also zugrunde gelegt

$$\underline{X}\underline{\beta} = E(\underline{y}) \quad \text{mit} \quad \text{rg}\underline{X} = q < u \quad \text{und} \quad D(\underline{y}) = \sigma^2\underline{I} \qquad (331.2)$$

in dem wieder $\underline{X}$ eine $n\times u$ Matrix gegebener Koeffizienten, $\underline{\beta}$ ein $u\times 1$ Vektor unbekannter Parameter, $\underline{y}$ ein $n\times 1$ Zufallsvektor von Beobachtungen und σ^2 die Varianz der Gewichtseinheit bedeuten.

In diesem Modell führt die Methode (313.1) der kleinsten Quadrate nach (323.1) auf die Normalgleichungen $\underline{X}'\underline{X}\bar{\underline{\beta}}=\underline{X}'\underline{y}$ und damit wegen (154.9) und (233.2) auf

$$\bar{\underline{\beta}} = (\underline{X}'\underline{X})^{-}\underline{X}'\underline{y} \quad \text{und} \quad D(\bar{\underline{\beta}}) = \sigma^2(\underline{X}'\underline{X})^{-}\underline{X}'\underline{X}((\underline{X}'\underline{X})^{-})' \qquad (331.3)$$

worin $\bar{\underline{\beta}}$ ein Schätzwert von $\underline{\beta}$, $D(\bar{\underline{\beta}})$ seine Kovarianzmatrix und $(\underline{X}'\underline{X})^{-}$ eine mit (153.1) definierte generalisierte Inverse von $\underline{X}'\underline{X}$ bedeuten. Weder $\bar{\underline{\beta}}$ noch $D(\bar{\underline{\beta}})$ sind eindeutig, da nach (153.2) $(\underline{X}'\underline{X})^{-}$ nicht eindeutig ist. Die Schätzung ist auch nicht erwartungstreu, denn mit (331.2) folgt $E(\bar{\underline{\beta}})=(\underline{X}'\underline{X})^{-}\underline{X}'\underline{X}\underline{\beta}\neq\underline{\beta}$, falls $\underline{\beta}\neq\underline{0}$ und kein Eigenvektor der Matrix $(\underline{X}'\underline{X})^{-}\underline{X}'\underline{X}$ ist, deren Eigenwerte wegen (152.2) und (153.4) Null oder Eins betragen.

Die Schätzwerte $\bar{\underline{\beta}}$ minimieren die Quadratsumme $(\underline{y}-\underline{X}\underline{\beta})'(\underline{y}-\underline{X}\underline{\beta})/\sigma^2$, denn für einen beliebigen Vektor $\underline{\beta}^*$ ergibt sich anstelle von (323.2) $(\underline{y}-\underline{X}\underline{\beta}^*)'(\underline{y}-\underline{X}\underline{\beta}^*) \geq (\underline{y}-\underline{X}\bar{\underline{\beta}})'(\underline{y}-\underline{X}\bar{\underline{\beta}})$, da $\underline{X}'\underline{X}$ wegen (143.8) positiv semidefinit ist und da $(\bar{\underline{\beta}}-\underline{\beta}^*)'\underline{X}'(\underline{y}-\underline{X}\bar{\underline{\beta}})=(\bar{\underline{\beta}}-\underline{\beta}^*)'(\underline{X}'-\underline{X}'\underline{X}(\underline{X}'\underline{X})^-\underline{X}')\underline{y}=0$ wegen (153.5) gilt. Eine identische Schätzung erhält man mit der Maximum-Likelihood-Methode (314.2) im Falle normalverteilter Beobachtungen wegen (324.3). Somit folgt der

<u>Satz</u>: Im Gauß-Markoff-Modell (331.2) mit nicht vollem Rang liefern die Methode der kleinsten Quadrate und die Maximum-Likelihood-Methode im Falle normalverteilter Beobachtungen identische Schätzwerte $\bar{\underline{\beta}}$, die in (331.3) angegeben sind, für die Parameter $\underline{\beta}$. (331.4)

Die Quadratsumme $(\underline{y}-\underline{X}\underline{\beta})'(\underline{y}-\underline{X}\underline{\beta})$ gleicht der Quadratsumme Ω der (323.4) entsprechend definierten Residuen $\hat{\underline{e}}$ mit

$$\Omega = \hat{\underline{e}}'\hat{\underline{e}} \quad \text{und} \quad \hat{\underline{e}} = \underline{X}\bar{\underline{\beta}} - \underline{y} \tag{331.5}$$

Die Residuen sind eindeutig, da mit $\hat{\underline{e}}=\underline{X}(\underline{X}'\underline{X})^-\underline{X}'\underline{y}-\underline{y}$ nach (153.8) die Matrix $\underline{X}(\underline{X}'\underline{X})^-\underline{X}'$ invariant gegenüber der Wahl von $(\underline{X}'\underline{X})^-$ ist. Entsprechend (324.5) ergibt sich die Maximum-Likelihood-Schätzung $\bar{\sigma}^2$ der Varianz σ^2 der Gewichtseinheit zu

$$\bar{\sigma}^2 = \frac{1}{n}(\underline{y}-\underline{X}\bar{\underline{\beta}})'(\underline{y}-\underline{X}\bar{\underline{\beta}}) = \frac{1}{n}\Omega \tag{331.6}$$

Um die erwartungstreue Schätzung von σ^2 zu erhalten, wird mit (331.5) anstelle von (325.2) gebildet

$$\Omega = \underline{y}'(\underline{I}-\underline{X}(\underline{X}'\underline{X})^-\underline{X}')\underline{y} \tag{331.7}$$

denn die Matrix $\underline{I}-\underline{X}(\underline{X}'\underline{X})^-\underline{X}'$ ist wegen (162.2) und (162.3) idempotent und symmetrisch, so daß mit (152.8) folgt

$$\Omega \geq 0 \tag{331.8}$$

Da $\hat{\underline{e}}$ eindeutig ist, so ist auch Ω eindeutig. Zusammenfassend gilt daher der

<u>Satz</u>: Die Quadratsumme Ω der Residuen ist eindeutig bestimmt und minimal. (331.9)

Wegen der Idempotenz von $\underline{I}-\underline{X}(\underline{X}'\underline{X})^-\underline{X}'$ und $\underline{X}(\underline{X}'\underline{X})^-\underline{X}'$ ergibt sich mit (152.3) und (153.4) $\text{rg}(\underline{I}-\underline{X}(\underline{X}'\underline{X})^-\underline{X}')=n-\text{rg}(\underline{X}'\underline{X}(\underline{X}'\underline{X})^-)=n-q$ und mit (233.2), (331.2) und (331.5) die eindeutige, aber singuläre Kovarianzmatrix $D(\hat{\underline{e}})$ der Residuen

$$D(\hat{\underline{e}}) = \sigma^2(\underline{I}-\underline{X}(\underline{X}'\underline{X})^-\underline{X}') \text{ mit } \text{rg}D(\hat{\underline{e}}) = n-q \text{ und } \text{sp}D(\hat{\underline{e}}) = \sigma^2(n-q) \tag{331.10}$$

Der Erwartungswert $E(\Omega)$ berechnet sich dann mit (271.1) und (331.2) zu $E(\Omega)=\sigma^2(n-q)+\underline{\beta}'(\underline{X}'-\underline{X}'\underline{X}(\underline{X}'\underline{X})^-\underline{X}')\underline{X}\underline{\beta}$ und mit (153.5) zu

$$E(\Omega) = \sigma^2(n-q) \tag{331.11}$$

so daß sich als erwartungstreue Schätzung $\hat{\sigma}^2$ von σ^2 im Modell (331.2) mit nicht vollem Rang ergibt

$$\hat{\sigma}^2 = \Omega/(n-q) \quad (331.12)$$

Diese Schätzung ist unter der Voraussetzung normalverteilter Beobachtungen auch beste Schätzung im Sinne von (312.2), wie mit (364.5) gezeigt wird.

332 Schätzbare Funktionen

Da die Parameter $\underline{\beta}$ im Modell (331.2) nach (331.3) nicht erwartungstreu schätzbar sind, wird jetzt wegen des linearen Modells nach linearen Funktionen der Parameter gesucht, deren Schätzwerte die Bedingung der Erwartungstreue erfüllen. Entsprechend (322.1) ergibt sich die

Definition: Eine lineare Funktion $\underline{a}'\underline{\beta}$ der Parameter $\underline{\beta}$ im Modell (331.2), wobei $\underline{a}$ ein gegebener u×1 Vektor bedeutet, bezeichnet man als erwartungstreu schätzbar oder als schätzbare Funktion, falls ein n×1 Vektor $\underline{c}$ derart existiert, daß für alle $\underline{\beta}$ gilt

$$E(\underline{c}'\underline{y}) = \underline{a}'\underline{\beta} \quad (332.1)$$

Ist $\underline{a}'\underline{\beta}$ eine schätzbare Funktion, folgt wegen (331.2) $\underline{c}'\underline{X}\underline{\beta}=\underline{a}'\underline{\beta}$ für alle $\underline{\beta}$ und in Übereinstimmung mit (322.2)

$$\underline{c}'\underline{X}=\underline{a}' \quad (332.2)$$

Zur Prüfung, ob eine schätzbare Funktion vorliegt, dient der

Satz: Die lineare Funktion $\underline{a}'\underline{\beta}$ der Parameter $\underline{\beta}$ ist genau dann erwartungstreu schätzbar, wenn gilt

$$\underline{a}'(\underline{X}'\underline{X})^{-}\underline{X}'\underline{X} = \underline{a}' \quad (332.3)$$

Beweis: Ist $\underline{a}'\underline{\beta}$ für beliebiges $\underline{a}$ eine schätzbare Funktion, dann folgt mit (332.2) $\underline{a}'(\underline{X}'\underline{X})^{-}\underline{X}'\underline{X}=\underline{c}'\underline{X}(\underline{X}'\underline{X})^{-}\underline{X}'\underline{X}=\underline{c}'\underline{X}=\underline{a}'$ wegen (153.5). Gilt andrerseits $\underline{a}'(\underline{X}'\underline{X})^{-}\underline{X}'\underline{X}=\underline{a}'$ folgt mit $\underline{c}'=\underline{a}'(\underline{X}'\underline{X})^{-}\underline{X}'$ die Bedingung (332.2), so daß $\underline{a}'\underline{\beta}$ schätzbar ist, und damit die Aussage.

Aus (332.3) ergibt sich unmittelbar, daß im Gauß-Markoff-Modell (321.5) mit vollem Rang, in dem nach (153.22) $(\underline{X}'\underline{X})^{-}=(\underline{X}'\underline{X})^{-1}$ gilt, sämtliche lineare Funktionen der Parameter erwartungstreu schätzbar sind. Dieses Ergebnis stimmt mit (322.8) überein. Mit (332.3) läßt sich weiter die Schätzbarkeit der folgenden Funktionen beweisen.

Satz: Schätzbare Funktionen im Modell (331.2) sind

a) der Erwartungswertvektor $E(\underline{y})$ der Beobachtungen $\underline{y}$ (332.4)

b) die linearen Funktionen schätzbarer Größen (332.5)

c) die projizierten Parameter $\underline{\beta}_b$ mit $\underline{\beta}_b=(\underline{X}'\underline{X})^{-}\underline{X}'\underline{X}\underline{\beta}$ (332.6)

Beweis: Mit $E(\underline{y})=\underline{X}\underline{\beta}$ aus (331.2) und $\underline{X}(\underline{X}'\underline{X})^{-}\underline{X}'\underline{X}=\underline{X}$ aus (153.5) ist für jede Zeile von $\underline{X}$ (332.3) erfüllt, so daß (332.4) folgt. Stellen $\underline{D}\underline{\beta}$ schätzbare Funktionen dar, so daß $\underline{D}(\underline{X}'\underline{X})^{-}\underline{X}'\underline{X}=\underline{D}$ gilt, so ist auch $\underline{d}'\underline{D}\underline{\beta}$ eine schätzbare Funktion, da $\underline{d}'\underline{D}(\underline{X}'\underline{X})^{-}\underline{X}'\underline{X}=\underline{d}'\underline{D}$ gilt, so daß (332.5) folgt. Mit $(\underline{X}'\underline{X})^{-}\underline{X}'\underline{X}(\underline{X}'\underline{X})^{-}\underline{X}'\underline{X}=(\underline{X}'\underline{X})^{-}\underline{X}'\underline{X}$ wegen (153.1) folgt mit (332.3) schließlich (332.6) und mit (161.2), daß $(\underline{X}'\underline{X})^{-}\underline{X}'\underline{X}$ ein Projektionsoperator ist.

Für schätzbare Funktionen gilt (322.8) entsprechend der

Satz: Die beste lineare erwartungstreue und eindeutige Schätzung $\hat{\alpha}$ und ihre eindeutige Varianz $V(\hat{\alpha})$ der schätzbaren Funktion $\alpha=\underline{a}'\underline{\beta}$ der unbekannten Parameter $\underline{\beta}$ im Gauß-Markoff-Modell (331.2) ist gegeben durch

$$\hat{\alpha} = \underline{a}'(\underline{X}'\underline{X})^{-}\underline{X}'\underline{y} \quad \text{und} \quad V(\hat{\alpha}) = \sigma^2\underline{a}'(\underline{X}'\underline{X})^{-}\underline{a} \tag{332.7}$$

Beweis: Erwartungstreue erhält man mit $E(\hat{\alpha})=\underline{a}'(\underline{X}'\underline{X})^{-}\underline{X}'\underline{X}\underline{\beta}=\underline{a}'\underline{\beta}=\alpha$ wegen (332.3), da $\alpha=\underline{a}'\underline{\beta}$ eine schätzbare Funktion ist. Setzt man $\hat{\alpha}=\underline{c}'\underline{y}$ mit $\underline{c}'=\underline{a}'(\underline{X}'\underline{X})^{-}\underline{X}'$ ergibt sich (332.2) wegen (332.3). Hiermit folgt $\hat{\alpha}=\underline{c}'\underline{X}(\underline{X}'\underline{X})^{-}\underline{X}'\underline{y}$ und daraus die Eindeutigkeit der Schätzung, da nach (153.8) $\hat{\alpha}$ invariant gegenüber der Wahl der generalisierten Inversen $(\underline{X}'\underline{X})^{-}$ ist. Ferner ergibt sich die Varianz $V(\hat{\alpha})$ mit (233.2), (331.2) und (332.2) zu $V(\hat{\alpha})=\sigma^2\underline{c}'\underline{X}(\underline{X}'\underline{X})^{-}\underline{X}'\underline{X}((\underline{X}'\underline{X})^{-})'\underline{X}'\underline{c}$ und mit (153.5), (153.7) und (332.2) $V(\hat{\alpha})=\sigma^2\underline{c}'\underline{X}(\underline{X}'\underline{X})^{-}\underline{X}'\underline{c}=\sigma^2\underline{a}'(\underline{X}'\underline{X})^{-}\underline{a}$. Wegen (153.8) ist $V(\hat{\alpha})$ invariant gegenüber der Wahl für $(\underline{X}'\underline{X})^{-}$, so daß $V(\hat{\alpha})$ eindeutig ist. Die Schätzung $\hat{\alpha}$ ist auch beste Schätzung im Sinne von (312.2), denn bezeichnet man mit $\underline{c}^{*\prime}\underline{y}$ eine beliebige erwartungstreue Schätzung von α, folgt mit $E(\underline{c}^{*\prime}\underline{y})=\underline{c}^{*\prime}\underline{X}\underline{\beta}=\underline{a}'\underline{\beta}$ für alle $\underline{\beta}$ die Bedingung $\underline{c}^{*\prime}\underline{X}=\underline{a}'$. Hiermit geht man analog zu (322.6) vor und erhält mit $\underline{c}'=\underline{a}'(\underline{X}'\underline{X})^{-}\underline{X}'$ anstelle von (322.7) $f=\sigma^2(\underline{c}^{*\prime}-\underline{a}'(\underline{X}'\underline{X})^{-}\underline{X}')\underline{X}((\underline{X}'\underline{X})^{-})'\underline{a}=0$ wegen (332.3), so daß die Aussagen folgen.

333 Projizierte Parameter als schätzbare Funktionen

Eine lineare Transformation der Parameter $\underline{\beta}$ in (331.2) in schätzbare Funktionen bezeichnet man als Reparameterisierung [Bock 1975, S. 239; Grafarend und Schaffrin 1976; Humak 1977, S.51]. Die Beziehung der so gewonnenen schätzbaren Funktionen zu den Parametern läßt sich dabei häufig nur schwer interpretieren, so daß hier die schätzbaren Funktionen durch Projektionen der Parameter erhalten werden, wodurch die Beziehung zwischen den ursprünglichen Parametern und den projizierten Parametern mit Hilfe von Restriktionen zu erklären ist [Koch 1978 a], wie im folgenden gezeigt wird.

Nach (332.6) stellt der Vektor $\underline{\beta}_b$

$$\underline{\beta}_b = (\underline{X}'\underline{X})^- \underline{X}'\underline{X}\underline{\beta} \tag{333.1}$$

eine schätzbare Funktion dar. Da die Matrix $(\underline{X}'\underline{X})^-\underline{X}'\underline{X}$ nach (153.4) idempotent ist und $rg((\underline{X}'\underline{X})^-\underline{X}'\underline{X})=q$ gilt, stellt sie nach (161.2) einen Projektionsoperator dar, so daß sich die schätzbare Funktion $\underline{\beta}_b$ als Projektion des u-dimensionalen Euklidischen Raums E^u mit $\underline{\beta}\in E^u$ auf den q-dimensionalen Unterraum E^q mit $\underline{\beta}_b\in E^q$ ergibt. Als beste lineare erwartungstreue Schätzung $\hat{\underline{\beta}}_b$ von $\underline{\beta}_b$ erhält man aus (332.7) $\hat{\underline{\beta}}_b=(\underline{X}'\underline{X})^-\underline{X}'\underline{X}(\underline{X}'\underline{X})^-\underline{X}'\underline{y}=(\underline{X}'\underline{X})^-\underline{X}'\underline{y}$ wegen (153.5) mit der Kovarianzmatrix $D(\hat{\underline{\beta}})=\sigma^2(\underline{X}'\underline{X})^-\underline{X}'\underline{X}((\underline{X}'\underline{X})^-)'$ wegen (233.2). Um die Analogie mit der Schätzung (322.9) im Modell mit vollem Rang zu erhalten, wird mit $(\underline{X}'\underline{X})^-\underline{X}'\underline{X}(\underline{X}'\underline{X})^-\underline{X}'=(\underline{X}'\underline{X})^-\underline{X}'\underline{X}((\underline{X}'\underline{X})^-)'\underline{X}'$ wegen (153.7) und (153.8) die Schätzung gewählt

$$\hat{\underline{\beta}}_b = (\underline{X}'\underline{X})^-_{rs}\underline{X}'\underline{y} \quad \text{mit} \quad D(\hat{\underline{\beta}}_b) = \sigma^2(\underline{X}'\underline{X})^-_{rs} \tag{333.2}$$

und

$$(\underline{X}'\underline{X})^-_{rs} = (\underline{X}'\underline{X})^-\underline{X}'\underline{X}((\underline{X}'\underline{X})^-)' \tag{333.3}$$

Hierin bedeutet $(\underline{X}'\underline{X})^-_{rs}$, da (153.11) erfüllt ist, eine symmetrische reflexive generalisierte Inverse von $\underline{X}'\underline{X}$, die mit der generalisierten Inversen $(\underline{X}'\underline{X})^-$ in (333.1) zu berechnen ist. Die Schätzwerte $\hat{\underline{\beta}}_b$ sind selbstverständlich erwartungstreu, denn es gilt mit (153.1) und (153.7)

$$E(\hat{\underline{\beta}}_b) = (\underline{X}'\underline{X})^-_{rs}\underline{X}'\underline{X}\underline{\beta} = (\underline{X}'\underline{X})^-\underline{X}'\underline{X}((\underline{X}'\underline{X})^-)'\underline{X}'\underline{X}\underline{\beta} = (\underline{X}'\underline{X})^-\underline{X}'\underline{X}\underline{\beta} = \underline{\beta}_b \tag{333.4}$$

Da die generalisierte Inverse $(\underline{X}'\underline{X})^-$ nicht eindeutig ist, sind beliebig viele Projektionen zur Erzeugung schätzbarer Funktionen nach (333.1) möglich. Benutzt man als generalisierte Inverse die nach (153.17) eindeutige Pseudoinverse $(\underline{X}'\underline{X})^+$ von $\underline{X}'\underline{X}$, ergeben sich die schätzbaren Funktionen

$$\underline{\beta}_e = (\underline{X}'\underline{X})^+\underline{X}'\underline{X}\underline{\beta} \tag{333.5}$$

und aus (332.7) ihre Schätzwerte $\hat{\underline{\beta}}_e$ sowie aus (153.15), (153.18), (233.2) und (331.2) die Kovarianzmatrix $D(\hat{\underline{\beta}}_e)$

$$\hat{\underline{\beta}}_e = (\underline{X}'\underline{X})^+\underline{X}'\underline{y} \quad \text{und} \quad D(\hat{\underline{\beta}}_e) = \sigma^2(\underline{X}'\underline{X})^+ \tag{333.6}$$

Da $(\underline{X}'\underline{X})^+$ wegen (153.18) symmetrisch ist, gehört $(\underline{X}'\underline{X})^+$ in Übereinstimmung mit (333.2) zur Klasse der symmetrischen reflexiven generalisierten Inversen.

Zweckmäßige Rechenformeln für $(\underline{X}'\underline{X})^-_{rs}$ und $(\underline{X}'\underline{X})^+$ bilden die mit der $(u-q)\times u$ Matrix $\underline{B}$ in (155.13) bis (155.18) und die mit der $(u-q)\times u$ Matrix $\underline{E}$ in (155.21) bis (155.25) angegebenen Beziehungen. Somit erhält man die Schätzwerte $\hat{\underline{\beta}}_b$ und $\hat{\underline{\beta}}_e$ aus (333.2) und (333.5) mit (155.15) oder (155.17) wegen (155.11) zu

$$\begin{vmatrix} \hat{\underline{\beta}}_b \\ \underline{k} \end{vmatrix} = \begin{vmatrix} \underline{X}'\underline{X} & \underline{B}' \\ \underline{B} & \underline{O} \end{vmatrix}^{-1} \begin{vmatrix} \underline{X}'\underline{y} \\ \underline{O} \end{vmatrix} \quad \text{oder} \quad \hat{\underline{\beta}}_b = (\underline{X}'\underline{X}+\underline{B}'\underline{B})^{-1}\underline{X}'\underline{y} \tag{333.7}$$

und mit (155.21) oder (155.23) zu

$$\begin{vmatrix} \hat{\underline{\beta}}_e \\ \underline{k} \end{vmatrix} = \begin{vmatrix} \underline{X}'\underline{X} & \underline{E}' \\ \underline{E} & \underline{O} \end{vmatrix}^{-1} \begin{vmatrix} \underline{X}'\underline{y} \\ \underline{O} \end{vmatrix} \quad \text{oder} \quad \hat{\underline{\beta}}_e = (\underline{X}'\underline{X}+\underline{E}'\underline{E})^{-1}\underline{X}'\underline{y} \tag{333.8}$$

worin $\underline{k}$ ein $(u-q)\times 1$ Vektor bedeutet, der nicht weiter benötigt wird. Da die Matrix $\underline{X}'\underline{X}$ singulär ist, gilt für die Berechnung der Inversen der um $\underline{B}$ und $\underline{E}$ erweiterten Matrizen das bei (155.18) und (155.24) Gesagte. Mit (333.7) und (333.8) identische Schätzungsergebnisse erhält man nach (327.9) mit der Methode der kleinsten Quadrate in den Gauß-Markoff-Modellen mit speziellen Restriktionen

$$\underline{X}\underline{\beta} = E(\underline{y}) \quad \text{mit} \quad \underline{B}\underline{\beta} = \underline{O} \quad \text{und} \quad D(\underline{y}) = \sigma^2\underline{I} \tag{333.9}$$

oder

$$\underline{X}\underline{\beta} = E(\underline{y}) \quad \text{mit} \quad \underline{E}\underline{\beta} = \underline{O} \quad \text{und} \quad D(\underline{y}) = \sigma^2\underline{I} \tag{333.10}$$

Zusammenfassend gilt der

Satz: Ersetzt man in den Schätzungen für das Gauß-Markoff-Modell mit vollem Rang die Inverse des Normalgleichungssystems durch eine symmetrische reflexive generalisierte Inverse oder durch die Pseudoinverse, die beispielsweise aus den Normalgleichungen der Methode der kleinsten Quadrate angewendet auf die Modelle (333.9) oder (333.10) mit speziellen Restriktionen erhalten werden können, ergeben sich die besten linearen erwartungstreuen Schätzungen (333.2) oder (333.6) der nach (333.1) oder (333.5) projizierten Parameter des Gauß-Markoff-Modells mit nicht vollem Rang. (333.11)

Die mit (333.1) und (333.5) vorgenommenen Projektionen lassen sich also als n-q Restriktionen $\underline{B}\underline{\beta}=\underline{O}$ oder $\underline{E}\underline{\beta}=\underline{O}$ interpretieren, denen die im u-dimensionalen Raum E^u gegebenen Parameter $\underline{\beta}$ zu unterwerfen sind, um sie im q-dimensionalen Unterraum E^q erwartungstreu schätzen zu können. Man bezeichnet diese Bedingungen daher auch als Restriktionen zur Identifizierbarkeit der Parameter [Schach und Schäfer 1978, S.31; Seber 1977, S.74; Toutenburg 1975, S.42]. Projiziert man mit Hilfe der Pseudoinversen $(\underline{X}'\underline{X})^+$, werden die $\underline{\beta}_e$ derart geschätzt, daß ihre Kovarianzmatrix minimale Spur besitzt, da nach (156.1) $sp(\underline{X}'\underline{X})^+ \leq sp(\underline{X}'\underline{X})^-_{rs}$ gilt. Außerdem folgt nach (156.2) für die Schätzwerte $\hat{\underline{\beta}}_e$, daß $\hat{\underline{\beta}}_e'\hat{\underline{\beta}}_e \leq \hat{\underline{\beta}}_b'\hat{\underline{\beta}}_b$ gilt.

Die Matrix $\underline{E}$ in (333.8) und (333.10), deren Zeilen, wie bei (155.11) erwähnt, eine Basis für den Nullraum $N(\underline{X})$ der Koeffizientenmatrix $\underline{X}$ bilden, läßt sich aus (155.10) berechnen oder auch unmittelbar angeben, da in ihr wegen (135.3) die Änderungen enthalten sind, die die Parameter $\underline{\beta}$ im Modell (331.2) vornehmen können, ohne daß sich die Beobachtungen $\underline{y}$ ändern. Dies soll an dem folgenden Beispiel erläutert werden.

Beispiel: Die Koordinaten von Punkten im dreidimensionalen Euklidischen Raum E^3 mit dem (x,y,z)-Koordinatensystem sollen aus den Beobachtungen der Entfernungen zwischen sämtlichen Punkten mit einem Entfernungsmeßgerät, dessen Maßstabskonstante unbekannt ist, bestimmt werden. Mit Hilfe von Näherungskoordinaten werde dieses nichtlineare Problem der Koordinatenbestimmung linearisiert, so daß die Matrix $\underline{X}$ der Koeffizienten aus (321.8) folgt. Es sei $\underline{\beta}=|x_1,y_1,z_1,\ldots,x_i,y_i,z_i,\ldots|'$ der Vektor der in bezug auf die Näherungskoordinaten $\underline{\beta}_o=|x_{1o},y_{1o},z_{1o},\ldots,x_{io},y_{io},z_{io},\ldots|'$ gesuchten Koordinaten. Ohne daß eine Beobachtung sich ändert, lassen sich die gesuchten Koordinaten einer Translation, einer Transformation und einer Maßstabsänderung unterwerfen, indem die durch die Entfernungen bestimmte Punktkonfiguration in bezug auf ein festes Koordinatensystem verschoben, gedreht und im Maßstab geändert wird, so daß sich der Rangdefekt der Matrix $\underline{X}$ bei wenigstens drei Punkten zu u-q=7 ergibt. Eine Punktkonfiguration, für die die Koordinatenschätzung auf einen Rangdefekt in $\underline{X}$ führt, bezeichnet man als freies Netz.

Eine Translation der Punktkonfiguration in Richtung der x-, y- und z-Achse ergebe die Koordinaten $\underline{\beta}_o+\underline{\beta}_t=|\ldots,x_{io}+x_i+t_x,y_{io}+y_i+t_y,z_{io}+z_i+t_z,\ldots|'$ oder

$$\underline{\beta}_t = \underline{\beta} + \begin{vmatrix} \underline{I}_3 \\ \ldots \\ \underline{I}_3 \\ \ldots \end{vmatrix} \begin{vmatrix} t_x \\ t_y \\ t_z \end{vmatrix} \tag{333.12}$$

Eine Drehung um endliche Winkel bewirkt nach (141.5) eine nichtlineare Änderung der Koordinaten in Abhängigkeit von den Drehwinkeln. Da aber zur Koordinatenbestimmung linearisiert wurde, brauchen nur die linearen Änderungen infolge differentieller Drehungen nach (141.6) berücksichtigt zu werden. Einer differentiellen Drehung der Koordinatenachsen um die Winkel $-d\alpha$, $-d\beta$ und $-d\gamma$ entspricht eine Drehung der gesamten Punktkonfiguration um $d\alpha,d\beta$ und $d\gamma$. Bezeichnet man mit $\underline{x}_{io}=|x_{io},y_{io},z_{io}|'$ die Näherungskoordinaten, mit $\underline{x}_i=|x_i,y_i,z_i|'$ die unbekannten Koordinaten des Punktes i und mit $\underline{x}_{dio}$ und $\underline{x}_{di}$ die entsprechenden Koordinaten nach der Drehung, erhält man mit (141.7) unter Vernachlässigung der Produkte kleiner Größen

$$\underline{x}_{dio}+\underline{x}_{di}=\begin{vmatrix}1 & -d\gamma & d\beta\\ d\gamma & 1 & -d\alpha\\ -d\beta & d\alpha & 1\end{vmatrix}(\underline{x}_{io}+\underline{x}_i)=\underline{x}_{io}+\underline{x}_i+\begin{vmatrix}0 & z_{io} & -y_{io}\\ -z_{io} & 0 & x_{io}\\ y_{io} & -x_{io} & 0\end{vmatrix}\begin{vmatrix}d\alpha\\ d\beta\\ d\gamma\end{vmatrix} \tag{333.13}$$

Für den gesamten Vektor $\underline{\beta}_d$ nach der Rotation folgt mit näherungsweise $\underline{x}_{dio}=\underline{x}_{io}$

$$\underline{\beta}_d=\underline{\beta}+\begin{vmatrix}\underline{S}_1\\ \cdots\\ \underline{S}_i\\ \cdots\end{vmatrix}\begin{vmatrix}d\alpha\\ d\beta\\ d\gamma\end{vmatrix}\quad\text{mit}\quad \underline{S}_i=\begin{vmatrix}0 & z_{io} & -y_{io}\\ -z_{io} & 0 & x_{io}\\ y_{io} & -x_{io} & 0\end{vmatrix} \tag{333.14}$$

Eine Maßstabsänderung durch den Faktor 1+f, in dem f eine kleine Größe bedeutet, ergebe $\underline{\beta}_{fo}+\underline{\beta}_f=(\underline{\beta}_o+\underline{\beta})(1+f)$ oder $\underline{\beta}_f=\underline{\beta}+f\underline{\beta}_o$, so daß bei einer Translation, Drehung und Maßstabsänderung der Vektor $\underline{\beta}_a$ aus $\underline{\beta}$ folgt mit

$$\underline{\beta}_a=\underline{\beta}+\underline{E}'|t_x,t_y,t_z,d\alpha,d\beta,d\gamma,f|'$$

und

$$\underline{E}'=\begin{vmatrix}\underline{I}_3 & \underline{S}_1 & \underline{x}_{1o}\\ \cdots & \cdots & \cdots\\ \underline{I}_3 & \underline{S}_i & \underline{x}_{io}\\ \cdots & \cdots & \cdots\end{vmatrix} \tag{333.15}$$

Nach (135.3) und (135.5) bilden die Spalten von $\underline{E}'$ eine Basis für $N(\underline{X})$, da $\underline{X}\underline{E}'=\underline{O}$ und $rg\underline{E}=u-q=7$ gilt.

Für Koordinatenbestimmungen in der Ebene sind in der Matrix $\underline{E}'$ wegen $z_i=0$ jede dritte Zeile und, da $t_z=d\alpha=d\beta=0$ gilt, die dritte bis fünfte Spalte zu streichen, so daß man erhält

$$\underline{E}'=\begin{vmatrix}1 & 0 & -y_{1o} & x_{1o}\\ 0 & 1 & x_{1o} & y_{1o}\\ \cdots & \cdots & \cdots & \cdots\\ 1 & 0 & -y_{io} & x_{io}\\ 0 & 1 & x_{io} & y_{io}\\ \cdots & \cdots & \cdots & \cdots\end{vmatrix} \tag{333.16}$$

Werden zur Bestimmung der Punktkonfiguration in der Ebene Richtungen gemessen, so daß neben den unbekannten Koordinaten x_i, y_i in jedem Punkt eine Orientierungsunbekannte o_i einzuführen ist [Wolf 1968, S.274], dann gilt mit $\underline{\beta}=|x_1,y_1,o_1,\ldots,x_i,y_i,o_i,\ldots|'$ und $\rho=400/2\pi$ für die Matrix $\underline{E}'$, falls die Orientierungsunbekannten o_i in der Dimension gon definiert werden,

$$\underline{E}' = \begin{vmatrix} 1 & 0 & -y_{1o} & x_{1o} \\ 0 & 1 & x_{1o} & y_{1o} \\ 0 & 0 & \rho & 0 \\ \cdots & \cdots & \cdots & \cdots \\ 1 & 0 & -y_{io} & x_{io} \\ 0 & 1 & x_{io} & y_{io} \\ 0 & 0 & \rho & 0 \\ \cdots & \cdots & \cdots & \cdots \end{vmatrix} \qquad (333.17)$$

Stellt man mit Hilfe der Matrix $\underline{E}$ nach (333.10) die Bedingungen $\underline{E}\underline{\beta}=\underline{0}$ auf, so ist mit den ersten drei Bedingungen aus (333.15) ersichtlich, daß für die Koordinaten des Schwerpunktes x_s, y_s, z_s bei k Punkten mit

$$x_s = \frac{1}{k}\sum_i x_i,\ y_s = \frac{1}{k}\sum_i y_i,\ z_s = \frac{1}{k}\sum_i z_i$$

der Nullvektor geschätzt wird, für dessen Kovarianzmatrix sich wegen (155.14), (233.2) und (333.6) $\underline{E}(\underline{X}'\underline{X})^{+}\underline{E}'=\underline{0}$ ergibt, so daß der Schwerpunkt zu einem festen Punkt wird [Meissl 1969; Mittermayer 1972; Pope 1971]. Anstatt die Matrizen (333.15) und (333.16) direkt anzugeben, lassen sie sich auch mit Hilfe der sogenannten S-Transformationen herleiten [Baarda 1973; Mierlo 1979].

Bei der Schätzung des Vektors $\underline{\beta}_e$ der projizierten Koordinatenunterschiede in bezug auf die Näherungskoordinaten nach (333.8) wird $\hat{\underline{\beta}}_e$ nach (156.2) minimal. Man bezeichnet daher diese Schätzung als Auffelderung der gesuchten Koordinaten auf die Näherungskoordinaten [Caspary 1978; Wolf 1973]. Wird in der Matrix $\underline{E}$ in (333.15) bis (333.17) nur ein Teil der Punkte berücksichtigt, so daß die Matrix $\bar{\underline{E}}$ sich ergibt, dann bedeutet die Schätzung mit $\underline{B}=\bar{\underline{E}}$ in (333.7), daß nur auf den betreffenden Teil der Punkte aufgefeldert wird, wie sich dem Beweis von (156.2) entsprechend zeigen läßt.

334 Gauß-Markoff-Modell mit nicht vollem Rang und Restriktionen

Im Gauß-Markoff-Modell (331.2) mit nicht vollem Rang sollen jetzt (327.1) entsprechend Restriktionen eingeführt werden. Da lediglich die Schätzwerte schätzbarer Funktionen gesucht werden, sollen auch die Restriktionen als schätzbare Funktionen vorausgesetzt werden, für die dann (332.2) und (332.3) gelten. Man erhält somit das Modell

$$\underline{X}\underline{\beta} = E(\underline{y}) \quad \text{mit} \quad \text{rg}\underline{X} = q < u,\ \underline{H}\underline{\beta} = \underline{w},\ D(\underline{y}) = \sigma^2\underline{I} \qquad (334.1)$$

und

$$\underline{H} = \underline{C}\underline{X} \quad \text{und} \quad \underline{H}(\underline{X}'\underline{X})^{-}\underline{X}'\underline{X} = \underline{H} \qquad (334.2)$$

worin mit $r \leq q$ die $r \times u$ Matrix $\underline{H}$ wieder vollen Zeilenrang besitze und $\underline{C}$

eine r×n Matrix bedeutet.

Für den Vektor $\underline{a}$ einer schätzbaren Funktion $\alpha=\underline{a}'\underline{\beta}$ der unbekannten Parameter $\underline{\beta}$ im Modell (334.1) folgt (332.2) entsprechend aus (327.3) $\underline{c}'\underline{X}+\underline{d}'\underline{H}=\underline{a}'$ und mit (334.2) $\underline{c}'\underline{X}+\underline{d}'\underline{C}\underline{X}=\underline{a}'$ oder $\overline{\underline{c}}'\underline{X}=\underline{a}'$ mit $\overline{\underline{c}}'=\underline{c}'+\underline{d}'\underline{C}$, so daß auch für den Vektor $\underline{a}$ einer schätzbaren Funktion im Modell (334.1) mit Restriktionen die Beziehungen (332.2) und (332.3) wegen (334.2) erfüllt sind und damit der Begriff der Schätzbarkeit sich nicht ändert. Entsprechend (332.7) erhält man dann aus (327.8) den

Satz: Die beste lineare erwartungstreue und eindeutige Schätzung $\tilde{\alpha}$ der schätzbaren Funktion $\alpha=\underline{a}'\underline{\beta}$ der unbekannten Parameter $\underline{\beta}$ im Modell (334.1) ist gegeben durch

$$\tilde{\alpha} = \underline{a}'(\underline{X}'\underline{X})^{-}(\underline{X}'\underline{y}+\underline{H}'(\underline{H}(\underline{X}'\underline{X})^{-}\underline{H}')^{-1}(\underline{w}-\underline{H}(\underline{X}'\underline{X})^{-}\underline{X}'\underline{y}))$$

und die eindeutige Varianz $V(\tilde{\alpha})$ der Schätzung durch

$$V(\tilde{\alpha}) = \sigma^2\underline{a}'((\underline{X}'\underline{X})^{-}-(\underline{X}'\underline{X})^{-}\underline{H}'(\underline{H}(\underline{X}'\underline{X})^{-}\underline{H}')^{-1}\underline{H}(\underline{X}'\underline{X})^{-})\underline{a} \qquad (334.3)$$

Beweis: Zuerst soll gezeigt werden, daß die Matrix $\underline{H}(\underline{X}'\underline{X})^{-}\underline{H}'$ positiv definit ist, so daß ihre Inverse nach (143.3) existiert. Es sei $(\underline{X}'\underline{X})^{-}$ eine positiv definite generalisierte Inverse von $\underline{X}'\underline{X}$, deren Existenz aus (153.3) mit $\underline{Q}=\underline{P}'$, da $\underline{X}'\underline{X}$ symmetrisch ist, $\underline{S}=\underline{Q},\underline{R}=\underline{Q},\underline{T}=\underline{I}$ und aus (143.7) folgt. Dann ist auch die Matrix $\underline{H}(\underline{X}'\underline{X})^{-}\underline{H}'$ mit $\mathrm{rg}\underline{H}=r$ wegen (143.7) positiv definit und wegen (143.9) auch ihre Inverse. Da nach (334.2) $\underline{H}(\underline{X}'\underline{X})^{-}\underline{H}'=\underline{C}\underline{X}(\underline{X}'\underline{X})^{-}\underline{X}'\underline{C}'$ gilt, ist nach (153.8) $\underline{H}(\underline{X}'\underline{X})^{-}\underline{H}'$ invariant gegenüber der Wahl von $(\underline{X}'\underline{X})^{-}$, so daß $\underline{H}(\underline{X}'\underline{X})^{-}\underline{H}'$ und ihre Inverse auch für beliebige generalisierte Inversen positiv definit sind. Da α eine schätzbare Funktion ist, folgt mit (332.3) und (334.2) wegen $\underline{H}\underline{\beta}-\underline{w}=\underline{0}$ die Erwartungstreue $E(\tilde{\alpha})=\underline{a}'\underline{\beta}=\alpha$ der Schätzung und mit (153.8),(332.2) und (334.2) ihre Eindeutigkeit. Mit $\tilde{\alpha}$ und mit (153.5),(153.7),(153.8), (233.2),(332.2),(334.1) und (334.2) ergibt sich der angegebene eindeutige Ausdruck für die Varianz $V(\tilde{\alpha})$, die minimal ist, wie sich analog zum Beweis für (327.7) zeigen läßt, so daß die Aussagen folgen.

Als nicht erwartungstreuer Schätzwert $\tilde{\overline{\underline{\beta}}}$ für $\underline{\beta}$ im Modell (334.1), sofern nicht die bereits bei (331.3) erwähnten Sonderfälle vorliegen, bietet sich wegen (334.3) der Ausdruck an

$$\tilde{\overline{\underline{\beta}}} = (\underline{X}'\underline{X})^{-}(\underline{X}'\underline{y}+\underline{H}'(\underline{H}(\underline{X}'\underline{X})^{-}\underline{H}')^{-1}(\underline{w}-\underline{H}(\underline{X}'\underline{X})^{-}\underline{X}'\underline{y})) \qquad (334.4)$$

Mit (331.3) folgt dann

$$\tilde{\overline{\underline{\beta}}} = \overline{\underline{\beta}} - (\underline{X}'\underline{X})^{-}\underline{H}'(\underline{H}(\underline{X}'\underline{X})^{-}\underline{H}')^{-1}(\underline{H}\overline{\underline{\beta}}-\underline{w}) \qquad (334.5)$$

Definiert man (327.16) entsprechend die wegen (153.8) eindeutigen Residuen $\tilde{\underline{e}}$ mit

$$\tilde{\underline{e}} = \underline{X}\tilde{\overline{\underline{\beta}}} - \underline{y} \qquad (334.6)$$

ergibt sich mit (153.5), (153.8), (233.2), (334.2) und (334.4) die

Kovarianzmatrix $D(\tilde{\underline{e}})$ der Residuen zu

$$D(\tilde{\underline{e}}) = \sigma^2(\underline{I}-\underline{X}(\underline{X}'\underline{X})^-\underline{X}'+\underline{X}(\underline{X}'\underline{X})^-\underline{H}'(\underline{H}(\underline{X}'\underline{X})^-\underline{H}')^{-1}\underline{H}(\underline{X}'\underline{X})^-\underline{X}')$$

$$\text{mit} \quad \text{rg}D(\tilde{\underline{e}}) = n-q+r \quad \text{und} \quad \text{sp}D(\tilde{\underline{e}}) = \sigma^2(n-q+r) \tag{334.7}$$

wegen (137.3), (152.3), (153.4), (153.5) und (334.2), da die Matrix $D(\tilde{\underline{e}})/\sigma^2$ idempotent ist. Die Kovarianzmatrix $D(\tilde{\underline{e}})$ ist also nach (133.1) singulär, aber eindeutig.

Die Quadratsumme Ω_H der Residuen $\tilde{\underline{e}}$ ergibt sich mit (153.5), (331.3) und (334.6) entsprechend (327.18) zu

$$\Omega_H = (\underline{X}\tilde{\underline{\beta}}-\underline{y})'(\underline{X}\tilde{\underline{\beta}}-\underline{y}) = (\underline{X}\bar{\underline{\beta}}-\underline{y})'(\underline{X}\bar{\underline{\beta}}-\underline{y}) + (\tilde{\underline{\beta}}-\bar{\underline{\beta}})'\underline{X}'\underline{X}(\tilde{\underline{\beta}}-\bar{\underline{\beta}}) \tag{334.8}$$

Da $\tilde{\underline{e}}$ eindeutig ist, ist auch Ω_H eindeutig und analog zu (327.21) und (327.22) läßt sich zeigen, daß Ω_H minimal ist. Somit bedeutet (334.4) die Schätzung nach der Methode (313.1) der kleinsten Quadrate, die identisch ist mit der Maximum-Likelihood-Schätzung (314.2) im Falle normalverteilter Beobachtungen wegen (324.3). Man erhält also den

Satz: Im Gauß-Markoff-Modell (334.1) mit nicht vollem Rang und Restriktionen liefern die Methode der kleinsten Quadrate und die Maximum-Likelihood-Methode im Falle normalverteilter Beobachtungen identische Schätzwerte $\tilde{\underline{\beta}}$, die in (334.4) angegeben sind, für die Parameter $\underline{\beta}$. (334.9)

Entsprechend (327.14) ergibt sich die Maximum-Likelihood-Schätzung $\bar{\bar{\sigma}}^2$ der Varianz σ^2 der Gewichtseinheit zu

$$\bar{\bar{\sigma}}^2 = \frac{1}{n}(\underline{y}-\underline{X}\tilde{\underline{\beta}})'(\underline{y}-\underline{X}\tilde{\underline{\beta}}) = \frac{1}{n}\Omega_H \tag{334.10}$$

Um eine erwartungstreue Schätzung zu gewinnen, soll $E(\Omega_H)$ berechnet werden. Der zweite Summand auf der rechten Seite von (334.8) läßt sich mit (334.5) sowie (153.5), (153.7) und (334.2) umformen, so daß mit (331.5) folgt

$$\Omega_H = \Omega + R \quad \text{mit} \quad R = (\underline{H}\bar{\underline{\beta}}-\underline{w})'(\underline{H}(\underline{X}'\underline{X})^-\underline{H}')^{-1}(\underline{H}\bar{\underline{\beta}}-\underline{w}) \tag{334.11}$$

Wegen (334.2) ist $\underline{H}\bar{\underline{\beta}}$ eindeutig, so daß auch R eindeutig ist. Weiter gilt $R \geq 0$, da $(\underline{H}(\underline{X}'\underline{X})^-\underline{H}')^{-1}$, wie für (334.3) bewiesen, positiv definit ist. Mit

$$E(\underline{H}\bar{\underline{\beta}}) = \underline{H}(\underline{X}'\underline{X})^-\underline{X}'\underline{X}\underline{\beta} = \underline{H}\underline{\beta} \tag{334.12}$$

wegen (331.3) sowie (334.2) und

$$D(\underline{H}\bar{\underline{\beta}}-\underline{w}) = \sigma^2\underline{H}(\underline{X}'\underline{X})^-\underline{X}'\underline{X}((\underline{X}'\underline{X})^-)'\underline{H}' = \sigma^2\underline{H}(\underline{X}'\underline{X})^-\underline{H}' \tag{334.13}$$

wegen (153.5), (153.7) und (233.2) folgt für den Erwartungswert von Ω_H mit (271.1) und (331.11) aus (334.11)

$$E(\Omega_H) = E(\Omega) + \sigma^2\text{sp}\underline{I}_r = \sigma^2(n-q+r) \tag{334.14}$$

so daß sich

$$\tilde{\sigma}^2 = \Omega_H/(n-q+r) \tag{334.15}$$

als erwartungstreue Schätzung der Varianz σ^2 der Gewichtseinheit ergibt.

Im Gauß-Markoff-Modell (334.1) mit Restriktionen sollen jetzt die nach (333.1) oder (333.5) projizierten Parameter geschätzt werden, so daß in (334.3) $\underline{a}'$ durch die Matrizen $(\underline{X}'\underline{X})^{-}\underline{X}'\underline{X}$ oder $(\underline{X}'\underline{X})^{+}\underline{X}'\underline{X}$ ersetzt wird, die (332.3) erfüllen, und mit der r×u Matrix $\underline{H}$ als Matrizen der Restriktionen $\underline{H}(\underline{X}'\underline{X})^{-}\underline{X}'\underline{X}$ oder $\underline{H}(\underline{X}'\underline{X})^{+}\underline{X}'\underline{X}$ eingeführt werden, die den Gleichungen (334.2) genügen und vollen Zeilenrang besitzen sollen. Mit (333.1) und (333.5) ergeben sich dann als Restriktionen $\underline{H}\underline{\beta}_b=\underline{w}$ oder $\underline{H}\underline{\beta}_e=\underline{w}$ und mit (333.3) folgt der

<u>Satz</u>: Die beste lineare erwartungstreue Schätzung der nach (333.1) oder (333.5) projizierten Parameter ist im Gauß-Markoff-Modell (334.1) mit den Restriktionen $\underline{H}\underline{\beta}_b=\underline{w}$ oder $\underline{H}\underline{\beta}_e=\underline{w}$ durch

$$\tilde{\underline{\beta}}_b = (\underline{X}'\underline{X})^{-}_{rs}(\underline{X}'\underline{y}+\underline{H}'(\underline{H}(\underline{X}'\underline{X})^{-}_{rs}\underline{H}')^{-1}(\underline{w}-\underline{H}(\underline{X}'\underline{X})^{-}_{rs}\underline{X}'\underline{y})$$

mit der Kovarianzmatrix

$$D(\tilde{\underline{\beta}}_b) = \sigma^2((\underline{X}'\underline{X})^{-}_{rs} - (\underline{X}'\underline{X})^{-}_{rs}\underline{H}'(\underline{H}(\underline{X}'\underline{X})^{-}_{rs}\underline{H}')^{-1}\underline{H}(\underline{X}'\underline{X})^{-}_{rs})$$

gegeben oder entsprechend durch $\tilde{\underline{\beta}}_e$ und $D(\tilde{\underline{\beta}}_e)$, falls $(\underline{X}'\underline{X})^{-}_{rs}$ durch $(\underline{X}'\underline{X})^{+}$ ersetzt wird. (334.16)

Für die Matrix $\underline{H}(\underline{X}'\underline{X})^{-}\underline{X}'\underline{X}$ der in (334.16) eingeführten Restriktionen wird im Modell (334.1) vorausgesetzt, daß sie vollen Zeilenrang besitzt. Die Matrix $\underline{H}(\underline{X}'\underline{X})^{-}\underline{X}'\underline{X}(\underline{X}'\underline{X})^{-}\underline{X}'\underline{X}((\underline{X}'\underline{X})^{-})'\underline{H}'=\underline{H}(\underline{X}'\underline{X})^{-}_{rs}\underline{H}'$ ist dann regulär, wie sich aus dem Beweis zu (334.3) ergibt. Ist andrerseits diese Matrix regulär, folgt mit (132.12), (135.6) und (143.5), daß $\underline{H}(\underline{X}'\underline{X})^{-}\underline{X}'\underline{X}$ vollen Zeilenrang besitzt, da wegen (153.8) eine positiv definite generalisierte Inverse in $\underline{X}(\underline{X}'\underline{X})^{-}\underline{X}'$ gewählt werden kann. Ist $\underline{H}(\underline{X}'\underline{X})^{-}_{rs}\underline{H}'$ singulär, besitzt $\underline{H}(\underline{X}'\underline{X})^{-}\underline{X}'\underline{X}$ nicht vollen Zeilenrang. Die Regularität der Matrix $\underline{H}(\underline{X}'\underline{X})^{-}_{rs}\underline{H}'$ gewährleistet also, daß die für die projizierten Parameter eingeführten Restriktionen die Modellvoraussetzungen erfüllen.

Verletzt werden die Voraussetzungen durch Restriktionen, die die wiederholen oder denen widersprechen, die aus $\underline{B}$ oder $\underline{E}$ in (333.9) oder (333.10) resultieren. Dies ergibt sich aus dem

<u>Satz</u>: Wird eine generalisierte Inverse $(\underline{X}'\underline{X})^{-}_{rs}$ in (334.16) mit der Matrix $\underline{B}$ in (155.15) berechnet, so wird die Matrix $\underline{H}(\underline{X}'\underline{X})^{-}_{rs}\underline{H}'$ singulär, falls die Matrix $|\underline{B}',\underline{H}'|$ nicht vollen Spaltenrang besitzt. Entsprechendes gilt auch bei der Berechnung der Pseudoinversen $(\underline{X}'\underline{X})^{+}$ mit der Matrix $\underline{E}$ in (155.21). (334.17)

Beweis: Für die Determinante der um $\underline{B}$ und $\underline{H}$ erweiterten Matrix $\underline{X}'\underline{X}$ gilt mit (136.12), (155.7) und (155.15)

$$\det\begin{vmatrix} \underline{X}'\underline{X} & \underline{B}' & \underline{H}' \\ \underline{B} & \underline{O} & \underline{O} \\ \underline{H} & \underline{O} & \underline{O} \end{vmatrix} = \det\underline{D}\det(-|\underline{H},\underline{O}|\underline{D}^{-1}\begin{vmatrix}\underline{H}' \\ \underline{O}\end{vmatrix}) = \det\underline{D}\det(-\underline{H}(\underline{X}'\underline{X})^{-}_{rs}\underline{H}')$$

Besitzt $|\underline{B}',\underline{H}'|$ nicht vollen Spaltenrang, ist die erweiterte Matrix singulär, so daß $\det(-\underline{H}(\underline{X}'\underline{X})^{-}_{rs}\underline{H}')=0$ wegen $\det\underline{D}\neq 0$ gilt.

34 Spezielle Gauß-Markoff-Modelle

341 Polynommodell

Das Polynommodell dient häufig dazu, aus gemessenen Daten die Gleichung einer ebenen Kurve oder einer Fläche im dreidimensionalen Raum E^3 abzuleiten. Ist beispielsweise eine Kurve in E^2 gegeben, in der ein rechtwinkliges (x,y)-Koordinatensystem definiert ist, und wählt man auf der Kurve Punkte P_i mit den Koordinaten (x_i,y_i) derart aus, daß für gegebene Abszissen x_i die Ordinaten y_i gemessen werden, so läßt sich zur Darstellung der Kurve das Polynom aufbauen

$$\beta_o + x_i\beta_1 + x_i^2\beta_2+\ldots+x_i^{u-1}\beta_{u-1} = E(y_i) \tag{341.1}$$

worin $\beta_o,\beta_1,\ldots,\beta_{u-1}$ die unbekannten Parameter der Polynomentwicklung angeben. Besitzen die Ordinaten y_i gleiche Varianzen und sind sie unkorreliert, ergibt sich mit $\underline{y}=(y_i)$ die Kovarianzmatrix $D(\underline{y})=\sigma^2\underline{I}$, so daß das Modell (321.5) vorliegt. Im E^3 mit einem (x,y,z)-Koordinatensystem läßt sich zur Darstellung einer Fläche folgendes Polynommodell mit wieder u unbekannten Parametern wählen

$$\beta_o + x_i\beta_1 + y_i\beta_2 + x_i^2\beta_3 + x_iy_i\beta_4 + y_i^2\beta_5+\ldots = E(z_i) \tag{341.2}$$

und entsprechende Polynommodelle im E^4, E^5 und so fort. Die Schätzwerte $\hat{\beta}_i$ der unbekannten Parameter β_i ergeben sich aus (322.9).

Beispiel: In den folgenden Koordinatenpaaren (x_i,y_i) mit $i\in\{1,\ldots,5\}$, die eine ebene Kurve repräsentieren,

x_i	-1	0	1	2	3
y_i	0,9	1,2	1,8	2,5	3,4

seien die Werte x_i gegeben und die Werte y_i gemessen, wobei die y_i unkorreliert seien und gleiche Varianzen besitzen sollen. Für die Darstellung des Kurvenverlaufs genüge ein Polynom 2.Grades. Aus (341.1) ergibt sich dann $\beta_o+x_i\beta_1+x_i^2\beta_2=E(y_i)$ oder

$$\underline{X}\underline{\beta} = E(\underline{y}) \quad \text{mit} \quad D(\underline{y}) = \sigma^2\underline{I}$$

und

$$\underline{X} = \begin{vmatrix} 1 & -1 & 1 \\ 1 & 0 & 0 \\ 1 & 1 & 1 \\ 1 & 2 & 4 \\ 1 & 3 & 9 \end{vmatrix}, \quad \underline{\beta} = \begin{vmatrix} \beta_0 \\ \beta_1 \\ \beta_2 \end{vmatrix}, \quad \underline{y} = \begin{vmatrix} 0,9 \\ 1,2 \\ 1,8 \\ 2,5 \\ 3,4 \end{vmatrix}$$

Die Normalgleichungsmatrix $\underline{X}'\underline{X}$, der Vektor der Absolutglieder $\underline{X}'\underline{y}$ und die Quadratsumme $\underline{y}'\underline{y}$ ergeben sich zu

$$\underline{X}'\underline{X} = \begin{vmatrix} 5 & 5 & 15 \\ & 15 & 35 \\ & & 99 \end{vmatrix}, \quad \underline{X}'\underline{y} = \begin{vmatrix} 9,8 \\ 16,1 \\ 43,3 \end{vmatrix}, \quad \underline{y}'\underline{y} = 23,3$$

mit denen beispielsweise nach (326.4) folgt Ω=0,0023 und somit $\hat{\sigma}^2$= 0,00115 sowie

$$\hat{\underline{\beta}} = \begin{vmatrix} 1,237 \\ 0,444 \\ 0,093 \end{vmatrix}, \quad (\underline{X}'\underline{X})^{-1} = \begin{vmatrix} 0,3714 & 0,0429 & -0,0714 \\ & 0,3857 & -0,1429 \\ & & 0,0714 \end{vmatrix}, \quad \hat{\underline{y}} = \begin{vmatrix} 0,886 \\ 1,237 \\ 1,774 \\ 2,497 \\ 3,406 \end{vmatrix}$$

Bei Polynommodellen erhebt sich häufig die Frage, bis zu welchem Grad die Polynomentwicklung zu treiben ist. Wird der Grad des Polynoms zu niedrig oder zu hoch gewählt, enthält das Polynommodell zu wenige oder zu viele Parameter. Die Folge dieser Modellabweichungen wurden im Kapitel 329 erörtert. Zweckmäßig trifft man die Entscheidung über den Grad der Polynomentwicklung mit Hilfe des noch zu behandelnden Hypothesentests (423.10) unter Beachtung von (423.12).

Wird der Grad der Polynomentwicklung erhöht oder erniedrigt, muß die Schätzung sämtlicher Parameter in den Modellen (341.1) oder (341.2) wiederholt werden. Um das zu vermeiden, kann man mit Orthogonalpolynomen arbeiten, deren Koeffizienten, wie im folgenden gezeigt wird, vom Grad der Polynomentwicklung unabhängig sind. Das allgemeine Polynommodell (341.1) oder (341.2) sei durch

$$\underline{X}\underline{\beta} = E(\underline{y}) \quad \text{mit} \quad D(\underline{y}) = \sigma^2\underline{P}^{-1} \tag{341.3}$$

gegeben, so daß die Spalten von $\underline{X}$ aus den Grundpolynomen $x_i^0=1, x_i^1, x_i^2, \ldots, x_i^{u-1}$ oder $x_i^0=1, x_i^1, y_i^1, \ldots$ aufgebaut sind. Um Orthogonalpolynome zu erhalten, ist dieses Modell in $z_i^{(0)}\gamma_0 + z_i^{(1)}\gamma_1 + \ldots = E(y_i)$ oder in

$$\underline{Z}\underline{\gamma} = E(\underline{y}) \quad \text{mit} \quad D(\underline{y}) = \sigma^2\underline{P}^{-1} \tag{341.4}$$

derart zu transformieren, daß aus (322.9) die Normalgleichungsmatrix $\underline{Z}'\underline{P}\underline{Z}=\underline{I}$ erhalten wird. Die Schätzwerte $\hat{\underline{\gamma}}$ der Parameter $\underline{\gamma}$ ergeben sich dann unkorreliert und können als Koeffizienten orthogonaler Polynome interpretiert werden, da die Spalten von $\underline{Z}$, also die neu gewonnenen Polynome, wegen $\underline{Z}'\underline{P}\underline{Z}=\underline{I}$ zueinander orthogonal bezüglich des mit der Matrix $\underline{P}$ verallgemeinerten Skalarproduktes sind.

Die Matrix $\underline{X}$ besitze vollen Rang und $\underline{P}$ sei positiv definit, so daß nach (143.5) und (143.7) die Cholesky-Zerlegung $\underline{X}'\underline{P}\underline{X}=\underline{G}\underline{G}'$ möglich ist, in der $\underline{G}$ eine reguläre untere Dreiecksmatrix bedeutet. Mit

$$\underline{\gamma} = \underline{G}'\underline{\beta} \quad \text{und} \quad \underline{Z} = \underline{X}(\underline{G}')^{-1} \tag{341.5}$$

ergeben sich dann die gesuchten Orthogonalpolynome, denn es gilt $\underline{Z}\underline{\gamma}=\underline{X}\underline{\beta}$ und $\underline{Z}'\underline{P}\underline{Z}=\underline{G}^{-1}\underline{X}'\underline{P}\underline{X}(\underline{G}')^{-1}=\underline{I}$. Aus (322.9) folgen dann die Schätzwerte $\hat{\underline{\gamma}}=\underline{Z}'\underline{P}\underline{y}$ oder mit (341.5)

$$\hat{\underline{\gamma}} = \underline{G}^{-1}\underline{X}'\underline{P}\underline{y} \tag{341.6}$$

Nimmt man also in den für (341.3) sich ergebenden Normalgleichungen $\underline{X}'\underline{P}\underline{X}\hat{\underline{\beta}}=\underline{X}'\underline{P}\underline{y}$ eine Cholesky-Elimination nach (133.23) vor, ergibt sich nach der Elimination anstelle des Absolutgliedvektors der Vektor $\hat{\underline{\gamma}}$. Die Schätzwerte $\hat{\underline{y}}$ der Erwartungswerte der Beobachtungen folgen mit (341.5) zu $\hat{\underline{y}}=\underline{X}(\underline{G}')^{-1}\hat{\underline{\gamma}}$. Zu ihrer Berechnung wie auch zur Berechnung der Orthogonalpolynome ist die aus der Cholesky-Elimination gewonnene Matrix $\underline{G}'$ zu invertieren.

Die Koeffizienten $\underline{\gamma}$ der Orthogonalpolynome sind vom Grad der Polynomentwicklung unabhängig, denn erweitert man die Matrix $\underline{X}$ in (341.3) um die Spalte $\underline{x}_{u+1}$ der entsprechenden Grundpolynome, so führt die Cholesky-Zerlegung der sich ergebenden Normalgleichungsmatrix auf

$$\begin{vmatrix} \underline{X}'\underline{P}\underline{X} & \underline{X}'\underline{P}\underline{x}_{u+1} \\ \underline{x}_{u+1}'\underline{P}\underline{X} & \underline{x}_{u+1}'\underline{P}\underline{x}_{u+1} \end{vmatrix} = \begin{vmatrix} \underline{G}\underline{G}' & |\underline{G},\underline{0}_u|\underline{g}_{u+1} \\ \underline{g}_{u+1}'|\underline{G},\underline{0}_u|' & \underline{g}_{u+1}'\underline{g}_{u+1} \end{vmatrix} = \bar{\underline{G}}\bar{\underline{G}}'$$

worin $\underline{0}_u$ der u×1 Nullvektor und $\bar{\underline{G}}=\begin{vmatrix} \underline{G},\underline{0}_u \\ \underline{g}_{u+1}' \end{vmatrix}$ die entsprechend um den (u+1)×1 Vektor $\underline{g}_{u+1}$ erweiterte untere Dreiecksmatrix bedeutet, die die gesamte Matrix $\underline{G}$ enthält.

342 Varianzanalyse

Bestehen mathematische oder physikalische Gesetzmäßigkeiten zwischen den unbekannten Parametern und den Beobachtungen, dann bestimmen sie den Aufbau der Koeffizientenmatrix im Gauß-Markoff-Modell. Häufig sind aber solche Gesetze unbekannt, und es können lediglich qualitative Aussagen in der Weise gemacht werden, daß die Beobachtungsergebnisse aus den Einflüssen verschiedener Faktoren resultieren. Diese Einflüsse, die als Effekte bezeichnet werden, bilden die unbekannten Parameter. Die Beobachtungen einer Größe werden auch ein Merkmal genannt, so daß die Aufgabe besteht, die Effekte von Faktoren auf ein Merkmal zu analysieren. Beispielsweise hängen die beobachteten Ertragsergebnisse von Weizen in einem Gebiet von den zur Aussaat gelangten Sorten ab, die somit die Faktoren bilden, deren Effekte zu bestimmen sind. Da man zwar aufgrund des Versuchsaufbaus weiß, welche Faktoren das beobachtete Merkmal beeinflussen, ein Maß für die Beeinflussung aber nicht kennt, setzt man die unbekannten Effekte additiv zusammen, so daß die Koeffizientenmatrix $\underline{X}$ in (321.1) lediglich Nullen oder Einsen enthält. Da die Addition der Effekte aus dem Versuchsplan folgt, bezeichnet man die Koeffizientenmatrix $\underline{X}$ als Versuchsplanmatrix.

Im folgenden werden Versuchspläne mit festen Effekten behandelt, die sogenannten Modelle I, in denen in Übereinstimmung mit (321.1) die unbekannten Parameter feste Größen darstellen. Die Modelle mit Zufallsparametern, sogenannte Modelle II, befinden sich im Kapitel 35. Im Modell II interessieren häufig nur die Varianzen der Effekte, so daß Varianzkomponenten zu schätzen sind, was im Kapitel 36 behandelt wird. Ob die Effekte einzelner Faktoren überhaupt ein Merkmal beeinflussen, wird mit Hilfe des noch zu behandelnden Hypothesentests (423.10) geprüft. In die Testgröße (423.11) gehen Varianzen ein, so daß man die Schätzung der Effekte zusammen mit den Hypothesentests als Varianzanalyse bezeichnet.

Im allgemeinen wird sich das beobachtete Merkmal aus unterschiedlichen Einflüssen zusammensetzen, die in Faktoren mit unterschiedlichen Stufen zusammengefaßt werden. Je nach Anzahl und Anordnung der Faktoren unterscheidet man verschiedene Versuchspläne, die im folgenden behandelt werden. Jeder Versuchsplan enthält einen unbekannten Parameter, zu dem die Effekte sämtlicher Faktoren addiert werden und der, wie sich aus den noch abzuleitenden Beziehungen (343.5) ergibt, als Gesamtmittel aller Beobachtungen interpretiert werden kann.

a) Einfache Klassifikation (Einwegklassifikation)

Bei der einfachen Klassifikation besteht das Problem darin, die Effekte eines Faktors A in p Stufen auf ein Merkmal zu analysieren. Bedeutet μ das Mittel aller Beobachtungen, α_i der Effekt der i-ten Stufe mit $i \in \{1,\ldots,p\}$ des Faktors A, y_{ij} die Beobachtung j des Merkmals mit $j \in \{1,\ldots,n_i\}$ und $n_i \in \mathbb{N}$ unter der Einwirkung der i-ten Stufe des Faktors A, ergibt sich mit (321.1)

$$\mu + \alpha_i = E(y_{ij}) \quad \text{mit} \quad i \in \{1,\ldots,p\},\ j \in \{1,\ldots,n_i\} \tag{342.1}$$

Beispiel: Die Wirkungen dreier Typen von Glühlampen auf ihre Brenndauer wurden untersucht und die Ergebnisse in der folgenden Tabelle zusammengefaßt. Gesucht sind die Effekte der drei Typen. Die

Versuchsplanmatrix $\underline{X}$, der Vektor $\underline{\beta}$ der unbekannten Parameter und der

Stufe des Faktors A		Brenndauer in Stunden
1	Typ A_1	822, 830, 842
2	Typ A_2	883, 917
3	Typ A_3	913, 924

Beobachtungsvektor $\underline{y}$ in (321.1) ergeben sich dann mit (342.1) zu

$$\underline{X} = \begin{vmatrix} 1 & 1 & 0 & 0 \\ 1 & 1 & 0 & 0 \\ 1 & 1 & 0 & 0 \\ 1 & 0 & 1 & 0 \\ 1 & 0 & 1 & 0 \\ 1 & 0 & 0 & 1 \\ 1 & 0 & 0 & 1 \end{vmatrix}, \quad \underline{\beta} = \begin{vmatrix} \mu \\ \alpha_1 \\ \alpha_2 \\ \alpha_3 \end{vmatrix}, \quad \underline{y} = \begin{vmatrix} 822 \\ 830 \\ 842 \\ 883 \\ 917 \\ 913 \\ 924 \end{vmatrix}$$

b) Zweifache Kreuzklassifikation (Zweiwegkreuzklassifikation)

Bei der zweifachen Kreuzklassifikation sind die Effekte zweier Faktoren A und B auf ein Merkmal zu untersuchen, wobei der Faktor A in p Stufen und der Faktor B in q Stufen auftreten. Bezeichnet man mit $n_{ij} \in \mathbb{N}$ die Anzahl der Beobachtungen des Merkmals unter dem Einfluß der i-ten Stufe des Faktors A und der j-ten Stufe des Faktors B, lassen sich die Versuchsergebnisse in der folgenden Tabelle zusammenfassen.

Stufen des Faktors A \ B	1	2	...	q
1	n_{11}	n_{12}	...	n_{1q}
2	n_{21}	n_{22}	...	n_{2q}
...	...	...	...	...
p	n_{p1}	n_{p2}	...	n_{pq}

Bedeuten α_i und β_j die Effekte der Faktoren A und B, μ das Mittel aller Beobachtungen, ergibt sich mit (321.1)

$$\mu + \alpha_i + \beta_j = E(y_{ijk}) \quad \text{mit} \quad i \in \{1,\dots,p\},\ j \in \{1,\dots,q\},\ k \in \{1,\dots,n_{ij}\}, \tag{342.2}$$

Gilt $n_{ij}=0$ für mindestens ein Paar (i,j), bezeichnet man den Versuchsplan als unvollständig und andernfalls als vollständig. Versuchspläne, in denen n_{ij} für alle Paare (i,j) gleich sind, heißen balanziert. Wie sich aus dem folgenden Kapitel ergibt, braucht für die Parameterschätzung zwischen diesen verschiedenen Versuchsplänen nicht unterschieden zu werden, sofern durch die fehlenden Beobachtungen kein Rangabfall in der Versuchsplanmatrix hervorgerufen wird.

Beispiel: Für eine Marktanalyse sollen die beobachteten Einschaltzeiten von Fernsehgeräten in Abhängigkeit von Großstädten, Mittel- und

Kleinstädten, die den Stufen des Faktors A entsprechen, und vom Durchschnittseinkommen, das der Höhe entsprechend die Stufen des Faktors B bilden, der Haushalte mit den Fernsehgeräten untersucht werden. Die Analyse führt auf den Versuchsplan (342.2).

c) Zweifache hierarchische Klassifikation (hierarchische Zweiwegklassifikation)

Das Problem besteht nun darin, die Effekte eines Faktors A in p Stufen und eines Faktors B in q Stufen, dessen Stufen jeweils nur in Verbindung mit einer Stufe des Faktors A auftritt, auf ein Merkmal zu untersuchen. Der Versuchsplan läßt sich mit Hilfe der folgenden Tabelle veranschaulichen. Bezeichnet man wieder das Mittel mit μ, die Effek-

Stufen des Faktors A	1	2	...	p
Stufen des Faktors B innerhalb der Stufen von A	$1,\ldots,q_1$	$1,\ldots,q_2$	...	$1,\ldots,q_p$

te des Faktors A mit α_i und die des Faktors B innerhalb der Stufen von A mit β_{ij}, ergibt sich mit (321.1)

$$\mu + \alpha_i + \beta_{ij} = E(y_{ijk}) \quad \text{mit} \quad i\in\{1,\ldots,p\},\ j\in\{1,\ldots,q_i\},\ k\in\{1,\ldots,n_{ij}\} \tag{342.3}$$

<u>Beispiel</u>: An einer Schule wird in den drei Fächern Englisch, Französisch und Geschichte eine neue Unterrichtsmethode bei insgesamt acht verschiedenen Klassen erprobt, wobei drei Klassen auf das Fach Englisch, zwei auf Französisch und drei auf Geschichte entfallen. Die Reaktionen der Schüler auf die neue Methode werden gemessen, so daß die drei Effekte des Faktors A, die den Wirkungen der neuen Methode in den drei Fächern entsprechen, und die Effekte des Faktors B innerhalb von A, die den Einfluß der Klassen in den einzelnen Fächern ausdrücken, im Versuchsplan (342.3) zu bestimmen sind.

d) Zweifache Klassifikation mit Wechselwirkung

Bis jetzt wurde davon ausgegangen, daß sich die Effekte der Faktoren A und B in den einzelnen Stufen addieren. Ist diese Voraussetzung nicht erfüllt, beeinflussen die Faktoren also das beobachtete Merkmal nicht unabhängig voneinander, spricht man von <u>Wechselwirkungen</u> zwischen den Faktoren, deren Effekte $(\alpha\beta)_{ij}$ wie folgt zu berücksichtigen sind,

$$\mu + \alpha_i + \beta_j + (\alpha\beta)_{ij} = E(y_{ijk}) \quad \text{mit} \quad i\in\{1,\ldots,p\},\ j\in\{1,\ldots,q\},\ k\in\{1,\ldots,n_{ij}\} \tag{342.4}$$

Die Anlage der Experimente, die auf die Versuchspläne führt, wurde bislang nicht erwähnt. Wenn möglich, sollten die Versuche zufällig angeordnet sein, so daß man von einer Randomisierung der Experimente spricht [Cochran und Cox 1957, S.95; Scheffé 1959, S.105]. Sie soll verhindern, daß außer den in Ansatz gebrachten Faktoren keine weiteren systematischen Einflüsse auf das Versuchsergebnis wirken. Werden beispielsweise die Effekte von i Düngemitteln auf j Versuchsfeldern untersucht, so sollte die Anwendung der i Dünger auf jedem der j Felder in zufälliger Art und nicht auf systematische Weise geschehen.

e) Höhere Klassifikation mit Wechselwirkungen

Der Versuchsplan (342.4) der zweifachen Klassifikation mit Wechselwirkung läßt sich auf beliebige höhere Klassifikationen mit Wechselwirkungen ausdehnen, so daß man allgemein erhält, wobei die Anzahl der Effekte und Wechselwirkungen endlich ist,

$$\mu + \alpha_i + \beta_j + \gamma_k + \ldots + (\alpha\beta)_{ij} + (\alpha\gamma)_{ik} + (\beta\gamma)_{jk} + \ldots + (\alpha\beta\gamma)_{ijk} + \ldots$$
$$= E(y_{ijk\ldots l}) \text{ mit } i \in \{1,\ldots,p\}, j \in \{1,\ldots,q\}, k \in \{1,\ldots,r\}, l \in \{1,\ldots,n_{ijk\ldots}\} \tag{342.5}$$

Die aus den Versuchsergebnissen resultierenden Beobachtungen werden im allgemeinen unkorreliert sein und gleiche Varianzen besitzen. Jedoch auch unterschiedliche Varianzen und von Null verschiedene Kovarianzen sind denkbar, so daß sich zur Vervollständigung der Versuchspläne (342.1) bis (342.5) entsprechend (321.5) oder (321.1) ergibt

$$D(\underline{y}) = \sigma^2 \underline{I} \quad \text{oder} \quad D(\underline{y}) = \sigma^2 \underline{P}^{-1} \tag{342.6}$$

343 Parameterschätzung für die Varianzanalyse mit Hilfe der Pseudoinversen

Die Besonderheit der Varianzanalyse besteht darin, daß die Versuchsplanmatrix nicht vollen Rang besitzt, da zum Mittel μ aller Beobachtungen die Effekte $\alpha_i, \beta_j, \gamma_k, \ldots$ der Faktoren A,B,C,... in den einzelnen Stufen hinzuaddiert werden. Diese Vorgehensweise ist aber praktisch, da sich dann die Versuchsplanmatrizen bequem aufstellen lassen. Versuchplanmatrizen mit vollem Rang würde man erhalten, wenn lediglich die Differenzen in bezug auf eine Stufe, beispielsweise $\alpha_i - \alpha_1, \beta_j - \beta_1, \gamma_k - \gamma_1, \ldots$, bestimmt würden. Man erkennt dies für die Effekte α_i an der Versuchsplanmatrix $\underline{X}$ des Beispiels zu (324.1), in der die erste Spalte sich aus der Summe der drei folgenden Spalten ergibt, so daß zum Beispiel die zweite Spalte zu streichen ist, was der Bestimmung von $\alpha_i - \alpha_1$ entspricht, um eine Matrix mit vollem Rang zu erhalten. Für die Effekte β_j und γ_k ist dies aus entsprechend erweiterten Versuchsplanmatrizen ersichtlich. Daß in der Varianzanalyse lediglich Differenzen von Effekten erwartungstreu im Sinne von (332.1) schätzbar sind, folgt auch aus (332.4) und (332.5), wonach die Summen $\mu+\alpha_i+\beta_j+\gamma_k$ für alle Tripel (i,j,k) und lineare Funktionen von ihnen, beispielsweise $\alpha_i-\alpha_1$, erwartungstreu schätzbar sind.

Der Rang einer Versuchsplanmatrix mit den Effekten α_i und β_j für $i\in\{1,\ldots,p\}$ und $j\in\{1,\ldots,q\}$ beträgt aufgrund der vorangegangenen Überlegungen $1+(p-1)+(q-1)$. Kommen noch pq Wechselwirkungen $(\alpha\beta)_{ij}$ hinzu, so erhöhen nur die Wechselwirkungen den Rang der Versuchsplanmatrix jeweils um Eins, die sich auf die Differenzen $\alpha_i-\alpha_1$ und $\beta_i-\beta_1$ beziehen, insgesamt also $(p-1)(q-1)$ Wechselwirkungen, wie aus einer entsprechenden Versuchsplanmatrix durch Streichen der Spalten für α_1 und β_1 ersichtlich ist. Auf diese Weise läßt sich der Rang der Matrizen der bebehandelten Versuchspläne angeben, wie es in Tabelle (343.1) geschehen ist, die zusätzlich die Anzahl der unbekannten Parameter in den Versuchsplänen enthält.

Versuchsplan	Anzahl der Parameter	Rang der Versuchsplanmatrix
(342.1)	$1+p$	$1+(p-1)$
(342.2)	$1+p+q$	$1+(p-1)+(q-1)$
(342.3)	$1+p+\Sigma q_i$	$1+(p-1)+\Sigma(q_i-1)$
(342.4)	$1+p+q+pq$	$1+(p-1)+(q-1)+(p-1)(q-1)=pq$
(342.5)	$1+p+q+r+\ldots$	$1+(p-1)+(q-1)+(r-1)+\ldots$
	$+pq+pr+qr+\ldots$	$+(p-1)(q-1)+(p-1)(r-1)$
	$+pqr+\ldots$	$+(q-1)(r-1)+\ldots+(p-1)$
		$(q-1)(r-1)+\ldots=pqr\ldots$

(343.1)

Wegen des Rangdefektes der Versuchsplanmatrizen stellen nach (332.3) die unbekannten Parameter keine schätzbaren Funktionen dar, so daß an ihrer Stelle die nach (333.1) oder (333.5) projizierten Parameter geschätzt werden sollen. Gewählt wird die Projektion (333.5) mit Hilfe der Pseudoinversen, da sie eindeutig ist und, wie im Zusammenhang mit (333.11) erläutert wurde, eine minimale Spur für die Kovarianzmatrix der geschätzten Parameter liefert. Die Pseudoinverse berechnet man zweckmäßig mit Hilfe der Matrix $\underline{E}$ in (333.8). Diese läßt sich, wie im folgenden gezeigt wird, unmittelbar für die Versuchsplanmatrizen angeben, da in ihr, wie schon bei (333.11) erwähnt, die Änderungen enthalten sind, die die Parameter $\underline{\beta}$ vornehmen können, ohne daß in den Versuchsplänen (342.1) bis (342.5) die Beobachtungen sich ändern, denn die Spalten von $\underline{E}'$ bilden nach (155.11) eine Basis für den Nullraum der Versuchsplanmatrix.

Wie oben gezeigt wurde, lassen sich nicht die Effekte $\alpha_i,\beta_j,\gamma_k,\ldots$ der Stufen der Faktoren A,B,C,..., sondern nur die jeweiligen Differenzen, beispielsweise $\alpha_i-\alpha_1,\beta_j-\beta_1,\gamma_k-\gamma_1,\ldots$, erwartungstreu schätzen. Zu den Effekten jeden Faktors können daher die Konstanten

$$\Delta\alpha,\ \Delta\beta,\ \Delta\gamma,\ldots \tag{343.2}$$

addiert werden, ohne daß die Beobachtungen sich ändern. Zu den pq Wechselwirkungen $(\alpha\beta)_{ij}$, von denen nur (p-1)(q-1) Wechselwirkungen erwartungstreu schätzbar sind, lassen sich pq-(p-1)(q-1)=p+q-1 Konstanten addieren und zwar zu den Wechselwirkungen $(\alpha\beta)_{i1},(\alpha\beta)_{i2},\ldots,(\alpha\beta)_{iq}$ mit $i\in\{1,\ldots,p\}$ die Konstanten

$$\Delta(\alpha\beta_{.1}),\ \Delta(\alpha\beta_{.2}),\ldots,\ \Delta(\alpha\beta_{.q}\} \tag{343.3}$$

und zu den Wechselwirkungen $(\alpha\beta)_{2j},(\alpha\beta)_{3j},\ldots,(\alpha\beta)_{pj}$ mit $j\in\{1,\ldots,q\}$ die Konstanten

$$\Delta(\alpha\beta_{2.})\quad \Delta(\alpha\beta_{3.}),\ldots,\ \Delta(\alpha\beta_{p.}) \tag{343.4}$$

Daß die Konstante $\Delta(\alpha\beta_{1.})$ nicht addiert zu werden braucht, kann man dadurch interpretieren, daß $\Delta(\alpha\beta_{.1})=\Delta(\alpha\beta_{1.})$ gilt. Mit Hilfe der Konstanten läßt sich, wie im folgenden Beispiel gezeigt wird, die Matrix $\underline{E}$ in (333.8) für eine Versuchsplanmatrix aufbauen, wobei die Anzahl der Zeilen von $\underline{E}$ der aus (343.1) berechenbaren Differenz zwischen Anzahl der Parameter und Rang der Versuchsplanmatrix gleicht.

<u>Beispiel</u>: Gegeben sei das Modell (342.4) mit p=2 und q=2, so daß sich der Vektor $\underline{\beta}$ der unbekannten Parameter ergibt zu

$$\underline{\beta} = |\mu,\alpha_1,\alpha_2,\beta_1,\beta_2,(\alpha\beta)_{11},(\alpha\beta)_{12},(\alpha\beta)_{21},(\alpha\beta_{22})|'$$

Faßt man im Vektor $\underline{t}$ die Konstanten zusammen, die zu den unbekannten Parametern addiert werden können, ohne daß sich die Beobachtungen ändern, ergibt sich mit (343.2) bis (343.4)

$$\underline{t} = |\Delta\alpha,\Delta\beta,\Delta(\alpha\beta_{.1}),\Delta(\alpha\beta_{.2}),\Delta(\alpha\beta_{2.})|'$$

Der durch den Vektor $\underline{t}$ geänderte Parametervektor sei mit $\underline{\beta}_t$ bezeichnet, dann erhält man $\underline{\beta}_t=\underline{\beta}+\underline{E}'\underline{t}$ mit

$$\underline{E} = \begin{vmatrix} 0 & 1 & 1 & 0 & 0 & 0 & 0 & 0 & 0 \\ 0 & 0 & 0 & 1 & 1 & 0 & 0 & 0 & 0 \\ 0 & 0 & 0 & 0 & 0 & 1 & 0 & 1 & 0 \\ 0 & 0 & 0 & 0 & 0 & 0 & 1 & 0 & 1 \\ 0 & 0 & 0 & 0 & 0 & 0 & 0 & 1 & 1 \end{vmatrix}$$

Diesem Beispiel entsprechend erhält man für die verschiedenen Versuchsplanmatrizen die Matrizen $\underline{E}$. Nach (333.10) lassen sich mit $\underline{E}$ auch die Restriktionen $\underline{E}\underline{\beta}=\underline{0}$ aufstellen. Für den Versuchsplan (342.5) ergeben sich mit der Matrix $\underline{E}$ die Restriktionen

$$\sum_{i=1}^{p}\alpha_i = 0,\ \sum_{j=1}^{q}\beta_j = 0,\ \sum_{k=1}^{r}\gamma_k = 0,\ldots,\ \sum_{i=1}^{p}(\alpha\beta)_{ij} = 0,$$

$$\sum_{j=1}^{q}(\alpha\beta)_{ij}=0 \text{ für } i \neq 1, \sum_{i=1}^{p}(\alpha\gamma)_{ik}=0, \sum_{k=1}^{r}(\alpha\gamma)_{ik}=0 \text{ für } i \neq 1,$$

$$\sum_{j=1}^{q}(\beta\gamma)_{jk}=0, \sum_{k=1}^{r}(\beta\gamma)_{jk}=0 \text{ für } j \neq 1,\ldots, \sum_{i=1}^{p}(\alpha\beta\gamma)_{ijk}=0$$

$$\text{für } j \neq 1, \sum_{j=1}^{q}(\alpha\beta\gamma)_{ijk}=0 \text{ für } k \neq 1, \sum_{k=1}^{r}(\alpha\beta\gamma)_{ijk}=0$$

$$\text{für } i \neq 1 \text{ ausgenommen } i=j=1,\ldots \qquad (343.5)$$

Umgekehrt läßt sich aus diesen Restriktionen mit $\underline{E}\underline{\beta}=\underline{0}$ die Matrix $\underline{E}$ in (333.8) oder (333.10) angeben.

Die Restriktionen (343.5) werden häufig zur Parameterschätzung für die Varianzanalyse benutzt [Ahrens 1968; Johnson und Leone 1977; Scheffé 1959], ohne daß jedoch die Verbindung zur Pseudoinversen hergestellt wird. Ein Rechenbeispiel für eine Parameterschätzung mit der Pseudoinversen in der Varianzanalyse befindet sich im Zusammenhang mit der multivariaten Parameterschätzung im Kapitel 374.

344 Kovarianzanalyse

Das Modell der Kovarianzanalyse entsteht durch die Vereinigung eines Gauß-Markoff-Modells, das aufgrund einer qualitativen Aussage entsteht, und eines Gauß-Markoff-Modells aufgrund quantitativer Aussagen. Es wird also das Modell einer Varianzanalyse mit einem Regressionsmodell kombiniert, und man erhält

$$\underline{X}\underline{\alpha} + \underline{Z}\underline{\beta} = E(\underline{y}) \quad \text{mit} \quad D(\underline{y}) = \sigma^2\underline{P}^{-1} \qquad (344.1)$$

worin $\underline{X}$ die Versuchsplanmatrix bedeutet, die als Elemente lediglich Nullen oder Einsen enthält, $\underline{\alpha}$ der Vektor der Effekte der Faktoren des Versuchsplans, $\underline{Z}$ die Koeffizientenmatrix aufgrund quantitativer Aussagen, $\underline{\beta}$ der zugehörige Parametervektor und $\underline{P}$ die positiv definite Gewichtsmatrix des Beobachtungsvektors $\underline{y}$ eines Merkmals.

Der Name Kovarianzanalyse rührt daher, daß die Variablen, mit denen die Koeffizienten der Matrix $\underline{Z}$ aufgebaut werden, beispielsweise die Variablen x_i mit $x_i^0, x_i^1, x_i^2, \ldots, x_i^n$ bei einer Polynomentwicklung, als Kovariable bezeichnet werden. Die Variablen, aus denen die Versuchsplanmatrix $\underline{X}$ folgt, nennt man daher auch Scheinvariable, da sie nur die Werte Null und Eins annehmen können.

Es besitze $\underline{Z}$ vollen Spaltenrang, während $\underline{X}$ als Versuchsplanmatrix einen Rangdefekt aufweise, so daß wie im vorangegangenen Kapitel die

Normalgleichungen mit Hilfe der Pseudoinversen gelöst werden sollen. Hierzu wird die Matrix $\underline{E}'$ benutzt, deren Spalten eine Basis für den Nullraum $N(\underline{X})$ bilden und die mit (343.2) bis (343.4) oder mit (343.5) aufgestellt werden kann. Mit (333.8) ergeben sich dann die Schätzwerte der Parameter im Modell (344.1) zu

$$\begin{vmatrix} \hat{\underline{\alpha}}_e \\ \hat{\underline{\beta}} \\ \underline{k} \end{vmatrix} = \begin{vmatrix} \underline{X}'\underline{P}\underline{X} & \underline{X}'\underline{P}\underline{Z} & \underline{E}' \\ \underline{Z}'\underline{P}\underline{X} & \underline{Z}'\underline{P}\underline{Z} & \underline{0} \\ \underline{E} & \underline{0} & \underline{0} \end{vmatrix}^{-1} \begin{vmatrix} \underline{X}'\underline{P}\underline{y} \\ \underline{Z}'\underline{P}\underline{y} \\ \underline{0} \end{vmatrix} \tag{344.2}$$

Bei der Berechnung der inversen Normalgleichungsmatrix gilt das bei (133.11) Erwähnte, da $\underline{X}'\underline{P}\underline{X}$ singulär ist.

345 Optimale Versuchsplanung

Die für das Gauß-Markoff-Modell abgeleitete Parameterschätzung ergibt minimale Varianzen für die Schätzwerte der unbekannten Parameter oder linearer Funktionen von ihnen. Es sind nun Fälle denkbar, in denen die Varianzen der Schätzwerte zu groß werden, als daß sie noch toleriert werden könnten. Durch Änderung des Versuchsplanes oder des Versuchsaufbaus, der sich in der Koeffizientenmatrix $\underline{X}$ des Gauß-Markoff-Modells ausdrückt, lassen sich dann kleinere oder auch minimale Varianzen erzeugen. Dies kann man anhand der folgenden Überlegungen demonstrieren.

Bezeichnet man mit $\underline{x}_i$ die Spalten der Koeffizientenmatrix $\underline{X}$ eines Gauß-Markoff-Modells, dann sollen die Varianzen $V(\hat{\beta}_i)$ der Schätzwerte $\hat{\beta}_i$ der Parameter β_i mit $\underline{\beta}=(\beta_i)$ im Modell (321.5) oder (321.1) folgende vorgegebene Grenzen nicht unterschreiten

$$V(\hat{\beta}_i) \geq \sigma^2(\underline{x}_i'\underline{x}_i)^{-1} \quad \text{oder} \quad V(\hat{\beta}_i) \geq \sigma^2(\underline{x}_i'\underline{P}\underline{x}_i)^{-1}$$

Aus (329.3) ist dann mit $\underline{X}_1=\underline{x}_i$ ersichtlich, daß die in bezug auf die unteren Grenzen minimale Varianzen

$$V(\hat{\beta}_i) = \sigma^2(\underline{x}_i'\underline{x}_i)^{-1} \quad \text{oder} \quad V(\hat{\beta}_i) = \sigma^2(\underline{x}_i'\underline{P}\underline{x}_i)^{-1}$$

mit den Bedingungen

$$\underline{x}_i'\underline{x}_j = 0 \quad \text{oder} \quad \underline{x}_i'\underline{P}\underline{x}_j = 0 \quad \text{für} \quad i \neq j \quad \text{und} \quad i,j\in\{1,\ldots,u\} \tag{345.1}$$

erhalten werden, also mit einer Koeffizientenmatrix $\underline{X}$, deren Spalten zueinander orthogonal sind.

Die Änderung des Versuchsaufbaus und damit der Koeffizientenmatrix $\underline{X}$ vollzieht sich mit Hilfe variabler Größen. Zum Beispiel ändert sich die Koeffizientenmatrix $\underline{X}$ des Polynommodells (341.1), wenn die Abszissenwerte x_i variiert werden. Aber nicht nur die Koeffizientenmatrix $\underline{X}$, sondern auch die Kovarianzmatrix $D(\underline{y})$ der Beobachtungen $\underline{y}$ beeinflussen die Varianzen der Schätzwerte. Beispielsweise lassen sich, falls Modelle mit unkorrelierten Beobachtungen vorliegen, Beobachtungen mit größeren Varianzen bequem durch solche mit kleineren Varianzen ersetzen, so daß die Varianzen und eventuell auch die Kovarianzen der Kovarianzmatrix der Beobachtungen als variable Größen für die Änderung des Versuchsaufbaus angesehen werden können.

Da je nach Aufgabenstellung nicht nur minimale Varianzen für die geschätzten Parameter von Interesse sind, bezeichnet man allgemein die Extremwertbildung einer skalaren Funktion der Kovarianzmatrix der geschätzten Parameter in Abhängigkeit von den Variablen des Versuchsaufbaus als optimale Versuchsplanung und die skalare Funktion als Optimalitätskriterium. Beispielsweise können die Spur der Kovarianzmatrix der geschätzten Parameter, die Determinante oder der kleinste Eigenwert der inversen Kovarianzmatrix als Optimalitätskriterien dienen. Ist die Spur der Kovarianzmatrix minimal, so sind auch die Varianzen aller geschätzten Parameter minimal, denn würde dies für eine Varianz nicht der Fall sein, könnte die Spur nicht minimal werden. Auch ist es sinnvoll, die Determinante, die sich aus dem Produkt der Eigenwerte ergibt, oder den kleinsten Eigenwert der inversen Kovarianzmatrix der geschätzten Parameter zu maximieren, da mit ihren inversen Werten, wie durch (432.7) gezeigt wird, die Halbachsen des Konfidenzhyperellipsoides für die Parameter folgen.

Im allgemeinen werden die Variablen des Versuchsaufbaus sich nicht beliebig, sondern nur innerhalb gewisser Grenzen ändern lassen, so daß der Extremwert des Optimalitätskriteriums unter Nebenbedingungen in Form von Ungleichungen zu bilden ist. Am einfachsten, wenn auch mit hohem Rechenaufwand, sind solche Optimierungsprobleme durch systematisches Suchen, durch Gradientenverfahren [Grafarend 1974; Mital 1976; Pierre 1969] oder in Spezialfällen durch die dynamische Optimierung [Boudarel, Delmas und Guichet 1971; Heister 1978; Koch 1976] zu lösen. Eine weitere Möglichkeit zu optimieren besteht in der Monte-Carlo-Simulation, bei der die Variablen des Versuchsaufbaus mit Hilfe von Zufallsvariablen variiert werden [Freiberger und Grenander 1971; Schmitt 1977]. Analytische Lösungen für die optimale Versuchsplanung wurden insbesondere für den folgenden Aufbau der Kovarianzmatrix $D(\hat{\underline{\beta}})$ der nach (322.9) geschätzten Parameter $\hat{\underline{\beta}}$ untersucht [Bandemer 1977; Fedorov 1972; Humak 1977, S.423]

$$D(\hat{\underline{\beta}}) = \sigma^2(\underline{X}'\underline{P}\underline{X})^{-1} \quad \text{mit} \quad \underline{X}'\underline{P}\underline{X} = \sum_{i=1}^{n} p_i \underline{f}(x_i)\underline{f}'(x_i) \qquad (345.2)$$

worin für die Gewichtsmatrix $\underline{P}=\text{diag}(p_1,\ldots,p_n)$ sowie $\Sigma p_i=1$ gilt und die Vektoren $\underline{f}(x_i)$ Funktionen von Variablen x_i des Versuchsaufbaus sind. Die mit (345.2) definierte Matrix $\underline{X}'\underline{P}\underline{X}$ bezeichnet man als Informationsmatrix.

Anstatt eine skalare Funktion der Kovarianzmatrix der geschätzten Parameter als Optimalitätskriterium einzuführen, läßt sich auch die Kovarianzmatrix optimal entwerfen und vorgeben. Durch Variation der Variablen des Versuchsaufbaus wird dann die Kovarianzmatrix der geschätzten Parameter der vorgegebenen Matrix optimal angepaßt. Man bezeichnet die vorgegebene Matrix als Kriterion-Matrix und benutzt sie insbesondere für die bereits im Beispiel des Kapitels 333 erwähnte Schätzung von Punktkoordinaten im dreidimensionalen Raum [Baarda 1973; Grafarend u.a. 1979; Grafarend und Schaffrin 1979]. Zur Lösung dieses Problems der optimalen Versuchsplanung werden analytische Methoden [Schaffrin, Grafarend und Schmitt 1977; Schmitt, Grafarend und Schaffrin 1978; Wimmer 1978] und numerische Methoden [Schmitt 1978] angewendet.

35 Verallgemeinerte lineare Modelle

351 Regressionsmodell

Bislang wurden die unbekannten Parameter als feste Größen behandelt, im folgenden sollen sie als Zufallsvariable eingeführt werden.

Definition: Es sei $\underline{\gamma}$ ein $u\times 1$ Vektor unbekannter Parameter, die als Zufallsvariablen definiert sind und deren $u\times 1$ Erwartungswertvektor $E(\underline{\gamma})=\underline{\mu}_\gamma$ sowie deren positiv definite $u\times u$ Kovarianzmatrix $D(\underline{\gamma})=\underline{\Sigma}_{\gamma\gamma}$ gegeben seien. Ferner seien bekannt der $n\times 1$ Zufallsvektor $\underline{y}$ der Beobachtungen mit seinem $n\times 1$ Erwartungswertvektor $E(\underline{y})=\underline{\mu}_y$ und seiner positiv definiten $n\times n$ Kovarianzmatrix $D(\underline{y})=\underline{\Sigma}_{yy}$ sowie die Kovarianzmatrix $C(\underline{\gamma},\underline{y})=\underline{\Sigma}_{\gamma y}$ der Vektoren $\underline{\gamma}$ und $\underline{y}$. Dann bezeichnet man mit $\underline{\gamma}=(\gamma_i)$ die Schätzung eines Zufallsparameters γ_i oder einer linearen Funktion der Parameter $\underline{\gamma}$, beispielsweise $\underline{b}'\underline{\gamma}$, durch eine Konstante und durch eine lineare Funktion der Beobachtungen $\underline{y}$, beispielsweise durch $d+\underline{c}'\underline{y}$, als lineare Regression und die Gesamtheit der Voraussetzungen als Regressionsmodell. (351.1)

Die Zufallsvariablen $\underline{y}$ nennt man auch unabhängige Variable und die Zufallsvariablen $\underline{\gamma}$ abhängige Variable. Die Aufgabe der linearen Regression besteht also darin, mit Hilfe der unabhängigen Variablen abhängige Variable vorherzusagen.

Die unbekannten Zufallsparameter $\underline{\gamma}$ sollen mit Hilfe der besten linearen erwartungstreuen Schätzung bestimmt werden. Hierzu wird die lineare Funktion $\underline{b}'\underline{\gamma}$ der unbekannten Parameter $\underline{\gamma}$ durch die lineare Funktion $\underline{c}'\underline{y}$ der Beobachtungen $\underline{y}$ geschätzt, zu der wegen (351.1) die Konstante d zu addieren ist, wobei der u×1 Vektor $\underline{b}$ gegeben und der n×1 Vektor $\underline{c}$ und die Konstante d zu bestimmen sind. Für eine beste lineare erwartungstreue Schätzung wird nach (312.3) gefordert

1) $E(\underline{c}'\underline{y}+d) = E(\underline{b}'\underline{\gamma})$ (351.2)

woraus mit (351.1)

$$\underline{c}'\underline{\mu}_y + d - \underline{b}'\underline{\mu}_\gamma = 0 \tag{351.3}$$

folgt. Ferner muß

2) $V(\underline{c}'\underline{y}+d-\underline{b}'\underline{\gamma})$ minimal

werden. Mit (233.13) und (233.15) erhält man

$$V(\underline{c}'\underline{y}+d-\underline{b}'\underline{\gamma}) = \underline{c}'\underline{\Sigma}_{yy}\underline{c} - 2\underline{c}'\underline{\Sigma}_{y\gamma}\underline{b} + \underline{b}'\underline{\Sigma}_{\gamma\gamma}\underline{b} \tag{351.4}$$

Diese Varianz ist unter der Bedingung (351.3) zu minimieren. Bildet man hierzu nach (171.6) die Lagrangesche Funktion $w(\underline{c},d)$ mit dem Lagrangeschen Multiplikator k, ergibt sich $w(\underline{c},d)=\underline{c}'\underline{\Sigma}_{yy}\underline{c}-2\underline{c}'\underline{\Sigma}_{y\gamma}\underline{b}+\underline{b}'\underline{\Sigma}_{\gamma\gamma}\underline{b}-2k(\underline{c}'\underline{\mu}_y+d-\underline{b}'\underline{\mu}_\gamma)$ und für $\partial w(\underline{c},d)/\partial\underline{c}=\underline{0}$ und $\partial w(\underline{c},d)/\partial d=0$ mit (172.1) und (172.2) die Beziehungen $\underline{\Sigma}_{yy}\underline{c}-\underline{\Sigma}_{y\gamma}\underline{b}-k\underline{\mu}_y=\underline{0}$ und $k=0$, aus denen mit (351.3) folgt

$$\underline{c} = \underline{\Sigma}_{yy}^{-1}\underline{\Sigma}_{y\gamma}\underline{b} \quad \text{und} \quad d = \underline{b}'\underline{\mu}_\gamma - \underline{c}'\underline{\mu}_y \tag{351.5}$$

Der Vektor $\underline{c}$ und die Konstante d sind eindeutig bestimmt, da nach Voraussetzung $\underline{\Sigma}_{yy}$ positiv definit ist, so daß $\underline{\Sigma}_{yy}^{-1}$ wegen (143.3) und (143.9) existiert.

Mit (351.5) und $\underline{\Sigma}'_{y\gamma}=\underline{\Sigma}_{\gamma y}$ ergibt sich anstelle von (351.4) die Varianz

$$V(\underline{c}'\underline{y}+d-\underline{b}'\underline{\gamma}) = \underline{b}'\underline{\Sigma}_{\gamma\gamma}\underline{b} - \underline{b}'\underline{\Sigma}_{\gamma y}\underline{\Sigma}_{yy}^{-1}\underline{\Sigma}_{y\gamma}\underline{b} \tag{351.6}$$

von der jetzt gezeigt werden soll, daß sie minimal ist, also die zweite Bedingung in (312.3) $V(\underline{c}'\underline{y}+d-\underline{b}'\underline{\gamma}) \le V(\underline{c}^{*\prime}\underline{y}+d^*-\underline{b}'\underline{\gamma})$ erfüllt, worin $\underline{c}^{*\prime}\underline{y}+d^*$ eine beliebige erwartungstreue Schätzung von $\underline{b}'\underline{\gamma}$ bedeutet. Man erhält mit (233.13)

$$\begin{aligned} V(\underline{c}^{*\prime}\underline{y}+d^*-\underline{b}'\underline{\gamma}) &= V(\underline{c}^{*\prime}\underline{y}+d^*-\underline{c}'\underline{y}-d+\underline{c}'\underline{y}+d-\underline{b}'\underline{\gamma}) \\ &= V((\underline{c}^*-\underline{c})'\underline{y}+d^*-d) + V(\underline{c}'\underline{y}+d-\underline{b}'\underline{\gamma}) + 2f \end{aligned}$$

woraus die obige Bedingung resultiert, da für die Varianz $V((\underline{c}^*-\underline{c})'\underline{y}+d^*-d)\geq 0$ gilt und mit (233.15) und (233.17) folgt

$$f = (\underline{c}^*-\underline{c})'D(\underline{y})\underline{c} - (\underline{c}^*-\underline{c})'C(\underline{y},\underline{\gamma})\underline{b} = 0$$

Bezeichnet man mit $\widehat{\underline{b}'\underline{\gamma}}$ die beste lineare erwartungstreue Schätzung von $\underline{b}'\underline{\gamma}$, ergibt sich mit $\widehat{\underline{b}'\underline{\gamma}}=\underline{c}'\underline{y}+d$ aus (351.5)

$$\widehat{\underline{b}'\underline{\gamma}} = \underline{b}'(\underline{\mu}_\gamma+\underline{\Sigma}_{\gamma y}\underline{\Sigma}_{yy}^{-1}(\underline{y}-\underline{\mu}_y)) \qquad (351.7)$$

und aus (351.6) die minimale Varianz

$$V(\widehat{\underline{b}'\underline{\gamma}}-\underline{b}'\underline{\gamma}) = \underline{b}'\underline{\Sigma}_{\gamma\gamma}\underline{b} - \underline{b}'\underline{\Sigma}_{\gamma y}\underline{\Sigma}_{yy}^{-1}\underline{\Sigma}_{y\gamma}\underline{b} \qquad (351.8)$$

Die Varianz von $\widehat{\underline{b}'\underline{\gamma}}$ berechnet sich mit (233.2) aus (351.7) zu

$$V(\widehat{\underline{b}'\underline{\gamma}}) = \underline{b}'\underline{\Sigma}_{\gamma y}\underline{\Sigma}_{yy}^{-1}\underline{\Sigma}_{y\gamma}\underline{b} \qquad (351.9)$$

und die Kovarianz von $\underline{b}'\underline{\gamma}$ und $\widehat{\underline{b}'\underline{\gamma}}$ mit (233.1) und (233.15) zu

$$C(\underline{b}'\underline{\gamma},\widehat{\underline{b}'\underline{\gamma}}) = \underline{b}'\underline{\Sigma}_{\gamma y}\underline{\Sigma}_{yy}^{-1}\underline{\Sigma}_{y\gamma}\underline{b} \qquad (351.10)$$

Setzt man $\underline{b}'=|1,0,0,\ldots|$, $\underline{b}'=|0,1,0,\ldots|$ und so fort, ergeben sich aus (351.7) die Schätzwerte $\hat{\underline{\gamma}}$ von $\underline{\gamma}$ und damit $D(\hat{\underline{\gamma}})$ aus (233.2), $C(\underline{\gamma},\hat{\underline{\gamma}})$ aus (233.15) und schließlich $D(\hat{\underline{\gamma}}-\underline{\gamma})$ aus (233.13). Somit folgt der

<u>Satz</u>: Die beste lineare erwartungstreue Schätzung $\hat{\underline{\gamma}}$ der unbekannten Zufallsparameter $\underline{\gamma}$ im Regressionsmodell (351.1) ist gegeben durch

$$\hat{\underline{\gamma}} = \underline{\mu}_\gamma + \underline{\Sigma}_{\gamma y}\underline{\Sigma}_{yy}^{-1}(\underline{y}-\underline{\mu}_y)$$

und die Kovarianzmatrizen $D(\hat{\underline{\gamma}})$ und $C(\underline{\gamma},\hat{\underline{\gamma}})$ durch

$$D(\hat{\underline{\gamma}}) = C(\underline{\gamma},\hat{\underline{\gamma}}) = \underline{\Sigma}_{\gamma y}\underline{\Sigma}_{yy}^{-1}\underline{\Sigma}_{y\gamma}$$

sowie die Kovarianzmatrix $D(\hat{\underline{\gamma}}-\underline{\gamma})$, die minimale Spur besitzt, durch

$$D(\hat{\underline{\gamma}}-\underline{\gamma}) = \underline{\Sigma}_{\gamma\gamma} - \underline{\Sigma}_{\gamma y}\underline{\Sigma}_{yy}^{-1}\underline{\Sigma}_{y\gamma} \qquad (351.11)$$

Die Schätzwerte $\hat{\underline{\gamma}}$ lassen sich also ohne Kenntnis der Kovarianzmatrix $\underline{\Sigma}_{\gamma\gamma}$ berechnen. Mit (351.5) übereinstimmende Ergebnisse erhält man ebenfalls durch die im Kapitel 312 definierte beste lineare Schätzung, indem der Erwartungswert $E((\underline{c}'\underline{y}+d-\underline{b}'\underline{\gamma})^2)$ minimiert wird. Man kann $\hat{\underline{\gamma}}$ auch mit Hilfe der bedingten Normalverteilung ableiten. Stammen nämlich die Zufallsvektoren $\underline{\gamma}$ und $\underline{y}$ aus der Zerlegung eines normalverteilten Zufallsvektors, so gleicht $\hat{\underline{\gamma}}$ nach (253.2) dem Erwartungswertvektor der Normalverteilung des Zufallsvektors $\underline{\gamma}$ unter der Bedingung, daß der Zufallsvektor $\underline{y}$ die gemessenen Werte annimmt.

Die Elemente der nach (233.8) aus $D(\hat{\underline{\gamma}}-\underline{\gamma})$ folgenden Korrelationsmatrix bezeichnet man als <u>partielle Korrelationskoeffizienten</u> und die Elemente der Korrelationsmatrix aus $C(\underline{\gamma},\hat{\underline{\gamma}})$ als <u>multiple Korrelationskoeffizienten</u>. Auf Verfahren zur Schätzung und zum Test dieser Korrelationskoeffizienten [Anderson 1958, S.60; Graybill 1976, S.390;

Kshirsagar 1972, S.83] wird hier nicht eingegangen, jedoch wird die Schätzung von Kovarianzmatrizen im Kapitel 375 behandelt.

Das Gauß-Markoff-Modell, das für feste Parameter definiert ist, läßt sich auch mit Zufallsparametern einführen. Sind die Erwartungswerte der Zufallsparameter unbekannt, ergeben sich in diesem Modell die Schätzungen des Gauß-Markoff-Modells mit festen Parametern. Kennt man die Erwartungswerte der Zufallsparameter, folgen die Schätzungen des Regressionsmodells [Koch 1977 b; Rao 1973, S.234]. Im folgenden soll auf dieses Modell nicht eingegangen, sondern eine Verallgemeinerung des Gauß-Markoff-Modells in der Weise vorgenommen werden, daß außer den festen Parametern noch Zufallsparameter eingeführt werden.

352 Gemischtes Modell

Ersetzt man den Fehlervektor $\underline{e}$ im Gauß-Markoff-Modell (321.2) durch eine Linearkombination $-\underline{Z}\underline{\gamma}$ unbekannter Parameter $\underline{\gamma}$, die als Zufallsvariable definiert sind, ergibt sich das folgende Modell mit festen Parametern und Zufallsparametern.

Definition: Es seien $\underline{X}$ eine $n\times u$ und $\underline{Z}$ eine $n\times r$ Matrix bekannter Koeffizienten mit $\mathrm{rg}\underline{Z}=n$, $\underline{\beta}$ ein $u\times 1$ Vektor unbekannter, fester Parameter, $\underline{\gamma}$ ein $r\times 1$ Vektor unbekannter Zufallsparameter mit $E(\underline{\gamma})=\underline{0}$ und $D(\underline{\gamma})=\sigma^2\underline{\Sigma}_{\gamma\gamma}$, wobei der positive Faktor σ^2 unbekannt und die $r\times r$ Matrix $\underline{\Sigma}_{\gamma\gamma}$ gegeben sowie positiv definit sei, und $\underline{y}$ ein $n\times 1$ Beobachtungsvektor, dann bezeichnet man

$$\underline{X}\underline{\beta} + \underline{Z}\underline{\gamma} = \underline{y} \quad \text{mit } E(\underline{\gamma}) = \underline{0} \quad \text{und} \quad D(\underline{\gamma}) = \sigma^2\underline{\Sigma}_{\gamma\gamma}$$

als gemischtes Modell. (352.1)

Ein Anwendungsbeispiel für dieses Modell, verbunden mit einem Rechenbeispiel für die Parameterschätzung, befindet sich im Kapitel 354.

Denkt man sich den Beobachtungsvektor $\underline{y}$ durch die lineare Transformation $\underline{y}=\underline{Z}\bar{\underline{y}}+\underline{z}$ entstanden, in der $\bar{\underline{y}}$ ein $r\times 1$ Vektor von Beobachtungen und $\underline{z}$ ein $n\times 1$ Vektor von Konstanten bedeuten, so läßt sich der Vektor $\underline{\gamma}$ als Fehlervektor von $\bar{\underline{y}}$ interpretieren. Das durch die Transformation gewonnene Modell $\underline{X}\underline{\beta}+\underline{Z}\underline{\gamma}=\underline{y}$ wurde als Allgemeinfall der Ausgleichungsrechnung von Helmert [1872, S.215] eingeführt und daher auch als Gauß-Helmert-Modell bezeichnet [Koch 1979; Wolf 1978].

Die Kovarianzmatrix $D(\underline{y})$ der Beobachtungen $\underline{y}$ ergibt sich aus (233.1) und mit $E(\underline{y})=\underline{X}\underline{\beta}$ aus (352.1) zu

$$D(\underline{y}) = E(\underline{Z}\underline{\gamma}(\underline{Z}\underline{\gamma})') = \sigma^2\underline{Z}\underline{\Sigma}_{\gamma\gamma}\underline{Z}' = \sigma^2\underline{\Sigma}_{yy} \tag{352.2}$$

worin $\underline{\Sigma}_{yy}=\underline{Z}\underline{\Sigma}_{\gamma\gamma}\underline{Z}'$ wegen (143.7) positiv definit ist, da $\underline{Z}$ vollen Zeilenrang besitzt. Die Kovarianzmatrix $C(\underline{\gamma},\underline{y})$ von $\underline{\gamma}$ und $\underline{y}$ erhält man mit (233.11) zu

$$C(\underline{\gamma},\underline{y}) = E(\underline{\gamma}(\underline{Z}\underline{\gamma})') = \sigma^2\underline{\Sigma}_{\gamma\gamma}\underline{Z}' = \sigma^2\underline{\Sigma}_{\gamma y} \qquad (352.3)$$

Zur Parameterschätzung im gemischten Modell (352.1) wird zunächst $-\underline{Z}\underline{\gamma}=\underline{e}$ gesetzt, so daß sich mit (233.2) und (352.2) $D(\underline{e})=\sigma^2\underline{Z}\underline{\Sigma}_{\gamma\gamma}\underline{Z}'=\sigma^2\underline{\Sigma}_{yy}$ ergibt und damit das Modell

$$\underline{X}\underline{\beta} = \underline{y} + \underline{e} \quad \text{mit} \quad E(\underline{e}) = \underline{0} \quad \text{und} \quad D(\underline{e}) = D(\underline{y}) = \sigma^2\underline{\Sigma}_{yy} \qquad (352.4)$$

das mit dem Gauß-Markoff-Modell (321.2) identisch ist, so daß als beste lineare erwartungstreue Schätzung $\hat{\underline{\beta}}$ von $\underline{\beta}$ aus (322.9) folgt

$$\hat{\underline{\beta}} = (\underline{X}'\underline{\Sigma}_{yy}^{-1}\underline{X})^{-1}\underline{X}'\underline{\Sigma}_{yy}^{-1}\underline{y} \qquad (352.5)$$

Die Schätzung der festen Parameter $\underline{\beta}$ im gemischten Modell (352.1) unterscheidet sich also nicht von der Parameterschätzung im Gauß-Markoff-Modell (321.1). Besitzt die Koeffizientenmatrix $\underline{X}$ nicht vollen Spaltenrang, gewinnt man nach (333.11) die erwartungstreuen Schätzwerte projizierter Parameter, indem die inverse Normalgleichungsmatrix in (352.5) durch $(\underline{X}'\underline{\Sigma}_{yy}^{-1}\underline{X})^{-}_{rs}$ oder $(\underline{X}'\underline{\Sigma}_{yy}^{-1}\underline{X})^{+}$ ersetzt wird. Die erwartungstreue Schätzung $\hat{\sigma}^2$ der Varianz σ^2 der Gewichtseinheit folgt aus (325.6) oder (331.12).

Falls in (352.1) der Vektor $\underline{\beta}$ bekannt ist, ergibt sich

$$\underline{Z}\underline{\gamma} = \underline{y} - \underline{X}\underline{\beta} = \bar{\underline{y}} \quad \text{mit} \quad E(\underline{\gamma}) = \underline{0},\ E(\bar{\underline{y}}) = \underline{0} \qquad (352.6)$$

In diesem Modell soll die beste lineare erwartungstreue Schätzung von $\underline{b}'\underline{\gamma}$ durch $\underline{c}'\bar{\underline{y}}+d$ nach (312.3) bestimmt werden, wobei der $r\times 1$ Vektor $\underline{b}$ gegeben und der $n\times 1$ Vektor $\underline{c}$ sowie die Konstante d zu bestimmen sind. Aus der Forderung nach Erwartungstreue folgt d=0, und die Minimierung der Varianz $V(\underline{c}'\bar{\underline{y}}-\underline{b}'\underline{\gamma})$ wurde bereits mit (351.5) gelöst. Setzt man $\underline{b}'=|1,0,0,\ldots|$, $\underline{b}'=|0,1,0,\ldots|$ und so weiter, ergibt sich mit $D(\bar{\underline{y}})=D(\underline{y})$ wegen (233.2) und $C(\underline{\gamma},\bar{\underline{y}})=C(\underline{\gamma},\underline{y})$ wegen (233.15) aus (351.11)

$$\underline{\gamma}^* = \underline{\Sigma}_{\gamma y}\underline{\Sigma}_{yy}^{-1}(\underline{y}-\underline{X}\underline{\beta}) \qquad (352.7)$$

falls $\underline{\gamma}^*$ die beste lineare erwartungstreue Schätzung von $\underline{\gamma}$ bedeutet. Da aber $\underline{\beta}$ in (352.1) nicht als bekannt vorausgesetzt werden darf, soll $\underline{\beta}$ in (352.7) durch seinen Schätzwert $\hat{\underline{\beta}}$ aus (352.5) ersetzt werden, so daß sich die Schätzung $\hat{\underline{\gamma}}$ von $\underline{\gamma}$ ergibt zu

$$\hat{\underline{\gamma}} = \underline{\Sigma}_{\gamma y}\underline{\Sigma}_{yy}^{-1}(\underline{y}-\underline{X}\hat{\underline{\beta}}) \qquad (352.8)$$

Diese Schätzung ist zulässig, da sie zusammen mit (352.5) das Modell (352.1) erfüllt, denn mit $\underline{Z}\underline{\Sigma}_{\gamma y}=\underline{\Sigma}_{yy}$ aus (352.2) und (352.3) folgt

$$\underline{X}\hat{\underline{\beta}} + \underline{Z}\hat{\underline{\gamma}} = \underline{y} \qquad (352.9)$$

Die Schätzung für $\underline{\gamma}$ ist aber auch wie die für $\underline{\beta}$ die beste erwartungstreue Schätzung, wie im folgenden Kapitel gezeigt wird. Um $\hat{\underline{\gamma}}$ zu berechnen, braucht, wenn $\underline{\Sigma}_{\gamma y}$ gegeben ist, $\underline{Z}$ nicht bekannt zu sein.

353 Beste lineare erwartungstreue Schätzung im gemischten Modell

Zur Vereinfachung der Ableitungen der folgenden Kapitel wird voller Spaltenrang für die Koeffizientenmatrix $\underline{X}$ im gemischten Modell (352.1) vorausgesetzt; gemischte Modelle mit beliebigem Rang für $\underline{X}$ und singulärer Kovarianzmatrix für die Beobachtungen werden bei [Harville 1976] behandelt. Die Eigenschaften der Schätzwerte folgen dann aus dem

Satz: Im gemischten Modell (352.1) ist die beste lineare erwartungstreue Schätzung von $\underline{a}'\underline{\beta}+\underline{b}'\underline{\gamma}$, worin $\underline{a}$ und $\underline{b}$ bekannte $u\times 1$ und $r\times 1$ Vektoren bedeuten, durch $\underline{a}'\hat{\underline{\beta}}+\underline{b}'\hat{\underline{\gamma}}$ mit $\hat{\underline{\beta}}$ und $\hat{\underline{\gamma}}$ aus (352.5) und (352.8) gegeben. (353.1)

Beweis: Die Linearkombination $\underline{a}'\underline{\beta}+\underline{b}'\underline{\gamma}$ werde mit (352.5) und (352.8) durch $\underline{a}'\hat{\underline{\beta}}+\underline{b}'\hat{\underline{\gamma}}=\underline{c}'\underline{y}+d$ geschätzt, worin $\underline{c}$ ein $n\times 1$ Vektor und d eine Konstante bedeuten, denn es gilt $\underline{a}'\hat{\underline{\beta}}+\underline{b}'\hat{\underline{\gamma}}=\underline{a}'(\underline{X}'\underline{\Sigma}_{yy}^{-1}\underline{X})^{-1}\underline{X}'\underline{\Sigma}_{yy}^{-1}\underline{y}+\underline{b}'\underline{\Sigma}_{\gamma y}\underline{\Sigma}_{yy}^{-1}(\underline{I}-\underline{X}(\underline{X}'\underline{\Sigma}_{yy}^{-1}\underline{X})^{-1}\underline{X}'\underline{\Sigma}_{yy}^{-1})\underline{y}$ und daher

$$\underline{c}' = \underline{a}'(\underline{X}'\underline{\Sigma}_{yy}^{-1}\underline{X})^{-1}\underline{X}'\underline{\Sigma}_{yy}^{-1} + \underline{b}'\underline{\Sigma}_{\gamma y}\underline{\Sigma}_{yy}^{-1}(\underline{I}-\underline{X}(\underline{X}'\underline{\Sigma}_{yy}^{-1}\underline{X})^{-1}\underline{X}'\underline{\Sigma}_{yy}^{-1}) \quad \text{sowie} \quad d = 0 \tag{353.2}$$

Zu zeigen ist, daß $\underline{c}'\underline{y}+d$ beste lineare erwartungstreue Schätzung von $\underline{a}'\underline{\beta}+\underline{b}'\underline{\gamma}$ ist. Die Schätzung ist erwartungstreu, denn mit $E(\underline{y})=\underline{X}\underline{\beta}$ aus (352.1) folgt aus (353.2) $E(\underline{c}'\underline{y}+d)=\underline{a}'\underline{\beta}=E(\underline{a}'\underline{\beta}+\underline{b}'\underline{\gamma})$, so daß die erste Bedingung in (312.3) erfüllt ist. Die zweite Bedingung fordert $V(\underline{c}'\underline{y}+d-\underline{a}'\underline{\beta}-\underline{b}'\underline{\gamma})\leq V(\underline{c}^{*\prime}\underline{y}+d^*-\underline{a}'\underline{\beta}-\underline{b}'\underline{\gamma})$, worin $\underline{c}^{*\prime}\underline{y}+d^*$ eine beliebige erwartungstreue Schätzung von $\underline{a}'\underline{\beta}+\underline{b}'\underline{\gamma}$ bedeutet, also $E(\underline{c}^{*\prime}\underline{y}+d^*)=E(\underline{c}'\underline{y}+d)=E(\underline{a}'\underline{\beta}+\underline{b}'\underline{\gamma})$ oder $\underline{c}^{*\prime}\underline{X}\underline{\beta}+d^*=\underline{c}'\underline{X}\underline{\beta}+d=\underline{a}'\underline{\beta}$. Da diese Gleichung für alle $\underline{\beta}$ gilt, folgt

$$\underline{c}^{*\prime}\underline{X} = \underline{a}' \quad \text{und} \quad d^* = d = 0 \tag{353.3}$$

Weiter erhält man mit (233.13) $V(\underline{c}^{*\prime}\underline{y}+d^*-\underline{a}'\underline{\beta}-\underline{b}'\underline{\gamma})=V(\underline{c}^{*\prime}\underline{y}+d^*-\underline{c}'\underline{y}-d+\underline{c}'\underline{y}+d-\underline{a}'\underline{\beta}-\underline{b}'\underline{\gamma})=V((\underline{c}^*-\underline{c})'\underline{y})+V(\underline{c}'\underline{y}+d-\underline{a}'\underline{\beta}-\underline{b}'\underline{\gamma})+2f$, woraus die obige Bedingung resultiert, da für die Varianz $V((\underline{c}^*-\underline{c})'\underline{y})\geq 0$ gilt und da mit (233.15) und (233.17) folgt $f=(\underline{c}^*-\underline{c})'D(\underline{y})\underline{c}-(\underline{c}^*-\underline{c})'C(\underline{y},\underline{\gamma})\underline{b}$ und wegen (352.2), (352.3) und (353.2) $f=\sigma^2(\underline{c}^*-\underline{c})'(\underline{X}(\underline{X}'\underline{\Sigma}_{yy}^{-1}\underline{X})^{-1}\underline{a}-\underline{X}(\underline{X}'\underline{\Sigma}_{yy}^{-1}\underline{X})^{-1}\underline{X}'\underline{\Sigma}_{yy}^{-1}\underline{\Sigma}_{y\gamma}\underline{b})$ und schließlich mit (353.3) $f=0$, so daß die Aussage folgt.

Setzt man in (352.1) $r=n$ und $\underline{Z}=\underline{I}_n$, ergibt sich mit $\underline{\gamma}=-\underline{e}$ das Gauß-Markoff-Modell (321.2). In diesem Fall findet man als Schätzung für $\hat{\underline{\gamma}}$ aus (352.2), (352.3) und (352.8) $\hat{\underline{\gamma}}=\underline{\Sigma}_{yy}\underline{\Sigma}_{yy}^{-1}(\underline{y}-\underline{X}\hat{\underline{\beta}})=-\hat{\underline{e}}$ in Übereinstimmung mit (323.4). Das Gauß-Markoff-Modell läßt sich daher auch als gemischtes Modell ansehen, in dem feste Parameter und Zufallsparameter zu schätzen sind, so daß das gemischte Modell eine Verallgemeinerung des Gauß-Markoff-Modells darstellt.

Mit den Schätzwerten $\hat{\boldsymbol{\beta}}$ und $\hat{\boldsymbol{\gamma}}$ aus (352.5) und (352.8) ergeben sich die folgenden Kovarianzmatrizen. Wegen $E(\hat{\boldsymbol{\beta}})=\boldsymbol{\beta}$ aus (231.5) folgt mit (233.1), (233.2) und (352.2)

$$D(\hat{\boldsymbol{\beta}}-\boldsymbol{\beta}) = D(\hat{\boldsymbol{\beta}}) = \sigma^2(\boldsymbol{X}'\boldsymbol{\Sigma}_{yy}^{-1}\boldsymbol{X})^{-1} \tag{353.4}$$

in Übereinstimmung mit (322.9) Aus (233.2) ergibt sich mit $\hat{\boldsymbol{\gamma}}=\boldsymbol{\Sigma}_{\gamma y}\boldsymbol{\Sigma}_{yy}^{-1}(\boldsymbol{I}-\boldsymbol{X}(\boldsymbol{X}'\boldsymbol{\Sigma}_{yy}^{-1}\boldsymbol{X})^{-1}\boldsymbol{X}'\boldsymbol{\Sigma}_{yy}^{-1})\boldsymbol{y}$ die Kovarianzmatrix $D(\hat{\boldsymbol{\gamma}})$ und entsprechend aus (233.15) die Kovarianzmatrix $C(\hat{\boldsymbol{\gamma}},\boldsymbol{\gamma})$ mit $\boldsymbol{\Sigma}'_{\gamma y}=\boldsymbol{\Sigma}_{y\gamma}$ zu

$$D(\hat{\boldsymbol{\gamma}}) = \sigma^2(\boldsymbol{\Sigma}_{\gamma y}\boldsymbol{\Sigma}_{yy}^{-1}\boldsymbol{\Sigma}_{y\gamma}-\boldsymbol{\Sigma}_{\gamma y}\boldsymbol{\Sigma}_{yy}^{-1}\boldsymbol{X}(\boldsymbol{X}'\boldsymbol{\Sigma}_{yy}^{-1}\boldsymbol{X})^{-1}\boldsymbol{X}'\boldsymbol{\Sigma}_{yy}^{-1}\boldsymbol{\Sigma}_{y\gamma}) = C(\hat{\boldsymbol{\gamma}},\boldsymbol{\gamma}) \tag{353.5}$$

Da diese Matrix sich mit $\boldsymbol{\Sigma}_{yy}^{-1}=\boldsymbol{G}\boldsymbol{G}'$ wegen (143.5) als Produkt mit der Matrix $\boldsymbol{I}-\boldsymbol{G}'\boldsymbol{X}(\boldsymbol{X}'\boldsymbol{\Sigma}_{yy}^{-1}\boldsymbol{X})^{-1}\boldsymbol{X}'\boldsymbol{G}$ als Faktor darstellen läßt, deren Rang wegen (152.3) und (152.4) n-u beträgt, sind $D(\hat{\boldsymbol{\gamma}})$ und $C(\hat{\boldsymbol{\gamma}},\boldsymbol{\gamma})$ singulär. Weiter folgt mit (233.13) und (353.5)

$$D(\hat{\boldsymbol{\gamma}}-\boldsymbol{\gamma}) = \sigma^2(\boldsymbol{\Sigma}_{\gamma\gamma}-\boldsymbol{\Sigma}_{\gamma y}\boldsymbol{\Sigma}_{yy}^{-1}\boldsymbol{\Sigma}_{y\gamma}+\boldsymbol{\Sigma}_{\gamma y}\boldsymbol{\Sigma}_{yy}^{-1}\boldsymbol{X}(\boldsymbol{X}'\boldsymbol{\Sigma}_{yy}^{-1}\boldsymbol{X})^{-1}\boldsymbol{X}'\boldsymbol{\Sigma}_{yy}^{-1}\boldsymbol{\Sigma}_{y\gamma}) \tag{353.6}$$

Ferner ergibt sich aus (233.15)

$$C(\hat{\boldsymbol{\beta}},\hat{\boldsymbol{\gamma}}) = \boldsymbol{0} \tag{353.7}$$

und aus (233.15) und (233.17)

$$C(\hat{\boldsymbol{\beta}}-\boldsymbol{\beta},\hat{\boldsymbol{\gamma}}-\boldsymbol{\gamma}) = C(\hat{\boldsymbol{\beta}},\hat{\boldsymbol{\gamma}}-\boldsymbol{\gamma}) = -\,\sigma^2(\boldsymbol{X}'\boldsymbol{\Sigma}_{yy}^{-1}\boldsymbol{X})^{-1}\boldsymbol{X}'\boldsymbol{\Sigma}_{yy}^{-1}\boldsymbol{\Sigma}_{y\gamma} \tag{353.8}$$

Mit (353.4), (353.6) und (353.8) erhält man aus (233.13) die Kovarianzmatrix $D(\hat{\boldsymbol{\beta}}+\hat{\boldsymbol{\gamma}}-\boldsymbol{\gamma})$, die wegen (353.1) minimale Spur besitzt.

Für die numerische Berechnung der Schätzwerte $\hat{\boldsymbol{\beta}}$ und $\hat{\boldsymbol{\gamma}}$ sowie ihrer Kovarianzmatrizen eignen sich die im folgenden Kapitel angegebenen Rechenformeln.

354 Methode der kleinsten Quadrate und Maximum-Likelihood-Methode für das gemischte Modell

Wie schon bei (352.1) erläutert, läßt sich der Vektor $\boldsymbol{\gamma}$ als Fehlervektor interpretieren, so daß zur Parameterschätzung im gemischten Modell (352.1) nach der Methode (313.1) der kleinsten Quadrate die quadratische Form $\boldsymbol{\gamma}'\boldsymbol{\Sigma}_{\gamma\gamma}^{-1}\boldsymbol{\gamma}/\sigma^2$ der unbekannten Parameter $\boldsymbol{\gamma}$ unter der Bedingung $\boldsymbol{X}\boldsymbol{\beta}+\boldsymbol{Z}\boldsymbol{\gamma}=\boldsymbol{y}$ zu minimieren ist. Hierfür wird mit der Lagrangeschen Funktion $w(\boldsymbol{\beta},\boldsymbol{\gamma})=\boldsymbol{\gamma}'\boldsymbol{\Sigma}_{\gamma\gamma}^{-1}\boldsymbol{\gamma}/\sigma^2-2\boldsymbol{k}'(\boldsymbol{X}\boldsymbol{\beta}+\boldsymbol{Z}\boldsymbol{\gamma}-\boldsymbol{y})/\sigma^2$ aus (171.6), in der $\boldsymbol{k}/\sigma^2$ der $n\times 1$ Vektor der Lagrangeschen Multiplikatoren bedeutet, mit (172.1) und (172.2) $\partial w(\underline{\beta},\underline{\gamma})/\partial\underline{\gamma}=2\underline{\Sigma}_{\gamma\gamma}^{-1}\underline{\gamma}/\sigma^2-2\underline{Z}'\underline{k}/\sigma^2=\underline{O}$ und $\partial w(\underline{\beta},\underline{\gamma})/\partial\underline{\beta}=-2\underline{X}'\underline{k}/\sigma^2=\underline{O}$ gebildet. Damit folgt

$$\hat{\underline{\gamma}} = \underline{\Sigma}_{\gamma\gamma}\underline{Z}'\underline{k} \tag{354.1}$$

und mit (352.1) die Normalgleichungen

$$\begin{vmatrix} \underline{Z}\underline{\Sigma}_{\gamma\gamma}\underline{Z}' & \underline{X} \\ \underline{X}' & \underline{O} \end{vmatrix} \begin{vmatrix} \underline{k} \\ \hat{\underline{\beta}} \end{vmatrix} = \begin{vmatrix} \underline{y} \\ \underline{O} \end{vmatrix} \tag{354.2}$$

Würde dagegen die quadratische Form $(\underline{y}-\underline{X}\underline{\beta})'\underline{\Sigma}_{yy}^{-1}(\underline{y}-\underline{X}\underline{\beta})/\sigma^2=\underline{\gamma}'\underline{Z}'\underline{\Sigma}_{yy}^{-1}\underline{Z}\underline{\gamma}/\sigma^2$ unter der Bedingung $\underline{X}\underline{\beta}+\underline{Z}\underline{\gamma}=\underline{y}$ minimiert, müßte zur Berechnung der Schätzwerte für $\underline{\gamma}$ die singuläre Matrix $\underline{Z}'\underline{\Sigma}_{yy}^{-1}\underline{Z}$ invertiert werden.

Da für die Koeffizientenmatrix $\underline{X}$ voller Rang vorausgesetzt wurde, ist die Normalgleichungsmatrix auf der linken Seite von (354.2) regulär, was wie für (327.9) gezeigt werden kann, so daß $\hat{\underline{\beta}}$ sowie $\underline{k}$ und damit $\hat{\underline{\gamma}}$ aus (354.1) eindeutig bestimmt werden. Man erhält mit (134.8) und (352.2) $\hat{\underline{\beta}}=(\underline{X}'\underline{\Sigma}_{yy}^{-1}\underline{X})^{-1}\underline{X}'\underline{\Sigma}_{yy}^{-1}\underline{y}$ in Übereinstimmung mit (352.5) und weiter $\underline{k}=\underline{\Sigma}_{yy}^{-1}(\underline{y}-\underline{X}\hat{\underline{\beta}})$ sowie mit (352.3) aus (354.1) $\hat{\underline{\gamma}}=\underline{\Sigma}_{\gamma y}\underline{\Sigma}_{yy}^{-1}(\underline{y}-\underline{X}\hat{\underline{\beta}})$ in Übereinstimmung mit (352.8).

Nimmt man an, daß der Zufallsvektor $\underline{\gamma}$ normalverteilt ist, so erhält man aus (251.1) mit (352.1) $\underline{\gamma}\sim N(\underline{O},\sigma^2\underline{\Sigma}_{\gamma\gamma})$. Bei der Maximum-Likelihood-Methode zur Parameterschätzung nach (314.2) ist dann, abgesehen von dem Faktor 1/2, die gleiche quadratische Form unter den gleichen Bedingungen wie bei der Methode der kleinsten Quadrate zu minimieren, so daß sich identische Schätzwerte ergeben.

Die Inverse der Normalgleichungsmatrix in (354.2) berechnet sich mit (134.3) und (352.2) zu

$$\begin{vmatrix} \underline{Z}\underline{\Sigma}_{\gamma\gamma}\underline{Z}' & \underline{X} \\ \underline{X}' & \underline{O} \end{vmatrix}^{-1} = \begin{vmatrix} \underline{\Sigma}_{yy} & \underline{X} \\ \underline{X}' & \underline{O} \end{vmatrix}^{-1} = \begin{vmatrix} \underline{\Sigma}_{kk} & \underline{\Sigma}_{k\beta} \\ \underline{\Sigma}_{\beta k} & \underline{\Sigma}_{\beta\beta} \end{vmatrix} \tag{354.3}$$

mit

$$\underline{\Sigma}'_{k\beta} = \underline{\Sigma}_{\beta k},\ \underline{\Sigma}_{kk} = \underline{\Sigma}_{yy}^{-1} - \underline{\Sigma}_{yy}^{-1}\underline{X}(\underline{X}'\underline{\Sigma}_{yy}^{-1}\underline{X})^{-1}\underline{X}'\underline{\Sigma}_{yy}^{-1}$$

$$\underline{\Sigma}_{\beta k} = (\underline{X}'\underline{\Sigma}_{yy}^{-1}\underline{X})^{-1}\underline{X}'\underline{\Sigma}_{yy}^{-1} \quad \text{und} \quad \underline{\Sigma}_{\beta\beta} = -(\underline{X}'\underline{\Sigma}_{yy}^{-1}\underline{X})^{-1}$$

Mit der inversen Normalgleichungsmatrix ergeben sich daher die Kovarianzmatrizen (353.4), (353.5) und (353.8) wegen (352.3) zu

$$D(\hat{\underline{\beta}}) = -\sigma^2\underline{\Sigma}_{\beta\beta},\ D(\hat{\underline{\gamma}}) = \sigma^2\underline{\Sigma}_{\gamma\gamma}\underline{Z}'\underline{\Sigma}_{kk}\underline{Z}\underline{\Sigma}_{\gamma\gamma} \quad \text{und} \quad C(\hat{\underline{\beta}},\hat{\underline{\gamma}}-\underline{\gamma}) = -\sigma^2\underline{\Sigma}_{\beta k}\underline{Z}\underline{\Sigma}_{\gamma\gamma} \tag{354.4}$$

Wie bereits bei (352.5) erwähnt, ergibt sich die erwartungstreue Schätzung $\hat{\sigma}^2$ der Varianz σ^2 der Gewichtseinheit zu

$$\hat{\sigma}^2 = \Omega/(n-u) \tag{354.5}$$

mit $\Omega=(\underline{X}\hat{\underline{\beta}}-\underline{y})'\underline{\Sigma}_{yy}^{-1}(\underline{X}\hat{\underline{\beta}}-\underline{y})=\hat{\underline{\gamma}}'\underline{Z}'\underline{\Sigma}_{yy}^{-1}\underline{Z}\hat{\underline{\gamma}}$ wegen (325.1) und (352.9). Weiter folgt mit (352.2) und (354.1) $\Omega=\underline{k}'\underline{Z}\underline{\Sigma}_{\gamma\gamma}\underline{Z}'\underline{\Sigma}_{yy}^{-1}\underline{Z}\hat{\underline{\gamma}}=\underline{k}'\underline{Z}\hat{\underline{\gamma}}=\hat{\underline{\gamma}}'\underline{\Sigma}_{\gamma\gamma}^{-1}\hat{\underline{\gamma}}$ und somit

$$\Omega = \hat{\underline{\gamma}}'\underline{Z}'\underline{\Sigma}_{yy}^{-1}\underline{Z}\hat{\underline{\gamma}} = \hat{\underline{\gamma}}'\underline{\Sigma}_{\gamma\gamma}^{-1}\hat{\underline{\gamma}} \tag{354.6}$$

Ferner erhält man mit (352.9) $\Omega=\underline{k}'\underline{Z}\hat{\underline{\gamma}}=\underline{k}'(\underline{y}-\underline{X}\hat{\underline{\beta}})$ und schließlich mit (354.2)

$$\Omega = \underline{y}'\underline{k} \tag{354.7}$$

Durch Erweitern der Normalgleichungsmatrix in (354.2) um die Absolutgliedvektoren $\underline{y}$ und $\underline{0}$ und um ein zusätzliches Nullelement läßt sich Ω entsprechend (327.24) durch die Gaußsche Elimination berechnen.

Die Beziehungen (354.1) bis (354.7) stellen geeignete Rechenformeln für die Parameterschätzung im gemischten Modell dar.

Beispiel: Zur Bestimmung von Dichteanomalien eines begrenzten Teiles der Erdkruste seien an der Erdoberfläche Messungen der Anomalien der Vertikalanziehung der Erdmasse ausgeführt worden. Der Einfluß der außerhalb des begrenzten Teiles liegenden Masse auf die Anomalien der Vertikalanziehung sei durch eine Polynomentwicklung zu berücksichtigen. Dann bilden die Koeffizienten der Polynome die unbekannten, festen Parameter $\underline{\beta}$ im Modell (352.1), und die Dichteanomalien werden als Zufallsparameter $\underline{\gamma}$ angesetzt, für die $E(\underline{\gamma})=\underline{0}$ gilt, da sie als Anomalien Abweichungen von einem Durchschnittswert repräsentieren.

An den vier Punkten P_1,P_2,P_3,P_4 auf einem ebenen Teil der Erdoberfläche seien die Anomalien der Vertikalanziehung gemessen worden. Die Lage der Punkte in bezug auf den Ausschnitt der Erdkruste, in dem die Dichteanomalien zu bestimmen sind, ergibt sich aus der Abbildung 354-1.

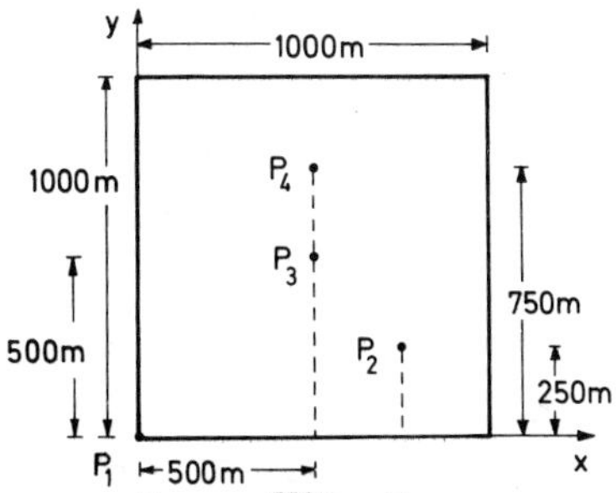

Abbildung 354-1

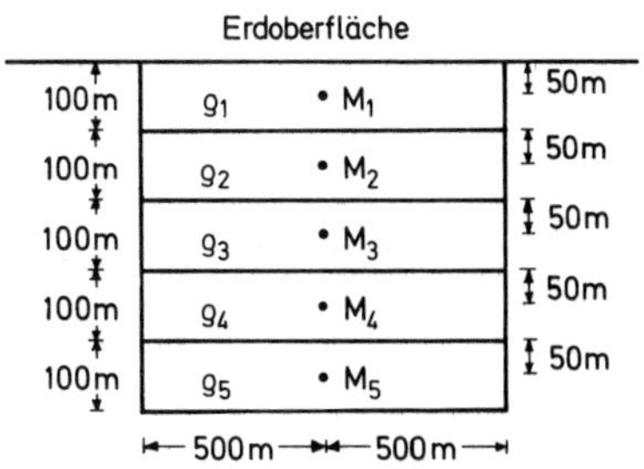

Abbildung 354-2

Die Meßwerte betragen 24,25,25,26 in der Dimension 10^{-3} cm $\sec^{-2}$. In der Abbildung 354-2 ist eine Seitenansicht des Teils der Erdkruste gezeigt, in denen die Dichteanomalien $\rho_1,\ldots,\rho_5$ von fünf Quadern zu schätzen sind, die die Dimensionen 1km × 1km × 0,1km besitzen und in denen die Dichteanomalien ρ_i mit $i\in\{1,\ldots,5\}$ als konstant angenommen werden. Die Anomalien Δg_j mit $j\in\{1,\ldots,4\}$ der Vertikalanziehung werden aus der Näherungsformel $\Delta g_j = \sum_{i=1}^{5} k\rho_i h_i \Delta\tau_i / r_{ij}^3$ erhalten, in der h_i der Abstand des Mittelpunktes M_i des Quaders i von der Erdoberfläche, $\Delta\tau_i$ das Volumen des Quaders i, r_{ij} der Abstand des Punktes M_i vom Meßpunkt P_j und $k=6{,}67\cdot 10^{-8}\ \mathrm{cm}^3\mathrm{g}^{-1}\sec^{-2}$ die Gravitationskonstante bedeuten.

Die Dichteanomalien seien unkorreliert und ihre Varianzen betragen σ^2. Als Polynomansatz gelte $a_0+x_j a_1+y_j a_2$, wobei (x_j,y_j) die Koordinaten des Punktes P_j in dem in Abbildung 354-1 angegebenen Koordinatensystem bedeuten. Dann ergibt sich folgendes gemischte Modell

$$\underline{X}\underline{\beta} + \underline{Z}\underline{\gamma} = \underline{y} \text{ mit } E(\underline{\gamma}) = \underline{0} \text{ und } D(\underline{\gamma}) = \sigma^2\underline{I}$$

sowie

$$\underline{X} = \begin{vmatrix} 1 & 0 & 0 \\ 1 & 7{,}5 & 2{,}5 \\ 1 & 5{,}0 & 5{,}0 \\ 1 & 5{,}0 & 7{,}5 \end{vmatrix}, \quad \underline{\beta} = \begin{vmatrix} 10^1 a_0 \\ 10^5 a_1 \\ 10^5 a_2 \end{vmatrix}, \quad \underline{y} = \begin{vmatrix} 0{,}24 \\ 0{,}25 \\ 0{,}25 \\ 0{,}26 \end{vmatrix}, \quad \underline{\gamma} = \begin{vmatrix} 10^{-2}\rho_1 \\ 10^{-2}\rho_2 \\ 10^{-2}\rho_3 \\ 10^{-2}\rho_4 \\ 10^{-2}\rho_5 \end{vmatrix}$$

$$\underline{Z} = \begin{vmatrix} 0{,}09362 & 0{,}2649 & 0{,}3953 & 0{,}4753 & 0{,}5098 \\ 0{,}7325 & 1{,}766 & 2{,}054 & 1{,}896 & 1{,}601 \\ 266{,}8 & 29{,}64 & 10{,}672 & 5{,}445 & 3{,}294 \\ 2{,}012 & 4{,}037 & 3{,}773 & 2{,}934 & 2{,}200 \end{vmatrix}$$

wobei ρ_i die Dimension g cm^{-3} besitzt. Die Aufstellung und Lösung des Normalgleichungssystems (354.2) ergibt mit (354.1) die Schätzwerte $\hat{\underline{\beta}}$ und $\hat{\underline{\gamma}}$ sowie $\underline{X}\hat{\underline{\beta}}+\underline{Z}\hat{\underline{\gamma}}$ als Rechenprobe wegen (352.9)

$$\hat{\underline{\beta}} = \begin{vmatrix} 2{,}400\mathrm{E}{-}01 \\ 5{,}716\mathrm{E}{-}04 \\ 2{,}291\mathrm{E}{-}03 \end{vmatrix}, \quad \hat{\underline{\gamma}} = \begin{vmatrix} -1{,}597\mathrm{E}{-}05 \\ -1{,}612\mathrm{E}{-}06 \\ -4{,}736\mathrm{E}{-}07 \\ -1{,}901\mathrm{E}{-}07 \\ -9{,}065\mathrm{E}{-}08 \end{vmatrix}, \quad \underline{X}\hat{\underline{\beta}} + \underline{Z}\hat{\underline{\gamma}} = \begin{vmatrix} 0{,}2400 \\ 0{,}2500 \\ 0{,}2500 \\ 0{,}2600 \end{vmatrix}$$

Die Schätzung $\hat{\sigma}^2$ der Varianz der Gewichtseinheit folgt aus (354.5) mit

$$\hat{\sigma}^2 = 2{,}56\mathrm{E}{-}10$$

und mit Hilfe der inversen Normalgleichungsmatrix (354.3) die mit $\hat{\sigma}^2$ berechnete Kovarianzmatrix $\hat{D}(\hat{\underline{\beta}}) = -\hat{\sigma}^2\underline{\Sigma}_{\beta\beta}$ aus (354.4)

$$\hat{D}(\hat{\beta}) = 2,56E-10 \begin{vmatrix} 0,701 & 0,141 & 0,467 \\ & 0,029 & 0,094 \\ & & 0,436 \end{vmatrix}$$

und entsprechend $\hat{D}(\hat{\gamma})$

$$\hat{D}(\hat{\gamma}) = 2,56E-10 \begin{vmatrix} 9,89E-01 & 9,99E-02 & 2,93E-02 & 1,18E-02 & 5,62E-03 \\ & 1,01E-02 & 2,96E-03 & 1,19E-03 & 5,67E-04 \\ & & 8,70E-04 & 3,49E-04 & 1,66E-04 \\ & & & 1,40E-04 & 6,69E-05 \\ & & & & 3,19E-05 \end{vmatrix}$$

355 Modell der Ausgleichung nach bedingten Beobachtungen

Setzt man im gemischten Modell (352.1) $\underline{X}=\underline{O}$, ergibt sich das Modell

$$\underline{Z}\underline{\gamma} = \underline{y} \quad \text{mit} \quad E(\underline{\gamma}) = \underline{0} \quad \text{und} \quad D(\underline{\gamma}) = \sigma^2\underline{\Sigma}_{\gamma\gamma} \tag{355.1}$$

Denkt man sich wieder $\underline{y}$ durch die bei (352.1) erwähnte Transformation entstanden, so wird die Parameterschätzung im Modell (355.1) in der Ausgleichungsrechnung als Ausgleichung nach bedingten Beobachtungen bezeichnet. Mit (352.2), (352.3) und (353.1) ergibt sich die beste lineare erwartungstreue Schätzung $\hat{\underline{\gamma}}$ von $\underline{\gamma}$ zu

$$\hat{\underline{\gamma}} = \underline{\Sigma}_{\gamma\gamma}\underline{Z}'(\underline{Z}\underline{\Sigma}_{\gamma\gamma}\underline{Z}')^{-1}\underline{y} \tag{355.2}$$

mit der Kovarianzmatrix $D(\hat{\underline{\gamma}})$, die singulär ist, aus (353.5) und $D(\hat{\underline{\gamma}}-\underline{\gamma})$, die wegen (353.1) minimale Spur besitzt, aus (353.6).

Die Bedeutung des Modells (355.1) liegt darin, daß mit der Bedingung

$$\underline{Z}\underline{X} = \underline{O} \tag{355.3}$$

die Parameterschätzung im Gauß-Markoff-Modell $\underline{X}\underline{\beta}=\bar{\underline{y}}+\underline{e}$ in die Parameterschätzung im Modell der bedingten Beobachtungen überführt werden kann, denn aus $\underline{Z}\underline{X}\underline{\beta}=\underline{Z}\bar{\underline{y}}+\underline{Z}\underline{e}=\underline{0}$ folgt mit $\underline{Z}\bar{\underline{y}}=\underline{y}$ und $\underline{e}=-\underline{\gamma}$ das Modell (355.1). Bei einigen Problemen der Parameterschätzung, beispielsweise bei der Berechnung geodätischer Netze [Wolf 1968, S.345], ist aber die Anzahl der im Modell der bedingten Beobachtungen zu schätzenden Parameter kleiner als im Gauß-Markoff-Modell.

356 Prädiktion und Filterung

Mit (351.11) wurden bereits Schätzungen für die Vorhersage von abhängigen Variablen mit Hilfe unabhängiger Variablen, den Beobachtungen, angegeben. Diese Vorhersage bezeichnet man auch als Prädiktion. Werden, wie im folgenden erläutert wird, die Beobachtungen selbst prädiziert, spricht man von Filterung. Für die Schätzung nach (351.11) benötigt man die Erwartungswerte der Beobachtungen, die im allgemeinen unbekannt sind, so daß sie durch die Einführung sogenannter *systematischer Anteile* oder *Trendanteile* zu schätzen sind. Dies geschieht durch eine Spezialisierung des gemischten Modells (352.1).

Setzt man anstelle von (352.1)

$$\underline{X}\underline{\beta} + \bar{\underline{Z}}\bar{\underline{\gamma}} = \underline{y} \quad \text{mit} \quad E(\bar{\underline{\gamma}}) = \underline{0} \tag{356.1}$$

und

$$\bar{\underline{Z}} = |\underline{Z}, -\underline{I}_n|, \quad \bar{\underline{\gamma}}' = |\underline{\gamma}', \underline{e}'|, \quad D(\bar{\underline{\gamma}}) = \sigma^2 \begin{vmatrix} \underline{\Sigma}_{\gamma\gamma} & \underline{0} \\ \underline{0} & \underline{\Sigma}_{ee} \end{vmatrix}$$

worin $\underline{Z}$ eine $n\times(r-n)$ Matrix bekannter Koeffizienten, $\underline{\gamma}$ ein $(r-n)\times 1$ Vektor und $\underline{e}$ ein $n\times 1$ Vektor bedeuten, ergibt sich das Modell

$$\underline{X}\underline{\beta} + \underline{Z}\underline{\gamma} = \underline{y} + \underline{e} \quad \text{mit} \quad E(\underline{\gamma}) = \underline{0} \quad \text{und} \quad E(\underline{e}) = \underline{0} \tag{356.2}$$

In diesem Modell wird also die Summe des Beobachtungsvektors $\underline{y}$ und des Vektors $\underline{e}$ dargestellt durch einen systematischen Anteil $\underline{X}\underline{\beta}$ und einen zufälligen Anteil $\underline{Z}\underline{\gamma}$, der auch als *Signal* bezeichnet wird. Den Vektor $\underline{e}$ interpretiert man als Fehler des Vektors $\underline{y}$, wobei jedoch im Unterschied zum Gauß-Markoff-Modell (321.2) $\underline{e}=\underline{X}\underline{\beta}+\underline{Z}\underline{\gamma}-\underline{y}$ gilt. Die Schätzwerte für die Summe $\underline{X}\underline{\beta}+\underline{Z}\underline{\gamma}$ von Trend und Signal ergeben daher die gefilterten Beobachtungen. In Abbildung 356-1 ist mit $\underline{X}\underline{\beta}=((\underline{X}\underline{\beta})_i)$, $\underline{Z}\underline{\gamma}=((\underline{Z}\underline{\gamma})_i)$, $\underline{y}=(y_i)$ und $\underline{e}=(e_i)$ die Zusammensetzung der Beobachtungen y_i, die in der Abbildung Funktionen der Zeit t sind, aus Trend $(\underline{X}\underline{\beta})_i$, Signal $(\underline{Z}\underline{\gamma})_i$ und

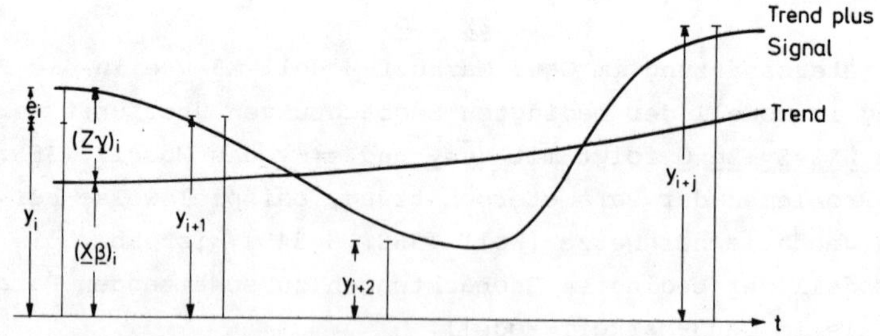

Abbildung 356-1

Fehler e_i dargestellt.

Mit (356.1) ergibt sich anstelle von (352.2)

$$D(\underline{y}) = \sigma^2 \bar{\underline{Z}} \begin{vmatrix} \underline{\Sigma}_{\gamma\gamma} & \underline{0} \\ \underline{0} & \underline{\Sigma}_{ee} \end{vmatrix} \bar{\underline{Z}}' = \sigma^2 (\underline{Z}\underline{\Sigma}_{\gamma\gamma}\underline{Z}' + \underline{\Sigma}_{ee}) = \sigma^2 \underline{\Sigma}_{yy} \tag{356.3}$$

Die Matrix $\underline{\Sigma}_{yy}$ ist nach (143.7) positiv definit, da die Matrix

$\bar{\underline{Z}}=|\underline{Z},-\underline{I}_n|$, wie aus (132.6) ersichtlich, immer vollen Zeilenrang besitzt und $D(\bar{\underline{\gamma}})$ nach Voraussetzung positiv definit ist. Anstelle von (352.3) erhält man

$$C(\bar{\underline{\gamma}},\underline{y}) = \sigma^2 \begin{vmatrix} \underline{\Sigma}_{\gamma\gamma} & \underline{0} \\ \underline{0} & \underline{\Sigma}_{ee} \end{vmatrix} \bar{\underline{Z}}' = \sigma^2 \begin{vmatrix} \underline{\Sigma}_{\gamma\gamma}\underline{Z}' \\ -\underline{\Sigma}_{ee} \end{vmatrix} = \sigma^2 \begin{vmatrix} \underline{\Sigma}_{\gamma y} \\ -\underline{\Sigma}_{ee} \end{vmatrix} \tag{356.4}$$

Aus (352.5) und (352.8) folgen dann die Schätzwerte, die lediglich in der unterschiedlich definierten Kovarianzmatrix $\underline{\Sigma}_{yy}$ voneinander abweichen,

$$\hat{\underline{\gamma}} = \underline{\Sigma}_{\gamma y}\underline{\Sigma}_{yy}^{-1}(\underline{y}-\underline{X}\hat{\underline{\beta}}) \quad \text{und} \quad \hat{\underline{\beta}} = (\underline{X}'\underline{\Sigma}_{yy}^{-1}\underline{X})^{-1}\underline{X}'\underline{\Sigma}_{yy}^{-1}\underline{y} \tag{356.5}$$

so daß bei entsprechender Definition von $\underline{\Sigma}_{yy}$ auch die Kovarianzmatrizen (353.4) bis (353.8) gelten. Die Schätzwerte $\hat{\underline{\gamma}}$ lassen sich wieder ohne Kenntnis der Matrix $\underline{Z}$ berechnen, sofern die Kovarianzmatrix $\underline{\Sigma}_{\gamma y}$ gegeben ist.

Weiter erhält man aus (352.8) die Schätzung $\hat{\underline{e}}=-\underline{\Sigma}_{ee}\underline{\Sigma}_{yy}^{-1}(\underline{y}-\underline{X}\hat{\underline{\beta}})$, so daß mit (356.3), (356.4) und $\hat{\underline{y}}=\underline{y}+\hat{\underline{e}}$ folgt

$$\underline{X}\hat{\underline{\beta}} + \underline{Z}\hat{\underline{\gamma}} = \hat{\underline{y}} \tag{356.6}$$

Die Schätzwerte $\hat{\underline{y}}$ ergeben die gefilterten Beobachtungen. Sie sind als Linearkombinationen von $\hat{\underline{\beta}}$ und $\hat{\underline{\gamma}}$ wegen (353.1) beste lineare erwartungstreue Schätzungen.

Sollen die Beobachtungen nicht nur gefiltert, sondern auch vorhergesagt, also prädiziert werden, gilt (356.6) entsprechend

$$\underline{X}^*\hat{\underline{\beta}} + \underline{Z}^*\hat{\underline{\gamma}} = \hat{\underline{y}}^* \tag{356.7}$$

worin $\underline{X}^*$ und $\underline{Z}^*$ die Berechnung der Trend- und Signalanteile für die zu prädizierenden Beobachtungen bewirken und $\hat{\underline{y}}^*$ die prädizierten Beobachtungen bezeichnet. Sind die Beobachtungen beispielsweise Funktionen der Zeit oder eines Ortsvektors, läßt sich der systematische Anteil $\underline{X}\underline{\beta}$ durch eine Polynomentwicklung darstellen, wie im Beispiel des Kapitels 354 gezeigt wurde, so daß man $\underline{X}^*$ mit der Zeit oder den Ortsvektoren der zu prädizierenden Beobachtungen erhält. Die Kovarianzmatrix $D(\underline{X}^*\hat{\underline{\beta}}+\underline{Z}^*\hat{\underline{\gamma}})$ der prädizierten Beobachtungen $\hat{\underline{y}}^*$ und die Kovarianzmatrix $D(\underline{X}^*\hat{\underline{\beta}}+\underline{Z}^*(\hat{\underline{\gamma}}-\underline{\gamma}))$, deren Varianzen wegen (353.1) minimal sind und nach (312.1) ein Maß für die Prädiktionsfehler angeben, erhält man mit (233.13), (233.15), (353.4) bis (353.8) und mit (356.3) zu

$$\begin{aligned} D(\underline{X}^*\hat{\underline{\beta}}+\underline{Z}^*\hat{\underline{\gamma}}) = \sigma^2(&\underline{X}^*(\underline{X}'\underline{\Sigma}_{yy}^{-1}\underline{X})^{-1}\underline{X}^{*\prime} + \underline{Z}^*\underline{\Sigma}_{\gamma y}\underline{\Sigma}_{yy}^{-1}\underline{\Sigma}_{y\gamma}\underline{Z}^{*\prime} \\ &- \underline{Z}^*\underline{\Sigma}_{\gamma y}\underline{\Sigma}_{yy}^{-1}\underline{X}(\underline{X}'\underline{\Sigma}_{yy}^{-1}\underline{X})^{-1}\underline{X}'\underline{\Sigma}_{yy}^{-1}\underline{\Sigma}_{y\gamma}\underline{Z}^{*\prime}) \end{aligned} \tag{356.8}$$

sowie

$$\begin{aligned} D(\underline{X}^*\hat{\underline{\beta}}+\underline{Z}^*(\hat{\underline{\gamma}}-\underline{\gamma})) = \sigma^2(&\underline{Z}^*\underline{\Sigma}_{\gamma\gamma}\underline{Z}^{*\prime}-\underline{Z}^*\underline{\Sigma}_{\gamma y}\underline{\Sigma}_{yy}^{-1}\underline{\Sigma}_{y\gamma}\underline{Z}^{*\prime} \\ &+ (\underline{Z}^*\underline{\Sigma}_{\gamma y}\underline{\Sigma}_{yy}^{-1}\underline{X}-\underline{X}^*)(\underline{X}'\underline{\Sigma}_{yy}^{-1}\underline{X})^{-1}(\underline{X}'\underline{\Sigma}_{yy}^{-1}\underline{\Sigma}_{y\gamma}\underline{Z}^{*\prime}-\underline{X}^{*\prime})) \end{aligned} \tag{356.9}$$

Soll lediglich das Signal $\underline{Z}\underline{\gamma}=\underline{s}$ geschätzt werden, erhält man mit

$$\underline{Z}\underline{\gamma} = \underline{s},\ \underline{Z}\hat{\underline{\gamma}} = \hat{\underline{s}},\ \underline{Z}\underline{\Sigma}_{\gamma\gamma}\underline{Z}' = \underline{\Sigma}_{ss} \quad \text{und} \quad \underline{\Sigma}_{yy} = \underline{\Sigma}_{ss} + \underline{\Sigma}_{ee} \tag{356.10}$$

und mit (356.4) aus (356.5) die Schätzung $\hat{\underline{s}}$ des Signals $\underline{s}$

$$\hat{\underline{s}} = \underline{\Sigma}_{ss}\underline{\Sigma}_{yy}^{-1}(\underline{y}-\underline{X}\hat{\underline{\beta}}) \quad \text{und} \quad \hat{\underline{\beta}} = (\underline{X}'\underline{\Sigma}_{yy}^{-1}\underline{X})^{-1}\underline{X}'\underline{\Sigma}_{yy}^{-1}\underline{y} \tag{356.11}$$

Aus (356.6) folgen dann die gefilterten Beobachtungen $\hat{\underline{y}}$

$$\underline{X}\hat{\underline{\beta}} + \hat{\underline{s}} = \hat{\underline{y}} \tag{356.12}$$

und mit

$$\underline{Z}^*\underline{\gamma} = \underline{s}^*,\ \underline{Z}^*\hat{\underline{\gamma}} = \hat{\underline{s}}^* \quad \text{und} \quad \underline{Z}^*\underline{\Sigma}_{\gamma\gamma}\underline{Z}' = C(\underline{Z}^*\underline{\gamma},\underline{Z}\underline{\gamma})/\sigma^2 = \underline{\Sigma}_{s^*s} \tag{356.13}$$

anstelle von (356.11) das prädizierte Signal $\hat{\underline{s}}^*$

$$\hat{\underline{s}}^* = \underline{\Sigma}_{s^*s}\underline{\Sigma}_{yy}^{-1}(\underline{y}-\underline{X}\hat{\underline{\beta}}) \quad \text{und} \quad \hat{\underline{\beta}} = (\underline{X}'\underline{\Sigma}_{yy}^{-1}\underline{X})^{-1}\underline{X}'\underline{\Sigma}_{yy}^{-1}\underline{y} \tag{356.14}$$

sowie anstelle von (356.7) die prädizierten Beobachtungen $\hat{\underline{y}}^*$

$$\underline{X}^*\hat{\underline{\beta}} + \hat{\underline{s}}^* = \hat{\underline{y}}^* \tag{356.15}$$

mit den entsprechenden Kovarianzmatrizen aus (356.8) und (356.9).

Die Prädiktion nach (356.15) eignet sich vorzüglich zur Interpolation von Meßdaten [Koch 1973; Kraus 1971; Pelzer 1978], aber auch die in den Beobachtungen enthaltenen zufälligen Anteile $\underline{\gamma}$ lassen sich nach (356.5) bequem schätzen [Heitz 1968; Moritz 1973,1978], wobei aber zu beachten ist, daß $E(\underline{s})=\underline{0}$ oder $E(\underline{\gamma})=\underline{0}$ im Modell vorausgesetzt wird [Koch 1977 a]. Die Schätzung der für die Prädiktion benötigten Kovarianzmatrizen und ihre Annäherung durch Kovarianzfunktionen wird im Kapitel 375 behandelt. Sind die in (356.5) und (356.14) auftretenden Vektoren und Matrizen durch den Abbruch einer für das Prädiktionsproblem eigentlich notwendigen unendlich-dimensionalen Basisentwicklung entsprechender Größen entstanden, ergibt sich das als *Kollokation* bekannte Prädiktionsverfahren [Krarup 1969; Meissl 1976; Moritz 1973, 1978; Rummel 1976; Tscherning 1978].

Der Prädiktion nach (356.15) mit $\hat{\underline{\beta}}=\underline{\beta}$ und $\underline{\Sigma}_{ee}=\underline{0}$ entspricht die optimale Vorhersage [Toutenburg 1975, S.70], die aus einer linearen Vorhersage der Beobachtungen im Gauß-Markoff-Modell folgt. Sind die Beobachtungen trendfrei, erhält man anstelle von (356.14) $\hat{\underline{s}}^*=\underline{H}\underline{y}$, wobei für $\underline{H}$ die Gleichung $\underline{\Sigma}_{s^*s}=\underline{H}\underline{\Sigma}_{yy}$ gilt, die der *Wiener-Hopf-Integralgleichung* in der Theorie der stochastischen Prozesse entspricht [Neuburger 1972, S.59; Papoulis 1965, S.404].

Abschließend soll noch gezeigt werden, daß mit (356.5) übereinstimmende Schätzwerte auch in dem Gauß-Markoff-Modell

$$\bar{\underline{X}}\bar{\underline{\beta}} = E(\bar{\underline{y}}) \tag{356.16}$$

erhalten werden mit

$$\bar{\underline{X}} = \begin{vmatrix} \underline{X} & \underline{Z} \\ \underline{O} & \underline{I} \end{vmatrix}, \quad \bar{\underline{\beta}} = \begin{vmatrix} \underline{\beta} \\ \underline{\gamma} \end{vmatrix}, \quad \bar{\underline{y}} = \begin{vmatrix} \underline{y} \\ \underline{O} \end{vmatrix} \quad \text{und} \quad D(\bar{\underline{y}}) = \sigma^2 \begin{vmatrix} \underline{\Sigma}_{ee} & \underline{O} \\ \underline{O} & \underline{\Sigma}_{\gamma\gamma} \end{vmatrix}$$

worin $\underline{\gamma}$ jetzt aber feste Parameter bedeuten. Aus (322.9) folgt

$$\begin{vmatrix} \underline{X}'\underline{\Sigma}_{ee}^{-1}\underline{X} & \underline{X}'\underline{\Sigma}_{ee}^{-1}\underline{Z} \\ \underline{Z}'\underline{\Sigma}_{ee}^{-1}\underline{X} & \underline{Z}'\underline{\Sigma}_{ee}^{-1}\underline{Z}+\underline{\Sigma}_{\gamma\gamma}^{-1} \end{vmatrix} \begin{vmatrix} \hat{\underline{\beta}} \\ \hat{\underline{\gamma}} \end{vmatrix} = \begin{vmatrix} \underline{X}'\underline{\Sigma}_{ee}^{-1}\underline{y} \\ \underline{Z}'\underline{\Sigma}_{ee}^{-1}\underline{y} \end{vmatrix} \tag{356.17}$$

Hieraus ergibt sich

$$\hat{\underline{\gamma}} = (\underline{Z}'\underline{\Sigma}_{ee}^{-1}\underline{Z}+\underline{\Sigma}_{\gamma\gamma}^{-1})^{-1}\underline{Z}'\underline{\Sigma}_{ee}^{-1}(\underline{y}-\underline{X}\hat{\underline{\beta}}) \tag{356.18}$$

und mit der Identität (134.7) die Schätzung

$$\hat{\underline{\gamma}} = \underline{\Sigma}_{\gamma\gamma}\underline{Z}'(\underline{Z}\underline{\Sigma}_{\gamma\gamma}\underline{Z}'+\underline{\Sigma}_{ee})^{-1}(\underline{y}-\underline{X}\hat{\underline{\beta}}) \tag{356.19}$$

die nach Substitution von (356.3) und (356.4) in (356.5) identisch ist mit der ersten Beziehung in (356.5). Setzt man (356.18) in (356.17) ein, ergibt sich

$$\underline{X}'(\underline{\Sigma}_{ee}^{-1}-\underline{\Sigma}_{ee}^{-1}\underline{Z}(\underline{Z}'\underline{\Sigma}_{ee}^{-1}\underline{Z}+\underline{\Sigma}_{\gamma\gamma}^{-1})^{-1}\underline{Z}'\underline{\Sigma}_{ee}^{-1})\underline{X}\hat{\underline{\beta}} = \underline{X}'(\underline{\Sigma}_{ee}^{-1}-\underline{\Sigma}_{ee}^{-1}\underline{Z}(\underline{Z}'\underline{\Sigma}_{ee}^{-1}\underline{Z}+\underline{\Sigma}_{\gamma\gamma}^{-1})^{-1}\underline{Z}'\underline{\Sigma}_{ee}^{-1})\underline{y} \tag{356.20}$$

und mit der Identität (134.6) die Schätzung

$$\hat{\underline{\beta}} = (\underline{X}'(\underline{Z}\underline{\Sigma}_{\gamma\gamma}\underline{Z}'+\underline{\Sigma}_{ee})^{-1}\underline{X})^{-1}\underline{X}'(\underline{Z}\underline{\Sigma}_{\gamma\gamma}\underline{Z}'+\underline{\Sigma}_{ee})^{-1}\underline{y} \tag{356.21}$$

die wegen (356.3) mit der zweiten Beziehung in (356.5) identisch ist.

36 Schätzung von Varianz- und Kovarianzkomponenten

361 Beste invariante quadratische erwartungstreue Schätzung

Das gemischte Modell (352.1) besitze nun die Form

$$\underline{X}\underline{\beta} = \underline{y} + \underline{U}_1\underline{\gamma}_1+\ldots+\underline{U}_l\underline{\gamma}_l \tag{361.1}$$

worin $E(\underline{\gamma}_i)=\underline{O}$ sowie $C(\underline{\gamma}_i,\underline{\gamma}_j)=\sigma_{ij}\underline{R}_{ij}$ mit $\sigma_{ij}=\sigma_{ji}$ und $\underline{R}_{ij}'=\underline{R}_{ji}$ für $i,j\in\{1,\ldots,l\}$ gelte und $\underline{\gamma}_i$ $r_i\times 1$ Zufallsvektoren, $\underline{U}_i$ $n\times r_i$ Matrizen und $\sigma_{ij}\underline{R}_{ij}$ die Kovarianzmatrizen von $\underline{\gamma}_i$ und $\underline{\gamma}_j$ bedeuten. Die Kovarianzmatrix $D(\underline{y})=\underline{\Sigma}$ der Beobachtungen $\underline{y}$ ergibt sich dann mit (233.2), (233.13) und (233.15) zu $\underline{\Sigma}=\sigma_1^2\underline{U}_1\underline{R}_{11}\underline{U}_1'+\sigma_{12}(\underline{U}_1\underline{R}_{12}\underline{U}_2'+\underline{U}_2\underline{R}_{21}\underline{U}_1')+\sigma_{13}(\underline{U}_1\underline{R}_{13}\underline{U}_3'+\underline{U}_3\underline{R}_{31}\underline{U}_1')$ $+\ldots+\sigma_l^2\underline{U}_l\underline{R}_{ll}\underline{U}_l'$. Mit $\underline{U}_1\underline{R}_{11}\underline{U}_1'=\underline{V}_1=\alpha_1^2\underline{T}_1$, $\underline{U}_1\underline{R}_{12}\underline{U}_2'+\underline{U}_2\underline{R}_{21}\underline{U}_1'=\underline{V}_2=\alpha_{12}\underline{T}_2,\ldots,$ $\underline{U}_l\underline{R}_{ll}\underline{U}_l'=\underline{V}_k=\alpha_l^2\underline{T}_k$, wobei $k=l(l+1)/2$ gilt und die Matrizen $\underline{V}_m$ und $\underline{T}_m$ mit $m\in\{1,\ldots,k\}$ symmetrisch sind, erhält man

$$\underline{\Sigma} = \sigma_1^2\alpha_1^2\underline{T}_1+\sigma_{12}\alpha_{12}\underline{T}_2+\ldots+\sigma_l^2\alpha_l^2\underline{T}_k = \sigma_1^2\underline{V}_1 + \sigma_{12}\underline{V}_2+\ldots+\sigma_l^2\underline{V}_k \tag{361.2}$$

In (361.2) seien die Matrizen $\underline{T}_m$ und die Faktoren α_i^2 sowie α_{ij} und damit auch die Matrizen $\underline{V}_m$ bekannt, während die Varianzen σ_i^2 und die Kovarianzen σ_{ij} unbekannt sind. Damit führt (361.1) zusammen mit (361.2) auf ein Gauß-Markoff-Modell, in dem neben den unbekannten Parametern $\underline{\beta}$ anstelle der Varianz σ^2 der Gewichtseinheit die sogenannten Varianzkomponenten σ_i^2 und die Kovarianzkomponenten σ_{ij} für die zugehörigen Matrizen $\underline{V}_m \neq \underline{O}$ zu schätzen sind.

Definition: Es sei $\underline{X}$ eine n×u Matrix gegebener Koeffizienten, $\underline{\beta}$ ein u×1 Vektor unbekannter Parameter, $\underline{y}$ ein n×1 Zufallsvektor von Beobachtungen, dessen Kovarianzmatrix $D(\underline{y})=\underline{\Sigma}$ positiv definit sei, dann bezeichnet man

$$\underline{X}\underline{\beta} = E(\underline{y}) \quad \text{mit}$$
$$D(\underline{y}) = \underline{\Sigma} = \sigma_1^2\alpha_1^2\underline{T}_1 + \sigma_{12}\alpha_{12}\underline{T}_2 + \ldots + \sigma_l^2\alpha_l^2\underline{T}_k = \sigma_1^2\underline{V}_1 + \sigma_{12}\underline{V}_2 + \ldots + \sigma_l^2\underline{V}_k$$

als Gauß-Markoff-Modell mit k unbekannten Varianz- und Kovarianzkomponenten σ_i^2 und σ_{ij} mit $i \in \{1,\ldots,l\}$ und $l \leq k \leq l(l+1)/2$. Die Faktoren α_i^2 und α_{ij} seien bekannt und Näherungswerte für die Produkte $\sigma_i^2\alpha_i^2$ und $\sigma_{ij}\alpha_{ij}$. Weiter seien die n×n Matrizen $\underline{T}_m$ und damit $\underline{V}_m$ für $m \in \{1,\ldots,k\}$ bekannt und symmetrisch, und $\sum_{m=1}^{k} \underline{V}_m$ sei positiv definit. (361.3)

Varianzkomponenten sind beispielsweise zu schätzen, wenn Gruppen verschiedenartiger Beobachtungen wie Strecken- und Winkelmessungen vorliegen, die voneinander unabhängig sind und von denen lediglich die Gewichtsmatrizen bekannt sind. Sind die Beobachtungsgruppen voneinander abhängig und die Kovarianzen bis auf gemeinsame Faktoren bekannt, sind diese Faktoren als Kovarianzkomponenten zu schätzen. Um unterschiedliche Einflüsse auf die Varianzen von Beobachtungen angeben zu können, müssen ebenfalls Varianzkomponenten geschätzt werden, wie zum Beispiel bei den Streckenmessungen, deren Varianzen man sich häufig aus einem von der Entfernung abhängigen Anteil und einem restlichen Anteil zusammengesetzt vorstellt [Koch 1978 b].

Die Schätzung der Varianz- und Kovarianzkomponenten soll eine Verallgemeinerung der Schätzung der Varianz der Gewichtseinheit darstellen, die, wie aus (331.5), (331.7) und (331.12) ersichtlich, mit Hilfe einer quadratischen Form der Beobachtungen beziehungsweise Residuen gefunden wird, wobei die Erwartungstreue der Schätzung dadurch erzielt wird, daß man in (331.11) den Erwartungswert der quadratischen Form durch den berechneten Wert und die Varianz der Gewichtseinheit durch ihren Schätzwert ersetzt, so daß (331.12) erhalten wird. Entsprechend läßt sich auch bei der Schätzung der Varianzkomponenten vorgehen, was bereits auf Helmert [1924, S.358] zurückgeht. Sein Verfahren besitzt auch die Eigenschaft einer besten invarianten Schätzung

[Grafarend und Schaffrin 1980; Kelm 1978; Welsch 1978], so daß es mit der im folgenden abgeleiteten Schätzung übereinstimmt. Varianzkomponenten lassen sich auch nach der Maximum-Likelihood-Methode schätzen, wobei im allgemeinen iterativ vorzugehen ist [Harville 1977; Kubik 1970; Searle 1971, S.462].

Im folgenden sollen wie für die unbekannten Parameter $\underline{\beta}$ im Gauß-Markoff-Modell auch für die unbekannten Varianz- und Kovarianzkomponenten beste erwartungstreue Schätzungen im Sinne von (312.2) abgeleitet werden. Wie bereits erwähnt, soll die Schätzung eine Verallgemeinerung der Schätzung der Varianz der Gewichtseinheit darstellen, so daß die lineare Funktion $\underline{p}'\underline{\sigma}$ der Varianz- und Kovarianzkomponenten, in der $\underline{p}$ ein gegebener $k\times 1$ Vektor und $\underline{\sigma}=|\sigma_1^2,\sigma_{12},\ldots,\sigma_l^2|'$ bedeuten, mit Hilfe der skalaren Größe $\underline{y}'\underline{D}\underline{y}$ geschätzt wird, in der $\underline{D}$ eine unbekannte $n\times n$ Matrix bezeichnet. Da $\underline{y}'\underline{D}\underline{y}=\underline{y}'\underline{D}'\underline{y}=\underline{y}'(\underline{D}+\underline{D}')\underline{y}/2$ gilt, wird $\underline{D}$ im folgenden als symmetrische Matrix gesucht, so daß $\underline{y}'\underline{D}\underline{y}$ eine quadratische Form der Beobachtungen $\underline{y}$ darstellt. Somit wird eine beste quadratische erwartungstreue Schätzung hergeleitet, für die nach (312.2) zu fordern ist

1) $E(\underline{y}'\underline{D}\underline{y}) = \underline{p}'\underline{\sigma}$

oder mit (271.1) und (361.3)

$$\mathrm{sp}(\underline{D}\underline{\Sigma}) + \underline{\beta}'\underline{X}'\underline{D}\underline{X}\underline{\beta} = \underline{p}'\underline{\sigma} \tag{361.4}$$

Ferner muß

2) $V(\underline{y}'\underline{D}\underline{y})$ minimal

werden. Um diese Varianz mit Hilfe der Erwartungswerte und der Kovarianzmatrix der Beobachtungen angeben zu können, wird $\underline{y}$ als normalverteilt angenommen, so daß mit (361.3) aus (251.1) $\underline{y}\sim N(\underline{X}\underline{\beta},\underline{\Sigma})$ folgt. Mit (271.2) und (361.3) ergibt sich dann

$$V(\underline{y}'\underline{D}\underline{y}) = 2\mathrm{sp}(\underline{D}\underline{\Sigma}\underline{D}\underline{\Sigma}) + 4\underline{\beta}'\underline{X}'\underline{D}\underline{\Sigma}\underline{D}\underline{X}\underline{\beta} \tag{361.5}$$

Sollen (361.4) und (361.5) unabhängig von den Werten für den Parametervektor $\underline{\beta}$ sein, ist es notwendig und hinreichend, daß

$$\underline{D}\underline{X} = \underline{O} \tag{361.6}$$

gilt. Hieraus folgt auch die Translations-Invarianz der quadratischen Form, denn es gilt $(\underline{y}-\underline{X}\underline{\beta}^*)'\underline{D}(\underline{y}-\underline{X}\underline{\beta}^*)=\underline{y}'\underline{D}\underline{y}$, worin $\underline{\beta}^*$ ein beliebiger $u\times 1$ Vektor bedeutet. Die Matrizen der quadratischen Formen (325.2) oder (331.7), mit denen die Varianz σ^2 der Gewichtseinheit geschätzt wird, erfüllen (361.6).

Fordert man lediglich die Erwartungstreue der quadratischen Form $\underline{y}'\underline{D}\underline{y}$ für beliebige Werte für $\underline{\beta}$, ist es wegen (361.4) notwendig und hinreichend, daß $\underline{X}'\underline{D}\underline{X}=\underline{O}$ gilt. Dies ist im allgemeinen eine schwächere Forderung als (361.6); äquivalent sind beide beispielsweise dann, wenn $\underline{D}$ positiv semidefinit ist. Nach (143.10) gilt dann nämlich $\underline{D}=\underline{H}\underline{H}'$, so daß $\underline{X}'\underline{H}\underline{H}'\underline{X}=\underline{0}$ und mit (131.11) $\underline{H}'\underline{X}=\underline{0}$ und schließlich $\underline{D}\underline{X}=\underline{0}$ folgt. Da aber die Matrix $\underline{D}$ lediglich als symmetrisch gesucht wird, soll die Bedingung (361.6) erfüllt sein, also eine <u>beste</u> <u>invariante</u> <u>quadratische</u> <u>erwartungstreue</u> <u>Schätzung</u> abgeleitet werden. Schätzungen, für die lediglich $\underline{X}'\underline{D}\underline{X}=\underline{0}$ gefordert wird, befinden sich bei [Drygas 1977; Grafarend und d'Hone 1978; Kleffe und Pincus 1974; LaMotte 1973 a].

Mit (361.6) ergibt sich anstelle von (361.5)

$$V(\underline{y}'\underline{D}\underline{y}) = 2sp(\underline{D}\underline{\Sigma}\underline{D}\underline{\Sigma}) \tag{361.7}$$

und anstelle von (361.4) mit $\underline{p}=(p_i)$ und (361.3) $\sigma_1^2 sp(\underline{D}\underline{V}_1)+\sigma_{12}sp(\underline{D}\underline{V}_2)+\ldots+\sigma_l^2 sp(\underline{D}\underline{V}_k)=p_1\sigma_1^2+p_2\sigma_{12}+\ldots+p_k\sigma_l^2$, so daß folgt

$$sp(\underline{D}\underline{V}_i) = p_i \quad \text{für} \quad i\in\{1,\ldots,k\} \tag{361.8}$$

Die quadratische Form $\underline{y}'\underline{D}\underline{y}$ ist also beste invariante quadratische erwartungstreue Schätzung von $\underline{p}'\underline{\sigma}$ genau dann, wenn eine symmetrische Matrix $\underline{D}$ existiert, mit der (361.7) minimal wird und die die Bedingungen (361.6) und (361.8) erfüllt.

Zur Minimierung von (361.7) werden die in $\underline{\Sigma}$ enthaltenen unbekannten Varianz- und Kovarianzkomponenten σ_i^2 und σ_{ij} gleich Eins gesetzt, da nach (361.3) mit α_i^2 und α_{ij} bereits Näherungswerte für $\sigma_i^2\alpha_i^2$ und $\sigma_{ij}\alpha_{ij}$ vorliegen, so daß die Werte für σ_i^2 und σ_{ij} nahe bei Eins liegen. Die genäherte Kovarianzmatrix $\underline{\Sigma}_o$ ergibt sich zu

$$\underline{\Sigma}_o = \sum_{m=1}^{k} \underline{V}_m \tag{361.9}$$

Die Schätzwerte der Varianz- und Kovarianzkomponenten hängen dann aber von den Näherungswerten α_i^2 und α_{ij} ab, so daß die Bedingungen in (312.2) nur in Ausnahmefällen für alle Komponenten σ_i^2 und σ_{ij} erfüllt sein werden. Damit wird keine gleichmäßig beste, sondern in Abhängigkeit von den Näherungswerten eine <u>lokal</u> <u>beste</u> invariante quadratische erwartungstreue Schätzung der Varianz- und Kovarianzkomponenten hergeleitet.

Beim <u>MINQUE-Verfahren</u> zur Schätzung von Varianzkomponenten [Rao 1973, S.302] minimiert man unter den Bedingungen (361.6) und (361.8) ebenfalls die Größe $sp(\underline{D}\underline{\Sigma}_o\underline{D}\underline{\Sigma}_o)$, die jedoch ohne Annahme der Normalverteilung abgeleitet wird, so daß sie nicht identisch mit der Varianz des Schätzwertes zu sein braucht.

362 Lokal beste Schätzung

Zur Minimierung von (361.7) unter den Bedingungen (361.6) und (361.8) wird nach (171.6) die Lagrangesche Funktion $w(\underline{D})$ gebildet

$$w(\underline{D}) = 2sp(\underline{D}\underline{\Sigma}_o\underline{D}\underline{\Sigma}_o) - 4sp(\underline{D}\underline{X}\underline{\Lambda}') - 4\sum_{i=1}^{k}\lambda_i(sp(\underline{D}\underline{V}_i)-p_i)$$

in der $\underline{\Lambda}$ die n×u Matrix der Lagrangeschen Multiplikatoren für die Bedingungen $\underline{D}\underline{X}=\underline{O}$ und λ_i die k Lagrangeschen Multiplikatoren für die Bedingungen (361.8) bedeuten. Aus $\partial w(\underline{D})/\partial\underline{D}=\underline{O}$ ergibt sich dann mit (172.4) und (172.6)

$$\underline{\Sigma}_o\underline{D}\underline{\Sigma}_o - \underline{\Lambda}\underline{X}' - \sum_{i=1}^{k}\lambda_i\underline{V}_i = \underline{O} \tag{362.1}$$

Die Matrix $\underline{I}-\underline{R}$ mit $\underline{R}=\underline{X}(\underline{X}'\underline{\Sigma}_o^{-1}\underline{X})^{-}\underline{X}'\underline{\Sigma}_o^{-1}$, in der $\underline{R}$ den orthogonalen Projektionsoperator bezüglich des durch $\underline{\Sigma}_o^{-1}$ verallgemeinerten Skalarproduktes für die Projektion auf den Spaltenraum $R(\underline{X})$ der Matrix $\underline{X}$ mit beliebigem Rang bezeichnet, erfüllt nach (162.5) die Beziehung $(\underline{I}-\underline{R})\underline{X}=\underline{O}$. Da $\underline{D}$ in (362.1) symmetrisch gesucht wird, führt man die symmetrische Matrix $\underline{W}=\underline{\Sigma}_o^{-1}(\underline{I}-\underline{R})$ ein, für die ebenfalls $\underline{W}\underline{X}=\underline{O}$ gilt und die wegen (325.2) und (331.7) identisch mit der Matrix der quadratischen Form für Ω in dem Modell mit nicht vollem Rang $\underline{X}\underline{\beta}=E(\underline{y})$ und $D(\underline{y})=\sigma^2\underline{\Sigma}_o$ ist. Außerdem gilt mit (361.6)

$$\underline{W}\underline{\Sigma}_o\underline{D}\underline{\Sigma}_o\underline{W} = \underline{D} \tag{362.2}$$

so daß durch rechts- und linksseitige Multiplikation von (362.1) mit $\underline{W}$ die Lösung $\hat{\underline{D}}$ für $\underline{D}$ sich ergibt,

$$\hat{\underline{D}} = \sum_{i=1}^{k}\lambda_i\underline{W}\underline{V}_i\underline{W} \quad \text{mit} \quad \underline{W} = \underline{\Sigma}_o^{-1} - \underline{\Sigma}_o^{-1}\underline{X}(\underline{X}'\underline{\Sigma}_o^{-1}\underline{X})^{-}\underline{X}'\underline{\Sigma}_o^{-1} \tag{362.3}$$

Hiermit folgt aus (361.8)

$$\sum_{i=1}^{k}\lambda_i sp(\underline{W}\underline{V}_i\underline{W}\underline{V}_j) = p_j \quad \text{für} \quad j\in\{1,\ldots,k\} \tag{362.4}$$

Bezeichnet man mit $\widehat{\underline{p}'\underline{\sigma}}$ die Schätzung von $\underline{p}'\underline{\sigma}$, so gilt

$$\widehat{\underline{p}'\underline{\sigma}} = \underline{y}'\hat{\underline{D}}\underline{y} = \underline{\lambda}'\underline{q} \tag{362.5}$$

mit $\underline{\lambda}=(\lambda_i)$ und $\underline{q}=(q_i)=(\underline{y}'\underline{W}\underline{V}_i\underline{W}\underline{y})$ für $i\in\{1,\ldots,k\}$. Definiert man weiter $\underline{S}=(sp(\underline{W}\underline{V}_i\underline{W}\underline{V}_j))$ mit $i,j\in\{1,\ldots,k\}$, so führt (362.4) auf $\underline{S}'\underline{\lambda}=\underline{p}$. Ist diese Gleichung für einen bestimmten Vektor $\underline{p}$ konsistent, gilt also nach (154.2) $\underline{p}\in R(\underline{S})$, da $\underline{S}=\underline{S}'$ ist, so folgt mit (154.5) $\underline{\lambda}=(\underline{S}^{-})'\underline{p}$, worin $(\underline{S}^{-})'$ eine generalisierte Inverse von $\underline{S}'$ ist. Mit (362.5) ergibt sich dann die lokal beste invariante quadratische erwartungstreue Schätzung $\widehat{\underline{p}'\underline{\sigma}}$ von $\underline{p}'\underline{\sigma}$ zu

$$\widehat{\underline{p}'\underline{\sigma}} = \underline{p}'\underline{S}^{-}\underline{q} \tag{362.6}$$

Diese Schätzung ist eindeutig, da sie unabhängig von der Wahl der generalisierten Inversen $\underline{S}^-$ ist. Um das zu zeigen, wird zunächst $\underline{q} \in R(\underline{S})$ bewiesen. Hierfür zerlegt man $\underline{\Sigma}_o$ nach (143.5) in $\underline{\Sigma}_o=\underline{G}\underline{G}'$ und definiert die $n^2\times k$ Matrix $\underline{F}$ nach (137.5) durch die Spalten

$$\underline{f}_i = \mathrm{vec}(\underline{G}'\underline{W}\underline{V}_i\underline{W}\underline{G}) \quad \text{mit} \quad i\in\{1,\ldots,k\} \tag{362.7}$$

Wegen (153.6) gilt

$$\underline{W}\underline{\Sigma}_o\underline{W} = \underline{W} \tag{362.8}$$

und mit (137.3) und (137.6) $\underline{f}_i'\underline{f}_j=\mathrm{sp}(\underline{G}'\underline{W}\underline{V}_i\underline{W}\underline{G}\underline{G}'\underline{W}\underline{V}_j\underline{W}\underline{G})=\mathrm{sp}(\underline{G}'\underline{W}\underline{V}_i\underline{W}\underline{V}_j\underline{W}\underline{G})=$ $\mathrm{sp}(\underline{W}\underline{V}_i\underline{W}\underline{V}_j)$, so daß $\underline{F}'\underline{F}=\underline{S}$ folgt. Weiter sei $\underline{h}=\mathrm{vec}(\underline{G}^{-1}\underline{y}\underline{y}'(\underline{G}')^{-1})$, so daß $\underline{f}_i'\underline{h}=\mathrm{sp}(\underline{G}'\underline{W}\underline{V}_i\underline{W}\underline{G}\underline{G}^{-1}\underline{y}\underline{y}'(\underline{G}')^{-1})=\mathrm{sp}(\underline{y}'\underline{W}\underline{V}_i\underline{W}\underline{y})=q_i$ sich ergibt. Daher gilt $\underline{F}'\underline{h}$ $=\underline{q}$ und folglich $\underline{q}\in R(\underline{F}')=R(\underline{F}'\underline{F})=R(\underline{S})$ nach (135.6). Da $\underline{p}\in R(\underline{S})$ vorausgesetzt wurde, existieren zwei Vektoren $\underline{v}$ und $\underline{w}$ derart, daß $\underline{p}=\underline{S}\underline{v}$ und $\underline{q}=$ $\underline{S}\underline{w}$ gilt. Dann ist in (362.6) $\underline{p}'\underline{S}^-\underline{q}=\underline{v}'\underline{S}\underline{S}^-\underline{S}\underline{w}=\underline{v}'\underline{S}\underline{w}$ wegen (153.1) unabhängig von der Wahl der generalisierten Inversen $\underline{S}^-$, so daß die Schätzung $\widehat{\underline{p}'\underline{\sigma}}$ eindeutig ist.

Setzt man in (362.6) $\underline{p}'=|1,0,0,\ldots|$, $\underline{p}'=|0,1,0,\ldots|$ und so weiter, ergibt sich

$$\hat{\underline{\sigma}} = \underline{S}^-\underline{q} \tag{362.9}$$

Hieraus folgt mit $\hat{\underline{\sigma}}=|\hat{\sigma}_1^2,\hat{\sigma}_{12},\ldots,\hat{\sigma}_l^2|'$ die lokal beste invariante quadratische erwartungstreue Schätzung $\hat{\sigma}_i^2$ und $\hat{\sigma}_{ij}$ der Varianz- und Kovarianzkomponenten σ_i^2 und σ_{ij} genau dann, wenn die Gleichung $\underline{S}'\underline{\lambda}=\underline{p}$ mit $\underline{S}'=\underline{S}$ für alle k Vektoren $\underline{p}$, die die Spalten einer Einheitsmatrix bilden, konsistent ist, wenn also $\dim R(\underline{S})=k$ gilt, was nach (135.5) bedeutet, daß $\underline{S}$ regulär ist. Dann ist $\hat{\underline{\sigma}}$ wegen (153.22) eindeutig bestimmt. Ist $\underline{S}$ singulär, existiert die i-te Komponente von $\hat{\underline{\sigma}}$ für ein $i\in\{1,\ldots,k\}$ genau dann, wenn für $\underline{p}'=|0,\ldots,0,1,0,\ldots,0|$ mit der Eins als i-te Komponente $\underline{p}\in R(\underline{S})$ gilt.

Mit der Schätzung $\hat{\underline{D}}$ aus (362.3) ergibt sich mit (362.5) aus (361.7) die Varianz der Schätzung $\widehat{\underline{p}'\underline{\sigma}}$. Da $\underline{\Sigma}$ in (361.7) unbekannt ist, folgt mit $\underline{\Sigma}_o$ aus (361.9) die aufgrund der Näherungswerte α_i^2 und α_{ij} berechenbare Varianz $V(\widehat{\underline{p}'\underline{\sigma}})$ zu

$$V(\widehat{\underline{p}'\underline{\sigma}}) = 2\,\mathrm{sp}\Big(\Big(\sum_{i=1}^{k}\lambda_i\underline{W}\underline{V}_i\underline{W}\Big)\underline{\Sigma}_o\Big(\sum_{i=1}^{k}\lambda_i\underline{W}\underline{V}_i\underline{W}\Big)\underline{\Sigma}_o\Big)$$

Mit (137.3), (137.6), (362.7) und mit $\underline{\Sigma}_o=\underline{G}\underline{G}'$ nach (143.5) folgt weiter

$$V(\widehat{\underline{p}'\underline{\sigma}}) = 2\,\mathrm{sp}\Big(\underline{G}'\Big(\sum_{i=1}^{k}\lambda_i\underline{W}\underline{V}_i\underline{W}\Big)\underline{G}\underline{G}'\Big(\sum_{i=1}^{k}\lambda_i\underline{W}\underline{V}_i\underline{W}\Big)\underline{G}\Big)$$

$$= 2\Big(\mathrm{vec}\sum_{i=1}^{k}\lambda_i\underline{G}'\underline{W}\underline{V}_i\underline{W}\underline{G}\Big)'\mathrm{vec}\Big(\sum_{i=1}^{k}\lambda_i\underline{G}'\underline{W}\underline{V}_i\underline{W}\underline{G}\Big)$$

$$= 2(\sum_{i=1}^{k} \lambda_i \text{vec}\underline{G}'\underline{W}\underline{V}_i\underline{W}\underline{G})'(\sum_{i=1}^{k} \lambda_i \text{vec}\underline{G}'\underline{W}\underline{V}_i\underline{W}\underline{G})$$

$$= 2(\underline{F}\underline{\lambda})'\underline{F}\underline{\lambda} = 2\underline{\lambda}'\underline{S}\underline{\lambda} = 2(\underline{\lambda}'\underline{S})\underline{S}^-(\underline{S}\underline{\lambda})$$

Mit $\underline{S}'\underline{\lambda}=\underline{p}$ und $\underline{S}'=\underline{S}$ erhält man schließlich

$$V(\underline{p}'\hat{\underline{\sigma}}) = 2\underline{p}'\underline{S}^-\underline{p} \qquad (362.10)$$

Für $\underline{p}\in R(\underline{S})$ ist $V(\underline{p}'\hat{\underline{\sigma}})$ eindeutig bestimmt; dies läßt sich wie für (362.6) zeigen. Gilt $\underline{p}'=|0,\ldots,0,1,0,\ldots,0|\in R(\underline{S})$, wobei die i-te Komponente den Wert Eins besitzt, und ist $\hat{\sigma}_{mn}$ die i-te Komponente von $\hat{\underline{\sigma}}$, so folgt

$$V(\hat{\sigma}_{mn}) = 2s_{ii} \quad \text{mit} \quad \underline{S}^- = (s_{ij}) \qquad (362.11)$$

Es bleibt noch zu zeigen, daß die Lösung $\hat{\underline{D}}$ aus (362.3) auf eine beste Schätzung führt, daß also die zweite Bedingung in (312.2) $V(\underline{y}'\hat{\underline{D}}\underline{y}) \le V(\underline{y}'\underline{D}^*\underline{y})$ gilt, wobei $\underline{D}^*$ eine beliebige symmetrische Matrix bedeutet, die (361.6) und (361.8) erfüllt. Mit (233.13) erhält man $V(\underline{y}'\underline{D}^*\underline{y}) = V(\underline{y}'(\underline{D}^*-\hat{\underline{D}}+\hat{\underline{D}})\underline{y}) = V(\underline{y}'(\underline{D}^*-\hat{\underline{D}})\underline{y}) + V(\underline{y}'\hat{\underline{D}}\underline{y}) + 2f$, woraus die obige Bedingung folgt, da die Varianz $V(\underline{y}'(\underline{D}^*-\hat{\underline{D}})\underline{y}) \ge 0$ und $f=0$ ist. Es gilt nämlich mit (271.2) $f=2\text{sp}((\underline{D}^*-\hat{\underline{D}})\underline{\Sigma}_o\hat{\underline{D}}\underline{\Sigma}_o)$ und mit (137.3) und (362.3) $f=2\sum_{i=1}^{k}\lambda_i\text{sp}((\underline{D}^*-\hat{\underline{D}})\underline{\Sigma}_o\underline{W}\underline{V}_i\underline{W}\underline{\Sigma}_o) = 2\sum_{i=1}^{k}\lambda_i\text{sp}(\underline{W}\underline{\Sigma}_o(\underline{D}^*-\hat{\underline{D}})\underline{\Sigma}_o\underline{W}\underline{V}_i)$. Mit (361.8) und (362.2) folgt schließlich $f=2\sum_{i=1}^{k}\lambda_i\text{sp}((\underline{D}^*-\hat{\underline{D}})\underline{V}_i) = 2\sum_{i=1}^{k}\lambda_i(p_i-p_i)=0$.

Zusammenfassend gilt der

Satz: Unter der Voraussetzung normalverteilter Beobachtungen existiert die lokal beste invariante quadratische erwartungstreue Schätzung $\hat{\underline{\sigma}}$ der Varianz- und Kovarianzkomponenten $\underline{\sigma}$ genau dann, wenn die Matrix $\underline{S}$ regulär ist. In diesem Fall wird die Schätzung $\hat{\underline{\sigma}}$ durch (362.9) und ihre aufgrund der Näherungswerte α_i^2 und α_{ij} berechenbare Varianz durch (362.11) eindeutig bestimmt. Ist $\underline{S}$ singulär, so existiert die Schätzung der i-ten Komponente von $\underline{\sigma}$ für ein $i\in\{1,\ldots,k\}$ genau dann, wenn für $\underline{p}'=|0,\ldots,0,1,0,\ldots,0|$ mit dem Wert Eins als i-te Komponente $\underline{p}\in R(\underline{S})$ gilt. In diesem Fall wird die i-te Komponente von $\underline{\sigma}$ durch (362.9) und ihre Varianz durch (362.11) mit Hilfe einer beliebigen generalisierten Inversen $\underline{S}^-$ eindeutig bestimmt. (362.12)

Leitet man die Schätzungen für die Parameter $\underline{\beta}$ und die Varianz- und Kovarianzkomponenten $\underline{\sigma}$ im Modell (361.3) nicht, wie hier geschehen, voneinander getrennt, sondern gemeinsam ab, ergeben sich identische Ergebnisse [Kleffe 1978].

363 Iterierte Schätzungen

Um die Schätzungen $\hat{\sigma}_i^2$ oder $\hat{\sigma}_{ij}$, falls sie existieren, und ihre Varianzen unabhängig von den gewählten Näherungswerten α_i^2 und α_{ij} zu erhalten, sind mit der ersten Schätzung $\hat{\sigma}_i^2=(\hat{\sigma}_i^2)_1$ und mit $\alpha_i^2=(\alpha_i^2)_1$ die Produkte $(\hat{\sigma}_i^2)_1(\alpha_i^2)_1$ als neue Näherungswerte $(\alpha_i^2)_2=(\hat{\sigma}_i^2)_1(\alpha_i^2)_1$ in eine zweite Schätzung der Varianzkomponenten mit dem Ergebnis $(\hat{\sigma}_i^2)_2$ einzuführen. Für die Kovarianzkomponenten gilt entsprechend $(\alpha_{ij})_2=(\hat{\sigma}_{ij})_1(\alpha_{ij})_1$. Es ist dann, Konvergenz vorausgesetzt, so lange zu iterieren, bis nach m Iterationen $(\hat{\sigma}_i^2)_m=1$ und $(\hat{\sigma}_{ij})_m=1$ für alle k Komponenten erhalten wird. Die iterierten Schätzungen sind unabhängig von den gewählten Näherungswerten α_i^2 und α_{ij}, da die Produkte $(\hat{\sigma}_i^2)_m(\alpha_i^2)_m$ und $(\hat{\sigma}_{ij})_m(\alpha_{ij})_m$, die mit $(\hat{\sigma}_i^2)_m=(\hat{\sigma}_{ij})_m=1$ sich zu $(\alpha_i^2)_m=\alpha_i^2\prod_{n=1}^{m-1}(\hat{\sigma}_i^2)_n$ und $(\alpha_{ij})_m=\alpha_{ij}\prod_{n=1}^{m-1}(\hat{\sigma}_{ij})_n$ ergeben, eindeutig für alle α_i^2 und α_{ij} folgen, die nicht zu stark voneinander abweichen, da nach Voraussetzung α_i^2 und α_{ij} Näherungswerte von $\sigma_i^2\alpha_i^2$ und $\sigma_{ij}\alpha_{ij}$ sein sollen.

Im Konvergenzpunkt ergeben sich auch die Varianzen $V(\hat{\sigma}_i^2)$ und $V(\hat{\sigma}_{ij})$ unabhängig von den Näherungswerten. Sie berechnen sich dann mit den Schätzwerten der Varianz- und Kovarianzkomponenten, so daß für die iterierten Schätzungen $(\hat{\sigma}_i^2)_m=(\hat{\sigma}_{ij})_m=1$ die Varianzen $\hat{V}((\hat{\sigma}_i^2)_m)$ und $\hat{V}((\hat{\sigma}_{ij})_m)$ erhalten werden, also

$$\hat{V}((\hat{\sigma}_i^2)_m)=V((\hat{\sigma}_i^2)_m) \text{ und } \hat{V}((\hat{\sigma}_{ij})_m)=V((\hat{\sigma}_{ij})_m) \text{ für } (\hat{\sigma}_i^2)_m=(\hat{\sigma}_{ij})_m=1 \quad (363.1)$$

Die Varianzen der Produkte $(\hat{\sigma}_i^2)_m(\alpha_i^2)_m$ und $(\hat{\sigma}_{ij})_m(\alpha_{ij})_m$ im Konvergenzpunkt, aus denen die Gesamtbeträge der Varianz- und Kovarianzkomponenten der iterierten Schätzung folgen, lassen sich unabhängig von den Schätzungen der vorhergegangenen Iterationen angeben, denn die Näherungswerte $(\alpha_i^2)_m$ und $(\alpha_{ij})_m$ könnte man beispielsweise auch durch systematische Variation von α_i^2 und α_{ij} erhalten haben. Mit (233.2) und (363.1) folgt daher für die Varianzen der im Konvergenzpunkt geschätzten Gesamtbeträge der Varianz- und Kovarianzkomponenten

$$\hat{V}((\hat{\sigma}_i^2)_m(\alpha_i^2)_m) = (\alpha_i^2)_m^2\hat{V}((\hat{\sigma}_i^2)_m) \quad \text{für} \quad (\hat{\sigma}_i^2)_m=1,$$
$$\hat{V}((\hat{\sigma}_{ij})_m(\alpha_{ij})_m) = (\alpha_{ij})_m^2\hat{V}((\hat{\sigma}_{ij})_m) \quad \text{für} \quad (\hat{\sigma}_{ij})_m = 1 \quad (363.2)$$

Iterierte Schätzungen, die sich von den hier abgeleiteten unterscheiden, die aber im Konvergenzpunkt zu identischen Ergebnissen führen, sind bei [Ebner 1972; Förstner 1979 b] angegeben.

Die Matrix $\underline{D}$ wurde lediglich als symmetrisch vorausgesetzt, so daß $\hat{\underline{D}}$ aus (362.3) weder positiv definit noch positiv semidefinit zu sein braucht und daher negative Varianzkomponenten geschätzt werden können. Diese Schätzwerte lassen sich ebenso wie Schätzwerte, die keine positiv definite Kovarianzmatrix $\underline{\Sigma}$ ergeben, nicht weiter verwenden. Sind diese Schätzwerte nicht durch ungünstig gewählte Näherungen verursacht, sind entweder zusätzliche Beobachtungen $\underline{y}$ in das Modell (361.3) einzuführen oder das Modell selbst ist zu ändern. Es läßt sich auch die Bedingung aufstellen, daß die Varianzkomponenten nicht negativ geschätzt werden, doch diese Schätzungen existieren im Vergleich zu den abgeleiteten Schätzungen nur für eine kleinere Anzahl von Aufgabenstellungen in der Varianzkomponentenschätzung [LaMotte 1973 b; Pukelsheim 1979].

Beispiel: In dem Modell

$$\underline{X}\underline{\beta} = E(\underline{y}) \quad \text{mit} \quad \underline{\Sigma} = \sigma_1^2\alpha_1^2\underline{T}_1 + \sigma_2^2\alpha_2^2\underline{T}_2 = \sigma_1^2\underline{V}_1 + \sigma_2^2\underline{V}_2$$

sowie $\underline{\beta}=\beta_1, \alpha_1^2=1\cdot 10^{-4}, \alpha_2^2=4\cdot 10^{-4}$ und

$$\underline{X} = \begin{vmatrix} 1\\1\\1\\1\\1 \end{vmatrix}, \quad \underline{y} = \begin{vmatrix} 1,25\\1,26\\1,24\\1,22\\1,27 \end{vmatrix}, \quad \underline{V}_1 = 1\cdot 10^{-4}\begin{vmatrix} 1&0&0&0&0\\0&1&0&0&0\\0&0&1&0&0\\0&0&0&0&0\\0&0&0&0&0 \end{vmatrix}, \quad \underline{V}_2 = 4\cdot 10^{-4}\begin{vmatrix} 0&0&0&0&0\\0&0&0&0&0\\0&0&0&0&0\\0&0&0&1&0\\0&0&0&0&1 \end{vmatrix}$$

sollen die Varianzkomponenten σ_1^2 und σ_2^2 geschätzt werden. Das Problem besteht also darin, für die beiden miteinander unkorrelierten Beobachtungsgruppen 1,25;1,26;1,24 und 1,22;1,27, deren Gewichtsmatrizen bekannt sind, die gemeinsame Kovarianzmatrix anzugeben. Man erhält $\underline{W}$ aus (362.3) mit $\underline{\Sigma}_o=\underline{V}_1+\underline{V}_2$ aus (361.9) zu

$$\underline{W} = 10^4 \begin{vmatrix} 0,7143 & -0,2857 & -0,2857 & -0,07143 & -0,07143 \\ & 0,7143 & -0,2857 & -0,07143 & -0,07143 \\ & & 0,7143 & -0,07143 & -0,07143 \\ & & & 0,23214 & -0,01786 \\ & & & & 0,23214 \end{vmatrix}$$

und weiter

$$\mathrm{sp}(\underline{W}\underline{V}_1\underline{W}\underline{V}_1)=2,0204, \quad \mathrm{sp}(\underline{W}\underline{V}_1\underline{W}\underline{V}_2)=0,1224, \quad \mathrm{sp}(\underline{W}\underline{V}_2\underline{W}\underline{V}_2)=1,7347,$$
$$\underline{y}'\underline{W}\underline{V}_1\underline{W}\underline{y}=2,0153, \quad \underline{y}'\underline{W}\underline{V}_2\underline{W}\underline{y}=3,2168$$

so daß $\underline{S}$ wegen $\det\underline{S}\neq 0$ regulär ist und mit $\underline{S}^-=\underline{S}^{-1}$ aus (362.9) und (362.11) folgt

$$(\hat{\sigma}_1^2)_1= 0,8889, \quad V((\hat{\sigma}_1^2)_1)= 0,9942, \quad (\hat{\sigma}_2^2)_1= 1,7917, \quad V((\hat{\sigma}_2^2)_1)= 1,1579$$

Mit $(\alpha_1^2)_2=(\hat{\sigma}_1^2)_1\alpha_1^2$ und $(\alpha_2^2)_2=(\hat{\sigma}_2^2)_1\alpha_2^2$ als Näherungswerten wird erneut eine Schätzung der Varianzkomponenten durchgeführt. Man erhält

$$\underline{V}_1 = 0{,}8889 \cdot 10^{-4} \begin{vmatrix} 1 & 0 & 0 & 0 & 0 \\ 0 & 1 & 0 & 0 & 0 \\ 0 & 0 & 1 & 0 & 0 \\ 0 & 0 & 0 & 0 & 0 \\ 0 & 0 & 0 & 0 & 0 \end{vmatrix}, \quad \underline{V}_2 = 7{,}1667 \cdot 10^{-4} \begin{vmatrix} 0 & 0 & 0 & 0 & 0 \\ 0 & 0 & 0 & 0 & 0 \\ 0 & 0 & 0 & 0 & 0 \\ 0 & 0 & 0 & 1 & 0 \\ 0 & 0 & 0 & 0 & 1 \end{vmatrix}$$

und damit

$$\underline{W} = 10^4 \begin{vmatrix} 0{,}7786 & -0{,}3464 & -0{,}3464 & -0{,}04296 & -0{,}04296 \\ & 0{,}7786 & -0{,}3464 & -0{,}04296 & -0{,}04296 \\ & & 0{,}7786 & -0{,}04296 & -0{,}04296 \\ & & & 0{,}13421 & -0{,}00533 \\ & & & & 0{,}13421 \end{vmatrix}$$

und weiter

$$sp(\underline{W}\underline{V}_1\underline{W}\underline{V}_1) = 2{,}0058, \; sp(\underline{W}\underline{V}_1\underline{W}\underline{V}_2) = 0{,}0705, \; sp(\underline{W}\underline{V}_2\underline{W}\underline{V}_2) = 1{,}8531,$$

$$\underline{y}'\underline{W}\underline{V}_1\underline{W}\underline{y} = 2{,}2549, \; \underline{y}'\underline{W}\underline{V}_2\underline{W}\underline{y} = 1{,}8037$$

so daß sich aus (362.9) und (362.11) ergibt

$$(\hat{\sigma}_1^2)_2 = 1{,}0914, \; V((\hat{\sigma}_1^2)_2) = 0{,}9984, \; (\hat{\sigma}_2^2)_2 = 0{,}9318, \; V((\hat{\sigma}_2^2)_2) = 1{,}0808$$

und somit

$$(\alpha_1^2)_3 = (\hat{\sigma}_1^2)_2(\alpha_1^2)_2 = 0{,}9701 \cdot 10^{-4} \text{ und } (\alpha_2^2)_3 = (\hat{\sigma}_2^2)_2(\alpha_2^2)_2 = 6{,}6779 \cdot 10^{-4}$$

Die dritte Iteration ergibt bereits Schätzwerte für die Varianzkomponenten, die genügend nahe bei Eins liegen. Mit (363.1) folgt dann

$$(\hat{\sigma}_1^2)_3 = 0{,}9892, \; \hat{V}((\hat{\sigma}_1^2)_3) = 0{,}9979, \; (\hat{\sigma}_2^2)_3 = 1{,}0127, \; \hat{V}((\hat{\sigma}_2^2)_3) = 1{,}0942$$

und die Gesamtbeträge der Varianzkomponenten der iterierten Schätzung

$$(\hat{\sigma}_1^2)_3(\alpha_1^2)_3 = 0{,}9596 \cdot 10^{-4}, \; (\hat{\sigma}_2^2)_3(\alpha_2^2)_3 = 6{,}7627 \cdot 10^{-4}$$

mit ihren Standardabweichungen aus (363.2)

$$(\hat{V}((\hat{\sigma}_1^2)_3(\alpha_1^2)_3))^{1/2} = 0{,}9586 \cdot 10^{-4}, \; (\hat{V}((\hat{\sigma}_2^2)_3(\alpha_2^2)_3))^{1/2} = 7{,}0741 \cdot 10^{-4}$$

Die iterierten Schätzungen der Varianzkomponenten werden für das Beispiel rasch erhalten.

364 Beste erwartungstreue Schätzung der Varianz der Gewichtseinheit

Die Schätzung $\hat{\sigma}^2$ der Varianz σ^2 der Gewichtseinheit im Gauß-Markoff-Modell (321.1) mit nicht vollem Rang soll nun unter der Annahme der Normalverteilung für die Beobachtungen als beste invariante quadratische erwartungstreue Schätzung abgeleitet werden. Mit $k=1, \underline{V}_i = \underline{\Sigma}_o$ und $rg\underline{X}=q$ ergibt sich wegen (152.3), (153.4) und (362.8)

$$sp(\underline{W}\underline{\Sigma}_o\underline{W}\underline{\Sigma}_o) = sp(\underline{W}\underline{\Sigma}_o) = n - sp(\underline{X}'\underline{\Sigma}_o^{-1}\underline{X}(\underline{X}'\underline{\Sigma}_o^{-1}\underline{X})^-) = n - q \tag{364.1}$$

Hiermit erhält man aus (362.9) in Übereinstimmung mit (331.12)

$$\hat{\sigma}^2 = \Omega/(n-q) \quad \text{mit} \quad \Omega = \underline{y}'\underline{W}\underline{y} \tag{364.2}$$

da, wie bereits bei (362.2) erwähnt, $\underline{W}$ mit der Matrix der quadratischen

Form für Ω im Modell $\underline{X}\underline{\beta}=E(\underline{y})$ mit $D(\underline{y})=\sigma^2\underline{\Sigma}_o$ identisch ist. Mit $\hat{\sigma}^2\underline{\Sigma}_o$ anstelle von $\underline{\Sigma}_o$ in (361.9) folgt unabhängig von einem Näherungsfaktor in $\underline{\Sigma}_o$ die Schätzung $(\hat{\sigma}^2)_1=1$ schon nach der ersten Iteration, so daß eine gleichmäßig beste Schätzung vorliegt.

Die Varianz der Schätzung $(\hat{\sigma}^2)_1=1$ ergibt sich mit (362.11) und (363.1) zu $\hat{V}((\hat{\sigma}^2)_1)=2/(n-q)$. Für das Produkt $\hat{\sigma}^2(\hat{\sigma}^2)_1=\hat{\sigma}^2$ folgt dann aus (363.2) die mit der Schätzung $\hat{\sigma}^2$ berechnete Varianz $\hat{V}(\hat{\sigma}^2)$ von $\hat{\sigma}^2$

$$\hat{V}(\hat{\sigma}^2) = 2(\hat{\sigma}^2)^2/(n-q) \tag{364.3}$$

Diese Beziehung läßt sich auch wie folgt ableiten. Mit (271.2) ergibt sich für die Varianz von Ω in (364.2) $V(\Omega)=2(\sigma^2)^2 sp(\underline{W}\underline{\Sigma}_o\underline{W}\underline{\Sigma}_o)+4\sigma^2\underline{\beta}'\underline{X}'\underline{W}\underline{\Sigma}_o\underline{W}\underline{X}\underline{\beta}$ und mit (364.1) und $\underline{W}\underline{X}=\underline{O}$, wie bei (362.2) erwähnt, $V(\Omega)=2(\sigma^2)^2(n-q)$. Mit (233.2) und (364.2) folgt dann

$$V(\hat{\sigma}^2) = 2(\sigma^2)^2/(n-q) \tag{364.4}$$

Hieraus ergibt sich die mit der geschätzten Varianz $\hat{\sigma}^2$ berechnete Varianz $\hat{V}(\hat{\sigma}^2)$ in Übereinstimmung mit (364.3).

Zusammenfassend gilt der

Satz: Unter der Voraussetzung normalverteilter Beobachtungen existiert die gleichmäßig beste invariante quadratische erwartungstreue Schätzung $\hat{\sigma}^2$ der Varianz σ^2 der Gewichtseinheit stets, wobei $\hat{\sigma}^2$ und $\hat{V}(\hat{\sigma}^2)$ in dem Gauß-Markoff-Modell mit nicht vollem Rang $\underline{X}\underline{\beta}=E(\underline{y})$ und $D(\underline{y})=\sigma^2\underline{\Sigma}_o$ durch (364.2) und (364.3) gegeben sind. (364.5)

37 Multivariate Parameterschätzung

371 Multivariates Gauß-Markoff-Modell

Sind für eine Koeffizientenmatrix in einem Gauß-Markoff-Modell anstelle eines Beobachtungsvektors mehrere Beobachtungsvektoren mit identischen Gewichtsmatrizen gegeben und die entsprechende Anzahl von Parametervektoren gesucht, spricht man von einem multivariaten Gauß-Markoff-Modell. Im Gegensatz hierzu bezeichnet man (321.1) oder (321.5) auch als univariates Gauß-Markoff-Modell. Auch die Varianzanalyse wird in multivariaten Modellen vorgenommen und zwar dann, wenn die Effekte der Faktoren sich nicht nur durch ein Merkmal, sondern durch mehrere Merkmale erklären lassen. Man spricht dann von multivariater Varianzanalyse. Sollen beispielsweise die Effekte verschiedener Regionen auf die Entwicklung von Tierarten untersucht werden, kann als ein Merkmal das Gewicht und als weiteres Merkmal die Größe der zu untersuchenden

Tierarten dienen.

Multivariate Modelle lassen sich ebenfalls aufstellen, wenn zur Erfassung eines Geschehens Beobachtungen in zeitlichen Abständen wiederholt werden. Laufen die Wiederholungsmessungen, beispielsweise zur Überwachung von Veränderungen an Bauwerken, bei identischen Gewichtsmatrizen jeweils unter dem gleichen Meßprogramm ab, bleibt die Koeffizientenmatrix im Gauß-Markoff-Modell für jede Wiederholungsmessung unverändert, und jeweils eine Wiederholungsmessung repräsentiert ein Merkmal.

Definition: Es sei $\underline{X}$ eine $n\times u$ Matrix gegebener Koeffizienten, $\underline{\beta}_i$ mit $i\in\{1,\ldots,p\}$ seien $u\times 1$ Vektoren fester, unbekannter Parameter, $\underline{y}_i$ die $n\times 1$ Zufallsvektoren der Beobachtungen von p Merkmalen mit $p\leq n$, und es gelte $C(\underline{y}_i,\underline{y}_j)=\sigma_{ij}\underline{I}_n$, wobei die Kovarianzmatrix $\underline{\Sigma}$ mit $\underline{\Sigma}=(\sigma_{ij})$ unbekannt und positiv definit sei, dann bezeichnet man

$$\underline{X}\underline{\beta}_i = E(\underline{y}_i) \quad \text{mit} \quad C(\underline{y}_i,\underline{y}_j) = \sigma_{ij}\underline{I}_n \quad \text{für} \quad i,j\in\{1,\ldots,p\}$$

als multivariates Gauß-Markoff-Modell. (371.1)

Mit $D(\underline{y}_i)=C(\underline{y}_i,\underline{y}_i)=\sigma_i^2\underline{I}_n$ folgt, daß die Elemente der Beobachtungsvektoren $\underline{y}_i$ unkorreliert sind und gleiche Varianzen besitzen. Trifft diese Voraussetzung nicht zu, kann man sich (371.1) aus dem (321.1) entsprechenden multivariaten Modell mit identischen Gewichtsmatrizen für die Beobachtungsvektoren entstanden denken,

$$\bar{\underline{X}}\underline{\beta}_i = E(\bar{\underline{y}}_i) \quad \text{mit} \quad C(\bar{\underline{y}}_i,\bar{\underline{y}}_j) = \sigma_{ij}\underline{P}^{-1} \quad \text{für} \quad i,j\in\{1,\ldots,p\} \qquad (371.2)$$

das sich durch die Transformation (321.4) auf das Modell (371.1) zurückführen läßt.

Faßt man die p Vektoren $\underline{\beta}_i$ zur $u\times p$ Matrix $\underline{B}$ der unbekannten Parameter und die p Vektoren $\underline{y}_i$ zur $n\times p$ Matrix $\underline{Y}$ der Beobachtungen zusammen, kann das Modell (371.1) wegen (131.22) und (137.5) auch wie folgt formuliert werden

$$\underline{X}\underline{B} = E(\underline{Y}) \quad \text{mit} \; D(\mathrm{vec}\underline{Y}) = \underline{\Sigma} \otimes \underline{I}_n \qquad (371.3)$$

worin die Kovarianzmatrix $\underline{\Sigma}\otimes\underline{I}_n$ wegen (143.2) positiv definit ist, denn ihre Eigenwerte ergeben sich aus dem Produkt der Eigenwerte der Matrizen $\underline{\Sigma}$ und $\underline{I}_n$ [Anderson 1958, S.348], die positiv definit sind und daher positive Eigenwerte besitzen.

Die Zeilen der Matrix $\underline{Y}$ seien durch die $p\times 1$ Vektoren $\underline{z}_k$ mit $k\in\{1,\ldots,n\}$ gebildet, die jeweils die Beobachtungen der p Merkmale enthalten und daher als Merkmalsvektoren bezeichnet werden. Mit $D(\mathrm{vec}\underline{Y})=\underline{\Sigma}\otimes\underline{I}_n$ folgt dann

$$D(\underline{z}_k) = \underline{\Sigma} \quad \text{und} \quad C(\underline{z}_k,\underline{z}_l) = \underline{0} \quad \text{für} \quad k,l\in\{1,\ldots,n\} \qquad (371.4)$$

Im Modell (371.1) wird also vorausgesetzt, daß die Elemente der Spalten der Matrix $\underline{Y}$, die die Beobachtungen eines Merkmals enthalten, unkorreliert sind, während die Elemente der Zeilen der Matrix $\underline{Y}$, die die Beobachtungen der verschiedenen Markmale enthalten, um gleiche Beträge in den verschiedenen Zeilen miteinander korreliert sind.

Nimmt man für die Beobachtungen die Normalverteilung an, ergibt sich mit (251.1) und (371.3)

$$\mathrm{vec}\underline{Y} \sim N(\mathrm{vec}(\underline{X}\underline{B}),\underline{\Sigma}\otimes\underline{I}_n) \qquad (371.5)$$

Für die Beobachtungsvektoren $\underline{y}_i$ folgt dann nach (253.1)

$$\underline{y}_i \sim N(\underline{X}\underline{\beta}_i,\sigma_i^2\underline{I}_n) \quad \text{für} \quad i\in\{1,\ldots,p\} \qquad (371.6)$$

und für die Merkmalsvektoren $\underline{z}_k$

$$\underline{z}_k \sim N(\underline{B}'\underline{x}_k,\underline{\Sigma}) \quad \text{für} \quad k\in\{1,\ldots,n\} \qquad (371.7)$$

denn der Erwartungswertvektor von $\underline{z}_k$ berechnet sich aus (371.3) mit $\underline{X}'=|\underline{x}_1,\ldots,\underline{x}_n|$ zu $\underline{B}'\underline{x}_k$. Wegen (254.1) und (371.4) sind die Merkmalsvektoren $\underline{z}_k$ voneinander unabhängig.

Im multivariaten Gauß-Markoff-Modell sind sowohl die Parametervektoren $\underline{\beta}_i$ als auch die Kovarianzen σ_{ij} der Kovarianzmatrix $\underline{\Sigma}$ unbekannt. Ihre Schätzung wird in den beiden folgenden Kapiteln behandelt.

372 Schätzung der Parametervektoren

Trotz der gemeinsamen Kovarianzmatrix $D(\mathrm{vec}\underline{Y})$ für die Beobachtungsvektoren $\underline{y}_i$ mit $i\in\{1,\ldots,p\}$ kann man sich für die Schätzung der unbekannten Parametervektoren $\underline{\beta}_i$ das multivariate Gauß-Markoff-Modell (371.1) in p univariate Modelle zerfallen denken, so daß auch für das multivariate Modell die Sätze (324.4), (331.4), (332.7) und (333.11) gelten.

Die Richtigkeit dieser Aussagen läßt sich durch die Umschreibung des Modells (371.3) in das folgende univariate Modell beweisen. Mit (131.22) und (137.5) erhält man

$$(\underline{I}_p\otimes\underline{X})\mathrm{vec}\underline{B} = E(\mathrm{vec}\underline{Y}) \quad \text{mit} \quad D(\mathrm{vec}\underline{Y}) = \underline{\Sigma}\otimes\underline{I}_n \qquad (372.1)$$

Besitzt $\underline{X}$ beliebigen Rang, ergibt sich mit (321.4) entsprechend (322.9) aus (331.3), falls $\mathrm{vec}\bar{\underline{B}}$ die Schätzung von $\mathrm{vec}\underline{B}$ bedeutet,

$$\mathrm{vec}\bar{\underline{B}} = ((\underline{I}_p\otimes\underline{X})'(\underline{\Sigma}\otimes\underline{I}_n)^{-1}(\underline{I}_p\otimes\underline{X}))^-(\underline{I}_p\otimes\underline{X})'(\underline{\Sigma}\otimes\underline{I}_n)^{-1}\mathrm{vec}\underline{Y}$$

Mit (131.23), (131.26) und (131.27) folgt weiter $\mathrm{vec}\bar{\underline{B}}=(\underline{\Sigma}^{-1}\otimes\underline{X}'\underline{X})^-(\underline{\Sigma}^{-1}\otimes\underline{X}')\mathrm{vec}\underline{Y}$. Beachtet man, daß wegen (131.26) und (153.1)

$$(\underline{\Sigma}^{-1}\otimes\underline{X}'\underline{X})^- = \underline{\Sigma}\otimes(\underline{X}'\underline{X})^- \qquad (372.2)$$

gilt, ergibt sich schließlich

$$\text{vec}\bar{\underline{B}} = (\underline{I}_p \otimes (\underline{X}'\underline{X})^{-}\underline{X}')\text{vec}\underline{Y} \tag{372.3}$$

und nach (233.2) die Kovarianzmatrix $D(\text{vec}\bar{\underline{B}})=(\underline{I}_p \otimes (\underline{X}'\underline{X})^{-}\underline{X}')(\underline{\Sigma}\otimes\underline{I}_n)$ $(\underline{I}_p \otimes \underline{X}((\underline{X}'\underline{X})^{-})')$ der Schätzung, für die mit (131.26) und (333.3) folgt

$$D(\text{vec}\bar{\underline{B}}) = \underline{\Sigma} \otimes (\underline{X}'\underline{X})^{-}_{rs} \tag{372.4}$$

Mit $\bar{\underline{B}}=|\bar{\underline{\beta}}_1,\ldots,\bar{\underline{\beta}}_p|$ erhält man weiter

$$\bar{\underline{B}} = (\underline{X}'\underline{X})^{-}\underline{X}'\underline{Y} \quad \text{oder} \quad \bar{\underline{\beta}}_i = (\underline{X}'\underline{X})^{-}\underline{X}'\underline{y}_i \tag{372.5}$$

in Übereinstimmung mit (331.3). Bezeichnet man mit $\hat{\underline{B}}$ die beste lineare erwartungstreue Schätzung der Matrix $\underline{B}$ der Parametervektoren, dann gilt für Modelle mit vollem Rang wegen (153.22) und (322.9) $\bar{\underline{B}}=\hat{\underline{B}}$ mit $\hat{\underline{B}}=|\hat{\underline{\beta}}_1,\ldots,\hat{\underline{\beta}}_p|$.

Die Schätzung $\bar{\underline{B}}$ aus (372.5) bedeutet wegen (331.4) die Schätzung nach der Methode (313.1) der kleinsten Quadrate. Folglich wird die quadratische Form $S(\text{vec}\underline{B})$, die sich (323.1) entsprechend aus (371.3) zu $S(\text{vec}\underline{B})=(\text{vec}(\underline{Y}-\underline{X}\underline{B}))'(\underline{\Sigma}\otimes\underline{I}_n)^{-1}\text{vec}(\underline{Y}-\underline{X}\underline{B})$ und mit (131.27) und (137.7) zu

$$S(\text{vec}\underline{B}) = \text{sp}((\underline{Y}-\underline{X}\underline{B})\underline{\Sigma}^{-1}(\underline{Y}-\underline{X}\underline{B})') \tag{372.6}$$

ergibt, für $\bar{\underline{B}}=\underline{B}$ minimal.

Sind die Beobachtungen normalverteilt, so daß für $\text{vec}\underline{Y}$ die Verteilung (371.5) gilt, ergibt sich aus (314.1) und (251.1) die Likelihoodfunktion $L(\text{vec}\underline{Y};\underline{B},\underline{\Sigma})$ mit den unbekannten Matrizen $\underline{B}$ und $\underline{\Sigma}$

$$L(\text{vec}\underline{Y};\underline{B},\underline{\Sigma}) = (2\pi)^{-np/2}\det(\underline{\Sigma}\otimes\underline{I}_n)^{-1/2}$$

$$\exp(-(\text{vec}(\underline{Y}-\underline{X}\underline{B}))'(\underline{\Sigma}\otimes\underline{I}_n)^{-1}(\text{vec}(\underline{Y}-\underline{X}\underline{B}))/2)$$

Mit $\det(\underline{\Sigma}\otimes\underline{I}_n)^{1/2}=\det\underline{\Sigma}^{n/2}$ [Anderson 1958, S.348] und (137.7) folgt dann die Likelihoodfunktion

$$L(\text{vec}\underline{Y};\underline{B},\underline{\Sigma}) = \frac{1}{(2\pi)^{\frac{np}{2}}(\det\underline{\Sigma})^{\frac{n}{2}}}\exp\ \text{sp}(-\tfrac{1}{2}(\underline{Y}-\underline{X}\underline{B})\underline{\Sigma}^{-1}(\underline{Y}-\underline{X}\underline{B})') \tag{372.7}$$

Zur Maximum-Likelihood-Schätzung (314.2) von $\underline{B}$ ist abgesehen vom Faktor 1/2 die mit (372.6) identische quadratische Form zu minimieren, so daß auch identische Schätzwerte $\bar{\underline{B}}$ für $\underline{B}$ folgen.

373 Schätzung der Kovarianzmatrix

Wie im univariaten Modell erhält man die Schätzung $\hat{\sigma}_i^2$ der Varianz σ_i^2 der Gewichtseinheit nach (331.12) zu

$$\hat{\sigma}_i^2 = \frac{1}{n-q}(\underline{X}\bar{\underline{\beta}}_i-\underline{y}_i)'(\underline{X}\bar{\underline{\beta}}_i-\underline{y}_i) \quad \text{für} \quad i\in\{1,\ldots,p\} \tag{373.1}$$

Entsprechend läßt sich auch die Kovarianz σ_{ij} schätzen, so daß man erhält

$$\hat{\sigma}_{ij} = \frac{1}{n-q}(\underline{X}\bar{\underline{\beta}}_i-\underline{y}_i)'(\underline{X}\bar{\underline{\beta}}_j-\underline{y}_j) \quad \text{für} \quad i,j\in\{1,\ldots,p\} \tag{373.2}$$

oder mit $\hat{\underline{\Sigma}}=(\hat{\sigma}_{ij})$ und der p×p Matrix $\underline{\Omega}$

$$\hat{\underline{\Sigma}} = \frac{1}{n-q}\underline{\Omega} \quad \text{mit} \quad \underline{\Omega} = (\underline{X}\bar{\underline{B}}-\underline{Y})'(\underline{X}\bar{\underline{B}}-\underline{Y}) \tag{373.3}$$

Somit wird die Kovarianzmatrix $\underline{\Sigma}$ mit Hilfe der quadratischen und bilinearen Formen der Residuen geschätzt.

Die Schätzung (373.3) ist erwartungstreu, denn mit $\underline{\Omega}=(\omega_{ij})$ und (331.7) folgt

$$\omega_{ij} = \underline{y}_i'(\underline{I}-\underline{X}(\underline{X}'\underline{X})^-\underline{X}')\underline{y}_j \tag{373.4}$$

und mit (271.1) und (371.1)

$$E(\omega_{ij}) = \sigma_{ij}\operatorname{sp}(\underline{I}-\underline{X}(\underline{X}'\underline{X})^-\underline{X}') + \underline{\beta}_i'\underline{X}'(\underline{I}-\underline{X}(\underline{X}'\underline{X})^-\underline{X}')\underline{X}\underline{\beta}_j$$

sowie schließlich wegen (152.3), (153.4) und (153.5)

$$E(\omega_{ij}) = \sigma_{ij}(n-q) \tag{373.5}$$

Eine nicht erwartungstreue Schätzung der Kovarianzmatrix $\underline{\Sigma}$ aus den quadratischen und bilinearen Formen der Residuen, die der Schätzung (331.6) im univariaten Modell entspricht, erhält man mit der Maximum-Likelihood-Methode (314.2). Wie in (324.3) wird $\ln L(\operatorname{vec}\underline{Y};\underline{B},\underline{\Sigma})$ anstelle von $L(\operatorname{vec}\underline{Y};\underline{B},\underline{\Sigma})$ aus (372.7) nach $\underline{\Sigma}$ differenziert. Mit (136.14), (137.3) und $\underline{\Sigma}^{-1}=\underline{S}$ erhält man $\ln L(\operatorname{vec}\underline{Y};\underline{B},\underline{S}^{-1})=-\frac{np}{2}\ln(2\pi)+\frac{n}{2}\ln\det\underline{S}-\frac{1}{2}\operatorname{sp}(\underline{S}(\underline{Y}-\underline{X}\underline{B})'(\underline{Y}-\underline{X}\underline{B}))$ sowie mit (172.3) und (172.4) $\partial\ln L(\operatorname{vec}\underline{Y};\underline{B},\underline{S}^{-1})/\partial\underline{S}=\frac{n}{2}\underline{S}^{-1}-\frac{1}{2}(\underline{Y}-\underline{X}\underline{B})'(\underline{Y}-\underline{X}\underline{B})=\underline{0}$, woraus mit (372.5) und (373.3) die nicht erwartungstreue Schätzung $\bar{\underline{\Sigma}}$ von $\underline{\Sigma}$ folgt,

$$\bar{\underline{\Sigma}} = \frac{1}{n}\underline{\Omega} \tag{373.6}$$

Die Matrizen $\underline{\Omega}$ und $\bar{\underline{\Sigma}}$ sowie $\hat{\underline{\Sigma}}$ aus (373.3) können wegen $p\leq n$ als positiv definit angenommen werden, da unter der Voraussetzung normalverteilter Beobachtungen die Matrix $\underline{\Omega}$ mit der Wahrscheinlichkeit Null positiv semidefinit wird, wie im Zusammenhang mit (412.5) gezeigt wird.

Es soll noch bewiesen werden, daß die Schätzung $\hat{\underline{\Sigma}}$ nach (373.3) der Kovarianzmatrix $\underline{\Sigma}$ auch als Varianz- und Kovarianzkomponentenschätzung nach (362.12) abgeleitet werden kann, so daß $\hat{\underline{\Sigma}}$ nicht nur eine erwartungstreue Schätzung, wie bereits mit (373.5) gezeigt wurde, und eine invariante Schätzung, was aus (373.4) mit (153.5) und (361.6) folgt, sondern unter der Voraussetzung der Normalverteilung (371.5) für die Beobachtungen $\operatorname{vec}\underline{Y}$ auch eine beste Schätzung darstellt. Diese Eigenschaft war für die Schätzung der Varianz der Gewichtseinheit im univariaten Modell mit (364.5) gezeigt worden. Zum Beweis wird das multivariate Modell (371.3) in das univariate Modell (372.1) umgeschrieben und die Kovarianzmatrix $\underline{\Sigma}$ für das Modell (361.3) der Varianz- und Kovarianzkomponentenschätzung dargestellt durch

$$\underline{\Sigma} = \sigma_1^2\alpha_1^2\underline{e}_1\underline{e}_1' + \sigma_{12}\alpha_{12}(\underline{e}_1\underline{e}_2'+\underline{e}_2\underline{e}_1')+\ldots+\sigma_p^2\alpha_p^2\underline{e}_p\underline{e}_p' \qquad (373.7)$$

wobei die p×1 Vektoren $\underline{e}_i$ mit $\underline{e}_i=|0,\ldots,0,1,0,\ldots,0|'$ als i-te Komponente den Wert Eins erhalten. Für die Kovarianzmatrix $D(\text{vec}\underline{Y})$ in (372.1) ergibt sich dann wegen (131.24) entsprechend (361.3)

$$\begin{aligned} D(\text{vec}\underline{Y}) = \underline{\Sigma}\otimes\underline{I}_n &= \sigma_1^2\alpha_1^2\underline{T}_1 + \sigma_{12}\alpha_{12}\underline{T}_2+\ldots+\sigma_p^2\alpha_p^2\underline{T}_k \\ &= \sigma_1^2\underline{V}_1 + \sigma_{12}\underline{V}_2+\ldots+\sigma_p^2\underline{V}_k \end{aligned} \qquad (373.8)$$

mit $k=p(p+1)/2$ sowie $\underline{V}_l=\alpha_{ij}(\underline{e}_i\underline{e}_j')\otimes\underline{I}_n$ für $i=j$ und $\alpha_i^2=\alpha_{ii}$ sowie $\underline{V}_l=\alpha_{ij}(\underline{e}_i\underline{e}_j'+\underline{e}_j\underline{e}_i')\otimes\underline{I}_n$ für $i\neq j$. Allgemein gelte

$$\underline{V}_l=\alpha_{ij}\underline{E}_{ij}\otimes\underline{I}_n \text{ mit } \underline{E}_{ij}=\underline{e}_i\underline{e}_j' \text{ für } i=j \text{ und } \underline{E}_{ij}=\underline{e}_i\underline{e}_j'+\underline{e}_j\underline{e}_i' \text{ für } i\neq j \qquad (373.9)$$

Bei der Schätzung der Varianz- und Kovarianzkomponenten wird $\sigma_i^2=\sigma_{ij}=1$ gesetzt, so daß mit (361.9) folgt

$$\underline{\Sigma}_o\otimes\underline{I}_n = \sum_{l=1}^{k}\underline{V}_l \qquad (373.10)$$

Die Matrix $\underline{W}$ in (362.3) ergibt sich dann mit (372.1) zu $\underline{W}=(\underline{\Sigma}_o\otimes\underline{I}_n)^{-1}-(\underline{\Sigma}_o\otimes\underline{I}_n)^{-1}(\underline{I}_p\otimes\underline{X})((\underline{I}_p\otimes\underline{X})'(\underline{\Sigma}_o\otimes\underline{I}_n)^{-1}(\underline{I}_p\otimes\underline{X}))^-(\underline{I}_p\otimes\underline{X})'(\underline{\Sigma}_o\otimes\underline{I}_n)^{-1}$ oder mit (131.23) bis (131.27) und mit (372.2)

$$\underline{W} = \underline{\Sigma}_o^{-1}\otimes\underline{R} \text{ mit } \underline{R}=\underline{I}_n-\underline{X}(\underline{X}'\underline{X})^-\underline{X}' \qquad (373.11)$$

Hiermit folgt $\underline{W}\underline{V}_l\underline{W}=\alpha_{ij}\underline{\Sigma}_o^{-1}\underline{E}_{ij}\underline{\Sigma}_o^{-1}\otimes\underline{R}$ und damit die l-te Komponente q_l des Vektors $\underline{q}$ in (362.5)

$$q_l = (\text{vec}\underline{Y})'(\alpha_{ij}\underline{\Sigma}_o^{-1}\underline{E}_{ij}\underline{\Sigma}_o^{-1}\otimes\underline{R})\text{vec}\underline{Y} \qquad (373.12)$$

Weiter erhält man ein Element s_{lm} der Matrix $\underline{S}$ in (362.9) zu $sp(\underline{W}\underline{V}_l\underline{W}\underline{V}_m)=sp(\alpha_{ij}\alpha_{oq}\underline{\Sigma}_o^{-1}\underline{E}_{ij}\underline{\Sigma}_o^{-1}\underline{E}_{oq}\otimes\underline{R})$ oder mit (331.10)

$$sp(\underline{W}\underline{V}_l\underline{W}\underline{V}_m) = (n-q)sp(\alpha_{ij}\alpha_{oq}\underline{\Sigma}_o^{-1}\underline{E}_{ij}\underline{\Sigma}_o^{-1}\underline{E}_{oq}) \qquad (373.13)$$

Die Elemente $\hat{\sigma}_{ij}$ der Matrix $\hat{\underline{\Sigma}}$ ergeben sich mit (373.3), (373.4) und (373.11) aus $\underline{y}_i'\underline{R}\underline{y}_j/(n-q)$. Bei der Varianz- und Kovarianzkomponentenschätzung werden jedoch wegen der in (373.7) eingeführten Näherungswerte α_{ij} die Verhältnisse σ_{ij}/α_{ij} geschätzt, so daß $\hat{\sigma}_{ij}=\underline{y}_i'\underline{R}\underline{y}_j/\alpha_{ij}(n-q)$ zu setzen ist. Mit der in (373.9) eingeführten Matrix $\underline{E}_{ij}$ ergibt sich dann wegen (131.22)

$$\hat{\sigma}_{ij} = \frac{1}{n-q}(\text{vec}\underline{Y})'\left(\frac{\underline{E}_{ij}}{(2-\delta_{ij})\alpha_{ij}}\otimes\underline{R}\right)\text{vec}\underline{Y} \text{ mit } \delta_{ij}=\begin{cases}1 \text{ für } i=j\\ 0 \text{ für } i\neq j\end{cases} \qquad (373.14)$$

Faßt man die Schätzwerte $\hat{\sigma}_{ij}$ im Vektor $\hat{\underline{\sigma}}$ zusammen, so soll jetzt gezeigt werden, daß sie die aus (362.9) folgende Gleichung $\underline{S}\hat{\underline{\sigma}}=\underline{q}$ erfüllen. Aus der Multiplikation von $\hat{\underline{\sigma}}$ mit der l-ten Zeile von $\underline{S}$, die durch die Indizes (i,j) in (373.13) bestimmt ist, ergibt sich mit (137.3), (137.7) und (373.12)

$$\sum_{o=1}^{p}\sum_{\substack{q=1\\o\le q}}^{p} sp(\alpha_{ij}\alpha_{oq}\underline{\Sigma}_o^{-1}\underline{E}_{ij}\underline{\Sigma}_o^{-1}\underline{E}_{oq})((vec\underline{Y})'\frac{\underline{E}_{oq}}{(2-\delta_{oq})\alpha_{oq}}\otimes\underline{R})vec\underline{Y})$$

$$=\sum_{o\le q}\sum sp(\alpha_{ij}\underline{\Sigma}_o^{-1}\underline{E}_{ij}\underline{\Sigma}_o^{-1}\underline{E}_{oq})sp(\underline{Y}'\underline{R}\underline{Y}\frac{\underline{E}_{oq}}{2-\delta_{oq}})$$

$$=\sum_{o\le q}\sum\alpha_{ij}(2-\delta_{oq})\underline{e}_q'\underline{\Sigma}_o^{-1}\underline{E}_{ij}\underline{\Sigma}_o^{-1}\underline{e}_o\underline{e}_q'\underline{Y}'\underline{R}\underline{Y}\underline{e}_o$$

$$=sp(\alpha_{ij}\underline{\Sigma}_o^{-1}\underline{E}_{ij}\underline{\Sigma}_o^{-1}\sum_{o=1}^{p}\sum_{q=1}^{p}\underline{e}_o\underline{e}_q'\underline{Y}'\underline{R}\underline{Y}\underline{e}_o\underline{e}_q')$$

$$=sp(\alpha_{ij}\underline{\Sigma}_o^{-1}\underline{E}_{ij}\underline{\Sigma}_o^{-1}\underline{Y}'\underline{R}\underline{Y})=(vec\underline{Y})'(\alpha_{ij}\underline{\Sigma}_o^{-1}\underline{E}_{ij}\underline{\Sigma}_o^{-1}\otimes\underline{R})vec\underline{Y}=q_l$$

Die Gleichung $\underline{S}\hat{\underline{\sigma}}=\underline{q}$ ist unabhängig von den in (373.14) eingeführten Näherungswerten α_{ij} erfüllt und die Gleichung (362.4) mit entsprechenden p_j für alle Werte λ_i, da $\hat{\underline{\sigma}}$ wegen (373.5) erwartungstreu geschätzt wird, so daß $\hat{\underline{\Sigma}}$ aus (373.3) eine gleichmäßig beste invariante quadratische erwartungstreue Schätzung darstellt.

Abschließend sollen noch unter der Annahme der Normalverteilung (371.5) für die Beobachtungen $vec\underline{Y}$ die Varianzen der Schätzwerte $\hat{\sigma}_i^2$ und $\hat{\sigma}_{ij}$ berechnet werden. Mit (271.2) und (371.6) folgt für die Varianz von ω_{ii} aus (373.4) $V(\omega_{ii})=V(\underline{y}_i'\underline{R}\underline{y}_i)=2(\sigma_i^2)^2 sp\underline{R}^2+4\sigma_i^2\underline{\beta}_i'\underline{X}'\underline{R}^2\underline{X}\underline{\beta}_i$ und wegen (162.3) und (331.10) $V(\omega_{ii})=2(\sigma_i^2)^2(n-q)$. Mit (233.2) und (373.3) ergibt sich dann

$$V(\hat{\sigma}_i^2)=2(\sigma_i^2)^2/(n-q) \tag{373.15}$$

Für die mit der geschätzten Varianz $\hat{\sigma}_i^2$ berechnete Varianz $\hat{V}(\hat{\sigma}_i^2)$ gilt

$$\hat{V}(\hat{\sigma}_i^2)=2(\hat{\sigma}_i^2)^2/(n-q) \tag{373.16}$$

Zur Bestimmung der Varianz von $\hat{\sigma}_{ij}$ ist nach (373.4) und (373.11) $V(\omega_{ij})=V(\underline{y}_i'\underline{R}\underline{y}_j)$ zu berechnen. Mit (373.5) folgt wegen (232.5) $V(\omega_{ij})=E((\omega_{ij}-\sigma_{ij}(n-q))^2)$ und daher

$$V(\omega_{ij})=E(\omega_{ij}^2)-\sigma_{ij}^2(n-q)^2 \tag{373.17}$$

Es muß jetzt $E(\omega_{ij}^2)$ bestimmt werden, wozu die Vektoren

$$\underline{e}=|\underline{e}_i',\underline{e}_j'|' \quad\text{mit}\quad \underline{e}_i=\underline{X}\underline{\beta}_i-\underline{y}_i \quad\text{und}\quad \underline{e}_j=\underline{X}\underline{\beta}_j-\underline{y}_j \tag{373.18}$$

definiert werden. Dann gilt wegen (153.5) $E(\omega_{ij}^2)=E(((\underline{X}\beta_i-\underline{e}_i)'\underline{R}(\underline{X}\beta_j-\underline{e}_j))^2)=E(\underline{e}_i'\underline{R}\underline{e}_j\underline{e}_i'\underline{R}\underline{e}_j)$. Mit $\underline{R}=(r_{kl})$, $\underline{e}_i=(e_{ki})$ und $\underline{e}_j=(e_{lj})$ ergibt sich hierfür

$$E(\omega_{ij}^2) = \sum_{k=1}^{n}\sum_{l=1}^{n}\sum_{o=1}^{n}\sum_{p=1}^{n} r_{kl}r_{op}E(e_{ki}e_{lj}e_{oi}e_{pj}) \qquad (373.19)$$

Den Erwartungswert $E(e_{ki}e_{lj}e_{oi}e_{pj})$ erhält man wie im Beispiel des Kapitels 252. Wegen (371.5) folgt mit (253.1) für die Verteilung des Vektors $|\underline{y}_i',\underline{y}_j'|'$

$$\begin{vmatrix}\underline{y}_i\\ \underline{y}_j\end{vmatrix} \sim N(\begin{vmatrix}\underline{X}\beta_i\\ \underline{X}\beta_j\end{vmatrix}, \begin{vmatrix}\sigma_i^2\underline{V} & \sigma_{ij}\underline{V}\\ \sigma_{ji}\underline{V} & \sigma_j^2\underline{V}\end{vmatrix})$$

in der zur Vereinfachung der folgenden Ableitung anstelle der Einheitsmatrix $\underline{I}_n$ die n×n positiv definite Matrix $\underline{V}$ eingeführt wurde. Für den Vektor $\underline{e}$ in (373.18) gilt dann wegen (255.1)

$$\underline{e} = \begin{vmatrix}\underline{e}_i\\ \underline{e}_j\end{vmatrix} \sim N(\begin{vmatrix}\underline{0}\\ \underline{0}\end{vmatrix}, \begin{vmatrix}\sigma_i^2\underline{V} & \sigma_{ij}\underline{V}\\ \sigma_{ji}\underline{V} & \sigma_j^2\underline{V}\end{vmatrix})$$

so daß mit den beiden n×1 Vektoren $\underline{t}_i$ und $\underline{t}_j$ und mit $\underline{t}=|\underline{t}_i',\underline{t}_j'|'$ die momenterzeugende Funktion der Verteilung von $\underline{e}$ sich aus (252.1) ergibt zu

$$M_{\underline{e}}(\underline{t}) = \exp(\frac{1}{2}|\underline{t}_i',\underline{t}_j'|\begin{vmatrix}\sigma_i^2\underline{V} & \sigma_{ij}\underline{V}\\ \sigma_{ji}\underline{V} & \sigma_j^2\underline{V}\end{vmatrix}\begin{vmatrix}\underline{t}_i\\ \underline{t}_j\end{vmatrix})$$

$$= \exp(\frac{1}{2}(\sigma_i^2\underline{t}_i'\underline{V}\underline{t}_i+2\sigma_{ij}\underline{t}_i'\underline{V}\underline{t}_j+\sigma_j^2\underline{t}_j'\underline{V}\underline{t}_j))$$

Mit $\underline{t}_i=(t_{ki})$, $\underline{t}_j=(t_{lj})$ und $\underline{V}=(v_{ij})$ folgt durch Differentiation von $M_{\underline{e}}(\underline{t})$ nach t_{ki}, t_{lj}, t_{oi} und t_{pj} entsprechend der Herleitung für (252.8)

$$E(e_{ki}e_{lj}e_{oi}e_{pj}) = \sigma_{ij}^2 v_{kl}v_{op} + \sigma_i^2\sigma_j^2 v_{ko}v_{lp} + \sigma_{ij}^2 v_{lo}v_{kp} \qquad (373.20)$$

Dieses Ergebnis in (373.19) eingesetzt ergibt wie im Beweis zu (271.2)

$$E(\omega_{ij}^2) = \sigma_{ij}^2 sp(\underline{R}\underline{V})sp(\underline{R}\underline{V}) + \sigma_i^2\sigma_j^2 sp(\underline{R}\underline{V}\underline{R}\underline{V}) + \sigma_{ij}^2 sp(\underline{R}\underline{V}\underline{R}\underline{V})$$

und mit $\underline{V}=\underline{I}_n$ sowie (331.10) $E(\omega_{ij}^2)=\sigma_{ij}^2(n-q)^2+(\sigma_i^2\sigma_j^2+\sigma_{ij}^2)(n-q)$. Anstelle von (373.17) folgt dann

$$V(\omega_{ij}) = (\sigma_i^2\sigma_j^2+\sigma_{ij}^2)(n-q) \qquad (373.21)$$

Mit $\hat{\sigma}_{ij}=\omega_{ij}/(n-q)$ wegen (373.3) erhält man schließlich mit (233.2)

$$V(\hat{\sigma}_{ij}) = (\sigma_i^2\sigma_j^2+\sigma_{ij}^2)/(n-q) \qquad (373.22)$$

oder die mit den Schätzwerten der Varianzen und Kovarianzen berechnete Varianz $\hat{V}(\hat{\sigma}_{ij})$

$$\hat{V}(\hat{\sigma}_{ij}) = (\hat{\sigma}_i^2\hat{\sigma}_j^2+\hat{\sigma}_{ij}^2)/(n-q) \tag{373.23}$$

Zusammenfassend gilt der

Satz: Unter der Voraussetzung normalverteilter Beobachtungen existiert die gleichmäßig beste invariante quadratische erwartungstreue Schätzung $\hat{\sigma}_i^2$ und $\hat{\sigma}_{ij}$ der Varianzen σ_i^2 und Kovarianzen σ_{ij} im multivariaten Modell (371.1) stets, wobei die Schätzwerte durch (373.3) und ihre Varianzen $\hat{V}(\hat{\sigma}_i^2)$ und $\hat{V}(\hat{\sigma}_{ij})$ durch (373.16) und (373.23) gegeben sind. (373.24)

374 Numerische Berechnung der Schätzwerte und unvollständige multivariate Modelle

a) Numerische Berechnung der Schätzwerte

Für Modelle mit vollem Rang erfolgt die Berechnung der Schätzwerte $\hat{\underline{B}}$ der Parametermatrix $\underline{B}$ nach (372.5) in den Normalgleichungen $\underline{X}'\underline{X}\hat{\underline{B}}=\underline{X}'\underline{Y}$. Die Normalgleichungsmatrix $\underline{X}'\underline{X}$ braucht nur einmal reduziert beziehungsweise invertiert zu werden, so daß bei der Gaußschen Elimination (133.16) mit anschließender Rückrechnung (133.17) anstelle eines Vektors im univariaten Modell die Matrix $\underline{X}'\underline{Y}$ an die Normalgleichungsmatrix angehängt wird. Erweitert man die Matrix gleichzeitig um die Matrix $\underline{Y}'\underline{Y}$, ergibt sich (326.3) entsprechend mit der Gaußschen Elimination die Matrix $\underline{\Omega}$ der quadratischen und bilinearen Formen der Residuen, aus der nach (373.3) $\hat{\underline{\Sigma}}$ folgt. Man erhält mit (134.8)

$$\begin{vmatrix} \underline{I} & \underline{0} \\ -\underline{Y}'\underline{X}(\underline{X}'\underline{X})^{-1} & \underline{I} \end{vmatrix} \begin{vmatrix} \underline{X}'\underline{X} & \underline{X}'\underline{Y} \\ \underline{Y}'\underline{X} & \underline{Y}'\underline{Y} \end{vmatrix} = \begin{vmatrix} \underline{X}'\underline{X} & \underline{X}'\underline{Y} \\ \underline{0} & \underline{\Omega} \end{vmatrix} \tag{374.1}$$

denn es gilt $\underline{\Omega}=\underline{Y}'\underline{Y}-\underline{Y}'\underline{X}(\underline{X}'\underline{X})^{-1}\underline{X}'\underline{Y}$ wegen (373.4). Die Matrizen $\hat{\underline{B}},\underline{\Omega}$ und die zur Berechnung der Kovarianzmatrizen $D(\hat{\underline{\beta}}_i)$ und $D(\text{vec}\hat{\underline{B}})$ benötigte inverse Normalgleichungsmatrix $(\underline{X}'\underline{X})^{-1}$ lassen sich (326.4) entsprechend ebenfalls durch die Gaußsche Elimination gewinnen

$$\begin{vmatrix} \underline{I} & \underline{0} & \underline{0} \\ -\underline{Y}'\underline{X}(\underline{X}'\underline{X})^{-1} & \underline{I} & \underline{0} \\ -(\underline{X}'\underline{X})^{-1} & \underline{0} & \underline{I} \end{vmatrix} \begin{vmatrix} \underline{X}'\underline{X} & \underline{X}'\underline{Y} & \underline{I} \\ \underline{Y}'\underline{X} & \underline{Y}'\underline{Y} & \underline{0} \\ \underline{I} & \underline{0} & \underline{0} \end{vmatrix} = \begin{vmatrix} \underline{X}'\underline{X} & \underline{X}'\underline{Y} & \underline{I} \\ \underline{0} & \underline{\Omega} & -\hat{\underline{B}}' \\ \underline{0} & -\hat{\underline{B}} & -(\underline{X}'\underline{X})^{-1} \end{vmatrix} \tag{374.2}$$

Für Modelle mit nicht vollem Rang kann die Normalgleichungsmatrix entsprechend (333.7) oder (333.8) erweitert und (374.1) und (374.2) angewendet werden, sofern die Zeilen und Spalten derart angeordnet werden, daß keine Nullen auf der Diagonalen bei der Gaußschen Elimination auftreten, wie bereits bei (133.11) erläutert wurde. Das folgende

Beispiel wird nach dieser Methode berechnet. Soll das Umordnen der Zeilen und Spalten unterbleiben, ist mit (155.17) oder (155.23) zu arbeiten.

<u>Beispiel</u>: Um die Effekte einer ungünstigen und günstigen Geschäftslage auf die Preisgestaltung von Waren zu untersuchen, werden in drei Geschäften in ungünstiger Lage und in drei Geschäften in günstiger Lage die Preise von in den sechs Geschäften nahezu identischen Waren 1 und Waren 2 ermittelt. Die Waren 1 und Waren 2 seien repräsentativ für das allgemeine Warenangebot der Geschäfte. Damit liegt eine multivariate Einwegklassifikation vor. Der Faktor A, der die Geschäftslage repräsentiert, kommt in den beiden Stufen ungünstig und günstig vor. Die Preise der Waren 1 entsprechen dem 1.Merkmal und die der Waren 2 dem 2.Merkmal. Man erhält mit (342.1)

$$\underline{\bar{X}} = \begin{vmatrix} 1 & 0 & 1 \\ 1 & 0 & 1 \\ 1 & 0 & 1 \\ 0 & 1 & 1 \\ 0 & 1 & 1 \\ 0 & 1 & 1 \end{vmatrix}, \quad \underline{B} = \begin{vmatrix} \alpha_{11} & \alpha_{12} \\ \alpha_{21} & \alpha_{22} \\ \mu_1 & \mu_2 \end{vmatrix}, \quad \underline{\bar{y}}_1 = \begin{vmatrix} 1,40 \\ 1,50 \\ 1,55 \\ 2,60 \\ 2,40 \\ 2,50 \end{vmatrix}, \quad \underline{\bar{y}}_2 = \begin{vmatrix} 1,50 \\ 1,60 \\ 1,45 \\ 2,60 \\ 2,30 \\ 2,45 \end{vmatrix}$$

worin $\underline{\bar{X}}$ die Versuchsplanmatrix, $\underline{B}$ die Matrix der unbekannten Parameter $\alpha_{1i}, \alpha_{2i}, \mu_i$ mit $i \in \{1,2\}$, $\underline{\bar{y}}_1$ die Preise der Ware 1 und $\underline{\bar{y}}_2$ die der Ware 2 in DM angeben. Die Streuung der Preise in der Dimension DM^2 infolge geringfügiger Abweichungen innerhalb der Waren 1 und der Waren 2 wird durch die folgende Kovarianzmatrix ausgedrückt

$$C(\underline{\bar{y}}_i, \underline{\bar{y}}_j) = \sigma_{ij} \begin{vmatrix} 0,01 & 0 & 0 & 0 & 0 & 0 \\ & 0,01 & 0 & 0 & 0 & 0 \\ & & 0,01 & 0 & 0 & 0 \\ & & & 0,04 & 0 & 0 \\ & & & & 0,04 & 0 \\ & & & & & 0,04 \end{vmatrix} \quad \text{für} \quad i,j \in \{1,2\}$$

Für die Parameterschätzung liegt damit das Modell (371.2) vor, das durch die Transformation (321.4) auf das Modell (371.1) zurückgeführt wird, wobei $\underline{G}'$ in (321.4) und damit $\underline{X}$, $\underline{y}_1$ und $\underline{y}_2$ sich ergeben zu

$$\underline{G}' = \begin{vmatrix} 10 & 0 & 0 & 0 & 0 & 0 \\ 0 & 10 & 0 & 0 & 0 & 0 \\ 0 & 0 & 10 & 0 & 0 & 0 \\ 0 & 0 & 0 & 5 & 0 & 0 \\ 0 & 0 & 0 & 0 & 5 & 0 \\ 0 & 0 & 0 & 0 & 0 & 5 \end{vmatrix}, \quad \underline{X} = \begin{vmatrix} 10 & 0 & 10 \\ 10 & 0 & 10 \\ 10 & 0 & 10 \\ 0 & 5 & 5 \\ 0 & 5 & 5 \\ 0 & 5 & 5 \end{vmatrix}, \quad \underline{y}_1 = \begin{vmatrix} 14,0 \\ 15,0 \\ 15,5 \\ 13,0 \\ 12,0 \\ 12,5 \end{vmatrix}, \quad \underline{y}_2 = \begin{vmatrix} 15,0 \\ 16,0 \\ 14,5 \\ 13,0 \\ 11,5 \\ 12,25 \end{vmatrix}$$

Da die Versuchsplanmatrix $\underline{X}$ keinen vollen Spaltenrang besitzt, wird die Parameterschätzung, wie im Kapitel 343 erläutert, mittels der Pseudoinversen vorgenommen, die mit der Matrix $\underline{E}$ in (333.8) berechnet werden soll. Aus (343.5) folgt $\alpha_{1i} + \alpha_{2i} = 0$ für $i \in \{1,2\}$, so daß man erhält

$$\underline{E} = |1,1,0|$$

Die aus (333.8) sich ergebenden Normalgleichungen sollen nach (374.2) gelöst werden, so daß zur Vermeidung von Nullen auf der Diagonalen bei der Gaußschen Elimination der Multiplikator k_i, der nach (333.10) für die Restriktion $\alpha_{1i}+\alpha_{2i}=0$ erscheint, im Anschluß an die Parameter α_{1i} und α_{2i} in den Normalgleichungen aufgeführt wird. Man erhält

α_{1i}	α_{2i}	k_i	μ_i	1	2	$\underline{I}$			
300	0	1	300	445	455	1	0	0	0
	75	1	75	187,5	183,75	0	1	0	0
		0	0	0	0	0	0	1	0
			375	632,5	638,75	0	0	0	1
				1130,5	1134,875	0	0	0	0
					1142,562	0	0	0	0
						0	0	0	0
							0	0	0
								0	0
									0

Nach vier Eliminationsschritten, die wie im Beispiel des Kapitels 326 ablaufen, ergibt sich

1	2	$\underline{I}$			
1,666	0,583	0,5083	-0,5083	0,0	-1 9917
	2,292	0,4667	-0,4667	0,0	-1,9833
		-0,00417	0,00417	-0,5	0,00250
			-0,00417	-0,5	-0,00250
				0,0	0,50000
					-0,00417

Nach (374.2) folgt dann mit (373.3) und n-q=4

$$\hat{\underline{B}} = \begin{vmatrix} -0,51 & -0,47 \\ 0,51 & 0,47 \\ 1,99 & 1,98 \end{vmatrix}, \quad \underline{\Omega} = \begin{vmatrix} 1,666 & 0,583 \\ & 2,292 \end{vmatrix}, \quad \hat{\underline{\Sigma}} = \frac{1}{4}\,\underline{\Omega}$$

und daher

$$\hat{\sigma}_1^2 = 0,416; \quad \hat{\sigma}_{12} = 0,146; \quad \hat{\sigma}_2^2 = 0,573$$

sowie mit (373.16) und (373.23) die Standardabweichungen

$$(\hat{V}(\hat{\sigma}_1^2))^{1/2} = 0,29; \quad (\hat{V}(\hat{\sigma}_{12}))^{1/2} = 0,25; \quad (\hat{V}(\hat{\sigma}_2^2))^{1/2} = 0,41$$

Die Effekte der ungünstigen oder günstigen Lage bewirken also bei den Waren 1 eine Erniedrigung oder Erhöhung um DM 0,51 des Mittelwertes von DM 1,99 und bei den Waren 2 um DM 0,47 des Mittelwertes von DM 1,98. Weiter ergibt sich nach (374.2) wegen (333.6)

$$(\underline{X}'\underline{X})^+ = \begin{vmatrix} 0,00417 & -0,00417 & -0,00250 \\ & 0,00417 & 0,00250 \\ & & 0,00417 \end{vmatrix}$$

so daß (325.7) entsprechend die Kovarianzmatrizen $\hat{D}(\hat{\underline{\beta}}_i)=\hat{\sigma}_i^2(\underline{X}'\underline{X})^+$ und mit (372.4) $\hat{C}(\hat{\underline{\beta}}_i,\hat{\underline{\beta}}_j)=\hat{\sigma}_{ij}(\underline{X}'\underline{X})^+$ angebbar sind.

b) Unvollständige multivariate Modelle

Im multivariaten Modell (371.1) ist die Koeffizientenmatrix $\underline{X}$ für die p Beobachtungsvektoren $\underline{y}_i$ identisch, wobei die Vektoren $\underline{y}_i$ vollständig gegeben sein müssen. Sind zum Beispiel durch Änderungen im Beobachtungsprogramm bei Wiederholungsmessungen oder durch den Ausfall von Messungen diese Voraussetzungen nicht erfüllt, liegt ein unvollständiges multivariates Modell vor. Auch dann wird man in manchen Fällen durch eine Transformation der ursprünglichen Beobachtungen in abgeleitete Beobachtungen oder durch die Einführung einer kleineren Anzahl unbekannter Parameter ein Modell (371.1) erhalten können [Srivastava 1966; Roy,Gnanadesikan,Srivastava 1971, S.127]. Unterscheiden sich sämtliche Koeffizientenmatrizen voneinander, läßt sich die Kovarianzmatrix $\underline{\Sigma}$ zusammen mit den Parametervektoren $\underline{\beta}_i$ iterativ schätzen [Zellner 1963; Press 1972, S.219].

Allgemein sei ein unvollständiges multivariates Modell derart gegeben, daß weder die Dimensionen der Koeffizientenmatrizen noch die der Parameter- und Beobachtungsvektoren übereinstimmen, also

$$\underline{X}_i\underline{\beta}_i = E(\underline{y}_i) \quad \text{für} \quad i\in\{1,\ldots,p\} \qquad (374.3)$$

worin $\underline{X}_i$ die $n_i\times u_i$ Matrizen gegebener Koeffizienten, $\underline{\beta}_i$ die $u_i\times 1$ Vektoren fester, unbekannter Parameter und $\underline{y}_i$ die $n_i\times 1$ Zufallsvektoren der Beobachtungen bedeuten. Es seien k_{ij} Komponenten der Vektoren $\underline{y}_i$ und $\underline{y}_j$ für $i\neq j$ miteinander korreliert. Werden diese Komponenten durch Umordnen an den Anfang gestellt, so daß die Vektoren $\bar{\underline{y}}_i=|\bar{\underline{y}}'_{i1},\bar{\underline{y}}'_{i2}|'$ und $\bar{\underline{y}}_j=|\bar{\underline{y}}'_{j1},\bar{\underline{y}}'_{j2}|'$ erhalten werden, in denen $\bar{\underline{y}}_{i1}$ und $\bar{\underline{y}}_{j1}$ die korrelierten $k_{ij}\times 1$ Vektoren bedeuten, dann sei die Kovarianzmatrix $C(\bar{\underline{y}}_i,\bar{\underline{y}}_j)$ dem multivariaten Modell (371.1) entsprechend gegeben durch

$$C(\bar{\underline{y}}_i,\bar{\underline{y}}_j) = C\left(\begin{vmatrix}\bar{\underline{y}}_{i1}\\ \bar{\underline{y}}_{i2}\end{vmatrix}, \begin{vmatrix}\bar{\underline{y}}_{j1}\\ \bar{\underline{y}}_{j2}\end{vmatrix}\right) = \begin{vmatrix}\sigma_{ij}\underline{I}_{k_{ij}} & \underline{0}\\ \underline{0} & \underline{0}\end{vmatrix} \qquad (374.4)$$

Für die Kovarianzmatrix $D(\underline{y}_i)$ gelte wie in (371.1)

$$D(\underline{y}_i) = \sigma_i^2\underline{I}_{n_i} \qquad (374.5)$$

Anstelle der Einheitsmatrizen in (374.4) und (374.5) lassen sich dem Modell (371.2) entsprechend auch positiv definite Matrizen einführen.

Das multivariate Modell (374.3) wird in das univariate Modell umgeschrieben

$$\underline{X}\underline{\beta} = E(\underline{y}) \text{ mit } \underline{X} = \mathrm{diag}(\underline{X}_1,\ldots,\underline{X}_p),\ \underline{\beta} = |\underline{\beta}'_1,\ldots,\underline{\beta}'_p|',\ \underline{y} = |\underline{y}'_1,\ldots,\underline{y}'_p|' \qquad (374.6)$$

mit der Kovarianzmatrix $D(\underline{y})$, die nach (374.4) und (374.5) aufzubauen ist. In diesem Modell sind neben den Parametern $\underline{\beta}$ noch die Varianzen σ_i^2 und Kovarianzen σ_{ij} unbekannt, die als Varianz- und Kovarianzkomponenten zu interpretieren sind, so daß das Modell (361.3) vorliegt. Damit ist das unvollständige multivariate Modell (374.3) bis (374.5) auf das Gauß-Markoff-Modell (361.3) mit unbekannten Varianz- und Kovarianzkomponenten zurückgeführt worden.

375 Spezielles Modell zur Schätzung von Kovarianzmatrizen und Schätzung von Kovarianzen für stochastische Prozesse

Soll das multivariate Modell lediglich dazu dienen, die Kovarianzmatrix $\underline{\Sigma}$ in (371.4) der Merkmalsvektoren $\underline{z}_k$ zu schätzen, so wählt man zweckmäßig das folgende spezielle Modell. Die Parametervektoren $\underline{\beta}_i$ mit $i\in\{1,\ldots,p\}$ besitzen jeweils nur eine Komponente, so daß $\underline{\beta}_i=\beta_i$ folgt und die Matrix $\underline{X}$ mit $\underline{X}'=|1,\ldots,1|$ zu einem $n\times 1$ Vektor wird. Die Schätzwerte $\hat{\beta}_i$ von β_i ergeben sich dann aus (322.9) oder (372.5) als Mittelwerte der Beobachtungsvektoren $\underline{y}_i$ mit $\underline{y}_i=(y_{ki})$ für $k\in\{1,\ldots,n\}$ zu

$$\hat{\beta}_i = \frac{1}{n}\sum_{k=1}^{n} y_{ki} \quad \text{für} \quad i\in\{1,\ldots,p\} \tag{375.1}$$

und die Schätzung $\hat{\underline{\Sigma}}$ der Kovarianzmatrix $\underline{\Sigma}$ mit $\hat{\underline{\Sigma}}=(\hat{\sigma}_{ij})$ aus (373.2) zu

$$\hat{\sigma}_{ij} = \frac{1}{n-1}\sum_{k=1}^{n}(\hat{\beta}_i-y_{ki})(\hat{\beta}_j-y_{kj}) \quad \text{für} \quad i,j\in\{1,\ldots,p\} \tag{375.2}$$

Bei diesem speziellen Modell enthalten die Beobachtungsvektoren $\underline{y}_i$ insgesamt n Beobachtungen einer Messungsgröße oder eines Merkmals. Diese Beobachtungen müssen unkorreliert sein oder, wie mit (371.2) gezeigt wurde, für alle Vektoren $\underline{y}_i$ die gleiche Gewichtsmatrix besitzen. Die Vektoren $\underline{y}_i$ und $\underline{y}_j$ mit $i\neq j$ enthalten jeweils n Beobachtungen verschiedener Merkmale. Die Kovarianzen σ_{ij} ihrer Kovarianzmatrix $C(\underline{y}_i, \underline{y}_j)=\sigma_{ij}\underline{I}_n$ aus (371.1) wird mit (375.2) geschätzt. Die Wahl der beobachteten Merkmale wird sich danach richten, ob aufgrund des Experimentes oder physikalischen Meßvorganges Kovarianzen zwischen den verschiedenen Merkmalen zu erwarten sind. So können beispielsweise Wiederholungsmessungen, wie schon im Kapitel 371 erwähnt, unterschiedliche Merkmale repräsentieren, die infolge der Meßanordnung miteinander korreliert sind.

Für (356.7) und (356.15) wurden bereits Zufallsbeobachtungen erläutert, die Funktionen der Zeit oder eines Ortes sind. Sie stellen somit je nach der Dimension des Beobachtungsvektors Realisierungen eines eindimensionalen oder mehrdimensionalen stochastischen Prozesses dar [Lamperti 1977; Papoulis 1965, S.297]. Stochastische Prozesse bezeichnet man als stationär im Falle der Zeitabhängigkeit und homogen im Falle der Ortsabhängigkeit, wenn die Verteilungsfunktionen der Zufallsvariablen nicht von der Zeit oder vom Ort abhängen. Im Falle der Zeitabhängigkeit sind dann die Kovarianzen der Beobachtungen lediglich Funktionen der Zeitdifferenzen beziehungsweise Funktionen der Differenzen von Ortsvektoren im Falle der Ortsabhängigkeit. Ist ein eindimensionaler, von einem Ortsvektor abhängiger Prozeß homogen und isotrop, das heißt richtungsunabhängig [Jaglom 1959, S.66], so sind die Kovarianzen der Beobachtungen lediglich Funktionen der Längen der Ortsvektordifferenzen. Bei mehrdimensionalen homogenen isotropen Prozessen, die von einem Ortsvektor abhängen, ergibt sich die Taylor-Karman-Struktur der Kovarianzmatrix [Grafarend und Schaffrin 1979; Monin und Yaglom 1975, S.39]. Ist schließlich der stochastische Prozeß noch ergodisch [Gnedenko 1957, S.294; Papoulis 1965, S.327], lassen sich seine Realisierungen als Wiederholungsmessungen oder als Beobachtungen unterschiedlicher Merkmale interpretieren, so daß die Kovarianzen der Beobachtungen nach (375.2) geschätzt werden können.

Im Falle eines eindimensionalen und von der Zeit abhängigen Prozesses entspricht dann der Index i der Beobachtung y_{ki} in (375.2) dem Zeitpunkt t_i, der Index j von y_{kj} dem Zeitpunkt t_j, und der Index k bezeichnet die Beobachtungspaare y_{ki} und y_{kj}, über die nach (375.2) zu summieren ist und deren Zeitdifferenz durch $t_i - t_j = l\Delta t$ gegeben ist, wobei $l \in \{0,1,2,\ldots\}$ und Δt die Zeitdifferenz bedeutet, mit der die Beobachtungen bestimmt wurden. Liegen die Beobachtungen nicht in gleichen Zeitabständen vor, läßt sich die Zuordnung zu gleichen Zeitdifferenzen $t_i - t_j$ nur näherungsweise vornehmen. Die Schätzungen $\hat{\sigma}_{ij}$ ergeben sich nun als Funktionen $\hat{\sigma}(l\Delta t)$ der Zeitdifferenz $l\Delta t$

$$\hat{\sigma}_{ij} = \hat{\sigma}(l\Delta t) \quad \text{mit} \quad \hat{\sigma}_{ii} = \hat{\sigma}_{jj} = \hat{\sigma}(0) \quad \text{und} \quad l \in \{0,1,2,\ldots\} \tag{375.3}$$

Bei einem eindimensionalen homogenen isotropen Prozeß, der nur von einem Ortsvektor abhängt, beispielsweise bei einem durch die Schwärzungswerte einer Photographie definierten Prozeß, erhält man im Falle der Ergodizität die Schätzungen der Kovarianzen nach (375.3) als Funktion $\hat{\sigma}(l\Delta s)$ des Abstandes Δs zwischen zwei Beobachtungspunkten.

Da die Anzahl der Realisierungen stochastischer Prozesse nicht beliebig groß werden kann, nimmt mit wachsender Zeit- oder Entfernungsdifferenz die Anzahl der zu bildenden Beobachtungspaare ab. Die Schätzung nach (375.2) sieht jedoch vor, daß für die $p=l+1$ Zeit- oder Entfernungsdifferenzen $l\Delta t$ oder $l\Delta s$ die gleiche Anzahl n von Beobachtungspaaren zu verwenden ist, wobei wegen (371.1) $l+1 \leq n$ gelten muß. Bei der Schätzung von Kovarianzen stochastischer Prozesse nach (375.2) und (375.3) geht man aber auch so vor, daß man n gleich der maximal möglichen Anzahl der Beobachtungspaare setzt und fehlende Paare als Beobachtungen mit dem Wert Null einführt oder daß n mit der jeweils vorhandenen Anzahl der Beobachtungspaare identifiziert wird [Jenkins und Watts 1968, S.174].

Die nach (375.3) an diskreten Stellen geschätzten Funktionswerte lassen sich durch eine analytische Funktion, die Kovarianzfunktion, annähern, beispielsweise durch [Koch 1973]

$$\hat{\sigma}(m\Delta t) = \frac{\hat{\sigma}(0)}{1+(m\Delta t/a)^2} \quad \text{mit} \quad m \in \mathbb{R} \text{ und } 0 \leq m < \infty \qquad (375.4)$$

worin a eine Konstante bedeutet, durch deren Variation die Anpassung an (375.3) erfolgt. Die Größe $m_a = a/\Delta t$ heißt Halbwertsbreite der Kovarianzfunktion, da wegen $a = m_a \Delta t$ der Funktionswert $\hat{\sigma}(m_a\Delta t) = \hat{\sigma}(0)/2$ sich ergibt. Mit $m\Delta s$ in (375.4) erhält man die entsprechende Funktion für einen eindimensionalen ergodischen Prozeß, der nur von einem Ort abhängt.

Aus (375.4) lassen sich nun für beliebige Zeitdifferenzen $m\Delta t$ oder Entfernungsdifferenzen $m\Delta s$ die Kovarianzen berechnen, die für die im Kapitel 356 behandelte Prädiktion benötigt werden. Die mit (375.4) erzeugten Kovarianzmatrizen sind positiv definit, denn $\hat{\sigma}(m\Delta t)$ ist eine positiv definite Funktion [Gnedenko 1957, S.212], da (375.4) einen Spezialfall der charakteristischen Funktion der Laplace-Verteilung darstellt [Bähr und Richter 1975; Wenzel und Owtscharow 1975, S.243]. Ein Hypothesentest für die Annäherung von (375.3) durch (375.4) wird im Kapitel 426 behandelt.

376 Multivariates Modell mit Restriktionen

Wie im univariaten Modell mit (327.1) oder (334.1) und (334.2) erhält man für das multivariate Modell die

Definition: Gelten im multivariaten Gauß-Markoff-Modell (371.1) für die Parametervektoren $\underline{\beta}_i$ zusätzlich die Restriktionen $\underline{H}\underline{\beta}_i = \underline{w}_i$, wobei $\underline{H}$ eine $r\times u$ Matrix bekannter Koeffizienten mit $\underline{H}(\underline{X}'\underline{X})^-\underline{X}'\underline{X} = \underline{H}$ sowie $\mathrm{rg}\underline{H} = r \leq u$ und $\underline{w}_i$ bekannte $r\times 1$ Vektoren bedeuten, so bezeichnet man

$$\underline{X}\underline{\beta}_i = E(\underline{y}_i) \text{ mit } \underline{H}\underline{\beta}_i = \underline{w}_i \text{ und } C(\underline{y}_i,\underline{y}_j) = \sigma_{ij}\underline{I}_n \text{ für } i,j \in \{1,\ldots,p\}$$

als multivariates Gauß-Markoff-Modell mit Restriktionen. (376.1)

Faßt man die p Vektoren $\mathbf{w}_i$ in der r×p Matrix $\mathbf{W}$ zusammen, erhält man (371.3) entsprechend die folgende Formulierung des Modells (376.1)

$$\mathbf{X}\mathbf{B} = E(\mathbf{Y}) \quad \text{mit} \quad \mathbf{H}\mathbf{B} = \mathbf{W} \quad \text{und} \quad D(\text{vec}\mathbf{Y}) = \mathbf{\Sigma} \otimes \mathbf{I}_n \tag{376.2}$$

Wie schon im multivariaten Modell (371.1) unterscheidet sich die Schätzung der Parametervektoren $\boldsymbol{\beta}_i$ in (376.1) nicht von der Schätzung im univariaten Modell (327.1), (327.2) oder (334.1), so daß die Sätze (327.8), (327.13), (334.3) und (334.16) gelten. Um das zu zeigen, wird wie in (372.1) das multivariate Modell (376.2) in das folgende univariate Modell umgeschrieben

$$(\mathbf{I}_p \otimes \mathbf{X})\text{vec}\mathbf{B} = E(\text{vec}\mathbf{Y}) \quad \text{mit} \quad (\mathbf{I}_p \otimes \mathbf{H})\text{vec}\mathbf{B} = \text{vec}\mathbf{W} \quad \text{und} \quad D(\text{vec}\mathbf{Y}) = \mathbf{\Sigma} \otimes \mathbf{I}_n \tag{376.3}$$

Besitzt $\mathbf{X}$ beliebigen Rang, ergibt sich mit (131.23), (131.26), (131.27), (321.4) und (372.2) aus (334.4), falls $\text{vec}\tilde{\tilde{\mathbf{B}}}$ die Schätzung von $\text{vec}\mathbf{B}$ bedeutet

$$\begin{aligned}\text{vec}\tilde{\tilde{\mathbf{B}}} = {} & (\mathbf{\Sigma} \otimes (\mathbf{X}'\mathbf{X})^-)((\mathbf{\Sigma}^{-1} \otimes \mathbf{X}')\text{vec}\mathbf{Y} + {} \\ & (\mathbf{I}_p \otimes \mathbf{H}')((\mathbf{I}_p \otimes \mathbf{H})(\mathbf{\Sigma} \otimes (\mathbf{X}'\mathbf{X})^-)(\mathbf{I}_p \otimes \mathbf{H}'))^{-1}(\text{vec}\mathbf{W} - {} \\ & (\mathbf{I}_p \otimes \mathbf{H})(\mathbf{\Sigma} \otimes (\mathbf{X}'\mathbf{X})^-)(\mathbf{\Sigma}^{-1} \otimes \mathbf{X}')\text{vec}\mathbf{Y}))\end{aligned}$$

und folglich

$$\begin{aligned}\text{vec}\tilde{\tilde{\mathbf{B}}} = {} & (\mathbf{I}_p \otimes (\mathbf{X}'\mathbf{X})^-\mathbf{X}')\text{vec}\mathbf{Y} + (\mathbf{I}_p \otimes (\mathbf{X}'\mathbf{X})^-\mathbf{H}'(\mathbf{H}(\mathbf{X}'\mathbf{X})^-\mathbf{H}')^{-1})\text{vec}\mathbf{W} - {} \\ & (\mathbf{I}_p \otimes (\mathbf{X}'\mathbf{X})^-\mathbf{H}'(\mathbf{H}(\mathbf{X}'\mathbf{X})^-\mathbf{H}')^{-1}\mathbf{H}(\mathbf{X}'\mathbf{X})^-\mathbf{X}')\text{vec}\mathbf{Y}\end{aligned} \tag{376.4}$$

Mit $\tilde{\tilde{\mathbf{B}}} = |\tilde{\tilde{\boldsymbol{\beta}}}_1, \ldots, \tilde{\tilde{\boldsymbol{\beta}}}_p|$ ergibt sich hieraus

$$\tilde{\tilde{\mathbf{B}}} = (\mathbf{X}'\mathbf{X})^-(\mathbf{X}'\mathbf{Y} + \mathbf{H}'(\mathbf{H}(\mathbf{X}'\mathbf{X})^-\mathbf{H}')^{-1}(\mathbf{W} - \mathbf{H}(\mathbf{X}'\mathbf{X})^-\mathbf{X}'\mathbf{Y})) \tag{376.5}$$

in Übereinstimmung mit (334.4). Nach (334.9) bedeutet daher $\tilde{\tilde{\mathbf{B}}}$ die Schätzung nach der Methode der kleinsten Quadrate, die Maximum-Likelihood-Schätzung im Falle normalverteilter Beobachtungen und für Modelle mit vollem Rang mit $\tilde{\tilde{\mathbf{B}}} = \tilde{\mathbf{B}}$ und $\tilde{\mathbf{B}} = |\tilde{\boldsymbol{\beta}}_1, \ldots, \tilde{\boldsymbol{\beta}}_p|$ wegen (153.22) und (327.8) die beste lineare erwartungstreue Schätzung $\tilde{\mathbf{B}}$ von $\mathbf{B}$.

Die p×p Matrix $\mathbf{\Omega}_H$ der quadratischen und bilinearen Formen der Residuen ergibt sich (334.8) entsprechend zu

$$\mathbf{\Omega}_H = (\mathbf{X}\tilde{\tilde{\mathbf{B}}} - \mathbf{Y})'(\mathbf{X}\tilde{\tilde{\mathbf{B}}} - \mathbf{Y}) \tag{376.6}$$

und (334.11) entsprechend mit (372.5) und (373.3) zu

$$\mathbf{\Omega}_H = \mathbf{\Omega} + \mathbf{R} \quad \text{mit} \quad \mathbf{R} = (\mathbf{H}\hat{\mathbf{B}} - \mathbf{W})'(\mathbf{H}(\mathbf{X}'\mathbf{X})^-\mathbf{H}')^{-1}(\mathbf{H}\hat{\mathbf{B}} - \mathbf{W}) \tag{376.7}$$

Diese Beziehung gibt die Änderung der Matrix $\mathbf{\Omega}$ infolge der Einführung der Restriktionen $\mathbf{H}\mathbf{B} = \mathbf{W}$ an.

Mit Überlegungen, die denen entsprechen, die zu (334.15) und (373.5) führen, ergibt sich als erwartungstreue Schätzung $\tilde{\underline{\Sigma}}$ der Kovarianzmatrix $\underline{\Sigma}$ in (376.2)

$$\tilde{\underline{\Sigma}} = \frac{1}{n-q+r} \underline{\Omega}_H \qquad (376.8)$$

Für die Maximum-Likelihood-Schätzung $\bar{\bar{\underline{\Sigma}}}$ der Kovarianzmatrix $\underline{\Sigma}$ folgt (373.6) entsprechend

$$\bar{\bar{\underline{\Sigma}}} = \frac{1}{n} \underline{\Omega}_H \qquad (376.9)$$

Wie im Zusammenhang mit (412.8) gezeigt wird, ist unter der Voraussetzung normalverteilter Beobachtungen die Wahrscheinlichkeit gleich Null, daß die Matrix $\underline{\Omega}_H$ positiv semidefinit wird.

4 Hypothesenprüfung, Bereichsschätzung und Ausreißertest im Gauß-Markoff-Modell

Die im Abschnitt 3 behandelte Parameterschätzung liefert Schätzwerte für die unbekannten Parameter und mit Hilfe ihrer Varianzen und Kovarianzen Angaben über die Streuung der Schätzwerte um ihre Erwartungswerte und über die Abhängigkeiten zwischen den Schätzwerten. Im Hinblick auf die Varianzen und Kovarianzen sollen im folgenden noch zusätzliche Angaben gemacht werden, indem für mehrere Parameter der Bereich und für einen Parameter das Intervall bestimmt wird, in dem die unbekannten Parameter bei einer vorgegebenen Wahrscheinlichkeit liegen. Man bezeichnet dieses Problem als Bereichsschätzung.

Zuvor wird jedoch die Prüfung von Hypothesen behandelt, da sich optimale Eigenschaften der Hypothesenprüfung auf die Bereichsschätzung übertragen lassen. Die Hypothesenprüfung dient dazu, vorhandene Information über die unbekannten Parameter zu testen. Diese Information kann aus vorausgegangenen oder zusätzlichen Messungen stammen oder sich auf Vermutungen stützen. Die Hypothesen werden als lineare Funktionen der Parameter formuliert, da bereits die Parameterschätzung in linearen Modellen erfolgte. Das Ergebnis der Hypothesenprüfung besteht unter Vorgabe einer Fehlerwahrscheinlichkeit in der Annahme oder Ablehnung der Hypothese.

Schließlich soll in diesem Abschnitt noch das wichtige Problem gelöst werden, aus den Beobachtungen zur Parameterschätzung die grob verfälschten Werte, die sogenannten Ausreißer, in Abhängigkeit von einer vorgegebenen Fehlerwahrscheinlichkeit auszusortieren.

Die Hypothesenprüfung, die Bereichsschätzung und der Ausreißertest lassen sich bequem durchführen, wenn die Beobachtungen normalverteilt sind. Aufgrund des in Kapitel 241 erläuterten zentralen Grenzwertsatzes wird daher für die Beobachtungen in Übereinstimmung mit

(324.1) die Normalverteilung angenommen, so daß im folgenden zunächst die hieraus sich ergebenden Verteilungen abgeleitet werden. Verteilungsfreie Testverfahren, die ohne die Annahme bestimmter Verteilungen auskommen, für die aber die Prüfung allgemeiner linearer Hypothesen nicht möglich ist, werden in [Hollander und Wolfe 1973; Sachs 1978, S.224; Witting und Nölle 1970, S.97] behandelt.

Mit Hilfe des χ^2-Anpassungstests und des Kolmogoroff-Smirnow-Tests für die Güte der Anpassung [Sachs 1978, S.251 und 256; Witting und Nölle 1970, S.87 und 167] lassen sich empirische oder angenommene univariate Verteilungen mit theoretischen oder hypothetischen univariaten Verteilungen, beispielsweise der univariaten Normalverteilung vergleichen. Verallgemeinerungen auf multivariate Normalverteilungen befinden sich in [Andrews, Gnanadesikan und Warner 1973; Bell und Smith 1969; Witting und Nölle 1970, S.89]. Häufig wird mit diesen Tests die Annahme der Normalverteilung für die Beobachtungen bei Parameterschätzungen geprüft. Diese Vorgehensweise ist dann problematisch, wenn die Schätzwerte der Parameter dazu benutzt werden, um die theoretische Normalverteilung zu berechnen. Sind die Schätzwerte durch die im Kapitel 329 behandelten Modellabweichungen verfälscht, kann sich schon aus diesem Grund eine Abweichung von der Normalverteilung ergeben.

Die Hypothesenprüfung, die Bereichsschätzung und der Ausreißertest bleiben auf das Gauß-Markoff-Modell beschränkt, doch lassen sich wegen (352.4) der Ausreißertest und für die festen Parameter $\underline{\beta}$ die Hypothesenprüfung und Bereichsschätzung auch im gemischten Modell (352.1) anwenden. Da man diese Verfahren häufig in Gauß-Markoff-Modellen mit nicht vollem Rang einsetzt [Heck, Kuntz und Meier-Hirmer 1977; Hein 1978; Koch 1978 a; Mierlo 1979; Pelzer 1971], sollen im folgenden jene Modelle angenommen werden.

41 Verteilungen aufgrund normalverteilter Beobachtungen

411 Verteilungen von Funktionen der Residuen im univariaten Modell

Die Parameterschätzung sei im Gauß-Markoff-Modell (331.2) mit nicht vollem Rang vorgenommen worden, so daß mit der Annahme eines normalverteilten Beobachtungsvektors $\underline{y}$ aus (251.1) folgt

$$\underline{y} \sim N(\underline{X}\underline{\beta}, \sigma^2\underline{I}) \quad \text{mit} \quad \text{rg}\underline{X} = q < u \qquad (411.1)$$

Durch die Transformation (321.4) erhält man wieder die Ergebnisse für das Modell mit $D(\underline{y})=\sigma^2\underline{P}^{-1}$.

Für die Hypothesenprüfung und Bereichsschätzung benötigt man die Verteilungen der Quadratsummen der Residuen im Gauß-Markoff-Modell mit und ohne Restriktionen und für den Ausreißertest die Verteilung der durch ihre Varianzen dividierten Residuen.

a) Verteilung der Quadratsumme Ω der Residuen

Nach (331.7) gilt für die Quadratsumme Ω der Residuen $\Omega=\underline{y}'(\underline{I}-\underline{X}(\underline{X}'\underline{X})^-\underline{X}')\underline{y}$, worin $(\underline{X}'\underline{X})^-$ als generalisierte Inverse von $\underline{X}'\underline{X}$ wegen (153.8) durch $(\underline{X}'\underline{X})^-_{rs}$ aus (333.3), durch $(\underline{X}'\underline{X})^+$ aus (333.5) oder durch $(\underline{X}'\underline{X})^{-1}$ wegen (153.22) für Modelle mit vollem Rang ersetzt werden kann. Die Matrix $\underline{I}-\underline{X}(\underline{X}'\underline{X})^-\underline{X}'$ ist nach (162.3) ein orthogonaler Projektionsoperator, so daß das Produkt $(1/\sigma^2)(\underline{I}-\underline{X}(\underline{X}'\underline{X})^-\underline{X}')\sigma^2\underline{I}$ idempotent ist und nach (152.3) und (153.4) $rg(\underline{I}-\underline{X}(\underline{X}'\underline{X})^-\underline{X}')=n-sp((\underline{X}'\underline{X})^-\underline{X}'\underline{X})=n-rg((\underline{X}'\underline{X})^-\underline{X}'\underline{X})=n-q$ gilt. Mit (272.1) folgt dann für Ω/σ^2 die nichtzentrale χ'^2-Verteilung mit n-q Freiheitsgraden $\Omega/\sigma^2\sim\chi'^2(n-q,\lambda)$ mit dem Nichtzentralitätsparameter wegen (153.5) $\lambda=\underline{\beta}'\underline{X}'(\underline{I}-\underline{X}(\underline{X}'\underline{X})^-\underline{X}')\underline{X}\underline{\beta}/\sigma^2=0$. Hiermit folgt dann aus (262.1) die χ^2-Verteilung (261.1)

$$\Omega/\sigma^2 \sim \chi^2(n-q) \qquad (411.2)$$

b) Verteilung des Schätzwertes $\hat{\sigma}^2$ der Varianz σ^2 der Gewichtseinheit

Aus (331.12) und (411.2) folgt für $\hat{\sigma}^2$

$$(n-q)\hat{\sigma}^2/\sigma^2 \sim \chi^2(n-q) \qquad (411.3)$$

Es soll noch erwähnt werden, daß $\hat{\sigma}^2$ als quadratische Form des normalverteilten Beobachtungsvektors $\underline{y}$ unabhängig von der Schätzung $\hat{\alpha}$ einer schätzbaren Funktion α ist, die nach (332.7) als lineare Funktion von $\underline{y}$ gegeben ist, denn es gilt wegen (153.5) $\underline{a}'(\underline{X}'\underline{X})^-\underline{X}'(\underline{I}-\underline{X}(\underline{X}'\underline{X})^-\underline{X}')=\underline{0}$, so daß (274.1) wegen (152.8) anwendbar ist.

c) Verteilung der quadratischen Form R

Die quadratische Form R, um die die Quadratsumme Ω der Residuen durch die Einführung von Restriktionen im Gauß-Markoff-Modell anwächst, erhält man aus (334.11) zu $R=(\underline{H}\bar{\underline{\beta}}-\underline{w})'(\underline{H}(\underline{X}'\underline{X})^-\underline{H}')^{-1}(\underline{H}\bar{\underline{\beta}}-\underline{w})$, worin die Matrix $\underline{H}(\underline{X}'\underline{X})^-\underline{H}'$, wie für (334.3) bewiesen, positiv definit ist. Da $\underline{H}\underline{\beta}$ nach (334.2) schätzbare Funktionen darstellen, ergibt sich aus (255.1) mit (332.7) die Verteilung von $\underline{H}\bar{\underline{\beta}}-\underline{w}$ in R zu

$$\underline{H}\bar{\underline{\beta}} - \underline{w} \sim N(\underline{H}\underline{\beta}-\underline{w},\sigma^2\underline{H}(\underline{X}'\underline{X})^-\underline{H}') \qquad (411.4)$$

Die Matrix $(1/\sigma^2)(\underline{H}(\underline{X}'\underline{X})^-\underline{H}')^{-1}\sigma^2\underline{H}(\underline{X}'\underline{X})^-\underline{H}'=\underline{I}$ ist idempotent, und es gilt $rg(\underline{H}(\underline{X}'\underline{X})^-\underline{H}')=r$, so daß man mit (272.1) für die Verteilung von R/σ^2 erhält

$$R/\sigma^2 \sim \chi'^2(r,\lambda) \tag{411.5}$$

mit dem Nichtzentralitätsparameter

$$\lambda = \frac{1}{\sigma^2}(\underline{H}\underline{\beta}-\underline{w})'(\underline{H}(\underline{X}'\underline{X})^-\underline{H}')^{-1}(\underline{H}\underline{\beta}-\underline{w}) \tag{411.6}$$

d) Verteilung des Verhältnisses von R und Ω

Mit Hilfe von (273.1) soll nun gezeigt werden, daß die quadratischen Formen R und Ω voneinander unabhängig sind, so daß nach (264.1) die Verteilung ihres Verhältnisses angegeben werden kann. Setzt man (331.3) in (334.11) ein, ergibt sich $R=(\underline{H}(\underline{X}'\underline{X})^-\underline{X}'\underline{y}-\underline{w})'(\underline{H}(\underline{X}'\underline{X})^-\underline{H}')^{-1}(\underline{H}(\underline{X}'\underline{X})^-\underline{X}'\underline{y}-\underline{w})$. Da $\underline{H}$ vollen Zeilenrang besitzt, existiert nach (143.8) $(\underline{H}\underline{H}')^{-1}$, so daß $\underline{H}(\underline{X}'\underline{X})^-\underline{X}'\underline{y}-\underline{w}=\underline{H}(\underline{X}'\underline{X})^-\underline{X}'(\underline{y}-\underline{X}\underline{H}'(\underline{H}\underline{H}')^{-1}\underline{w})$ wegen (334.2) gilt. Hiermit erhält man für R

$$R = (\underline{y}-\underline{X}\underline{H}'(\underline{H}\underline{H}')^{-1}\underline{w})'\underline{X}((\underline{X}'\underline{X})^-)'\underline{H}'(\underline{H}(\underline{X}'\underline{X})^-\underline{H}')^{-1}$$
$$\underline{H}(\underline{X}'\underline{X})^-\underline{X}'(\underline{y}-\underline{X}\underline{H}'(\underline{H}\underline{H}')^{-1}\underline{w}) \tag{411.7}$$

Andrerseits läßt sich wegen (153.5) die quadratische Form Ω aus (331.7) umformen in

$$\Omega = (\underline{y}-\underline{X}\underline{H}'(\underline{H}\underline{H}')^{-1}\underline{w})'(\underline{I}-\underline{X}(\underline{X}'\underline{X})^-\underline{X}')(\underline{y}-\underline{X}\underline{H}'(\underline{H}\underline{H}')^{-1}\underline{w}) \tag{411.8}$$

Damit sind R und Ω als quadratische Formen des Vektors $\underline{y}-\underline{X}\underline{H}'(\underline{H}\underline{H}')^{-1}\underline{w}$ gegeben, der nach (255.1) und (411.1) mit der Kovarianzmatrix $\sigma^2\underline{I}$ normalverteilt ist. Da wegen (143.7) und (152.8) die Matrizen beider quadratischer Formen zumindest positiv semidefinit sind und wegen (153.5)

$$\sigma^2\underline{X}((\underline{X}'\underline{X})^-)'\underline{H}'(\underline{H}(\underline{X}'\underline{X})^-\underline{H}')^{-1}\underline{H}(\underline{X}'\underline{X})^-\underline{X}'(\underline{I}-\underline{X}(\underline{X}'\underline{X})^-\underline{X}') = \underline{O} \tag{411.9}$$

gilt, folgt nach (273.1) die Unabhängigkeit von R und Ω. Mit (411.2) und (411.5) ergibt sich dann aus (264.1) für das Verhältnis $(R/r)/(\Omega/(n-q))$ die nichtzentrale F-Verteilung mit r und n-q Freiheitsgraden und dem Nichtzentralitätsparameter λ aus (411.6)

$$\frac{R/r}{\Omega/(n-q)} \sim F'(r,n-q,\lambda) \quad \text{mit} \quad \lambda = \frac{1}{\sigma^2}(\underline{H}\underline{\beta}-\underline{w})'(\underline{H}(\underline{X}'\underline{X})^-\underline{H}')^{-1}(\underline{H}\underline{\beta}-\underline{w}) \tag{411.10}$$

e) Verteilung der studentisierten Residuen

Dividiert man die Residuen durch ihre Standardabweichungen, erhält man die <u>standardisierten Residuen</u>. Wird zur Berechnung der Standardabweichung die Wurzel aus der geschätzten Varianz $\hat{\sigma}^2$ der Gewichtseinheit benutzt, spricht man von <u>studentisierten Residuen</u>. Der Name rührt daher, daß geschätzte Parameter, die durch ihre mit $(\hat{\sigma}^2)^{1/2}$ berechneten Standardabweichungen dividiert werden, die Student-Verteilung besitzen, wie mit (423.2) bis (423.4) gezeigt wird. Die Verteilung der studentisierten Residuen soll jetzt abgeleitet werden.

Aus (331.5) und (331.10) folgen die Residuen $\hat{\underline{e}}$ und ihre Kovarianzmatrix $D(\hat{\underline{e}})$ im Gauß-Markoff-Modell (331.2) zu

$$-\hat{\underline{e}} = \underline{R}\underline{y} \quad \text{und} \quad D(\hat{\underline{e}}) = \sigma^2\underline{R} \quad \text{mit} \quad \underline{R} = \underline{I} - \underline{X}(\underline{X}'\underline{X})^-\underline{X}' \tag{411.11}$$

worin die Matrix $\underline{R}$ wegen (162.3) idempotent und symmetrisch ist. Mit der orthogonalen Matrix $\underline{C}$ mit $\underline{C}'\underline{C}=\underline{I}$ erhält man nach (152.6) für $\underline{R}$

$$\underline{C}'\underline{R}\underline{C} = \begin{vmatrix} \underline{I}_{n-q} & \underline{O} \\ \underline{O} & \underline{O} \end{vmatrix} \quad \text{oder} \quad \underline{R} = \underline{C}\begin{vmatrix} \underline{I}_{n-q} & \underline{O} \\ \underline{O} & \underline{O} \end{vmatrix}\underline{C}' = \underline{U}\underline{U}' \quad \text{mit} \quad \underline{U}'\underline{U} = \underline{I}_{n-q} \tag{411.12}$$

worin $\underline{U}'=|\underline{I}_{n-q},\underline{O}|\underline{C}'$ die Dimension $(n-q)\times n$ besitzt. Der $(n-q)\times 1$ Vektor $\underline{k}$ sei durch $\underline{k}=\underline{U}'\underline{y}$ definiert, so daß wegen (411.11) gilt

$$-\hat{\underline{e}} = \underline{U}\underline{k} \tag{411.13}$$

Der Vektor $\underline{k}$ besitzt wegen (255.1) und (411.1) die Verteilung $\underline{k}\sim N(\underline{U}'\underline{X}\underline{\beta}, \sigma^2\underline{U}'\underline{U})$. Wegen (162.3) folgt $\underline{R}\underline{X}=\underline{O}$ und mit (411.12) $\underline{U}\underline{U}'\underline{X}=\underline{O}$ sowie $\underline{U}'\underline{U}\underline{U}'\underline{X}=\underline{O}$, so daß $\underline{U}'\underline{X}=\underline{O}$ gilt und

$$\underline{k} \sim N(\underline{O},\sigma^2\underline{I}) \tag{411.14}$$

Es sei a_i der Quotient zweier quadratischer Formen des Vektors $\underline{k}$

$$a_i = \frac{(n-q-1)\underline{k}'\underline{A}_i\underline{k}/\sigma^2}{\underline{k}'\underline{B}_i\underline{k}/\sigma^2} \tag{411.15}$$

worin $\underline{B}_i=\underline{I}-\underline{A}_i$, $\underline{A}_i=(\underline{u}_i(\underline{u}_i'\underline{u}_i)^{-1}\underline{u}_i')$ mit $i\in\{1,\ldots,n\}$ und der $(n-q)\times 1$ Vektor $\underline{u}_i$ durch die i-te Spalte der Matrix $\underline{U}'$ gebildet wird. Die Matrix $\underline{A}_i$ ist idempotent, so daß mit (137.3) und (152.3) $\operatorname{rg}\underline{A}_i=\operatorname{sp}\underline{A}_i=1$ folgt. Wegen (152.4) ist dann auch $\underline{B}_i$ idempotent, und es gilt $\operatorname{rg}\underline{B}_i=n-q-1$. Nach (272.1) folgt damit $\underline{k}'\underline{A}_i\underline{k}/\sigma^2\sim\chi^2(1)$ und $\underline{k}'\underline{B}_i\underline{k}/\sigma^2\sim\chi^2(n-q-1)$. Weiter gilt $\underline{A}_i\underline{B}_i=\underline{A}_i(\underline{I}-\underline{A}_i)=\underline{O}$, so daß nach (152.8) und (273.1) die beiden quadratischen Formen in (411.15) voneinander unabhängig sind und mit (263.1) erhalten wird

$$a_i \sim F(1,n-q-1) \tag{411.16}$$

Definiert man die Größe τ_i^2 durch

$$\tau_i^2 = \frac{(n-q)a_i}{n-q-1+a_i} \tag{411.17}$$

erhält man mit $\underline{k}'\underline{B}_i\underline{k}=\underline{k}'\underline{k}-\underline{k}'\underline{A}_i\underline{k}$ aus (411.15)

$$\tau_i^2 = \frac{(n-q)\underline{k}'\underline{u}_i\underline{u}_i'\underline{k}}{(\underline{k}'\underline{k})(\underline{u}_i'\underline{u}_i)} = \frac{(n-q)(\underline{u}_i'\underline{k})^2}{(\underline{k}'\underline{k})(\underline{u}_i'\underline{u}_i)}$$

Mit $\hat{\underline{e}}=(\hat{e}_i)$ folgt aus (411.13) $-\hat{e}_i=\underline{u}_i'\underline{k}$ und mit $D(\hat{\underline{e}})=\sigma^2\underline{R}=\sigma^2(\sigma_{eij})$ aus (411.11) $\underline{u}_i'\underline{u}_i=\sigma_{eii}=\sigma_{ei}^2$. Weiter erhält man $\underline{k}'\underline{k}=\underline{y}'\underline{U}\underline{U}'\underline{y}=\Omega$ wegen (331.7) und $\underline{k}'\underline{k}/(n-q)=\hat{\sigma}^2$ wegen (331.12). Dann ergibt sich schließlich mit $\hat{\sigma}=(\hat{\sigma}^2)^{1/2}$

$$\tau_i^2 = \left(\frac{\hat{e}_i}{\hat{\sigma}\sigma_{ei}}\right)^2 \quad \text{für} \quad i\in\{1,\ldots,n\} \tag{411.18}$$

und folglich das Quadrat des studentisierten Residuums $\hat{e}_i$. Mit (411.16) und (411.17) erhält man

$$\frac{(n-q-1)\tau_i^2}{n-q-\tau_i^2} \sim F(1,n-q-1) \tag{411.19}$$

und mit entsprechenden Überlegungen, die von (286.5) nach (286.8) führten, für einen Wert τ_o

$$P\left(\left|\frac{\hat{e}_i}{\hat{\sigma}\sigma_{ei}}\right| < \tau_o\right) = F(F_o;\, 1,n-q-1) \quad \text{mit} \quad F_o = \frac{(n-q-1)\tau_o^2}{n-q-\tau_o^2} \tag{411.20}$$

Setzt man F_o gleich dem α-Fraktil (263.5) der F-Verteilung, ergibt sich die Größe τ_α, für die

$$P\left(\left|\frac{\hat{e}_i}{\hat{\sigma}\sigma_{ei}}\right| < \tau_\alpha\right) = \alpha \tag{411.21}$$

gilt, entsprechend (286.9) aus (411.17) zu

$$\tau_\alpha = \left(\frac{(n-q)F_{\alpha;1,n-q-1}}{n-q-1+F_{\alpha;1,n-q-1}}\right)^{1/2} \tag{411.22}$$

Während aus (411.20) die Verteilung eines studentisierten Residuums folgt, sind bei [Ellenberg 1973] die gemeinsame Verteilung von l studentisierten Residuen mit $l<n-q$ angegeben.

Im Gauß-Markoff-Modell (334.1) mit nicht vollem Rang und Restriktionen berechnen sich die studentisierten Residuen mit (334.6), (334.7) und (334.15) und ihre Verteilung aus (411.20) sowie τ_α aus (411.22), indem n-q+r anstelle von n-q Freiheitsgraden eingeführt werden. Wie in (327.28) gezeigt wurde, läßt sich nämlich das Gauß-Markoff-Modell mit Restriktionen als Grenzfall eines Gauß-Markoff-Modells ohne Restriktionen ansehen, in das die Restriktionen als Beobachtungen mit sehr kleinen Varianzen eingeführt werden.

412 Verteilung einer im multivariaten Modell geschätzten Kovarianzmatrix

Die Beobachtungen im multivariaten Modell (371.1) seien normalverteilt, so daß (371.5) gilt. Damit folgt, wie bereits im Zusammenhang mit (371.7) erwähnt, die Unabhängigkeit der p×1 Merkmalsvektoren $\underline{z}_k$ und

$$\underline{z}_k \sim N(\underline{B}'\underline{x}_k,\underline{\Sigma}) \quad \text{für} \quad k\in\{1,\ldots,n\} \tag{412.1}$$

Zunächst soll die Verteilung der Matrix $\underline{\Omega}$ der quadratischen und bilinearen Formen der Residuen abgeleitet werden. Um hierzu (285.1) anwenden zu können, wird das multivariate Modell (371.3) durch $\underline{\beta}=\underline{B}\underline{b}$ und $\underline{y}=\underline{Y}\underline{b}$, worin $\underline{b}$ einen p×1 Vektor von Konstanten bezeichnet, auf das univariate Modell

$$\underline{X}\underline{\beta} = E(\underline{y}) \quad \text{mit} \quad D(\underline{y}) = (\underline{b}'\underline{\Sigma}\underline{b})\underline{I} = \sigma_b^2\underline{I} \tag{412.2}$$

zurückgeführt, denn mit (131.22), (131.23), (131.26), (233.2) und (371.3) erhält man

$$D(\underline{y}) = D(\text{vec}\underline{Y}) = D((\underline{b}'\otimes\underline{I})\text{vec}\underline{Y}) = (\underline{b}'\otimes\underline{I})(\underline{\Sigma}\otimes\underline{I})(\underline{b}'\otimes\underline{I})'$$
$$= (\underline{b}'\underline{\Sigma}\underline{b})\otimes\underline{I} = (\underline{b}'\underline{\Sigma}\underline{b})\underline{I}$$

Die Restriktionen $\underline{H}\underline{B}=\underline{W}$ in (376.2) lassen sich mit dem Vektor $\underline{b}$ ebenfalls auf die Form

$$\underline{H}\underline{\beta} = \underline{H}\underline{B}\underline{b} = \underline{W}\underline{b} = \underline{w} \tag{412.3}$$

der Restriktionen im univariaten Modell bringen.

Mit $\underline{\Omega}=(\omega_{ij})$ ergeben sich die Quadratsummen der Residuen aus (373.3) zu $\omega_{ii}=(\underline{X}\bar{\underline{\beta}}_i-\underline{y}_i)'(\underline{X}\bar{\underline{\beta}}_i-\underline{y}_i)$ für $i\in\{1,\ldots,p\}$, die wegen (331.9) minimal sind. Setzt man $\bar{\underline{\beta}}=\bar{\underline{B}}\underline{b}$, erhält man mit (373.3) für die Quadratsumme Ω der Residuen des univariaten Modells (412.2)

$$\Omega = (\underline{X}\bar{\underline{\beta}}-\underline{y})'(\underline{X}\bar{\underline{\beta}}-\underline{y}) = \underline{b}'(\underline{X}\bar{\underline{B}}-\underline{Y})'(\underline{X}\bar{\underline{B}}-\underline{Y})\underline{b} = \underline{b}'\underline{\Omega}\underline{b} \tag{412.4}$$

die ebenfalls minimal ist, wie sich wie für (331.9) zeigen läßt. Mit (411.2) folgt für Ω die Verteilung $\Omega/\sigma_b^2 \sim \chi^2(n-q)$ und somit nach (285.1) für die Matrix $\underline{\Omega}=\underline{Y}'(\underline{I}-\underline{X}(\underline{X}'\underline{X})^-\underline{X}')\underline{Y}$ aus (373.4) die Wishart-Verteilung

$$\underline{\Omega} \sim W(n-q,\underline{\Sigma}) \tag{412.5}$$

da die voneinander unabhängigen Zeilen $\underline{z}_k$ von $\underline{Y}$ nach (412.1) mit der Kovarianzmatrix $\underline{\Sigma}$ normalverteilt sind. Dann besitzt nach (281.1) die Matrix $\underline{\Omega}$ dieselbe Verteilung wie eine Matrix, deren Dichte von Null verschieden ist, falls sie positiv definit ist, und deren Dichte gleich Null ist, falls sie positiv semidefinit ist. Somit ist die Wahrscheinlichkeit gleich Null, daß die Matrix $\underline{\Omega}$ positiv semidefinit ist.

Die Verteilung der Matrix $\underline{\Omega}_H$ aus (376.7) der quadratischen und bilinearen Formen der Residuen bei Einführung von Restriktionen für die Parameter läßt sich mit den gleichen Überlegungen herleiten. Mit $\underline{\tilde{\beta}}=\underline{\tilde{B}}\underline{b}$ ergibt sich aus (376.6) die Quadratsumme Ω_H der Residuen des univariaten Modells zu

$$\Omega_H = (\underline{X}\underline{\tilde{\beta}}-\underline{y})'(\underline{X}\underline{\tilde{\beta}}-\underline{y}) = \underline{b}'(\underline{X}\underline{\tilde{B}}-\underline{Y})'(\underline{X}\underline{\tilde{B}}-\underline{Y})\underline{b} = \underline{b}'\underline{\Omega}_H\underline{b}$$

oder mit (334.11) und (376.7)

$$\Omega_H = \Omega + R = \underline{b}'\underline{\Omega}\underline{b} + \underline{b}'\underline{R}\underline{b} \tag{412.6}$$

Nach (411.5) gilt für R die Verteilung $R/\sigma_b^2 \sim \chi'^2(r,\lambda)$ und für $\underline{H}\underline{\beta}=\underline{w}$ in (411.6) $\lambda=0$ und somit $R/\sigma_b^2 \sim \chi^2(r)$. Dann erhält man mit der (411.7) entsprechenden Darstellung für $\underline{R}$ wegen (285.1)

$$\underline{R} \sim W(r,\underline{\Sigma}) \quad \text{für} \quad \underline{H}\underline{B} = \underline{W} \tag{412.7}$$

Weiter sind wegen (411.9) Ω und R voneinander unabhängig, so daß nach (285.2) auch die Matrizen $\underline{\Omega}$ und $\underline{R}$ voneinander unabhängig sind. Dann folgt nach (283.1) und (376.7)

$$\underline{\Omega}_H \sim W(n-q+r,\underline{\Sigma}) \quad \text{für} \quad \underline{H}\underline{B} = \underline{W} \tag{412.8}$$

Ebenso wie für $\underline{\Omega}$ gilt daher, daß die Wahrscheinlichkeit für eine positiv semidefinite Matrix $\underline{\Omega}_H$ gleich Null ist.

Mit (412.5) und (412.8) ergeben sich schließlich die Verteilungen der Schätzwerte (373.3) und (376.8) der Kovarianzmatrix $\underline{\Sigma}$ im Modell (371.3) zu

$$(n-q)\hat{\underline{\Sigma}} \sim W(n-q,\underline{\Sigma}) \tag{412.9}$$

und im Modell (376.2) zu

$$(n-q+r)\tilde{\underline{\Sigma}} \sim W(n-q+r,\underline{\Sigma}) \quad \text{für} \quad \underline{H}\underline{B} = \underline{W} \tag{412.10}$$

42 Test von Hypothesen

421 Methode der Hypothesenprüfung und Likelihood-Quotiententest

Wie im Kapitel 311 erläutert, spannen die unbekannten Parametervektoren $\underline{\beta}$ verschiedener Stichproben den Parameterraum B auf, also $\underline{\beta}\in B$. Es sei b mit $b\subset B$ eine mit (111.2) definierte Teilmenge der Vektoren des Parameterraums B. Unter einer statistischen Hypothese versteht man dann die Annahme, daß ein Parametervektor $\underline{\beta}$ der Teilmenge b oder der mit (112.4) definierten komplementären Menge $B\setminus b$ angehört, also $\underline{\beta}\in b$ oder $\underline{\beta}\in B\setminus b$.

Man bezeichnet die Annahme $H_o:\beta\in b$ als Nullhypothese und die Annahme $H_1:\beta\in B\setminus b$ als Alternativhypothese. Aufgrund der vorliegenden Stichprobe, ausgedrückt durch den Beobachtungsvektor y, wird entschieden, ob die Nullhypothese anzunehmen oder abzulehnen ist, so daß der Wahrscheinlichkeitsraum, aus dem die Stichprobe stammt, in die Teilmenge S_K, den Ablehnungs- oder kritischen Bereich, und in die Teilmenge S_A, den Annahmebereich, aufgeteilt wird. Eine solche Aufteilung nennt man Testverfahren, wozu häufig als Funktion der Beobachtungen y die Testgröße oder Teststatistik $t(y)$ eingeführt wird, so daß man H_o ablehnt, falls $t(y)\in S_K^*$ gilt, und im anderen Fall akzeptiert, wobei S_K^* den Bereich der Testgröße $t(y)$ bezeichnet, der dem kritischen Bereich S_K entspricht.

Mit der Annahme und der Ablehnung einer Hypothese sind zwei mögliche Fehler verbunden.

Definition: Ein Fehler 1.Art tritt ein, wenn $\beta\in b$ ist, aber $y\in S_K$ gilt, so daß die Nullhypothese H_o abgelehnt wird, obwohl sie wahr ist. Ein Fehler 2.Art tritt ein, wenn $\beta\in B\setminus b$ ist, aber $y\in S_A$ gilt, so daß die Nullhypothese H_o angenommen wird, obwohl sie falsch ist. (421.1)

Gegeben sei nun ein Testverfahren T, mit dem die Entscheidung über die Annahme oder das Ablehnen einer Hypothese getroffen werden soll. Die Entscheidungen sind, da sie auf den Beobachtungen y basieren, zufälliger Art, so daß auch die in (421.1) definierten Fehlentscheidungen zufällige Ereignisse darstellen. Ihre Wahrscheinlichkeiten werden mit der Güte $\Pi_T(\beta)$ des Tests angegeben, die die Wahrscheinlichkeit bezeichnet, die Nullhypothese H_o in Abhängigkeit von β abzulehnen. Die Wahrscheinlichkeit des Fehlers 1.Art ergibt sich daher zu $\Pi_T(\beta)$ für $\beta\in b$ und die des Fehlers 2.Art wegen (213.4) zu $1-\Pi_T(\beta)$ für $\beta\in B\setminus b$. Die Wahrscheinlichkeit $\Pi_T(\beta)$ für $\beta\in b\setminus B$ nennt man die Macht oder Trennschärfe des Tests und $1-\Pi_T(\beta)$ für $\beta\in b$ die Operationscharakteristik.

Das Testverfahren, also die Festlegung des kritischen Bereiches, sollte derart gewählt werden, daß sowohl die Wahrscheinlichkeit des Fehlers 1.Art als auch die des Fehlers 2.Art minimal wird, beziehungsweise daß $\Pi_T(\beta)$ für $\beta\in b$ minimal und für $\beta\in B\setminus b$ maximal wird. Da sich beide Wahrscheinlichkeiten nicht gleichzeitig voneinander unabhängig minimieren und maximieren lassen, wählt man in der Klasse der Testverfahren, die die Bedingung $\Pi_T(\beta)\leq\alpha$ für alle $\beta\in b$ erfüllen, einen besten Test in dem Sinne aus, daß $\Pi_T(\beta)$ für alle $\beta\in B\setminus b$ maximal wird. Die vorgegebene Schranke α bezeichnet man als Fehlerwahrscheinlichkeit oder Signifikanzniveau. Sein Wert wird meistens klein gewählt, beispielsweise $\alpha=0{,}1$; $\alpha=0{,}05$ oder $\alpha=0{,}01$.

Ein Testverfahren sollte unverzerrt sein, das heißt, es sollte $\Pi_T(\underline{\beta})\geq\sup_{\underline{\beta}\in b}\Pi_T(\underline{\beta})$ für alle $\underline{\beta}\in B\setminus b$ gelten, so daß die Wahrscheinlichkeit, eine falsche Nullhypothese abzulehnen, nicht kleiner ist als die Wahrscheinlichkeit, eine richtige abzulehnen. Die Größe $\sup_{\underline{\beta}\in b}\Pi_T(\underline{\beta})$ bezeichnet man als den Umfang des Tests. Für einen unverzerrten Test, bei dem die Trennschärfe maximal wird, gilt die

Definition: Ein Test T der Hypothese H_o gegen die Alternativhypothese H_1 bezeichnet man als gleichmäßig besten unverzerrten Test oder trennscharfen unverzerrten Test, wenn

1) $\sup_{\underline{\beta}\in b}\Pi_T(\underline{\beta})=\alpha$ gilt, T also den Umfang α besitzt,

2) $\Pi_T(\underline{\beta})\geq\alpha$ für alle $\underline{\beta}\in B\setminus b$ gilt, T also unverzerrt ist,

3) $\Pi_T(\underline{\beta})\geq\Pi_{T*}(\underline{\beta})$ für alle $\underline{\beta}\in B\setminus b$ und für jeden Test T* gilt, der 1) und 2) erfüllt. (421.2)

Die Bedingungen für einen gleichmäßig besten Test, der die Forderungen 1) und 3) erfüllt, werden durch das Lemma von Neyman-Pearson angegeben [Lehmann 1959, S.63; Mood, Graybill und Boes 1974, S.411; Rao 1973, S.446]. Für die Konstruktion von Testverfahren benutzt man häufig den im folgenden definierten Likelihood-Quotiententest, der in vielen Fällen auf gleichmäßig beste oder auch auf gleichmäßig beste unverzerrte Tests führt [Humak 1977, S.187; Witting und Nölle 1970, S.37 und 92].

Der Likelihood-Quotiententest ergibt sich mit der in (314.1) eingeführten Likelihoodfunktion $L(\underline{y};\underline{\beta})$ der Beobachtungen $\underline{y}$ und der unbekannten Parameter $\underline{\beta}$.

Definition: Es sei $L(\underline{y};\underline{\beta})$ mit $\underline{\beta}\in B$ die Likelihoodfunktion der Beobachtungen $\underline{y}$. Dann ist die Testgröße $\lambda(\underline{y})$ des Likelihood-Quotiententests der Hypothese $H_o:\underline{\beta}\in b$ gegen die Alternativhypothese $H_1:\underline{\beta}\in B\setminus b$ gegeben durch

$$\lambda(\underline{y}) = \frac{\sup_{\underline{\beta}\in b}L(\underline{y};\underline{\beta})}{\sup_{\underline{\beta}\in B}L(\underline{y};\underline{\beta})}$$

Mit einem Signifikanzniveau von α wird H_o abgelehnt, falls $\lambda(\underline{y})<\lambda_\alpha$ gilt, wobei λ_α durch die Wahrscheinlichkeit $\sup_{\underline{\beta}\in b}\Pi_\lambda(\underline{\beta})=P(\lambda(\underline{y})<\lambda_\alpha)=\alpha$ definiert ist. (421.3)

Der Likelihood-Quotiententest liefert die Testgröße $\lambda(\underline{y})$, die bezüglich der zu testenden Parameter optimale Eigenschaften besitzt, da sie aus dem Quotienten der Likelihood-Maxima mit und ohne Annahme der Nullhypothese H_o gebildet wird. Da die Likelihoodfunktion nach (314.1) eine Dichte angibt und $b \subset B$ ist, gilt $0 \leq \lambda(\underline{y}) \leq 1$. Je näher $\lambda(\underline{y})$ bei Eins liegt, desto eher muß erwartet werden, daß H_o wahr ist. Liegt andrerseits $\lambda(\underline{y})$ nahe bei Null, kann gefolgert werden, daß H_o falsch und daher abzulehnen ist.

Der Ablehnungsbereich des Likelihood-Quotiententests ist durch das Intervall $0 \leq \lambda(\underline{y}) < \lambda_\alpha$ und der Annahmebereich durch das Intervall $\lambda_\alpha \leq \lambda(\underline{y}) \leq 1$ gegeben. Bezeichnet man mit $g(\lambda, H_o)$ die Verteilung der Testgröße $\lambda(\underline{y})$, falls H_o wahr ist, und mit $g(\lambda, H_1)$ die Verteilung, falls H_1 richtig ist, ergibt sich daher aus (421.1) und (421.3) als Wahrscheinlichkeit des Fehlers 1.Art, also des Ablehnens einer wahren Hypothese

$$P(\text{Fehler 1.Art}) = P(\lambda(\underline{y}) < \lambda_\alpha) = \int_o^{\lambda_\alpha} g(\lambda, H_o)\, d\lambda = \alpha \qquad (421.4)$$

und die Wahrscheinlichkeit $1-\beta$ des Fehlers 2.Art, also die Wahrscheinlichkeit, die Nullhypothese H_o anzunehmen, obwohl die Alternativhypothese H_1 richtig ist,

$$P(\text{Fehler 2.Art}) = \int_{\lambda_\alpha}^{1} g(\lambda, H_1)\, d\lambda = 1 - \beta \qquad (421.5)$$

Die Wahrscheinlichkeit des zur Annahme einer falschen Nullhypothese komplementären Ereignisses, also die Wahrscheinlichkeit der Ablehnung einer falschen Nullhypothese, wenn die Alternativhypothese richtig ist, ergibt die Trennschärfe des Tests, so daß mit (213.4) und (223.10) folgt

$$\text{Trennschärfe} = \int_o^{\lambda_\alpha} g(\lambda, H_1)\, d\lambda = \beta \qquad (421.6)$$

422 Test einer allgemeinen Hypothese im univariaten Gauß-Markoff-Modell

In dem linearen Gauß-Markoff-Modell werden auch die Hypothesen für die Parameter $\underline{\beta}$ als lineare Funktionen eingeführt. Ein allgemeiner Hypothesentest ergibt sich dann für das univariate Modell mit

$$H_o : \underline{H}\underline{\beta} = \underline{w} \quad \text{gegen} \quad H_1 : \underline{H}\underline{\beta} \neq \underline{w} \qquad (422.1)$$

worin die $r \times u$ Matrix $\underline{H}$ mit $r \leq u$ vollen Zeilenrang besitze und $\underline{w}$ einen $r \times 1$ Vektor bezeichnet. Die Nullhypothese $\underline{H}\underline{\beta} = \underline{w}$ entspricht damit den Restriktionen in den Modellen (327.1) und (334.1). Bei letzterem Modell sollen wie in (334.2) $\underline{H}\beta$ schätzbare Funktionen darstellen.

Für die Hypothese (422.1) bedeutet in der Definition (421.3) des Likelihood-Quotiententests b die Teilmenge der Parameter in B, für die die Restriktionen $\underline{H}\beta=\underline{w}$ gelten, und B die Menge der Parameter, die keinen Restriktionen unterworfen sind. Maximalwerte der Likelihoodfunktion für normalverteilte Beobachtungen $\underline{y}$ im Gauß-Markoff-Modell (334.1) mit nicht vollem Rang und den Restriktionen $\underline{H}\beta=\underline{w}$ ergeben sich nach (334.9) und (334.10) mit $\underline{\tilde{\tilde{\beta}}}$ sowie $\bar{\bar{\sigma}}^2$ und im Gauß-Markoff-Modell (331.1) ohne Restriktionen nach (331.4) und (331.6) mit $\underline{\bar{\beta}}$ und $\bar{\sigma}^2$. Damit folgt die Testgröße $\lambda(\underline{y})$ aus (324.2) und (421.3) zu

$$\lambda(\underline{y}) = \frac{(2\pi\bar{\sigma}^2)^{n/2}\exp(-(\underline{y}-\underline{X}\underline{\tilde{\tilde{\beta}}})'(\underline{y}-\underline{X}\underline{\tilde{\tilde{\beta}}})/2\bar{\bar{\sigma}}^2)}{(2\pi\bar{\bar{\sigma}}^2)^{n/2}\exp(-(\underline{y}-\underline{X}\underline{\bar{\beta}})'(\underline{y}-\underline{X}\underline{\bar{\beta}})/2\bar{\sigma}^2)} = \frac{(\bar{\sigma}^2)^{n/2}}{(\bar{\bar{\sigma}}^2)^{n/2}}$$

und mit (334.11)

$$\lambda(\underline{y}) = (\Omega/\Omega_H)^{n/2} = (1/(1+R/\Omega))^{n/2}$$

Die Testgröße $\lambda(\underline{y})$ ist eine Funktion des Quotienten R/Ω der quadratischen Formen der Residuen, wobei $\lambda(\underline{y})$ mit monoton wachsendem R/Ω monoton fällt. Anstelle von $\lambda(\underline{y})$ kann daher auch die Testgröße $T=(R/r)/(\Omega/(n-q))$ benutzt werden, für die wegen (331.12) und (334.11) gilt

$$T = \frac{R/r}{\Omega/(n-q)} = \frac{1}{r\hat{\sigma}^2}(\underline{H}\underline{\bar{\beta}}-\underline{w})'(\underline{H}(\underline{X}'\underline{X})^-\underline{H}')^{-1}(\underline{H}\underline{\bar{\beta}}-\underline{w}) \qquad (422.2)$$

Die Verteilung der Teststatistik T ergibt sich aus (411.10) zu

$$T \sim F(r,n-q) \qquad (422.3)$$

falls die Nullhypothese $H_o:\underline{H}\beta=\underline{w}$ gilt, und

$$T \sim F'(r,n-q,\lambda) \quad \text{mit} \quad \lambda = \frac{1}{\sigma^2}(\underline{\bar{w}}-\underline{w})'(\underline{H}(\underline{X}'\underline{X})^-\underline{H}')^{-1}(\underline{\bar{w}}-\underline{w}) \qquad (422.4)$$

falls die Alternativhypothese $H_1:\underline{H}\beta=\underline{\bar{w}}\neq\underline{w}$ gilt.

In die Alternativhypothese lassen sich beispielsweise die mit den Schätzwerten $\underline{\bar{\beta}}$ der Parameter berechneten Restriktionen $\underline{\bar{w}}$ einführen

$$H_1 : \underline{H}\beta = \underline{H}\underline{\bar{\beta}} = \underline{\bar{w}} \neq \underline{w} \qquad (422.5)$$

Nimmt man an, daß in (422.4) $\hat{\sigma}^2=\sigma^2$ gilt, ergibt sich dann aus (422.2) für den Nichtzentralitätsparameter

$$\lambda = rT \qquad (422.6)$$

Da die Testgröße T wächst, wenn $\lambda(\underline{y})$ fällt, erhält man anstelle des Ablehnungsbereiches $0\leq\lambda(\underline{y})<\lambda_\alpha$ aus (421.3) das Intervall $F_{1-\alpha;r,n-q}<T<\infty$, so daß die Nullhypothese H_o mit einem Signifikanzniveau α abgelehnt wird, falls

$$T > F_{1-\alpha;r,n-q} \tag{422.7}$$

gilt, falls also die Teststatistik T größer als das (1-α)-Fraktil der F-Verteilung mit r und n-q Freiheitsgraden ist, denn nach (263.5) gilt

$$\int_{F_{1-\alpha;r,n-q}}^{\infty} F(r,n-q)dF = \alpha \tag{422.8}$$

Aus (421.4) ergibt sich dann die Wahrscheinlichkeit des Fehlers 1.Art zu

$$P(\text{Fehler 1.Art}) = P(T>F_{1-\alpha;r,n-q}) = \alpha \tag{422.9}$$

und aus (421.5) und (422.4) die Wahrscheinlichkeit des Fehlers 2.Art zu

$$P(\text{Fehler 2.Art}) = \int_{0}^{F_{1-\alpha;r,n-q}} F'(r,n-q,\lambda)dF' = 1-\beta \tag{422.10}$$

sowie mit (264.2) und (421.6) die Trennschärfe β

$$\beta = 1 - F(F';r,n-q,\lambda) \quad \text{mit} \quad F' = F_{1-\alpha;r,n-q} \tag{422.11}$$

Der Annahme- und Ablehnungsbereich für den Test der allgemeinen Hypothese (422.1) sind in Abhängigkeit vom Signifikanzniveau α in der Abbildung 422-1 angegeben.

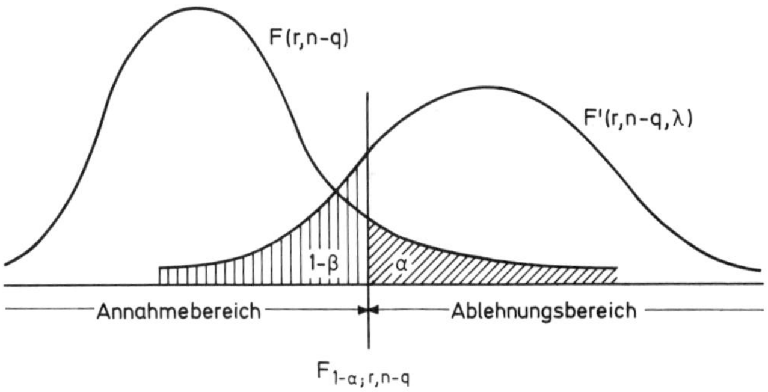

Abbildung 422-1

Soll lediglich entschieden werden, ob die Nullhypothese H_o angenommen oder abgelehnt wird, ohne die Trennschärfe β nach (422.11) zu ermitteln, läßt sich (422.8) entsprechend mit (263.2) die Wahrscheinlichkeit α_T ermitteln, daß die Teststatistik größer als der nach (422.2) zu berechnende Wert T ist

$$\alpha_T = \int_{T}^{\infty} F(r,n-q)dF = 1 - F(T;r,n-q) \tag{422.12}$$

Gilt für ein vorgegebenes Signifikanzniveau α

$$\alpha_T < \alpha \tag{422.13}$$

wird die Nullhypothese abgelehnt.

423 Spezielle Hypothesen

Aus der allgemeinen Hypothese (422.1) lassen sich spezielle Hypothesen entwickeln. Einige von ihnen, die häufig für Tests benutzt werden, sind im folgenden aufgeführt. Damit die Hypothesen, sofern sie einzelne Parameter betreffen, in Modellen mit nicht vollem Rang schätzbare Funktionen darstellen, werden nach (333.1) oder (333.5) projizierte Parameter vorausgesetzt.

a) Hypothese $H_o: \beta_i = \beta_{oi}$ für ein festes $i \in \{1,\ldots,u\}$ gegen $H_1: \beta_i \neq \beta_{oi}$ (423.1)

Mit $\underline{\beta}_b = (\underline{X}'\underline{X})^- \underline{X}'\underline{X}\underline{\beta} = (\beta_i)$ soll durch diese Hypothese getestet werden, ob der Parameter β_i einem vorgegebenen Wert β_{oi} gleicht. In (422.1) gilt dann $\underline{H} = |0,\ldots,0,1,0,\ldots,0|$, $\underline{w} = \beta_{oi}$ und $r=1$, wobei der Wert Eins in der i-ten Spalte von $\underline{H}$ steht. Die Testgröße T ergibt sich dann mit (333.3) und (422.2) zu

$$T = (\hat{\beta}_i - \beta_{oi})^2 / \hat{\sigma}_i^2 \tag{423.2}$$

sofern $\hat{\sigma}_i^2 \neq 0$ gilt, wobei $\hat{\sigma}_i^2 = \hat{\sigma}^2 \sigma_{ii}$ bedeutet mit

$$(\underline{X}'\underline{X})^-_{rs} = \underline{\Sigma}_\beta = (\sigma_{ij}) \tag{423.3}$$

und $(\underline{X}'\underline{X})^-_{rs}$ nach (333.5) durch $(\underline{X}'\underline{X})^+$ oder nach (153.22) durch $(\underline{X}'\underline{X})^{-1}$ für Modelle mit vollem Rang ersetzt werden kann. Für die Verteilung von T folgt, wenn die Nullhypothese gilt, aus (422.3) und (265.2)

$$T \sim F(1,n-q) \quad \text{oder} \quad \sqrt{T} \sim t(n-q) \tag{423.4}$$

b) Hypothese $H_o: \underline{b}'\underline{\beta} = w_o$ gegen $H_1: \underline{b}'\underline{\beta} \neq w_o$ (423.5)

Hiermit soll getestet werden, ob die lineare und schätzbare Funktion $\underline{b}'\underline{\beta}$ der unbekannten Parameter $\underline{\beta}$ den vorgegebenen Wert w_o besitzt. In (422.1) gilt dann $\underline{H} = \underline{b}'$, $\underline{w} = w_o$ und $r=1$, so daß sich die Testgröße T aus (422.2) mit $\hat{V}(\underline{b}'\hat{\underline{\beta}}) = \hat{\sigma}^2 \underline{b}'(\underline{X}'\underline{X})^- \underline{b}$ aus (332.7) ergibt zu

$$T = (\underline{b}'\hat{\underline{\beta}} - w_o)^2 / \hat{V}(\underline{b}'\hat{\underline{\beta}}) \tag{423.6}$$

mit den Verteilungen wie in (423.4)

$$T \sim F(1,n-q) \quad \text{oder} \quad \sqrt{T} \sim t(n-q) \tag{423.7}$$

c) Hypothese $H_o:\beta_i=\beta_{oi}$ für alle $i\in\{j,j+1,...,k\}$ gegen $H_1:\beta_i\neq\beta_{oi}$ für wenigstens ein $i\in\{j,j+1,...,k\}$ (423.8)

Für die Hypothese, daß die k-j+1 Parameter β_j bis β_k den vorgegebenen Werten β_{oj} bis β_{ok} gleichen, ist die Matrix $\underline{H}$ in (422.1) durch eine (k-j+1)×u Matrix zu ersetzen, deren Spalten j bis k durch eine Einheitsmatrix gebildet werden und deren übrige Spalten nur aus Nullen bestehen. Mit $\underline{\beta}_{j..k}=\underline{H}\underline{\beta}_b=\underline{H}(\underline{X}'\underline{X})^{-}\underline{X}'\underline{X}\underline{\beta}=(\beta_i)$, $\underline{\beta}_{o,j..k}=(\beta_{oi})$, $i\in\{j,...,k\}$ und aus (423.3) mit $(\underline{\Sigma}_\beta)_{j..k}=(\sigma_{il})$ für $i,l\in\{j,...,k\}$ ergibt sich, da $(\underline{\Sigma}_\beta)_{j..k}$ bei Beachtung von (334.17) regulär ist, für T und seine Verteilung im Falle der gültigen Nullhypothese

$$T=\frac{1}{(k-j+1)\hat{\sigma}^2}(\hat{\underline{\beta}}_{j..k}-\underline{\beta}_{o,j..k})'(\underline{\Sigma}_\beta)^{-1}_{j..k}(\hat{\underline{\beta}}_{j..k}-\underline{\beta}_{o,j..k})\quad\text{und}$$

$$T\sim F(k-j+1,n-q) \qquad (423.9)$$

d) Hypothese $H_o:\beta_i=0$ für alle $i\in\{j,j+1,...,k\}$ gegen $H_1:\beta_i\neq 0$ für wenigstens ein $i\in\{j,j+1,...,k\}$ (423.10)

Für die Hypothese, daß die k-j+1 Parameter β_j bis β_k den Wert Null besitzen, erhält man (423.9) entsprechend

$$T=\frac{1}{(k-j+1)\hat{\sigma}^2}\hat{\underline{\beta}}'_{j..k}(\underline{\Sigma}_\beta)^{-1}_{j..k}\hat{\underline{\beta}}_{j..k}\quad\text{und}\quad T\sim F(k-j+1,n-q) \qquad (423.11)$$

Dieser Test, angewendet auf die Effekte sämtlicher Stufen eines Faktors oder auf die Wechselwirkungen zwischen zwei Faktoren, stellt den wichtigsten Hypothesentest in der Varianzanalyse dar. Die Hypothese $H_o:\beta_j=0$ für $j\in\{1,...,q\}$ in (342.2) unterstellt beispielsweise, daß die Effekte des Faktors B ohne Einfluß auf das zu untersuchende Merkmal sind. Ein Beispiel zu diesem Test befindet sich im Kapitel 425.

Die Hypothese (423.10) kann auch dazu benutzt werden, den Grad zu bestimmen, bis zu dem die Polynommodelle (341.3) oder (341.4) zu entwickeln sind, indem beginnend mit dem höchsten Grad und absteigend zu den niedrigeren Graden die Identität der Parameter der Polynomentwicklung mit Null getestet wird, so daß für die Matrix $\underline{H}$ in (422.1) $\underline{H}=|\underline{0},\underline{I}|$ gilt. Bei diesen Tests ist es unerheblich, ob die j bis u Parameter $\underline{\beta}_{j..u}$ der insgesamt u Parameter $\underline{\beta}$ der Polynome in (341.3) oder die j bis u Parameter $\underline{\gamma}_{j..u}$ der orthogonalen Polynome in (341.4) der Hypothesenprüfung unterzogen werden, denn mit $\underline{\beta}_{j..u}=\underline{H}\underline{\beta}=\underline{H}(\underline{G}')^{-1}\underline{\gamma}$ und $(\underline{\Sigma}_\beta)^{-1}_{j..u}=(\underline{H}(\underline{G}\underline{G}')^{-1}\underline{H}')^{-1}$ aus (341.5) und (422.2) erhält man in (423.11)

$$\hat{\underline{\beta}}'_{j..u}(\underline{\Sigma}_\beta)^{-1}_{j..u}\hat{\underline{\beta}}_{j..u}=\hat{\underline{\gamma}}'\underline{G}^{-1}\underline{H}'((\underline{G}^{-1}\underline{H}')'\underline{G}^{-1}\underline{H}')^{-1}(\underline{G}^{-1}\underline{H}')'\hat{\underline{\gamma}}$$

Mit $\underline{H}=|\underline{0},\underline{I}|$ und einer entsprechenden Zerlegung der unteren Dreiecksmatrix $\underline{G}$ in

$$\underline{G} = \begin{vmatrix} \underline{G}_1 & \underline{0} \\ \underline{G}_2 & \underline{G}_3 \end{vmatrix} \quad \text{folgt} \quad \underline{G}^{-1}\underline{H}' = \begin{vmatrix} \underline{G}_1^{-1} & \underline{0} \\ -\underline{G}_3^{-1}\underline{G}_2\underline{G}_1^{-1} & \underline{G}_3^{-1} \end{vmatrix} \begin{vmatrix} \underline{0} \\ \underline{I} \end{vmatrix} = \begin{vmatrix} \underline{0} \\ \underline{G}_3^{-1} \end{vmatrix}$$

und damit

$$\underline{G}^{-1}\underline{H}'((\underline{G}^{-1}\underline{H}')'\underline{G}^{-1}\underline{H}')^{-1}(\underline{G}^{-1}\underline{H}')' = \begin{vmatrix} \underline{0} \\ \underline{G}_3^{-1} \end{vmatrix} ((\underline{G}_3')^{-1}\underline{G}_3^{-1})^{-1} |\underline{0},(\underline{G}_3')^{-1}| = \begin{vmatrix} \underline{0} & \underline{0} \\ \underline{0} & \underline{I} \end{vmatrix} = \underline{H}'\underline{H}$$

sowie schließlich $\hat{\underline{\beta}}'_{j..u}(\underline{\Sigma}_{\beta})^{-1}_{j..u}\hat{\underline{\beta}}_{j..u} = \hat{\underline{\gamma}}'_{j..u}\hat{\underline{\gamma}}_{j..u}$.

Bei insgesamt u Parametern werden die Hypothesen $\beta_u=0$, $\beta_u=\beta_{u-1}=0$, $\beta_u=\beta_{u-1}=\beta_{u-2}=0$ und so fort getestet, bis eine Hypothese abgelehnt werden muß. Dabei sollte das Signifikanzniveau α klein gewählt werden, denn die Wahrscheinlichkeit, bei einem Signifikanzniveau von α die Nullhypothese in k Tests anzunehmen, wenn sie wahr ist, berechnet sich nach (215.2) zu $\prod_{i=1}^{k}(1-\alpha)$, falls Unabhängigkeit der Tests angenommen wird. Damit folgt die Wahrscheinlichkeit α^* des Fehlers 1.Art des gesamten Tests, also des Ablehnens zumindest einer wahren Hypothese zu

$$\alpha^* = 1 - \prod_{i=1}^{k}(1-\alpha) \tag{423.12}$$

Mit $k=5$ und $\alpha=0{,}01$ beispielsweise ergibt sich $\alpha^*=0{,}05$. Ein Testverfahren für eine optimale Entscheidung über den Grad der Polynomentwicklung befindet sich bei [Anderson 1962].

<u>Beispiel</u>: Im Beispiel des Kapitels 341 soll die Hypothese

$$H_o: \beta_2 = 0 \quad \text{gegen} \quad H_o: \beta_2 = \hat{\beta}_2 \neq 0$$

getestet werden. Man erhält aus (423.2) die Testgröße T zu

$$T = \frac{\hat{\beta}_2^2}{\hat{\sigma}_2^2} = \frac{0{,}093^2}{0{,}00115 \cdot 0{,}0714} = 105$$

Mit $r=1$, $n-q=2$ und einem Signifikanzniveau von $\alpha=0{,}01$ beträgt das $(1-\alpha)$-Fraktil der F-Verteilung $F_{0,99;1,2}=98{,}5$, so daß wegen (422.7) die Nullhypothese abzulehnen ist. Mit (422.6) folgt $\lambda=105$ und damit aus (422.10)

$$P(\text{Fehler 2.Art}) = 0{,}35$$

so daß sich die Trennschärfe des Tests, also die Wahrscheinlichkeit des Ablehnens einer falschen Hypothese bei richtiger Alternativhypothese H_1 aus (422.11) zu $\beta=0{,}65$ ergibt. Berechnet man mit $T=105$ den Wert für α_T aus (422.12), ergibt sich $\alpha_T=0{,}0094$. Für $\alpha=0{,}01$ ist also die Hypothese wegen (422.13) abzulehnen, wie bereits mit Hilfe von

$F_{0,99;1,2}$ festgestellt wurde.

e) Test des empirischen multiplen Korrelationskoeffizienten

Wendet man die Hypothese (423.10) auf sämtliche u Parameter β_i eines Modells mit vollem Rang an, ergibt sich die

$$\text{Hypothese } H_o : \underline{\beta} = \underline{0} \text{ gegen } H_1 : \underline{\beta} \neq \underline{0} \tag{423.13}$$

und die Testgröße T und ihre Verteilung aus (423.11)

$$T = \frac{1}{u\hat{\sigma}^2} \hat{\underline{\beta}}'\underline{X}'\underline{X}\hat{\underline{\beta}} \quad \text{mit} \quad T \sim F(u,n-u) \tag{423.14}$$

In Analogie zu (232.9) und zur Definition des multiplen Korrelationskoeffizienten bei (351.11) bezeichnet man

$$K = \frac{(\underline{y}'\hat{\underline{y}})^2}{(\underline{y}'\underline{y})(\hat{\underline{y}}'\hat{\underline{y}})} \tag{423.15}$$

als <u>empirischen multiplen Korrelationskoeffizienten</u> der Beobachtungen $\underline{y}$ und der geschätzten Erwartungswerte $\hat{\underline{y}}$ der Beobachtungen. Mit (322.9) und (323.4) folgt $\underline{y}'\hat{\underline{y}}=\hat{\underline{y}}'\hat{\underline{y}}=\hat{\underline{\beta}}'\underline{X}'\underline{X}\hat{\underline{\beta}}$ und damit

$$K = \frac{\hat{\underline{\beta}}'\underline{X}'\underline{X}\hat{\underline{\beta}}}{\underline{y}'\underline{y}} \quad \text{sowie mit (325.2)} \quad 1 - K = \frac{\Omega}{\underline{y}'\underline{y}}$$

Folglich gilt für die Testgröße T in (423.14)

$$T = \frac{(n-u)K}{u(1-K)} \tag{423.16}$$

so daß man die Hypothese (423.13) als Test des empirischen multiplen Korrelationskoeffizienten K interpretieren kann, der auf K=0 gegen K$\neq$0 getestet wird.

424 Hypothesentest für die Varianz der Gewichtseinheit

Nach (411.3) gilt $(n-q)\hat{\sigma}^2/\sigma^2 \sim \chi^2(n-q)$. Soll daher die

$$\text{Hypothese } H_o : \sigma^2 = \sigma_o^2 \text{ gegen } H_1 : \sigma^2 > \sigma_o^2 \tag{424.1}$$

getestet werden, so läßt sich die Teststatistik

$$T = (n-q)\hat{\sigma}^2/\sigma_o^2 \tag{424.2}$$

bilden, und man lehnt die Hypothese mit einem Signifikanzniveau α ab, falls

$$T > \chi^2_{1-\alpha;n-q} \tag{424.3}$$

gilt, wobei $\chi^2_{1-\alpha;n-q}$ nach (261.10) das $(1-\alpha)$-Fraktil der χ^2-Verteilung bezeichnet. Die

$$\text{Hypothese } H_o : \sigma^2 = \sigma_o^2 \text{ gegen } H_1 : \sigma^2 < \sigma_o^2 \tag{424.4}$$

wird abgelehnt, falls

$$T < \chi^2_{\alpha;n-q} \tag{424.5}$$

gilt, und soll schließlich die

$$\text{Hypothese } H_o : \sigma^2 = \sigma_o^2 \text{ gegen } H_1 : \sigma^2 \neq \sigma_o^2 \tag{424.6}$$

getestet werden, so ist sie mit einem Signifikanzniveau α abzulehnen, falls

$$T > \chi^2_{1-\alpha/2;n-q} \text{ oder } T < \chi^2_{\alpha/2;n-q} \tag{424.7}$$

gilt. Diesen Test bezeichnet man im Gegensatz zu den bisherigen <u>einseitigen</u> Hypothesentests als <u>zweiseitigen</u> Test, da für ihn die Wahrscheinlichkeit an den beiden Seiten der Kurve der Verteilung berechnet wird.

Soll die Wahrscheinlichkeit des Fehlers 2.Art der Hypothese (424.1) angegeben werden, falls die Alternativhypothese $H_1:\sigma^2=\sigma_1^2>\sigma_o^2$ richtig ist, so ist $P(T<\chi^2_{1-\alpha;n-q})$ unter der Bedingung $\sigma_o^2 T/\sigma_1^2 \sim \chi^2(n-q)$ zu ermitteln, da σ_o^2 in der Teststatistik T aus (424.2) durch σ_1^2 zu ersetzen ist. Somit folgt

$$P\left(\frac{\sigma_o^2}{\sigma_1^2} T < \frac{\sigma_o^2}{\sigma_1^2} \chi^2_{1-\alpha;n-q}\right) = 1 - \beta \tag{424.8}$$

und mit (261.5)

$$1 - \beta = F(\chi^2;n-q) \quad \text{mit} \quad \chi^2 = \frac{\sigma_o^2}{\sigma_1^2} \chi^2_{1-\alpha;n-q} \tag{424.9}$$

Entsprechende Betrachtungen gelten auch für die Alternativhypothese $H_1:\sigma^2=\sigma_1^2<\sigma_o^2$ in (424.4) und für $H_1:\sigma^2=\sigma_1^2\neq\sigma_o^2$ in (424.6). Im letzten Fall ergibt sich

$$1 - \beta = F(\chi_1^2;n-q) - F(\chi_2^2;n-q)$$

$$\text{mit} \quad \chi_1^2 = \frac{\sigma_o^2}{\sigma_1^2} \chi^2_{1-\alpha/2;n-q} \quad \text{und} \quad \chi_2^2 = \frac{\sigma_o^2}{\sigma_1^2} \chi^2_{\alpha/2;n-q} \tag{424.10}$$

425 Test einer allgemeinen Hypothese im multivariaten Gauß-Markoff-Modell

Die Parameter $\underline{\beta}_i$ des multivariaten Gauß-Markoff-Modells (371.1) lassen sich getrennt von den Parametern $\underline{\beta}_j$ mit $i\neq j$ wie bei der Hypothesenprüfung (422.1) im univariaten Modell durch die allgemeine

$$\text{Hypothese } H_o : \underline{H}\underline{\beta}_i = \underline{w}_i \text{ gegen } H_1 : \underline{H}\underline{\beta}_i \neq \underline{w}_i$$

testen. Darüber hinaus kann man aber sämtliche Parameter $\underline{\beta}_i$ für $i\in\{1,\ldots,p\}$ in der Parametermatrix $\underline{B}$ in (371.3) einer gemeinsamen Hypothese unterwerfen, indem die p Vektoren $\underline{w}_i$ in der r×p Matrix $\underline{W}$ zusammengefaßt werden, so daß die

$$\text{Hypothese } H_o : \underline{\underline{H}}\underline{\underline{B}} = \underline{W} \quad \text{gegen} \quad H_1 : \underline{\underline{H}}\underline{\underline{B}} \neq \underline{W} \tag{425.1}$$

eingeführt wird, die den Restriktionen $\underline{\underline{H}}\underline{\underline{B}}=\underline{W}$ im Modell (376.2) entspricht.

Für diese Hypothese führt der Likelihood-Quotiententest (421.3) auf die Testgröße

$$\lambda(\text{vec}\underline{Y}) = \frac{\sup_{\underline{B},\underline{\Sigma}\in b} L(\text{vec}\underline{Y};\underline{B},\underline{\Sigma})}{\sup_{\underline{B},\underline{\Sigma}\in B} L(\text{vec}\underline{Y};\underline{B},\underline{\Sigma})} \tag{425.2}$$

Der Parameterraum B enthält jetzt als Parameter neben $\underline{B}$ auch $\underline{\Sigma}$ und umfaßt die Menge der Parameter ohne Restriktionen, während b wieder die Teilmenge der Parameter bedeutet, die den Restriktionen $\underline{\underline{H}}\underline{\underline{B}}=\underline{W}$ unterworfen sind. Die Maximum-Likelihood-Schätzung von $\underline{B}$ und $\underline{\Sigma}$ für normalverteilte Beobachtungen im Modell mit nicht vollem Rang ergibt sich bei Restriktionen aus (376.5) und (376.9) zu $\underline{\tilde{\bar{B}}}$ und $\underline{\bar{\bar{\Sigma}}}$ und ohne Restriktionen aus (372.5) und (373.6) zu $\underline{\bar{B}}$ und $\underline{\bar{\Sigma}}$. Mit (372.7) erhält man daher für (425.2)

$$\lambda(\text{vec}\underline{Y}) = \frac{(2\pi)^{\frac{np}{2}}(\det\underline{\bar{\Sigma}})^{\frac{n}{2}}e^{\frac{np}{2}}}{(2\pi)^{\frac{np}{2}}(\det\underline{\bar{\bar{\Sigma}}})^{\frac{n}{2}}e^{\frac{np}{2}}} = \frac{(\det\underline{\bar{\Sigma}})^{\frac{n}{2}}}{(\det\underline{\bar{\bar{\Sigma}}})^{\frac{n}{2}}}$$

Anstelle von $\lambda(\text{vec}\underline{Y})$ wird die mit $\lambda(\text{vec}\underline{Y})$ monoton wachsende Testgröße $\Lambda_{p;r,n-q}=\lambda(\text{vec}\underline{Y})^{2/n}$ eingeführt, die sich mit (373.6), (376.7) und (376.9) ergibt zu

$$\Lambda_{p,r,n-q} = \frac{\det\underline{\Omega}}{\det(\underline{\Omega}+\underline{R})} \tag{425.3}$$

Man bezeichnet sie als <u>Likelihood-Quotientenkriterium</u> von Wilks [1932].

Nach (412.5) und (412.7) besitzen die Matrizen $\underline{\Omega}$ und $\underline{R}$ für $\underline{\underline{H}}\underline{\underline{B}}=\underline{W}$ Wishart-Verteilungen und sind voneinander unabhängig, so daß die Verteilung der Teststatistik $\Lambda_{p,r,n-q}$, falls die Nullhypothese gültig ist, aus (286.3) bis (286.5) sich ergibt. Die Hypothese (425.1) ist daher nach (421.3) mit einem Signifikanzniveau α abzulehnen, falls gilt

$$\Lambda_{p,r,n-q} < \Lambda_{\alpha;p,r,n-q} \tag{425.4}$$

wobei $\Lambda_{\alpha;p,r,n-q}$ das α-Fraktil (286.9) der Verteilung für $\Lambda_{p,r,n-q}$ bedeutet.

Mit (286.8) läßt sich aber auch wie in (422.12) die Wahrscheinlichkeit α_Λ berechnen

$$\alpha_\Lambda = \int_0^{\Lambda_{p,r,n-q}} f(\Lambda)d\Lambda \qquad (425.5)$$

falls $f(\Lambda)$ die Dichte der Testgröße bedeutet. Gilt für ein vorgegebenes Signifikanzniveau α

$$\alpha_\Lambda < \alpha \qquad (425.6)$$

ist die Hypothese abzulehnen.

Die Hypothese (425.1) erlaubt die Prüfung der Spalten der Parametermatrix $\underline{B}$, also der Parameter, die durch ein Merkmal geschätzt werden. Will man gleichzeitig auch die Zeilen von $\underline{B}$ testen, also die Parameter aus verschiedenen Merkmalen, so ist die

$$\text{Hypothese} \quad H_o : \underline{H}\underline{B}\underline{U} = \underline{W} \quad \text{gegen} \quad H_1 : \underline{H}\underline{B}\underline{U} \neq \underline{W} \qquad (425.7)$$

einzuführen, in der $\underline{U}$ eine p×s Matrix mit $rg\underline{U}=s<p$ und $\underline{W}$ eine r×s Matrix bedeuten. Ersetzt man in den Modellen (371.3) und (376.2) $\underline{B}$ durch $\underline{B}\underline{U}$ und $\underline{Y}$ durch $\underline{Y}\underline{U}$, so ergibt sich mit (131.22),(131.23),(131.26), (137.5),(233.2),(371.3),(376.2) und mit $vec(\underline{Y}\underline{U})=(\underline{U}'\otimes\underline{I})vec\underline{Y}$ die Kovarianzmatrix $D(vec(\underline{Y}\underline{U}))=(\underline{U}'\otimes\underline{I})(\underline{\Sigma}\otimes\underline{I})(\underline{U}'\otimes\underline{I})'=(\underline{U}'\underline{\Sigma}\underline{U})\otimes\underline{I}$. Durch die Substitution läßt sich also $\underline{B}\underline{U}$ anstelle von $\underline{B}$ in den Modellen (371.3) und (376.2) schätzen. Somit ist aus (373.3) und (376.7) ersichtlich, daß für die Hypothese (425.7) die s×s Matrizen $\underline{\Omega}$ und $\underline{R}$ in (425.3) zu berechnen sind aus

$$\underline{\Omega} = \underline{U}'(\underline{X}\bar{\underline{B}}-\underline{Y})'(\underline{X}\bar{\underline{B}}-\underline{Y})\underline{U} \qquad (425.8)$$

und

$$\underline{R} = (\underline{H}\bar{\underline{B}}\underline{U}-\underline{W})'(\underline{H}(\underline{X}'\underline{X})^-\underline{H}')^{-1}(\underline{H}\bar{\underline{B}}\underline{U}-\underline{W}) \qquad (425.9)$$

Weiter folgen wegen (412.5) und (412.7) für $\underline{\Omega}$ und $\underline{R}$ Wishart-Verteilungen mit n-q und r Freiheitsgraden, so daß in (425.3) lediglich noch p durch s zu ersetzen ist.

Die Verteilung des Likelihood-Quotientenkriteriums für eine gültige Alternativhypothese $\underline{H}\underline{B}=\bar{\underline{W}}\neq\underline{W}$ explizit anzugeben, ist äußerst schwierig; Annäherungen befinden sich bei [Roy 1966].

Im allgemeinen stellt der Likelihood-Quotiententest nach (425.3) keinen gleichmäßig besten Test dar [Humak 1977, S.191]. Mit den Eigenwerten der Matrix $\underline{R}\underline{\Omega}^{-1}$, denn $\underline{\Omega}$ kann wegen (412.5) als positiv definit angenommen werden, gibt man daher zum Test der Hypothese (425.1) oder (425.7) weitere Teststatistiken an, denn nach (142.7) sind die Eigenwerte invariant gegenüber orthogonalen Transformationen und zum anderen gilt nach (142.6)

$$\underline{C}'\underline{R}\underline{\Omega}^{-1}\underline{C} = \underline{\Lambda} \quad \text{mit} \quad \underline{C}'\underline{C} = \underline{I} \quad \text{und} \quad \underline{\Lambda} = \text{diag}(\lambda_i) \qquad (425.10)$$

worin λ_i die Eigenwerte der Matrix $\underline{R}\underline{\Omega}^{-1}$ bezeichnen. Für das Likelihood-Quotientenkriterium (425.3) folgt dann mit (136.10) und (136.13)

$$\Lambda_{p,r,n-q} = \frac{\det\underline{\Omega}}{\det(\underline{\Omega}+\underline{R})} = \frac{\det\underline{I}}{\det(\underline{I}+\underline{R}\underline{\Omega}^{-1})} = \frac{\det\underline{I}}{\det(\underline{C}'\underline{C}+\underline{\Lambda})} = \frac{\det\underline{I}}{\det(\underline{I}+\underline{\Lambda})}$$

und mit (136.9)

$$\Lambda_{p,r,n-q} = \prod_{i=1}^{p} (1+\lambda_i)^{-1} \tag{425.11}$$

Mit der Summe der Eigenwerte $\sum_{i=1}^{p} \lambda_i = \text{sp}\underline{\Lambda} = \text{sp}(\underline{C}'\underline{R}\underline{\Omega}^{-1}\underline{C}) = \text{sp}(\underline{R}\underline{\Omega}^{-1})$ wegen (137.3) und (425.10) ergibt sich als Teststatistik das Spurkriterium von Lawley [1938] und Hotelling [1951]

$$T^2_{p,r,n-q} = \text{sp}(\underline{R}\underline{\Omega}^{-1}) \tag{425.12}$$

Die Verteilung dieser Testgröße erhält man aus (287.2). Da neben $\underline{\Omega}$ auch $\underline{R}$ wegen (412.7) als positiv definit anzunehmen ist, folgt mit $\underline{R}=\underline{G}\underline{G}'$ aus (143.5) $\text{sp}(\underline{R}\underline{\Omega}^{-1})=\text{sp}(\underline{G}'\underline{\Omega}^{-1}\underline{G})>0$ wegen (143.6), so daß $T^2_{p,r,n-q}$ mit dem Anwachsen der Elemente von $\underline{R}$ ebenfalls wächst. Die Hypothese (425.1) oder (425.7) ist also abzulehnen, falls gilt

$$T^2_{p,r,n-q} > T^2_{1-\alpha;p,r,n-q} \tag{425.13}$$

wobei $T^2_{1-\alpha;p,r,n-q}$ das mit (287.4) bestimmte $(1-\alpha)$-Fraktil der Verteilung für $T^2_{p,r,n-q}$ bezeichnet. Wie in (422.12) läßt sich auch die Wahrscheinlichkeit α_{T^2} berechnen

$$\alpha_{T^2} = \int_{T^2_{p,r,n-q}}^{\infty} f(T^2)\,dT^2 \tag{425.14}$$

falls $f(T^2)$ die in (287.2) angegebene Dichte bedeutet. Gilt für ein vorgegebenes Signifikanzniveau α

$$\alpha_{T^2} < \alpha \tag{425.15}$$

ist die Hypothese abzulehnen.

Als weitere Testgröße ist das Maximalwurzel-Kriterium von Roy [1957]

$$V = \lambda_{max} \tag{425.16}$$

zu nennen. Diese Teststatistik und noch weitere [Kres 1975, S.5; Roy, Gnanadesikan, Srivastava 1971, S.73] werden hier nicht behandelt, denn numerische Vergleiche [Ito 1962; Pillai und Jayachandran 1967; Roy, Gnanadesikan und Srivastava 1971, S.75], die allerdings auf kleine Werte für p, eine geringe Anzahl von Variationen für r und n-q und kleine Abweichungen von der Nullhypothese beschränkt blieben, haben gezeigt, daß die Trennschärfe der Tests sich nicht wesentlich unterscheidet. Daher ist kein Testverfahren besonders zu bevorzugen, so daß bei der Auswahl die Möglichkeiten einer einfachen Berechnung der Testgrößen zu beachten sind, die für (425.3) und (425.12) gegeben sind.

Beispiel: Im Beispiel des Kapitels 374 soll jetzt geprüft werden, ob der Faktor A, also die ungünstige und günstige Geschäftslage überhaupt einen Einfluß auf die Preisgestaltung besitzt. Hierzu werden sowohl die beiden Hypothesen

$$H_o : \alpha_{1i} = \alpha_{2i} = 0 \quad \text{gegen} \quad H_1 : \alpha_{1i} \neq 0,\ \alpha_{2i} \neq 0 \quad \text{für jedes} \quad i \in \{1,2\}$$

getrennt in den beiden univariaten Modellen, die durch $\underline{X}\underline{\beta}_i = E(\underline{y}_i)$ gegeben sind, als auch die multivariate Hypothese

$$H_o : \begin{vmatrix} \alpha_{11} & \alpha_{12} \\ \alpha_{21} & \alpha_{22} \end{vmatrix} = \begin{vmatrix} 0 & 0 \\ 0 & 0 \end{vmatrix} \quad \text{gegen} \quad H_1 : \begin{vmatrix} \alpha_{11} & \alpha_{12} \\ \alpha_{21} & \alpha_{22} \end{vmatrix} \neq \begin{vmatrix} 0 & 0 \\ 0 & 0 \end{vmatrix}$$

geprüft. Durch die beiden Hypothesen wird nach (334.17) jeweils nur eine linear unabhängige Restriktion eingeführt, da aus $\alpha_{1i}+\alpha_{2i}=0$ mit $\alpha_{1i}=0$ bereits $\alpha_{2i}=0$ folgt, so daß r=1 gilt und die Hypothesen in den beiden univariaten Modellen auch durch

$$H_o : \underline{H}\underline{\beta}_i = \underline{0} \quad \text{gegen} \quad H_1 : \underline{H}\underline{\beta}_i \neq \underline{0}$$

und im multivariaten Modell durch

$$H_o : \underline{H}\underline{B} = \underline{0} \quad \text{gegen} \quad H_1 : \underline{H}\underline{B} \neq \underline{0}$$

mit $\underline{H}=|1,0,0|$ formuliert werden können.

Mit $\alpha_{1i}=\alpha_{2i}=0$ entfallen in dem angegebenen Normalgleichungssystem des Beispiels die Spalten und Zeilen mit α_{1i}, α_{2i} und k_i, so daß durch einmalige Elimination noch (374.2) sich ergibt

$$\underline{\Omega}_H = \begin{vmatrix} 63,683 & 57,517 \\ & 54,558 \end{vmatrix}$$

Diese Matrix läßt sich mit $\underline{H}=|1,0,0|$ auch nach (376.7) berechnen. Aus (422.2) folgen dann die Testgrößen T und aus (422.12) die Wahrscheinlichkeiten α_T zu

$$T = \frac{(63,683-1,666)/1}{1,666/4} = 148,9 \quad \text{mit} \quad \alpha_T = 0,000 \quad \text{für} \quad H_o : \alpha_{11} = \alpha_{21} = 0$$

und

$$T = \frac{(54,558-2,292)/1}{2,292/4} = 91,21 \quad \text{mit} \quad \alpha_T = 0,001 \quad \text{für} \quad H_o : \alpha_{12} = \alpha_{22} = 0$$

Bei einem Signifikanzniveau von $\alpha=0,05$ sind beide univariaten Hypothesen wegen (422.13) abzulehnen. Die gleiche Aussage ergibt sich auch aus (422.7), da $F_{0,95;1,4}=7,71$ gilt.

Für die multivariate Hypothese $\underline{H}\underline{B}=\underline{O}$ berechnen sich das Likelihood-Quotienten-Kriterium (425.3) und die Wahrscheinlichkeit α_Λ aus (425.5) zu

$$\Lambda_{2,1,4} = \frac{\det\underline{\Omega}}{\det\underline{\Omega}_H} = \frac{3,479}{166,21} = 0,0209 \quad \text{und} \quad \alpha_\Lambda = 0,003$$

Für ein Signifikanzniveau von $\alpha=0,05$ erhält man $\Lambda_{0,05;2,1,4}=0,136$, so daß nach (425.4) und (425.6) die Nullhypothese abzulehnen ist. Mit dem Spurkriterium folgt aus (425.12) und (425.14)

$$T^2_{2,1,4} = sp((\underline{\Omega}_H-\underline{\Omega})\underline{\Omega}^{-1}) = 46,81 \quad \text{und} \quad \alpha_{T^2} = 0,003$$

sowie $T^2_{0,95;2,1,4}=6,37$ aus (287.4), so daß wegen (425.13) und (425.15) die Nullhypothese ebenfalls abzulehnen ist. Das Datenmaterial läßt also Einflüsse der Geschäftslage auf die Preisgestaltung erkennen.

Die Schätzwerte $\hat{\alpha}_{11}$ und $\hat{\alpha}_{21}$ unterscheiden sich von $\hat{\alpha}_{12}$ und $\hat{\alpha}_{22}$ jeweils nur um 0,04 DM, so daß zu prüfen ist, ob die Preise der Waren 1 und 2 überhaupt unterschiedliche Ergebnisse für die Einflüsse einer ungünstigen oder günstigen Geschäftslage rechtfertigen. Die entsprechende multivariate Hypothese lautet

$$H_o : \alpha_{i1} = \alpha_{i2} \quad \text{für jedes} \quad i\in\{1,2\} \quad \text{gegen} \quad H_1 : \alpha_{i1} \neq \alpha_{i2}$$
$$\text{für ein} \quad i\in\{1,2\}$$

Sie folgt mit $\underline{H}=|1,0,0|$, $\underline{U}'=|1,-1|$ und $\underline{W}=0$ aus (425.7), denn mit $\alpha_{11}=\alpha_{12}$ und $\alpha_{1i}+\alpha_{2i}=0$ ergibt sich $\alpha_{21}=\alpha_{22}$. Aus (425.8) und (425.9) erhält man $\underline{\Omega}=2,792$ sowie $\underline{R}=0,415$ und daher

$$\Lambda_{1,1,4} = 0,871 \quad \text{und} \quad \alpha_\Lambda = 0,48$$

Für ein Signifikanzniveau von $\alpha=0,05$ gilt $\Lambda_{0,05;1,1,4}=0,342$, so daß nach (425.4) und (425.6) die Nullhypothese zu akzeptieren ist. Mit dem Spurkriterium folgt

$$T^2_{1,1,4} = 0,149 \quad \text{und} \quad \alpha_{T^2} = 0,48$$

sowie $T^2_{0,95;1,1,4}= 1,93$ aus (287.4), so daß wegen (425.13) und (425.15) die Nullhypothese ebenfalls anzunehmen ist. Die Preise der Waren 1 und 2 rechtfertigen also keine unterschiedlichen Ergebnisse für die Effekte der ungünstigen und günstigen Geschäftslage.

426 Hypothese der Identität einer Kovarianzmatrix mit einer gegebenen Matrix

Sollen die Schätzwerte einer Kovarianzmatrix $\underline{\Sigma}$ durch eine vorgegebene, positiv definite Kovarianzmatrix $\underline{\Sigma}_o$ ersetzt werden, so ist die

$$\text{Hypothese} \quad H_o : \underline{\Sigma} = \underline{\Sigma}_o \quad \text{gegen} \quad H_1 : \underline{\Sigma} \neq \underline{\Sigma}_o \tag{426.1}$$

zu testen. Ein Beispiel für die Anwendung einer solchen Hypothese ist mit (375.4) gegeben, wo eine geschätzte Kovarianzmatrix mit Hilfe einer Kovarianzfunktion angenähert wird. Weiter läßt sich dieser Test anwenden, wenn geschätzte Kovarianzmatrizen durch Matrizen einfacherer Struktur, eventuell durch Diagonalmatrizen ersetzt werden sollen.

Zur Prüfung der Hypothese (426.1) wird eine Teststatistik in Analogie zum Likelihood-Quotiententest (421.3) abgeleitet. Wie für (425.2) ergibt sich bei normalverteilten Beobachtungen die Maximum-Likelihood-Schätzung für $\underline{B}$ zu $\bar{\underline{B}}$ und für $\underline{\Sigma}$ zu $\bar{\underline{\Sigma}}$ und im Falle der Restriktionen $\underline{\Sigma}=\underline{\Sigma}_o$ die Schätzung für $\underline{B}$ zu $\bar{\underline{B}}$ und für $\underline{\Sigma}$ zu $\underline{\Sigma}_o$. Daher folgt mit (372.7) die Testgröße $\lambda(\text{vec}\underline{Y})$ aus (421.3) zu

$$\lambda(\text{vec}\underline{Y}) = \frac{(2\pi)^{\frac{np}{2}}(\det\bar{\underline{\Sigma}})^{\frac{n}{2}}e^{\frac{np}{2}}}{(2\pi)^{\frac{np}{2}}(\det\underline{\Sigma}_o)^{\frac{n}{2}}e^{\frac{n}{2}\text{sp}(\underline{\Sigma}_o^{-1}\bar{\underline{\Sigma}})}}$$

für die wegen (421.3) $0\leq\lambda(\text{vec}\underline{Y})\leq 1$ mit $\lambda(\text{vec}\underline{Y})=1$ für $\bar{\underline{\Sigma}}=\underline{\Sigma}_o$ gilt. Ersetzt man n durch n-q und die nicht erwartungstreue Schätzung $\bar{\underline{\Sigma}}$ von $\underline{\Sigma}$ durch die erwartungstreue Schätzung $\hat{\underline{\Sigma}}$, ergibt sich die Testgröße λ_1

$$\lambda_1 = (\det\hat{\underline{\Sigma}})^{\frac{n-q}{2}} e^{\frac{(n-q)p}{2}} (\det\underline{\Sigma}_o)^{-\frac{n-q}{2}} e^{-\frac{n-q}{2}\text{sp}(\hat{\underline{\Sigma}}\underline{\Sigma}_o^{-1})}$$

für die $0\leq\lambda_1\leq 1$ mit $\lambda_1=1$ für $\hat{\underline{\Sigma}}=\underline{\Sigma}_o$ gilt. Da $\underline{\Sigma}_o$ nach Voraussetzung und $\hat{\underline{\Sigma}}$ nach (373.3) und (412.5) positiv definit sind, folgt nämlich $\lambda_1\geq 0$ wegen (143.2). Weiter ist $\lambda_1\leq 1$ wegen $\det(\hat{\underline{\Sigma}}\underline{\Sigma}_o^{-1})\exp(p-\text{sp}(\hat{\underline{\Sigma}}\underline{\Sigma}_o^{-1}))\leq 1$ oder mit $\underline{\Sigma}_o^{-1}=\underline{G}\underline{G}'$ nach (143.5) $\det(\underline{G}'\hat{\underline{\Sigma}}\underline{G})\leq\exp(\text{sp}(\underline{G}'\hat{\underline{\Sigma}}\underline{G}-p\underline{I})$, denn bezeichnet man mit l_1 bis l_p die Eigenwerte der wegen (143.7) positiv definiten Matrix $\underline{G}'\hat{\underline{\Sigma}}\underline{G}$ ergibt sich mit (142.6) $\det(\underline{G}'\hat{\underline{\Sigma}}\underline{G})=l_1\ldots l_p\leq\exp((l_1-1)+\ldots+(l_p-1))=\exp(l_1-1)\ldots\exp(l_p-1)$, da $l_i\leq\exp(l_i-1)$ gilt, was aus (224.3) folgt. Mit $\lambda_{p,n-q}=-2\ln\lambda_1$ erhält man dann die Teststatistik

$$\lambda_{p,n-q} = (n-q)(\ln(\det\underline{\Sigma}_o/\det\hat{\underline{\Sigma}}) - p + \text{sp}(\hat{\underline{\Sigma}}\underline{\Sigma}_o^{-1})) \tag{426.2}$$

deren Verteilung wegen (412.9) im Falle der gültigen Nullhypothese $\underline{\Sigma}=\underline{\Sigma}_o$ mit (287.6) bestimmt ist. Für $\hat{\underline{\Sigma}}=\underline{\Sigma}_o$ ergibt sich $\lambda_{p,n-q}=0$, und für $\hat{\underline{\Sigma}}\neq\underline{\Sigma}_o$ folgt $\lambda_{p,n-q}>0$. Die Nullhypothese (426.1) ist also abzulehnen, falls

$$\lambda_{p,n-q} > \lambda_{1-\alpha;p,n-q} \tag{426.3}$$

gilt, wobei $\lambda_{1-\alpha;p,n-q}$ das $(1-\alpha)$-Fraktil der Verteilung (287.6) für $\lambda_{p,n-q}$ bedeutet.

Die Hypothese (426.1) läßt sich auch für eine Kovarianzmatrix $\hat{\underline{\Sigma}}^{-1}$ prüfen, die nach ihrer Schätzung einer Transformation, beispielsweise $\underline{X}'\hat{\underline{\Sigma}}^{-1}\underline{X}$ unterworfen wird, so daß sich nach (322.9) die Kovarianzmatrix $\hat{\underline{\Sigma}}_{\beta}^{-1}$ der unbekannten Parameter $\underline{\beta}$ ergibt. Aus $(n-q)\hat{\underline{\Sigma}}^{-1} \sim W(n-q,\underline{\Sigma}^{-1})$ folgt nämlich mit (284.1) für $\hat{\underline{\Sigma}}_{\beta}^{-1}$ die Verteilung $(n-q)\hat{\underline{\Sigma}}_{\beta}^{-1} \sim W(n-q,\underline{X}'\underline{\Sigma}^{-1}\underline{X})$.

43 Bereichsschätzung

431 Konfidenzintervalle

Während bei der Punktschätzung beste Werte für die linearen Funktionen der Parameter und für die Parameter selbst angegeben wurden, sollen jetzt die Bereiche gesucht werden, in denen die Funktionen der unbekannten Parameter oder die Parameter selbst bei einer vorgegebenen Wahrscheinlichkeit liegen. Die Grenzen der Bereiche, ausgedrückt durch Intervalle, sind als Funktionen der Beobachtungen zu bestimmen.

Definition: Es seien $u(\underline{y})$ und $o(\underline{y})$ mit $u(\underline{y})<o(\underline{y})$ lineare skalarwertige Funktionen der Beobachtungen $\underline{y}$ und $g(\underline{\beta})$ eine lineare skalarwertige Funktion der unbekannten Parameter $\underline{\beta}$, dann bezeichnet man das Intervall $(u(\underline{y}),o(\underline{y}))$, für das

$$P(u(\underline{y}) < g(\underline{\beta}) < o(\underline{y})) = 1 - \alpha \quad \text{mit} \quad 0 < \alpha < 1$$

gilt, als Konfidenzintervall zum Konfidenzniveau α und $u(\underline{y})$ sowie $o(\underline{y})$ als Konfidenzgrenzen. (431.1)

Statt Konfidenzintervall sagt man auch Vertrauensintervall und wählt wie beim Hypothesentest im allgemeinen $\alpha=0{,}1$; $\alpha=0{,}05$ oder $\alpha=0{,}01$. Ein gleichmäßig bestes Konfidenzintervall besitzt unter allen Konfidenzintervallen die Eigenschaft, daß die Wahrscheinlichkeit, daß das Intervall falsche Werte für die Parameter $\underline{\beta}$ enthält, minimal ist. Gleichmäßig beste Konfidenzintervalle ergeben sich aus gleichmäßig besten Hypothesentests [Humak 1977, S.335; Witting und Nölle 1970, S.37], die, wie bereits im Kapitel 421 erwähnt, in vielen Fällen mit dem Likelihood-Quotiententest (421.3) erhalten werden. Aufgrund dieser

Hypothesentests werden daher im folgenden Kapitel die Konfidenzintervalle angegeben. Die enge Beziehung zwischen Hypothesentests und Konfidenzintervallen liegt darin begründet, daß durch Hypothesentests für die Parameter $\underline{\beta}$ zum Signifikanzniveau α, in denen als Nullhypothesen sämtliche Werte von $\underline{\beta}$ im Parameterraum B eingeführt werden, ein Konfidenzbereich für $\underline{\beta}$ zum Konfidenzniveau $1-\alpha$ erhalten wird.

432 Konfidenzintervalle für Parameter, für lineare Funktionen der Parameter und Konfidenzhyperellipsoide

Die Konfidenzintervalle für Parameter beziehen sich wieder wie im Kapitel 423 auf die erwartungstreu schätzbaren projizierten Parameter, sofern sie in einem Gauß-Markoff-Modell mit nicht vollem Rang definiert sind.

a) Konfidenzintervall für einen Parameter

Setzt man mit $\underline{\beta}_b=(\underline{X}'\underline{X})^-\underline{X}'\underline{X}\underline{\beta}=(\beta_i)$ in (423.2) $\beta_{oi}=\beta_i$, so folgt, sofern $\hat{\sigma}_i^2 \neq 0$ gilt, mit $\hat{\sigma}_i=(\hat{\sigma}_i^2)^{1/2}$ nach (423.4) $(\hat{\beta}_i-\beta_i)/\hat{\sigma}_i \sim t(n-q)$ und mit $t_{1-\alpha;n-q}$ aus (265.4) das Konfidenzintervall, das der Hypothese (423.1) entspricht

$$P(-t_{1-\alpha;n-q}<(\hat{\beta}_i-\beta_i)/\hat{\sigma}_i<t_{1-\alpha;n-q}) = 1-\alpha$$

oder

$$P(\hat{\sigma}_i t_{1-\alpha;n-q}>\beta_i-\hat{\beta}_i>-\hat{\sigma}_i t_{1-\alpha;n-q}) = 1-\alpha$$

Hiermit ergibt sich das Konfidenzintervall für den Parameter β_i zum Konfidenzniveau α zu

$$P(\hat{\beta}_i-\hat{\sigma}_i t_{1-\alpha;n-q}<\beta_i<\hat{\beta}_i+\hat{\sigma}_i t_{1-\alpha;n-q}) = 1-\alpha \qquad (432.1)$$

b) Konfidenzintervall für eine lineare Funktion der Parameter

Es sei $\underline{b}'\underline{\beta}$ eine schätzbare lineare Funktion der Parameter $\underline{\beta}$, dann erhält man mit $w_o=\underline{b}'\underline{\beta}$ aus (423.7) $(\underline{b}'\hat{\underline{\beta}}-\underline{b}'\underline{\beta})/(\hat{V}(\underline{b}'\hat{\underline{\beta}}))^{1/2} \sim t(n-q)$, so daß sich (432.1) entsprechend das Konfidenzintervall für $\underline{b}'\underline{\beta}$ zum Konfidenzniveau α ergibt, das der Hypothese (423.5) entspricht

$$P(\underline{b}'\hat{\underline{\beta}}-(\hat{V}(\underline{b}'\hat{\underline{\beta}}))^{1/2}t_{1-\alpha;n-q}<\underline{b}'\underline{\beta}<\underline{b}'\hat{\underline{\beta}}+(\hat{V}(\underline{b}'\hat{\underline{\beta}}))^{1/2}t_{1-\alpha;n-q}) = 1-\alpha \qquad (432.2)$$

<u>Beispiel</u>: Für das Beispiel des Kapitels 374 soll das Konfidenzintervall der linearen Funktion $S=\alpha_{11}+\mu_1$ der Parameter α_{11} und μ_1 bestimmt werden, so daß S den Preis der Waren 1 bei ungünstiger Geschäftslage angibt. Mit $\hat{S}=|1,0,1|\hat{\underline{\beta}}_1$ erhält man mit $(\underline{X}'\underline{X})^+$ und $\hat{\sigma}_1^2$

$$\hat{V}(\hat{S}) = 0{,}416 \cdot 0{,}00334 = 0{,}00139$$

und mit $t_{0,95;4}=2{,}78$ sowie $\hat{S}=1{,}48$ das Konfidenzintervall von S zum Niveau $\alpha=0{,}05$

$$P(1{,}38<\alpha_{11}+\mu_1<1{,}58) = 0{,}95$$

Mit einer Wahrscheinlichkeit von 95% liegt somit der Preis der Waren 1 bei ungünstiger Geschäftslage in dem angegebenen Intervall von DM 1,38 und DM 1,58.

c) Konfidenzbereich für mehrere Parameter

Substituiert man in (423.9) $\beta_i=\beta_{oi}$ mit $\underline{\beta}_{j..k}=\underline{\underline{H}}\underline{\beta}_b=(\beta_i)$ für $i\in\{j, j+1,\ldots,k\}$, so erhält man

$$(\hat{\underline{\beta}}_{j..k}-\underline{\beta}_{j..k})'(\underline{\Sigma}_\beta)^{-1}_{j..k}(\hat{\underline{\beta}}_{j..k}-\underline{\beta}_{j..k})/((k-j+1)\hat{\sigma}^2) \sim F(k-j+1,n-q)$$

Setzt man nun mit (263.5)

$$(\hat{\underline{\beta}}_{j..k}-\underline{\beta}_{j..k})'(\underline{\Sigma}_\beta)^{-1}_{j..k}(\hat{\underline{\beta}}_{j..k}-\underline{\beta}_{j..k})/((k-j+1)\hat{\sigma}^2) = F_{1-\alpha;k-j+1,n-q} \qquad (432.3)$$

stellt diese Gleichung den Konfidenzbereich für die Parameter β_j bis β_k zum Konfidenzniveau α dar. Da die Matrix $(\underline{\Sigma}_\beta)^{-1}_{j..k}$ wegen (233.5) positiv definit ist, denn ihre Inverse wurde für (423.9) als regulär vorausgesetzt, besitzt wegen der quadratischen Form auf der linken Seite von (432.3) der Konfidenzbereich die Gestalt eines Hyperellipsoides mit dem Mittelpunkt $\hat{\underline{\beta}}_{j..k}$, so daß ein Konfidenzhyperellipsoid erhalten wird. Dies ergibt sich aus den folgenden Überlegungen.

Bezeichnet man mit x_i für $i\in\{j,j+1,\ldots,k\}$ die Koordinaten eines im E^{k-j+1} orthogonalen Koordinatensystems, dessen Achsen in Richtung der k-j+1 Halbachsen c_i eines Hyperellipsoides zeigen und dessen Ursprung im Mittelpunkt des Hyperellipsoides liegt, so ist die Gleichung des Hyperellipsoides gegeben durch

$$\sum_{i=j}^{k} x_i^2/c_i^2 = 1 \qquad (432.4)$$

denn eine x_l,x_m-Koordinatenebene mit $l\neq m$ schneidet das Hyperellipsoid in der Ellipse $x_l^2/c_l^2+x_m^2/c_m^2=1$. Die Gleichung (432.3) läßt sich auf die Form (432.4) bringen, indem die Matrix $(\underline{\Sigma}_\beta)^{-1}_{j..k}$ mit der orthogonalen Matrix $\underline{C}$ ihrer Eigenvektoren mit $\underline{C}'\underline{C}=\underline{I}$ nach (142.6) durch $\underline{C}'(\underline{\Sigma}_\beta)^{-1}_{j..k}\underline{C}=\underline{\Lambda}^{-1}$ in die Diagonalmatrix $\underline{\Lambda}^{-1}$ ihrer Eigenwerte überführt wird. Setzt man weiter

$$\underline{x} = \underline{C}'(\hat{\underline{\beta}}_{j..k}-\underline{\beta}_{j..k}) \qquad (432.5)$$

gilt $(\hat{\underline{\beta}}_{j..k}-\underline{\beta}_{j..k})'(\underline{\Sigma}_\beta)^{-1}_{j..k}(\hat{\underline{\beta}}_{j..k}-\underline{\beta}_{j..k})=\underline{x}'\underline{\Lambda}^{-1}\underline{x}$, so daß eine (432.4) entsprechende Darstellung erhalten wird. Die Matrix $\underline{C}$ der Eigenvektoren enthält nach (141.4) die Richtungskosinus zwischen dem orthogonalen Koordinatensystem, in dem die Vektoren $\hat{\underline{\beta}}_{j..k}$ und $\underline{\beta}_{j..k}$ dargestellt sind, und dem orthogonalen $(x_j,\ldots,x_k)$-Koordinatensystem. Die Inverse der Matrix $\underline{\Lambda}^{-1}$ führt zu den Halbachsen c_i, so daß man mit $(\underline{\Lambda}^{-1})^{-1}=\underline{C}'(\underline{\Sigma}_\beta)_{j..k}\underline{C}$ wegen (131.14) und (141.2) zweckmäßig $(\underline{\Sigma}_\beta)_{j..k}$ diagonalisiert, folglich

$$\underline{C}'(\underline{\Sigma}_\beta)_{j..k}\underline{C} = \underline{\Lambda} \quad \text{mit} \quad \underline{\Lambda} = \operatorname{diag}(\lambda_j,\lambda_{j+1},\ldots,\lambda_k) \tag{432.6}$$

Somit ergeben sich die Halbachsen c_i des mit (432.3) definierten Hyperellipsoides zu

$$c_i = (\hat{\sigma}^2(k-j+1)\lambda_i F_{1-\alpha;k-j+1,n-q})^{1/2} \tag{432.7}$$

Mit $(k-j+1)F_{1-\alpha;k-j+1,n-q}=1$ erhält man das sogenannte Fehlerhyperellipsoid, das in der Ausgleichungsrechnung häufig berechnet wird. Bezeichnet man nämlich mit $\bar{\underline{\beta}}_{j..k}$ einen $(k-j+1)\times 1$ Vektor von Konstanten und fragt nach der mit $\hat{\sigma}^2$ geschätzten Varianz $\hat{\sigma}_s^2$ der Länge s des Differenzvektors $\hat{\underline{\beta}}_{j..k}-\bar{\underline{\beta}}_{j..k}$, so ergibt sich mit (123.3)

$$s = ((\hat{\beta}_j-\bar{\beta}_j)^2 + (\hat{\beta}_{j+1}-\bar{\beta}_{j+1})^2 + \ldots + (\hat{\beta}_k-\bar{\beta}_k)^2)^{1/2}$$

und mit (233.2) und (233.4)

$$\hat{\sigma}_s^2 = \hat{\sigma}^2\underline{z}'(\underline{\Sigma}_\beta)_{j..k}\underline{z} \tag{432.8}$$

mit $\underline{z}'=|(\hat{\beta}_j-\bar{\beta}_j)/s,\ldots,(\hat{\beta}_k-\bar{\beta}_k)/s|$ und

$$\underline{z}'\underline{z} = 1 \tag{432.9}$$

Sucht man nach den Extremwerten von $\hat{\sigma}_s^2$, so sind die Extrema der quadratischen Form (432.8) unter der Bedingung (432.9) zu finden. Nach (142.2) ergeben sie sich aus den Eigenwerten und Eigenvektoren von $(\underline{\Sigma}_\beta)_{j..k}$, also aus (432.6). Folglich berechnen sich aus $\hat{\sigma}^2\lambda_i$ die Maximalwerte der geschätzten Varianz $\hat{\sigma}_s^2$ der Länge s und aus $\underline{C}$ ihre Richtungskosinus. Die Verbindungshyperfläche der Maximalwerte bildet das Fehlerhyperellipsoid.

Beispiel: Es gelte

$$\underline{\beta}_{j..k} = \begin{vmatrix} \beta_j \\ \beta_k \end{vmatrix}, \quad \hat{\underline{\beta}}_{j..k} = \begin{vmatrix} \hat{\beta}_j \\ \hat{\beta}_k \end{vmatrix} \quad \text{und} \quad (\underline{\Sigma}_\beta)_{j..k} = \begin{vmatrix} \sigma_{jj} & \sigma_{jk} \\ \sigma_{jk} & \sigma_{kk} \end{vmatrix}$$

und die Koordinaten der Vektoren $\underline{\beta}_{j..k}$ und $\hat{\underline{\beta}}_{j..k}$ seien in dem zweidimensionalen, orthogonalen (z_1,z_2)-Koordinatensystem definiert. Gesucht ist die durch (432.3) definierte Konfidenzellipse zum Konfidenzniveau α, bestimmt durch ihre Achsen, die in Richtung des orthogonalen

(x_1,x_2)-Koordinatensystems zeigen sollen, und durch den Winkel zwischen der x_1- und z_1-Achse, der sich zwischen der x_2- und z_2-Achse wiederholt.

Die Eigenwerte der Matrix $(\underline{\Sigma}_\beta)_{j..k}$ ergeben sich mit (142.3) aus

$$\det\begin{vmatrix} \sigma_{jj}-\lambda & \sigma_{jk} \\ \sigma_{jk} & \sigma_{kk}-\lambda \end{vmatrix} = 0$$

woraus mit (136.5) $\lambda^2-\lambda(\sigma_{jj}+\sigma_{kk})+\sigma_{jj}\sigma_{kk}-\sigma_{jk}^2=0$ oder

$$\lambda_{j,k} = \frac{1}{2}(\sigma_{jj}+\sigma_{kk})\pm(\frac{1}{4}(\sigma_{jj}+\sigma_{kk})^2-\sigma_{jj}\sigma_{kk}+\sigma_{jk}^2)^{1/2}$$

folgt, so daß sich die Eigenwerte λ_j und λ_k ergeben mit

$$\lambda_{j,k} = \frac{1}{2}(\sigma_{jj}+\sigma_{kk}\pm((\sigma_{jj}-\sigma_{kk})^2+4\sigma_{jk}^2)^{1/2}) \tag{432.10}$$

Der zu λ_j gehörige Eigenvektor $\underline{c}_j$ mit $\underline{c}_j=|c_{1j},c_{2j}|'$ ist nach (142.2) definiert durch $((\underline{\Sigma}_\beta)_{j..k}-\lambda_j\underline{I})\underline{c}_j=\underline{0}$ oder

$$\begin{aligned} c_{1j}(\sigma_{jj}-\lambda_j) + c_{2j}\sigma_{jk} &= 0 \\ c_{1j}\sigma_{jk} + c_{2j}(\sigma_{kk}-\lambda_j) &= 0 \end{aligned} \tag{432.11}$$

Mit dem zu λ_k gehörigen Eigenvektor $\underline{c}_k$ gilt $\underline{C}=|\underline{c}_j,\underline{c}_k|$ für die Matrix $\underline{C}$ der Eigenvektoren von $(\underline{\Sigma}_\beta)_{j..k}$. Die erste Zeile von $\underline{C}'$, die nach (432.5) für die Koordinatentransformation vom (z_1,z_2)-System ins (x_1,x_2)-System benötigt wird, enthält wegen (141.4) und (141.5) die Elemente $\cos\theta$ und $\sin\theta$, falls θ den Winkel im Gegenuhrzeigersinn zwischen der z_1- und x_1-Achse bezeichnet. Aus (432.11) folgt dann

$$\tan\theta = \frac{c_{2j}}{c_{1j}} = \frac{\lambda_j-\sigma_{jj}}{\sigma_{jk}} = \frac{\sigma_{jk}}{\lambda_j-\sigma_{kk}}$$

Mit $\tan2\theta=2\sin\theta\cos\theta/(\cos^2\theta-\sin^2\theta)=2\tan\theta/(1-\tan^2\theta)$ folgt weiter

$$\tan2\theta = \frac{2\sigma_{jk}(\lambda_j-\sigma_{kk})}{(\lambda_j-\sigma_{kk})^2-\sigma_{jk}^2} = \frac{2\sigma_{jk}(\sigma_{jj}-\sigma_{kk}+((\sigma_{jj}-\sigma_{kk})^2+4\sigma_{jk}^2)^{1/2}}{(\sigma_{jj}-\sigma_{kk})^2+(\sigma_{jj}-\sigma_{kk})((\sigma_{jj}-\sigma_{kk})^2+4\sigma_{jk}^2)^{1/2}}$$

so daß sich schließlich ergibt

$$\tan2\theta = 2\sigma_{jk}/(\sigma_{jj}-\sigma_{kk}) \; . \tag{432.12}$$

Hiermit läßt sich der Winkel θ zwischen der z_1-Achse und der mit λ_j aus (432.7) und (432.10) sich ergebenden großen Halbachse der Konfidenzellipse bequem berechnen. Der Winkel zwischen der z_1-Achse und der aus λ_k folgenden kleinen Halbachse beträgt $\theta+100^g$.

433 Konfidenzintervall für die Varianz der Gewichtseinheit

Dem Hypothesentest (424.6) entspricht das Konfidenzintervall für die Testgröße T in (424.2)

$$P(\chi^2_{\alpha/2;n-q} < (n-q)\hat{\sigma}^2/\sigma_o^2 < \chi^2_{1-\alpha/2;n-q}) = 1 - \alpha$$

Mit $\sigma^2=\sigma_o^2$ erhält man hieraus das Konfidenzintervall für die Varianz σ^2 der Gewichtseinheit zum Konfidenzniveau α

$$P\left(\frac{(n-q)\hat{\sigma}^2}{\chi^2_{1-\alpha/2;n-q}} < \sigma^2 < \frac{(n-q)\hat{\sigma}^2}{\chi^2_{\alpha/2;n-q}}\right) = 1 - \alpha \qquad (433.1)$$

oder aufgrund der gleichen Überlegungen, die nach (265.3) führen, das Konfidenzintervall für die Standardabweichung σ

$$P\left(\left(\frac{(n-q)\hat{\sigma}^2}{\chi^2_{1-\alpha/2;n-q}}\right)^{1/2} < \sigma < \left(\frac{(n-q)\hat{\sigma}^2}{\chi^2_{\alpha/2;n-q}}\right)^{1/2}\right) = 1 - \alpha \qquad (433.2)$$

Da die χ^2-Verteilung nicht symmetrisch ist, besitzen die durch (433.1) und (433.2) definierten Konfidenzintervalle keine minimale Länge, was aber für praktische Anwendungen unerheblich ist. Die Bedingungen für ein minimales Konfidenzintervall sind bei [Mood,Graybill und Boes 1974, S.383] angegeben.

Beispiel: Im Beispiel des Kapitels 374 soll das Konfidenzintervall für die Standardabweichung σ_1 zum Konfidenzniveau α=0,05 angegeben werden. Mit $(\hat{\sigma}_1^2)^{1/2}$=0,645, $\chi^2_{0,975;4}$=11,14 und $\chi^2_{0,025;4}$=0,484 erhält man

$$P(0{,}39<\sigma_1<1{,}85) = 0{,}95$$

44 Ausreißertest

441 Test für Ausreißer bei der Parameterschätzung

Bei Meßreihen können einzelne Beobachtungsergebnisse aus irgendwelchen Gründen grob verfälscht sein; man bezeichnet diese Werte als Ausreißer. Sie stellen keine Werte der Zufallsvariablen dar, die für das betreffende Experiment definiert ist, gehören nicht zur Grundgesamtheit der Stichprobe und müssen daher aus der Stichprobe aussortiert werden, um die Parameterschätzung nicht zu verfälschen. Hierzu dienen Ausreißertests, von denen hier ein häufig angewandter Test im univariaten Modell behandelt wird. Multivariate Tests sind bei [Barnett und Lewis 1978, S.208; Gnanadesikan 1977, S.263] angegeben.

Ausreißer im n×1 Vektor $\underline{y}$ der Beobachtungen eines Gauß-Markoff-Modells rufen im allgemeinen auch Maximalwerte im Residuenvektor $\hat{\underline{e}}$ hervor. Hierbei ist jedoch zu beachten, daß die Residuen unterschiedliche Standardabweichungen besitzen. Bei einem Vergleich der Residuen untereinander müssen daher die Residuen durch ihre mit $\hat{\sigma}^2$ berechneten Standardabweichungen dividiert werden, so daß die studentisierten Residuen $\hat{e}_i/(\hat{\sigma}\sigma_{ei})$ in (411.18) erhalten werden. Der Maximalwert der studentisierten Residuen ist zu prüfen. Somit besteht der Ausreißertest in der

$$\text{Hypothese } H_o : \max|\hat{e}_i/(\hat{\sigma}\sigma_{ei})| \quad \text{für} \quad i\in\{1,\ldots,n\} \tag{441.1}$$

ist Element der Grundgesamtheit gegen die Alternative, daß der Maximalwert der studentisierten Residuen nicht zur Grundgesamtheit gehört. Mit einem Signifikanzniveau α wird die Nullhypothese abgelehnt, falls gilt

$$\max|\hat{e}_i/(\hat{\sigma}\sigma_{ei})| > c_{1-\alpha} \tag{441.2}$$

worin $c_{1-\alpha}$ das $(1-\alpha)$-Fraktil der Verteilung des Maximalwertes der studentisierten Residuen bedeutet, folglich

$$P(\max|\hat{e}_i/(\hat{\sigma}\sigma_{ei})|>c_{1-\alpha}) = \alpha \tag{441.3}$$

Da es rechentechnisch aufwendig sein kann, die Größen σ_{ei}^2 zu bestimmen, die sich als Diagonalelemente der Matrix $D(\hat{\underline{e}})/\sigma^2$ ergeben, soll mit $d=\mathrm{sp}D(\hat{\underline{e}})/(\sigma^2 n)$ der Durchschnittswert d von σ_{ei}^2 angegeben werden. Man erhält für das Modell (331.2) aus (331.10) $d=(n-q)/n$ und für das Modell (334.1) aus (334.7) $d=(n-q+r)/n$.

Ein Test zum Ausreißerproblem, der dem hier angegebenen ähnelt, bei dem aber die Varianz σ^2 der Gewichtseinheit als bekannt vorausgesetzt und die Verteilung des Maximalwertes der Residuen nicht benutzt wird, wurde von Baarda [1968] entwickelt [Förstner 1979 a; Grün 1978].

442 Fraktil für die Verteilung des Maximalwertes der studentisierten Residuen

Das Fraktil $c_{1-\alpha}$ in (441.2) der Verteilung des Maximalwertes der studentisierten Residuen ist nur schwierig zu berechnen, so daß die folgende Näherung eingeführt wird. Mit (411.18) und (441.3) erhält man

$$\begin{aligned} P(\max\tau_i>c_{1-\alpha}) &= P(\text{mindestens ein } \tau_i>c_{1-\alpha}) = 1 - P(\text{alle } \tau_i<c_{1-\alpha}) \\ &= 1 - P(\tau_1<c_{1-\alpha} \text{ und } \tau_2<c_{1-\alpha} \text{ und } \ldots) = \alpha \end{aligned}$$

Vernachlässigt man die zwischen den τ_i bestehenden Abhängigkeiten, so gilt mit (215.2)

$$\alpha = 1 - \prod_{i=1}^{n} P(\tau_i < c_{1-\alpha}) = 1 - (P(\tau_i < c_{1-\alpha}))^n$$

oder

$$P(\tau_i < c_{1-\alpha}) = (1-\alpha)^{1/n} \qquad (442.1)$$

Mit (411.22) folgt dann für das Fraktil $c_{1-\alpha}$

$$c_{1-\alpha} = \left(\frac{(n-q)F}{n-q-1+F}\right)^{1/2} \quad \text{mit} \quad F = F_{(1-\alpha)^{1/n};1,n-q-1} \qquad (442.2)$$

worin das $(1-\alpha)^{1/n}$-Fraktil der F-Verteilung aus (263.6) berechnet werden kann. Umfangreiche Tafeln für $c_{1-\alpha}$ befinden sich in [Pope 1976].

Eine Näherung für $c_{1-\alpha}$ läßt sich auch mit der sogenannten Bonferroni-Ungleichung angeben. Man erhält [Prescott 1975; Stefansky 1972]

$$P(\tau_i < c_{1-\alpha}) = 1 - \alpha/n \qquad (442.3)$$

Diese Näherung unterscheidet sich wegen $(1-\alpha)^{1/n} \approx 1-\alpha/n$ für kleine Werte von α nur geringfügig von (442.1), so daß die aufgrund von (442.3) berechneten Tafelwerte für $c_{1-\alpha}$ [Lund 1975; Barnett und Lewis 1978, S.335] sich um weniger als 1% von den in [Pope 1976] angegebenen Werten unterscheiden.

<u>Beispiel</u>: Im Beispiel des Kapitels 374 erhält man die Residuenvektoren $\hat{\underline{e}}_1$ und $\hat{\underline{e}}_2$ aus $\hat{\underline{e}}_i = \underline{X}\hat{\underline{\beta}}_i - \underline{y}_i$ und ihre mit $\hat{\sigma}_i^2$ berechneten Standardabweichungen aus den Diagonalelementen der Matrix $\hat{\sigma}_i^2(\underline{I} - \underline{X}(\underline{X}'\underline{X})^+\underline{X}')$, die alle den Wert 0,666 $\hat{\sigma}_i^2$ besitzen. Damit ergeben sich die studentisierten Residuenvektoren $\underline{\tau}_1$ und $\underline{\tau}_2$ zu

$$\underline{\tau}_1' = |\ 1{,}58;\ -0{,}32;\ -1{,}27;\ -0{,}95;\ 0{,}95;\ 0{,}00\ |$$
$$\underline{\tau}_2' = |\ 0{,}27;\ -1{,}35;\ 1{,}08;\ -1{,}21;\ 1{,}21;\ 0{,}00\ |$$

Bei einem Signifikanzniveau von $\alpha=0{,}05$ beträgt $c_{0,95}=1{,}93$, so daß die Hypothese, unter den Beobachtungen befinde sich kein Ausreißer, anzunehmen ist.

5 Diskriminanzanalyse

Bei der Diskriminanzanalyse geht man davon aus, daß in Experimenten ein oder mehrere Merkmale beobachtet werden, daß aber die Beobachtungen Stichproben aus verschiedenen Grundgesamtheiten darstellen. Die Aufgabe besteht nun darin, die Beobachtungen den verschiedenen Grundgesamtheiten, auch Klassen genannt, zuzuordnen, so daß man von einer Klassifizierung der Beobachtungen spricht. Aufgrund der Messungsergebnisse soll also entschieden werden, zu welcher Klasse die Beobachtungen gehören. Hat man beispielsweise durch die Untersuchung einer Reihe von Veröffentlichungen zweier Autoren Unterschiede in der Häufigkeit des Gebrauchs bestimmter Wörter herausgefunden, wird durch das Auftreten dieser Wörter in einem Text, der von einem der beiden Autoren stammt, dieser Text einem Autor zuzuordnen sein.

Breite Anwendung hat die Diskriminanzanalyse in der Cluster-Analyse [Späth 1977 a,b] und in der Zeichen- und Mustererkennung [Duda und Hart 1973; Meyer-Brötz und Schürmann 1970; Niemann 1974; Schürmann 1977] mit einem speziellen Anwendungsgebiet in der digitalen Bildverarbeitung [Rosenfeld 1976; Triendl 1978] gefunden. Im folgenden soll wegen der engen Verbindung zu der Parameterschätzung in multivariaten Modellen auf das Problem der Diskriminanzanalyse kurz eingegangen und eine Lösung mit Hilfe der statistischen Entscheidungstheorie [DeGroot 1970; Raiffa und Schlaifer 1961] angegeben werden. Lösungen mit Hilfe der im Kapitel 425 behandelten multivariaten Teststatistiken sind bei [Ahrens und Läuter 1974, S.62; Morrison 1976, S.230] aufgezeigt.

51 Entscheidungstheoretische Lösung

511 Bayes-Strategie

Wie bei der multivariaten Parameterschätzung sollen die Beobachtungen nicht nur ein Merkmal, sondern p Merkmale umfassen, die wie in (371.4) in dem p×1 Merkmalsvektor $\underline{z}$ zusammengefaßt werden. Weiter seien u verschiedene Grundgesamtheiten gegeben, aus denen die Vektoren $\underline{z}$ stammen und die als die u Klassen $\omega_1,\ldots,\omega_u$ bezeichnet werden. Somit sind die Merkmalsvektoren $\underline{z}$ einer dieser Klassen zuzuordnen.

Das Auftreten der Klasse ω_i sei zufällig, so daß ω als diskrete Zufallsvariable anzusehen ist, deren Werte ω_i die Wahrscheinlichkeiten $P(\omega_i)$ besitzen. Weiter ist der Merkmalsvektor $\underline{z}$ eine Zufallsvariable. Die Wahrscheinlichkeit, daß die Werte von $\underline{z}$ innerhalb gewisser Grenzen liegen, ist bedingt durch das Auftreten der Klasse ω_i; sie sei (227.4) entsprechend mit $P(\underline{z}|\omega_i)$ bezeichnet.

Beispiel: Enthält der Vektor $\underline{z}$ die Koordinaten der Rasterpunkte von Großbuchstaben, in die die Buchstaben zum automatischen Lesen zerlegt wurden, dann ist $\underline{z}$ in eine von 26 Klassen ω_i einzuordnen. Der Buchstabe E erscheint in der deutschen Sprache häufiger als zum Beispiel der Buchstabe F, so daß die Wahrscheinlichkeit $P(\omega_i)$ des Auftretens der Klassen verschieden groß ist. Ebenso variiert die Wahrscheinlichkeit $P(\underline{z}|\omega_i)$ bestimmter Anordnungen der Rasterpunkte in Abhängigkeit von den Buchstaben. Beispielsweise ist die Wahrscheinlichkeit der Konfiguration, die den Buchstaben O ausdrückt, bei den Buchstaben C,D und G größer als bei den Buchstaben F,I und J.

Sind die Wahrscheinlichkeiten $P(\omega_i)$ und $P(\underline{z}|\omega_i)$ bekannt und liegt ein Merkmalsvektor $\underline{z}$ vor, so läßt sich mit Hilfe der Bayesschen Formel (214.3) aus der a priori Wahrscheinlichkeit $P(\omega_i)$ für das Auftreten der Klasse ω_i die a posteriori Wahrscheinlichkeit $P(\omega_i|\underline{z})$ von ω_i aufgrund des Merkmalsvektors $\underline{z}$ berechnen mit

$$P(\omega_i|\underline{z}) = \frac{P(\underline{z}|\omega_i)P(\omega_i)}{\sum_{j=1}^{u} P(\underline{z}|\omega_j)P(\omega_j)} \quad \text{für} \quad i\in\{1,\ldots,u\} \qquad (511.1)$$

Intuitiv wird man den Merkmalsvektor $\underline{z}$ der Klasse ω_i zuordnen, für die $P(\omega_i|\underline{z})$ maximal wird.

Dieses Vorgehen ist auch wie folgt zu begründen. Mit jeder Entscheidung sind Kosten verbunden, und bezeichnet man mit e_i die Entscheidung für die Klasse ω_i aufgrund des Merkmalsvektors $\underline{z}$, liegt aber tatsächlich die Klasse ω_j vor, so sollen die Kosten $k(e_i|\omega_j)$ entstehen. Die Kosten werden für eine richtige Entscheidung niedrig und für eine falsche Entscheidung hoch sein. Häufig wählt man die einfache Kostenfunktion

$$k(e_i|\omega_j) = \begin{cases} 0 & \text{für } i = j \\ c & \text{für } i \neq j \end{cases} \quad \text{und} \quad i,j \in \{1,\ldots,u\} \tag{511.2}$$

die keine Kosten für die richtige Klassifizierung und gleiche Kosten c für die falsche Klassifizierung auferlegt. Der Erwartungswert $R(e_i|\underline{z})$ der Kosten für die Entscheidung e_i berechnet sich nach (231.1) zu

$$R(e_i|\underline{z}) = \sum_{j=1}^{u} k(e_i|\omega_j)P(\omega_j|\underline{z}) \tag{511.3}$$

Man bezeichnet $R(e_i|\underline{z})$ als bedingtes Risiko.

Die Entscheidungen e_i aufgrund der Merkmalsvektoren $\underline{z}$ bilden die Entscheidungsregel $e(\underline{z})$. Das gesamte zu erwartende Risiko R für die Anwendung der Entscheidungsregel $e(\underline{z})$ ergibt sich dann mit der Dichte $f(\underline{z})$ des Merkmalsvektors $\underline{z}$ nach (231.2) und (511.3) zu

$$R = \int_{-\infty}^{\infty} \ldots \int_{-\infty}^{\infty} R(e(\underline{z})|\underline{z})f(\underline{z})d\underline{z} \tag{511.4}$$

Die Bayes-Strategie besteht nun darin, eine Entscheidungsregel derart zu wählen, daß das Risiko R minimal wird. Da $R(e(\underline{z})|\underline{z})$ und $f(\underline{z})$ wegen (223.2) und (225.6) positiv sind, wenn auch die Kostenfunktion positiv ist, folgt aus (511.4) minimales R für minimales $R(e(\underline{z})|\underline{z})$, das sich mit (511.2) und (511.3) ergibt zu

$$R(e_i|\underline{z}) = \sum_{j \neq i} cP(\omega_j|\underline{z}) = c(1-P(\omega_i|\underline{z})) \tag{511.5}$$

Dieser Ausdruck wird minimal, falls die a posteriori Wahrscheinlichkeit $P(\omega_i|\underline{z})$ der Klasse ω_i maximal wird. Damit ergibt sich der Bayes-Klassifikator:

$$\text{Entscheidung für } \omega_i \text{ mit } i \in \{1,\ldots,u\}, \text{ falls } P(\omega_i|\underline{z}) > P(\omega_j|\underline{z}) \text{ für alle } j \in \{1,\ldots,u\} \text{ mit } i \neq j \tag{511.6}$$

512 Diskriminanzfunktionen

Für die Klassifikation definiert man in Abhängigkeit vom Merkmalsvektor $\underline{z}$ reellwertige Diskriminanzfunktionen $d_i(\underline{z})$ für $i \in \{1,\ldots,u\}$, mittels derer man $\underline{z}$ der Klasse ω_i zuordnet, falls gilt

$$d_i(\underline{z}) > d_j(\underline{z}) \quad \text{für alle } j \in \{1,\ldots,u\} \quad \text{mit } i \neq j \tag{512.1}$$

Für den Klassifikator (511.6) gilt $d_i(\underline{z})=P(\omega_i|\underline{z})$, wobei $P(\omega_i|\underline{z})$ aus (511.1) sich berechnet. Der Nenner auf der rechten Seite von (511.1) ist konstant, so daß identische Klassifizierungen mit der Diskriminanzfunktion $d_i(\underline{z})=P(\underline{z}|\omega_i)P(\omega_i)$ folgen. Wie gezeigt wird, erhält man Rechenvereinfachungen mit der durch Logarithmieren gewonnenen Diskriminanzfunktion

$$d_i(\underline{z}) = \ln P(\underline{z}|\omega_i) + \ln P(\omega_i) \tag{512.2}$$

mit der im folgenden gearbeitet wird.

52 Klassifizierung aufgrund der Normalverteilung

521 Bekannte Parameter

Es wird nun angenommen, daß die Wahrscheinlichkeit $P(\underline{z}|\omega_i)$ für Werte des Merkmalsvektors $\underline{z}$ innerhalb gewisser Grenzen, bedingt durch das Auftreten der Klasse ω_i, sich aus der Dichte der Normalverteilung $N(\underline{\mu}_i,\underline{\Sigma}_i)$ für $i\in\{1,\ldots,u\}$ ergibt, deren Parameter, der $p\times 1$ Erwartungswertvektor $\underline{\mu}_i$ und die $p\times p$ Kovarianzmatrix $\underline{\Sigma}_i$ des Merkmalsvektors $\underline{z}$ für die Klasse ω_i, bekannt seien. Mit (251.1) erhält man dann für (512.2) $d_i(\underline{z})=-(\underline{z}-\underline{\mu}_i)'\underline{\Sigma}_i^{-1}(\underline{z}-\underline{\mu}_i)/2-p\ln(2\pi)/2-\ln\det\underline{\Sigma}_i/2+\ln P(\omega_i)$. Wegen der Entscheidungsregel (512.1) kann die Konstante $p\ln(2\pi)/2$ vernachlässigt werden, und es ergibt sich die Diskriminanzfunktion

$$d_i(\underline{z}) = -\frac{1}{2}(\underline{z}-\underline{\mu}_i)'\underline{\Sigma}_i^{-1}(\underline{z}-\underline{\mu}_i) - \frac{1}{2}\ln\det\underline{\Sigma}_i + \ln P(\omega_i) \tag{521.1}$$

mit der nach (512.1) die Klassifizierung erfolgt. Die Entscheidungsgrenzen zwischen den Klassen ω_i und ω_j werden durch die Merkmalsvektoren $\underline{z}$ definiert, die für zwei Indizes $i,j\in\{1,\ldots,u\}$ mit $i\neq j$ die Beziehung $d_i(\underline{z})=d_j(\underline{z})$ erfüllen. Diese Grenzen stellen nach (521.1) Flächen zweiter Ordnung dar.

Mit $\underline{\Sigma}_i=\underline{\Sigma}$ für alle $i\in\{1,\ldots,u\}$ vereinfacht sich (521.1) zu $d_i(\underline{z})= -\underline{z}'\underline{\Sigma}^{-1}\underline{z}/2-\underline{\mu}_i'\underline{\Sigma}^{-1}\underline{\mu}_i/2+\underline{z}'\underline{\Sigma}^{-1}\underline{\mu}_i-\ln\det\underline{\Sigma}/2+\ln P(\omega_i)$ oder, da wegen (512.1) die Konstanten vernachlässigt werden können,

$$d_i(\underline{z}) = \underline{z}'\underline{\Sigma}^{-1}\underline{\mu}_i - \frac{1}{2}\underline{\mu}_i'\underline{\Sigma}^{-1}\underline{\mu}_i + \ln P(\omega_i) \tag{521.2}$$

Diese Diskriminanzfunktion ist eine lineare Funktion des Merkmalsvektors $\underline{z}$, so daß die Entscheidungsgrenzen $\{\underline{z}|d_i(\underline{z})=d_j(\underline{z})\}$ für $i\neq j$ durch Hyperebenen gebildet werden, die die von jeweils zwei Koordinatenachsen aufgespannten Ebenen in Geraden schneiden, sofern die Koordinatenebenen nicht parallel zur Hyperebene verlaufen.

Gilt $\underline{\Sigma}=\underline{\Sigma}_i$ und $P(\omega_i)=c$ für alle $i\in\{1,\ldots,u\}$, worin c wegen (223.2) die Konstante $1/u$ bedeutet, dann ergibt sich aus (521.1) als negative Diskriminanzfunktion der sogenannte Mahalanobis-Abstand

$$-d_i(\underline{z}) = (\underline{z}-\underline{\mu}_i)'\underline{\Sigma}^{-1}(\underline{z}-\underline{\mu}_i) \qquad (521.3)$$

oder (521.2) entsprechend

$$d_i(\underline{z}) = \underline{z}'\underline{\Sigma}^{-1}\underline{\mu}_i - \frac{1}{2}\underline{\mu}_i'\underline{\Sigma}^{-1}\underline{\mu}_i \qquad (521.4)$$

Der Merkmalsvektor $\underline{z}$ wird mit dieser Diskriminanzfunktion der Klasse ω_i zugeordnet, von der er den kürzesten Mahalanobis-Abstand besitzt.

Mit $\underline{\Sigma}=\sigma^2\underline{I}$ und konstanter Wahrscheinlichkeit $P(\omega_i)$ erhält man schließlich anstelle von (521.1) die als Minimum-Abstands-Klassifikator bezeichnete Klassifizierungsregel mittels der negativen Diskriminanzfunktion

$$-d_i(\underline{z}) = (\underline{z}-\underline{\mu}_i)'(\underline{z}-\underline{\mu}_i) \qquad (521.5)$$

oder (521.2) entsprechend

$$d_i(\underline{z}_i) = \underline{z}'\underline{\mu}_i - \frac{1}{2}\underline{\mu}_i'\underline{\mu}_i \qquad (521.6)$$

Liegen von den Klassen ω_i ideale Prototypen oder Schablonen vor, die durch die Vektoren $\underline{\mu}_i$ dargestellt sind, so bedeutet die Klassifizierung nach (521.6) einen Schablonenvergleich, bei dem in Analogie zu (232.5) die Kovarianzen oder nach einer Normierung die Korrelationen des Merkmalsvektors $\underline{z}$ und der Schablonen $\underline{\mu}_i$ berechnet werden. Beispielsweise lassen sich einheitlich geschriebene Zahlen durch Zerlegung in Rasterpunkte und anschließenden Schablonenvergleich automatisch lesen.

522 Unbekannte Parameter

Im allgemeinen werden die Erwartungswertvektoren $\underline{\mu}_i$ und die Kovarianzmatrizen $\underline{\Sigma}_i$ in der Normalverteilung $N(\underline{\mu}_i,\underline{\Sigma}_i)$ nicht bekannt sein, sondern müssen, wie im Abschnitt 3 erläutert, geschätzt werden, so daß $\hat{\underline{\mu}}_i$ und $\hat{\underline{\Sigma}}_i$ erhalten werden. Dann ergibt sich beispielsweise anstelle von (521.4) die häufig verwendete Diskriminanzfunktion

$$d_i(\underline{z}) = \underline{z}'\hat{\underline{\Sigma}}^{-1}\hat{\underline{\mu}}_i - \frac{1}{2}\hat{\underline{\mu}}_i'\hat{\underline{\Sigma}}^{-1}\hat{\underline{\mu}}_i \qquad (522.1)$$

Der Merkmalsvektor $\underline{z}$ wird wegen (512.1) der Klasse ω_i zugewiesen, falls für alle $j\in\{1,\ldots,u\}$ mit $i\neq j$ gilt,

$$\underline{z}'\hat{\underline{\Sigma}}^{-1}\hat{\underline{\mu}}_i - \frac{1}{2}\hat{\underline{\mu}}_i'\hat{\underline{\Sigma}}^{-1}\hat{\underline{\mu}}_i > \underline{z}'\hat{\underline{\Sigma}}^{-1}\hat{\underline{\mu}}_j - \frac{1}{2}\hat{\underline{\mu}}_j'\hat{\underline{\Sigma}}^{-1}\hat{\underline{\mu}}_j$$

Diese Ungleichung läßt sich umformen in

$$(\underline{z}-\frac{1}{2}(\hat{\underline{\mu}}_i+\hat{\underline{\mu}}_j))'\hat{\underline{\Sigma}}^{-1}(\hat{\underline{\mu}}_i-\hat{\underline{\mu}}_j) > 0 \qquad (522.2)$$

so daß anstelle von (522.1) die ebenfalls häufig benutzte Klassifizierungsregel erhalten wird, die den Merkmalsvektor $\underline{z}$ der Klasse ω_i zuordnet, falls (522.2) für alle $j\in\{1,\ldots,u\}$ mit $i\neq j$ positiv wird.

Beispiel: Für drei Weizensorten $\omega_1,\omega_2,\omega_3$ wurden in Feldversuchen die Erträge durch vier Merkmale beobachtet und zwar durch die Menge z_1 des Weizens, durch seine Qualität z_2, durch den Proteingehalt z_3 des Korns und durch die Proteinqualität z_4. Die Schätzwerte $\hat{\mu}_1$ bis $\hat{\mu}_4$ der Erwartungswerte von z_1 bis z_4 für die Klassen ω_1 bis ω_3 ergeben sich aus folgender Tabelle, wobei die Einheiten von z_1 bis z_4 derart gewählt wurden, daß die vier Merkmale etwa gleiche Größenordnungen besitzen.

	ω_1	ω_2	ω_3
$\hat{\mu}_1$	82,14	68,72	61,30
$\hat{\mu}_2$	35,57	29,63	26,44
$\hat{\mu}_3$	93,67	88,12	80,76
$\hat{\mu}_4$	22,59	18,85	15,43

Für die Kovarianzmatrizen gelte $\underline{\Sigma}_1=\ldots=\underline{\Sigma}_4=\underline{\Sigma}$ und die Schätzung $\hat{\underline{\Sigma}}$ beträgt

$$\hat{\underline{\Sigma}} = \begin{vmatrix} 12,93 & 3,90 & 9,87 & 3,56 \\ & 4,31 & 4,41 & 2,92 \\ & & 9,45 & 3,77 \\ & & & 2,87 \end{vmatrix}$$

Für einen weiteren Merkmalsvektor $\underline{z}$ mit

$$z_1 = 75,13;\ z_2 = 27,98;\ z_3 = 92,34;\ z_4 = 19,25$$

der für eine der drei Weizensorten beobachtet wurde, soll entschieden werden, zu welcher Sorte er gehört. Aus (522.1) erhält man die drei Diskriminanzfunktionswerte

$$d_1(\underline{z}) = 683,8;\ d_2(\underline{z}) = 703,5;\ d_3(\underline{z}) = 696,3$$

so daß der Merkmalsvektor $\underline{z}$ für die Weizensorte ω_2 beobachtet wurde.

Literatur

Abramowitz,M. und I.A. Stegun: Handbook of Mathematical Functions. Dover Publ., New York 1972

Ackermann,F., H. Ebner und H. Klein: Ein Programm-Paket für die Aerotriangulation mit unabhängigen Modellen. Bildmessung und Luftbildwesen, 38.Jg., S.218-224, 1970

Ahrens,H.: Varianzanalyse. Akademie-Verlag, Berlin 1968

Ahrens,H. und J. Läuter: Mehrdimensionale Varianzanalyse. Akademie-Verlag, Berlin 1974

Albert,A.: Regression and the Moore-Penrose Pseudoinverse. Academic Press, New York 1972

Anderson,T.W.: An Introduction to Multivariate Statistical Analysis. J. Wiley, New York 1958

Anderson,T.W.: The choice of the degree of a polynomial regression as a multiple decision problem. The Annals of Mathematical Statistics, Vol.33, S.255-265, 1962

Andrews,D.F., R. Gnanadesikan und J.L. Warner: Methods for assessing multivariate normality. In "Multivariate Analysis-III", herausgegeben durch P.R. Krishnaiah, S.95-116, Academic Press, New York 1973

Baarda,W.: A testing procedure for use in geodetic networks. Netherlands Geodetic Commission, Publ. on Geodesy, Vol.2, Nr.5, Delft 1968

Baarda,W.: S-transformations and criterion matrices. Netherlands Geodetic Commission, Publ. on Geodesy, Vol.5, Nr.1, Delft 1973

Bähr,H.-G. und R. Richter: Über die Wahl von a-priori-Korrelationen. Zeitschrift für Vermessungswesen, 100.Jg., S.180-188, 1975

Bandemer,H. (Herausgeber): Theorie und Anwendung der optimalen Versuchsplanung I . Akademie-Verlag, Berlin 1977

Barker,V.A. (Herausgeber): Sparse Matrix Techniques. Springer-Verlag, Berlin 1977

Barnett,V. und T. Lewis: Outliers in Statistical Data. J. Wiley, New York 1978

Bell,C.B. und P.J. Smith: Some nonparametric tests for the multivariate goodness-of-fit, multisample, independence, and symmetry problems. In "Multivariate Analysis-II", herausgegeben durch P.R. Krishnaiah, S.3-23, Academic Press, New York 1969

Ben-Israel,A. und T.N.E. Greville: Generalized Inverses: Theory and Applications. J. Wiley, New York 1974

Bjerhammar,A.: Theory of Errors and Generalized Matrix Inverses. Elsevier, Amsterdam 1973

Blatter,C.: Analysis I,II,III . Springer-Verlag, Berlin 1974

Bock,R.D.: Multivariate Statistical Methods in Behavioral Research. McGraw-Hill, New York 1975

Böhme,G.: Anwendungsorientierte Mathematik, Bd.1: Algebra. Springer-Verlag, Berlin 1974

Bosch,K.: Angewandte mathematische Statistik. Rowohlt Taschenbuch Verlag, Hamburg 1976

Boudarel,R., J. Delmas und P. Guichet: Dynamic Programming and Its Application to Optimal Control. Academic Press, New York 1971

Boullion,T.L. und P.L. Odell: Generalized Inverse Matrices. Wiley-Interscience, New York 1971

Brammer,K. und G. Siffling: Kalman-Bucy-Filter. Oldenbourg Verlag, München 1975

Bucy,R.S. und P.D. Joseph: Filtering for Stochastic Processes with Applications to Guidance. Interscience Publ., New York 1968

Carta,D.G.: Low-order approximations for the normal probability integral and the error function. Mathematics of Computation, Vol.29, S.856-862, 1975

Caspary,W.: Zur Lösung singulärer Ausgleichungsmodelle durch Bedingungsgleichungen. Allgemeine Vermessungs-Nachrichten, 85.Jg., S.81-87, 1978

Cochran,W.G. und G.M. Cox: Experimental Designs. J. Wiley, New York 1957

Constantine,A.G.: Some non-central distribution problems in multivariate analysis. Annals of Mathematical Statistics, Vol.34, S.1270-1285, 1963

Consul,P.C.: The exact distributions of likelihood criteria for different hypotheses. In "Multivariate Analysis-II", herausgegeben von P.R. Krishnaiah, S.171-181, Academic Press, New York 1969

Cramér,H.: Mathematical Methods of Statistics. Princeton University Press, Princeton 1946

DeGroot,M.H.: Optimal Statistical Decisions. McGraw-Hill, New York 1970

Doksum,K.A.: Some remarks on the development of nonparametric methods and robust statistical inference. In "On the History of Statistics and Probability", herausgegeben von D.B. Owen, S.237-263, M. Dekker, New York 1976

Draper,N.R. und H. Smith: Applied Regression Analysis. J. Wiley, New York 1966

Drygas,H.: Best quadratic unbiased estimation in variance-covariance component models. Mathematische Operationsforschung und Statistik, Series Statistics, Vol.8, S.211-231, 1977

Duda,R.O. und P.E. Hart: Pattern Classification and Scene Analysis. J. Wiley, New York 1973

Ebner,H.: A posteriori Varianzschätzungen für die Koordinaten unabhängiger Modelle. Zeitschrift für Vermessungswesen, 97.Jg., S.166-172, 1972

Ehlert,D.: Speicherplatz sparende EDV-Programme zur Auflösung von Gleichungssystemen mit symmetrischen Koeffizientenmatrizen. Deutsche Geodätische Kommission, Reihe B, Nr.222, Frankfurt 1977

Ellenberg,J.H.: The joint distribution of the standardized least squares residuals from a general linear regression. Journal of the American Statistical Association, Vol.68, S.941-943, 1973

Faddeev,D.K. und V.N. Faddeeva: Computational Methods of Linear Algebra. Freeman, San Francisco 1963

Fedorov,V.V.: Theory of Optimal Experiments. Academic Press, New York 1972

Fisher,R.A. und F. Yates: Statistical Tables. Longman, Edinburgh 1963

Fisz,M.: Wahrscheinlichkeitsrechnung und mathematische Statistik. Deutscher Verlag der Wissenschaften, Berlin 1976

Förstner,W.: Das Programm TRINA zur Ausgleichung und Gütebeurteilung geodätischer Lagenetze. Zeitschrift für Vermessungswesen, 104.Jg., S.61-72, 1979 a

Förstner,W.: Ein Verfahren zur Schätzung von Varianz- und Kovarianz-Komponenten. Allgemeine Vermessungs-Nachrichten, im Druck, 1979 b

Freiberger,W. und U. Grenander: A Short Course in Computational Probability and Statistics. Springer-Verlag, Berlin 1971

Gänssler,P. und W. Stute: Wahrscheinlichkeitstheorie. Springer-Verlag, Berlin 1977

Gauss,C.F.: Theoria Motus Corporum Coelestium. Perthes u. Besser, Hamburg 1809

Gauss,C.F.: Theoria Combinationis Observationum. Dieterich, Göttingen 1823

Gnanadesikan,R.: Methods for Statistical Data Analysis of Multivariate Observations. J. Wiley, New York 1977

Gnedenko,B.W.: Lehrbuch der Wahrscheinlichkeitsrechnung. Akademie-Verlag, Berlin 1957

Gotthardt,E.: Einführung in die Ausgleichungsrechnung. Wichmann Verlag, Karlsruhe 1978

Grafarend,E.W.: Optimisation of geodetic networks. Bollettino di Geodesia e Scienze Affini, 33.Jg., S.351-406, 1974

Grafarend,E. und A. d'Hone: Gewichtsschätzung in geodätischen Netzen. Deutsche Geodätische Kommission, Reihe A, Nr.88, München 1978

Grafarend,E., H.Heister, R.Kelm, H.Kropff, H.Pelzer und B.Schaffrin: Optimierung geodätischer Meßoperationen. Wichmann Verlag, in Vorbereitung, Karlsruhe 1979

Grafarend,E. und B. Schaffrin: Equivalence of estimable quantities and invariants in geodetic networks. Zeitschrift für Vermessungswesen, 101.Jg., S.485-491, 1976

Grafarend,E. und B. Schaffrin: Kriterion-Matrizen I - zweidimensionale homogene und isotrope geodätische Netze. Zeitschrift für Vermessungswesen, 104.Jg., S.133-149, 1979

Grafarend,E. und B. Schaffrin: Variance-covariance-component estimation of Helmert type. Zeitschrift für Vermessungswesen, in Vorbereitung, 1980

Graybill,F.A.: Introduction to Matrices with Applications in Statistics. Wadsworth, Belmont 1969

Graybill,F.A.: Theory and Application of the Linear Model. Duxbury Press, North Scituate 1976

Gregory,R.T. und D.L. Karney: A Collection of Matrices for Testing Computational Algorithms. Wiley-Interscience, New York 1969

Großmann,W.: Grundzüge der Ausgleichungsrechnung. Springer-Verlag, Berlin 1969

Grotemeyer,K.P.: Lineare Algebra. Bibliographisches Institut, Mannheim 1970

Grün,A.: Progress in photogrammetric point determination by compensation of systematic errors and detection of gross errors. Nachrichten aus dem Karten- und Vermessungswesen, Reihe II, Heft Nr.36, S.113-140, 1978

Hagen,G.: Grundzüge der Wahrscheinlichkeits-Rechnung. F.Dümmler, Berlin 1837

Harville,D.: Extension of the Gauss-Markov theorem to include the estimation of random effects. The Annals of Statistics, Vol.4, S.384-395, 1976

Harville,D.A.: Maximum likelihood approaches to variance component estimation and to related problems. Journal of the American Statistical Association, Vol.72, S.320-338, 1977

Heck,B., E. Kuntz und B. Meier-Hirmer: Deformationsanalyse mittels relativer Fehlerellipsen. Allgemeine Vermessungs-Nachrichten, 84.Jg., S.78-87, 1977

Hein,G.: Multivariate Analyse der Nivellementsdaten im Oberrheingraben und Rheinischen Schild. Zeitschrift für Vermessungswesen, 103.Jg., S.430-436, 1978

Heister,H.: Die diskrete dynamische Optimierung und ihre Anwendung beim geodätischen Netzentwurf. Allgemeine Vermessungs-Nachrichten, 85.Jg., S.64-81, 1978

Heitz,S.: Geoidbestimmung durch Interpolation nach kleinsten Quadraten aufgrund gemessener und interpolierter Lotabweichungen. Deutsche Geodätische Kommission, Reihe C, Nr.124, Frankfurt 1968

Helmert,F.R.: Die Ausgleichungsrechnung nach der Methode der kleinsten Quadrate. Teubner, Leipzig 1872

Helmert,F.R.: Die Ausgleichungsrechnung nach der Methode der kleinsten Quadrate, 3.Auflage. Teubner, Leipzig 1924

Henrici,P.: Applied and Computational Complex Analysis, Vol.2. J.Wiley, New York 1977

Hinderer,K.: Grundbegriffe der Wahrscheinlichkeitstheorie. Springer-Verlag, Berlin 1972

Hollander,M. und D.A. Wolfe: Nonparametric Statistical Methods. J. Wiley, New York 1973

Hotelling,H.: A generalized T test and measure of multivariate dispersion. In "Proceedings of the Second Berkeley Symposium on Mathematical Statistics and Probability", herausgegeben von J. Neyman, S.23-41, University of California Press, Berkeley and Los Angeles 1951

Householder,A.S.: The Theory of Matrices in Numerical Analysis. Blaisdell Publ.Comp., New York 1964

Humak,K.M.S.: Statistische Methoden der Modellbildung, Bd.I. Akademie-Verlag, Berlin 1977

Ito,K.: A comparison of the powers of two multivariate analysis of variance tests. Biometrika, Vol.49, S.455-462, 1962

Jaglom,A.M.: Einführung in die Theorie der stationären Zufallsfunktionen. Akademie-Verlag, Berlin 1959

James,A.T.: Distributions of matrix variates and latent roots derived from normal samples. Annals of Mathematical Statistics, Vol.35, S.475-501, 1964

Jenkins,G.M. und D.G. Watts: Spectral Analysis and Its Applications. Holden-Day, San Francisco 1968

Jennings,A.: Matrix Computation for Engineers and Scientists. J.Wiley, New York 1977

Johnson,N.L. und S. Kotz: Continuous Univariate Distributions-1 und -2. Houghton Mifflin Comp., Boston 1970

Johnson,N.L. und F.C. Leone: Statistics and Experimental Design, Vol.I und II. J. Wiley, New York 1977

Kelm,R.: Ist die Varianzschätzung nach Helmert MINQUE? Allgemeine Vermessungs-Nachrichten, 85.Jg., S.49-54, 1978

Kleffe,J.: Simultaneous estimation of expectation and covariance matrix in linear models. Mathematische Operationsforschung und Statistik, Series Statistics, Vol.9, S.443-478, 1978

Kleffe,J. und R. Pincus: Bayes and best quadratic unbiased estimators for parameters of the covariance matrix in a normal linear model. Mathematische Operationsforschung und Statistik, Bd.5, S.43-67, 1974

Koch,K.R.: Höheninterpolation mittels gleitender Schrägebene und Prädiktion. Vermessung,Photogrammetrie,Kulturtechnik, Mitteilungsblatt, 71.Jg., S.229-232, 1973

Koch,K.R.: Dynamische Optimierung am Beispiel der Straßentrassierung. Vermessungswesen und Raumordnung, 38.Jg., S.281-290, 1976

Koch,K.R.: Least squares adjustment and collocation. Bulletin Géodésique, Vol.51, S.127-135, 1977 a

Koch,K.R.: Zur Modellbildung für die Parameterschätzung. Allgemeine Vermessungs-Nachrichten, 84.Jg., S.272-277, 1977 b

Koch,K.R.: Hypothesentests bei singulären Ausgleichungsproblemen. Zeitschrift für Vermessungswesen, 103.Jg., S.1-10, 1978 a

Koch,K.R.: Schätzung von Varianzkomponenten. Allgemeine Vermessungs-Nachrichten, 85.Jg., S.264-269, 1978 b

Koch,K.R.: Parameter estimation in the Gauss-Helmert model. Bollettino di Geodesia e Scienze Affini, im Druck, 1979

Koch,K.R. und A.J. Pope: Least squares adjustment with zero variances. Zeitschrift für Vermessungswesen, 94.Jg., S.390-393, 1969

Korin,B.P.: On the distribution of a statistic used for testing a covariance matrix. Biometrika, Vol.55, S.171-178, 1968

Kowalsky,H.-J.: Einführung in die lineare Algebra. Walter de Gruyter, Berlin 1972

Krarup,T.: A Contribution to the mathematical foundation of physical geodesy. Geodaetisk Institut, Meddelelse No.44, Kopenhagen 1969

Kraus,K.: Automatische Berechnung digitaler Höhenlinien. Zeitschrift für Vermessungswesen, 96.Jg., S.233-239, 1971

Kres,H.: Statistische Tafeln zur multivariaten Analysis. Springer-Verlag, Berlin 1975

Kshirsagar,A.M.: Multivariate Analysis. M. Dekker, New York 1972

Kubik,K.: The estimation of the weights of measured quantities within the method of least squares. Bulletin Géodésique, No.95, S.21-40, 1970

LaMotte,L.R.: Quadratic estimation of variance components. Biometrics, Vol.29, S.311-330, 1973 a

LaMotte,L.R.: On non-negative quadratic unbiased estimation of variance components. Journal of the American Statistical Association, Vol.68, S.728-730, 1973 b

Lamperti,J.: Stochastic Processes. Springer-Verlag, Berlin 1977

Läuter,J.: Approximation des Hotellingschen T^2 durch die F-Verteilung. Biometrische Zeitschrift, Bd.16, S.191-202, 1974

Lawley,D.N.: A generalization of Fisher's z-test. Biometrika, Vol.30, S.180-187, 467-469, 1938

Lawson,C.L. und R.J. Hanson: Solving Least Squares Problems. Prentice-Hall, Englewood Cliffs 1974

Lehmann,E.L.: Testing Statistical Hypotheses. J. Wiley, New York 1959

Linkwitz,K.: Über eine neue Anwendung der Gauß'schen Methode der kleinsten Quadrate: Die Formfindung und statische Analyse von räumlichen Seil- und Hängenetzen. Abhandlungen der Braunschweigischen Wissenschaftlichen Gesellschaft, Bd.27, S.121-153, Göttingen 1977

Linnik,J.W.: Methode der kleinsten Quadrate in moderner Darstellung. Deutscher Verlag der Wissenschaften, Berlin 1961

Lund,R.E.: Tables for an approximate test for outliers in linear models. Technometrics, Vol.17, S.473-476, 1975

Markoff,A.A.: Wahrscheinlichkeitsrechnung. Teubner, Leipzig 1912

Meissl,P.: Zusammenfassung und Ausbau der inneren Fehlertheorie eines Punkthaufens. In "Beiträge zur Theorie der geodätischen Netze im Raum", herausgegeben von K.Rinner, K.Killian und P.Meissl, S.8-21, Deutsche Geodätische Kommission, Reihe A, Nr.61, München 1969

Meissl,P.: Hilbert spaces and their application to geodetic least squares problems. Bollettino di Geodesia e Scienze Affini, Jg.35, S.49-80, 1976

Meissl,P.: A-priori prediction of roundoff error accumulation during the direct solution of a superlarge geodetic normal equation system. NOAA Professional Paper, U.S. Department of Commerce, im Druck, Rockville, Md. 1979

Meschkowski,H.: Hilbertsche Räume mit Kernfunktion. Springer-Verlag, Berlin 1962

Meyer-Brötz,G. und J. Schürmann: Methoden der automatischen Zeichenerkennung. Oldenbourg Verlag, München 1970

Mierlo,J. van: A testing procedure for analytic geodetic deformation measurements. In "II. Internationales Symposium über Deformationsmessungen mit geodätischen Methoden", Verlag Wittwer, im Druck, Stuttgart 1979

Mikhail,E.M. und F. Ackermann: Observations and Least Squares. Dun-Donnelley, New York 1976

Mital,K.V.: Optimization Methods. Wiley Eastern Limited, New Delhi 1976

Mittermayer,E.: Zur Ausgleichung freier Netze. Zeitschrift für Vermessungswesen, 97.Jg., S.481-489, 1972

Monin,A.S. und A.M. Yaglom: Statistical Fluid Mechanics, Vol.II. The MIT Press, Cambridge, Mass. 1975

Mood,A.M., F.A. Graybill und D.C. Boes: Introduction to the Theory of Statistics. McGraw-Hill Kogakusha, Tokyo 1974

Moritz,H.: Least-squares collocation. Deutsche Geodätische Kommission, Reihe A, Nr.75, München 1973

Moritz,H.: Least-squares collocation. Reviews of Geophysics and Space Physics, Vol.16, S.421-430, 1978

Morrison,D.F.: Multivariate Statistical Methods. McGraw-Hill, New York 1976

Mudholkar,G.S., Y.P. Chaubey und C.-C. Lin: Some approximations for the noncentral F-distribution. Technometrics, Vol.18, S.351-358, 1976

Müller,P.H.(Herausgeber): Lexikon der Stochastik. Akademie-Verlag, Berlin 1975

Neiss,F. und H. Liermann: Determinanten und Matrizen. Springer-Verlag, Berlin 1975

Neuburger,E.: Einführung in die Theorie des linearen Optimalfilters. Oldenbourg Verlag, München 1972

Niemann,H.: Methoden der Mustererkennung. Akademische Verlagsgesellschaft, Frankfurt 1974

Papoulis,A.: Probability, Random Variables, and Stochastic Processes. McGraw-Hill, New York 1965

Patnaik,P.B.: The non-central χ^2- and F-distributions and their applications. Biometrika, Vol.36, S.202-232, 1949

Pearson,E.S. und H.O. Hartley: Biometrika Tables for Statisticians, Vol.I und II. Biometrika Trust, London 1976

Pelzer,H.: Zur Analyse geodätischer Deformationsmessungen. Deutsche Geodätische Kommission, Reihe C, Nr.164, München 1971

Pelzer,H.: Ein indirektes Vergleichswertverfahren unter Anwendung statistischer Methoden. Zeitschrift für Vermessungswesen, 103.Jg., S.245-254, 1978

Pierre,D.A.: Optimization Theory with Applications. J. Wiley, New York 1969

Pillai,K.C.S. und K. Jayachandran: Power comparisons of tests of two multivariate hypotheses based on four criteria. Biometrika, Vol. 54, S.195-210, 1967

Pillai,K.C.S. und D.L. Young: On the exact distribution of Hotelling's generalized T_o^2 . Journal of Multivariate Analysis, Vol.1, S.90-107, 1971

Poder,K. und C.C. Tscherning: Cholesky's method on a computer. The Danish Geodetic Institute, Internal Report No.8, Kopenhagen 1973

Pope,A.J.: Transformation of covariance matrices due to changes in minimal control (Zusammenfassung). EOS, Transactions, American Geophysical Union, Vol.52, S.820, 1971

Pope,A.J.: The statistics of residuals and the detection of outliers. NOAA Technical Report NOS65 NGS1, U.S. Department of Commerce, National Ocean Survey, Rockville, Md. 1976

Prescott,P.: An approximate test for outliers in linear models. Technometrics, Vol.17, S.129-132, 1975

Press,S.J.: Applied Multivariate Analysis. Holt,Rinehart and Winston, New York 1972

Price,R.: Some non-central F-distributions expressed in closed form. Biometrika, Vol.51, S.107-122, 1964

Pukelsheim,F.: On the existence of unbiased nonnegative estimates of variance covariance components. Institut für Mathematische Stochastik der Universität, Freiburg i.B. 1979

Raiffa,H. und R. Schlaifer: Applied Statistical Decision Theory. Graduate School of Business Administration, Harvard University, Boston 1961

Rao,C.R.: Linear Statistical Inference and Its Applications. J. Wiley, New York 1973

Rao,C.R. und S.K. Mitra: Generalized Inverse of Matrices and Its Applications. J. Wiley, New York 1971

Reißmann,G.: Die Ausgleichungsrechnung. Verlag für Bauwesen, Berlin 1976

Rosenfeld,A.(Herausgeber): Digital Picture Analysis. Springer-Verlag, Berlin 1976

Roy,J.: Power of the likelihood-ratio test used in analysis of dispersion. In "Multivariate Analysis", herausgegeben von P.R.Krishnaiah, S.105-127, Academic Press, New York 1966

Roy,S.N.: Some Aspects of Multivariate Analysis. J. Wiley, New York 1957

Roy,S.N., R. Gnanadesikan und J.N. Srivastava: Analysis and Design of Certain Quantitative Multiresponse Experiments. Pergamon Press, Oxford 1971

Rummel,R.: A model comparison in least squares collocation. Bulletin Géodésique, Vol.50, S.181-192, 1976

Rutishauser,H.: Vorlesungen über numerische Mathematik, Band 1 und 2. Birkhäuser Verlag, Basel 1976

Sachs,L.: Angewandte Statistik. Springer-Verlag, Berlin 1978

Schach,S. und T. Schäfer: Regressions- und Varianzanalyse. Springer-Verlag, Berlin 1978

Schaffrin,B.: Zur Verzerrtheit von Ausgleichungsergebnissen. Mitt.Inst. für Theoretische Geodäsie der Univ. Bonn, Nr.39, Bonn 1975

Schaffrin,B., E. Grafarend und G. Schmitt: Kanonisches Design geodätischer Netze I. Manuscripta Geodaetica, Vol.2, S.263-306, 1977

Scheffé,H.: The Analysis of Variance. J. Wiley, New York 1959

Schek,H.-J. und P. Maier: Nichtlineare Normalgleichungen zur Bestimmung der Unbekannten und deren Kovarianzmatrix. Zeitschrift für Vermessungswesen, 101.Jg., S.149-159, 1976

Schek,H.-J., F. Steidler und U. Schauer: Ausgleichung großer geodätischer Netze mit Verfahren für schwach besetzte Matrizen. Deutsche Geodätische Kommission, Reihe A, Nr.87, München 1977

Schendel,U.: Sparse-Matrizen. Oldenbourg Verlag, München 1977

Schmid,H.H.: Ein allgemeiner Ausgleichungs-Algorithmus zur Auswertung von hybriden Meßanordnungen. Bildmessung und Luftbildwesen, 33. Jg., S.93-102, 173-176, 1965

Schmitt,G.: Monte-Carlo-Design geodätischer Netze. Allgemeine Vermessungs-Nachrichten, 84.Jg., S.87-94, 1977

Schmitt,G.: Gewichtsoptimierung bei Mehrpunkteinschaltung mit Streckenmessung. Allgemeine Vermessungs-Nachrichten, 85.Jg., S.1-15, 1978

Schmitt,G., E. Grafarend und B. Schaffrin: Kanonisches Design geodätischer Netze II. Manuscripta Geodaetica, Vol.3, S.1-22, 1978

Schürman,J.: Polynomklassifikatoren für die Zeichenerkennung. Oldenbourg Verlag, München 1977

Schwarz,C.R.: TRAV10 horizontal network adjustment program. NOAA Technical Memorandum NOS NGS-12, National Geodetic Survey, Rockville, Md. 1978

Schwarz,H.R., H. Rutishauser und E. Stiefel: Numerik symmetrischer Matrizen. Teubner, Stuttgart 1972

Searle,S.R.: Linear Models. J. Wiley, New York 1971

Seber,G.A.F.: Linear Regression Analysis. J. Wiley, New York 1977

Smirnow,W.I.: Lehrgang der höheren Mathematik, Teil I und II. Deutscher Verlag der Wissenschaften, Berlin 1975

Snay,R.A.: Reducing the profile of sparse symmetric matrices. NOAA Technical Memorandum NOS NGS-4, National Geodetic Survey, Rockville, Md. 1976

Späth,H.: Algorithmen für multivariable Ausgleichsmodelle. Oldenbourg Verlag, München 1974

Späth,H.: Cluster-Analyse-Algorithmen. Oldenbourg Verlag, München 1977 a

Späth,H.(Herausgeber): Fallstudien Cluster-Analyse. Oldenbourg Verlag, München 1977 b

Srivastava,J.N.: Some generalizations of multivariate analysis of variance. In "Multivariate Analysis", herausgegeben von P.R. Krishnaiah, S.129-145, Academic Press, New York 1966

Stange,K.: Bayes-Verfahren. Springer-Verlag, Berlin 1977

Stefansky,W.: Rejecting outliers in factorial designs. Technometrics, Vol.14, S.469-479, 1972

Stiefel,E.: Einführung in die numerische Mathematik. Teubner, Stuttgart 1970

Tewarson,R.P.: Sparse Matrices. Academic Press, New York 1973

Tiku,M.L.: Tables of the power of the F-test. Journal of the American Statistical Association, Vol.62, S.525-539, 1967

Tiku,M.L.: More tables of the power of the F-test. Journal of the American Statistical Association, Vol.67, S.709-710, 1972

Toutenburg,H.: Vorhersage in linearen Modellen. Akademie-Verlag, Berlin 1975

Triendl,E.(Herausgeber): Bildverarbeitung und Mustererkennung. Springer-Verlag, Berlin 1978

Tscherning,C.C.: Collocation and least squares methods as a tool for handling gravity field dependent data obtained through space research techniques. In "European Workshop on Space Oceanography, Navigation and Geodynamics", herausgegeben von S.Hieber und T.D. Guyenne, S.141-149, European Space Agency, Paris 1978

Welsch,W.: A posteriori Varianzenschätzung nach Helmert. Allgemeine Vermessungs-Nachrichten, 85.Jg., S.55-63, 1978

Wentzel,E.S. und L.A. Owtscharow: Aufgabensammlung zur Wahrscheinlichkeitsrechnung. Akademie-Verlag, Berlin 1975

Werner,H.: Praktische Mathematik I. Springer-Verlag, Berlin 1975

Wilks,S.S.: Certain generalizations in the analysis of variance. Biometrika, Vol.24, S.471-494, 1932

Wilks,S.S.: Mathematical Statistics. J. Wiley, New York 1962

Wimmer,H.: Eine Bemerkung zur günstigsten Gewichtsverteilung bei vorgegebener Dispersionsmatrix der Unbekannten. Allgemeine Vermessungs-Nachrichten, 85.Jg., S.375-377, 1978

Witting,H. und G. Nölle: Angewandte Mathematische Statistik. Teubner, Stuttgart 1970

Wolf,H.: Ausgleichungsrechnung nach der Methode der kleinsten Quadrate. Dümmlers Verlag, Bonn 1968

Wolf,H.: Die Helmert-Inverse bei freien geodätischen Netzen. Zeitschrift für Vermessungswesen, 98.Jg., S.396-398, 1973

Wolf,H.: Ausgleichungsrechnung, Formeln zur praktischen Anwendung. Dümmlers Verlag, Bonn 1975

Wolf,H.: Das geodätische Gauß-Helmert-Modell und seine Eigenschaften. Zeitschrift für Vermessungswesen, 103.Jg., S.41-43, 1978

Wolf,H.: Ausgleichungsrechnung II, Aufgaben und Beispiele zur praktischen Anwendung. Dümmlers Verlag, Bonn 1979 a

Wolf,H.: The Helmert block method - its origin and development. In "Proceedings Second International Symposium on Problems Related to the Redefinition of North American Geodetic Networks", S.319-326, U.S. Department of Commerce, Washington 1979 b

Wrobel,B.: Zur Steigerung der Auflösungsgenauigkeit von Normalgleichungen durch Konditionsverbesserung mittels additiver Modifikation. Deutsche Geodätische Kommission, Reihe C, Nr.199, München 1974

Zellner,A.: Estimators for seemingly unrelated regression equations: some exact finite sample results. Journal of the American Statistical Association, Vol.58, S.977-992, 1963

Sachverzeichnis